CAD/CAM/CAE 系列丛书
入门与提高

AutoCAD 2018 中文版
入门与提高
机械设计

CAD/CAM/CAE技术联盟 ◎编著

清华大学出版社
北京

内容简介

本书重点介绍了 AutoCAD 2018 中文版在机械设计中的应用方法与技巧。全书共 12 章，分别是 AutoCAD 2018 入门、基本绘制设置、基本二维绘图命令、高级二维绘图命令、精确绘制图形、二维编辑命令、文本与表格、尺寸标注、高效绘图工具、零件图与装配图、三维造型绘制、三维造型编辑。本书以齿轮泵的完整设计过程为例，全面介绍了各种机械零件和装配图的平面图及立体图的设计方法与技巧，在介绍过程中，注意由浅入深、从易到难，是一本不可多得的参考工具书。

本书解说翔实、图文并茂、语言简洁、思路清晰，既可作为机械制图初学者的入门教材，也可作为工程技术人员的参考工具书。

本书封面贴有清华大学出版社防伪标签，无标签者不得销售。
版权所有，侵权必究。举报：010-62782989，beiqinquan@tup.tsinghua.edu.cn。

图书在版编目(CIP)数据

AutoCAD 2018 中文版入门与提高. 机械设计/CAD/CAM/CAE 技术联盟编著. —北京：清华大学出版社，2019（2024.2重印）
（CAD/CAM/CAE 入门与提高系列丛书）
ISBN 978-7-302-50742-0

Ⅰ. ①A… Ⅱ. ①C… Ⅲ. ①机械设计－计算机辅助设计－AutoCAD 软件 Ⅳ. ①TP391.72 ②TH122

中国版本图书馆 CIP 数据核字(2018)第 171761 号

责任编辑：赵益鹏　赵从棉
封面设计：李召霞
责任校对：刘玉霞
责任印制：杨　艳

出版发行：清华大学出版社
　　网　　址：https://www.tup.com.cn，https://www.wqxuetang.com
　　地　　址：北京清华大学学研大厦 A 座　　邮　编：100084
　　社 总 机：010-83470000　　邮　购：010-62786544
　　投稿与读者服务：010-62776969，c-service@tup.tsinghua.edu.cn
　　质量反馈：010-62772015，zhiliang@tup.tsinghua.edu.cn

印 装 者：三河市龙大印装有限公司
经　　销：全国新华书店
开　　本：185mm×260mm　　印　张：33.5　　字　数：774 千字
版　　次：2019 年 1 月第 1 版　　印　次：2024 年 2 月第 2 次印刷
定　　价：89.90 元

产品编号：073751-01

前言

随着微电子技术特别是计算机硬件和软件技术的迅猛发展,CAD 技术正在日新月异地发展。目前,CAD 设计已经成为人们日常工作和生活中的重要内容,特别是 AutoCAD 已经成为 CAD 的世界标准。近年来,网络技术的发展一日千里,结合其他设计制造业的发展,使 CAD 技术如虎添翼,从而使 AutoCAD 更加羽翼丰满。同时,AutoCAD 技术一直致力于把工业技术与计算机技术融为一体,形成开放的大型 CAD 平台,特别是在机械、建筑、电子等领域更是先人一步,技术发展势头非常迅猛。为了满足不同用户、不同行业技术发展的要求,需要将网络技术与 CAD 技术有机地融为一体。

一、本书特点

☑ **作者权威**

本书由 Autodesk 中国认证考试管理中心首席专家胡仁喜博士领衔的 CAD/CAM/CAE 技术联盟编写,所有编者都是多年在高校从事计算机辅助设计教学研究工作的一线人员,具有丰富的教学实践经验与教材编写经验,前期出版的一些相关书籍经过市场检验很受读者欢迎。多年的教学工作使他们能够准确地把握学生的心理与实际需求。本书是由编者总结多年的设计经验以及教学的心得体会,历时多年的精心准备编写,力求全面、细致地展现 AutoCAD 软件在机械设计应用领域的各种功能和使用方法。

☑ **实例丰富**

本书的实例不管是数量还是种类都非常丰富。从数量上说,本书结合大量的机械设计实例,详细讲解了 AutoCAD 知识要点,可以让读者在学习案例的过程中潜移默化地掌握 AutoCAD 软件的操作技巧。

☑ **突出提升技能**

本书从全面提升 AutoCAD 实际应用能力的角度出发,结合大量的案例来讲解如何利用 AutoCAD 软件进行机械设计,可以使读者了解 AutoCAD,并能够独立地完成各种机械设计与制图。

本书中的很多实例本身就是机械设计项目案例,经过作者精心提炼和改编,不仅可以保证读者能够学好知识点,更重要的是能够帮助读者掌握实际的操作技能,同时培养机械设计实践能力。

二、本书的基本内容

本书重点介绍了 AutoCAD 2018 中文版在机械设计领域的具体应用。全书共 12 章,分别是 AutoCAD 2018 入门、基本绘制设置、基本二维绘图命令、高级二维绘图命令、精确绘制图形、二维编辑命令、文本与表格、尺寸标注、高效绘图工具、零件图与装配图、三维造型绘制、三维造型编辑。本书全面介绍了各种机械零件和装配图的平面图及立体图的设计方法与技巧。在介绍的过程中，注意由浅入深，从易到难，解说翔实，图文并茂，语言简洁，思路清晰。全书所有实例都围绕齿轮泵从二维到三维的完整设计过程展开讲述，通过对本书的学习，读者可以通过手压阀的设计过程真切地体会到机械设计的内在规律和设计思路，从而指导自己进行工程实践，提高机械设计能力。

三、本书的配套资源

本书通过二维码提供了极为丰富的学习配套资源，期望读者能够在最短的时间内学会并精通这门技术。

1．配套教学视频

本书专门制作了86个经典中小型案例，1个大型综合工程应用实例，111节教材实例同步微视频，读者可以先看视频，像看电影一样轻松愉悦地学习本书内容，然后对照课本加以实践和练习，这样可以大大提高学习效率。

2．AutoCAD应用技巧、疑难问题解答等资源

（1）AutoCAD应用技巧大全：汇集了AutoCAD绘图的各类技巧，对提高作图效率很有帮助。

（2）AutoCAD疑难问题解答汇总：疑难问题解答的汇总，对入门者来讲非常有用，可以使其扫除学习障碍，让学习少走弯路。

（3）AutoCAD经典练习题：额外精选了不同类型的练习，读者只要认真去练，到一定程度就可以实现从量变到质变的飞跃。

（4）AutoCAD常用图库：作者通过多年工作，积累了内容丰富的图库，可以拿来就用，或者改改就可以用，对于提高作图效率极为重要。

（5）AutoCAD快捷命令速查手册：汇集了AutoCAD常用快捷命令，熟记可以提高作图效率。

（6）AutoCAD快捷键速查手册：汇集了AutoCAD常用快捷键，绘图高手通常会直接用快捷键。

（7）AutoCAD常用工具按钮速查手册：熟练掌握AutoCAD工具按钮的使用方法也是提高作图效率的方法之一。

（8）软件安装过程详细说明文本和教学视频：此说明文本或教学视频可以帮助读者解决让人烦恼的软件安装问题。

（9）AutoCAD官方认证考试大纲和模拟考试试题：本书完全参照官方认证考试大纲编写，模拟试题利用作者独家掌握的考试题库编写而成。

3．10套大型图纸设计方案及长达12小时同步教学视频

为了帮助读者拓展视野，特意赠送10套设计图纸集、图纸源文件，以及视频教学录像（动画演示，总长12小时）。

4．全书实例的源文件和素材

本书附带了很多实例，包含实例和练习实例的源文件和素材，读者可以安装AutoCAD 2018软件，打开并使用它们。

0-1

四、关于本书的服务

1. 关于本书的技术问题或有关本书信息的发布

读者朋友遇到有关本书的技术问题，可以登录网站 http://www.sjzswsw.com，或将问题发到邮箱 win760520@126.com，我们将及时回复；也欢迎加入图书学习交流群 QQ：597056765 交流探讨。

2. 安装软件的获取

按照本书中的实例进行操作练习，以及使用 AutoCAD 进行机械设计与制图时，需要事先在计算机上安装相应的软件。读者可从软件经销商处购买。QQ 交流群也会提供下载地址和安装方法教学视频，需要的读者可以关注。

本书由 CAD/CAM/CAE 技术联盟编写，具体参与编写工作的有胡仁喜、刘昌丽、康士廷、王敏、闫聪聪、杨雪静、李亚莉、李兵、甘勤涛、王培合、王艳池、王玮、孟培、张亭、王佩楷、孙立明、王玉秋、王义发、解江坤、秦志霞、井晓翠等。本书的编写和出版得到很多朋友的大力支持，值此图书出版发行之际，向他们表示衷心的感谢。

书中主要内容来自编者几年来使用 AutoCAD 的经验总结，也有部分内容取自国内外有关文献资料。虽然笔者几易其稿，但由于时间仓促，加之水平有限，书中纰漏与失误在所难免，恳请广大读者批评指正。

作　者

2018 年 10 月

目 录
Contents

第 1 章 AutoCAD 2018 入门 ································· 1

  1.1 绘图环境与操作界面 ···································· 2
      1.1.1 操作界面简介 ···································· 2
      1.1.2 配置绘图系统 ··································· 13
      1.1.3 设置绘图环境 ··································· 15
      1.1.4 设置图形界限 ··································· 16
  1.2 文件管理 ·· 17
      1.2.1 新建文件 ······································· 17
      1.2.2 打开文件 ······································· 18
      1.2.3 保存文件 ······································· 18
      1.2.4 另存文件 ······································· 19
      1.2.5 退出 ··· 19
  1.3 基本输入操作 ·· 20
      1.3.1 命令输入方式 ··································· 20
      1.3.2 命令的重复、撤销、重做 ·························· 21
      1.3.3 透明命令 ······································· 21
      1.3.4 按键定义 ······································· 22
      1.3.5 命令执行方式 ··································· 22
      1.3.6 数据的输入方法 ································· 22
  1.4 上机实验 ·· 24
      1.4.1 实验 1 设置绘图环境 ···························· 24
      1.4.2 实验 2 熟悉操作界面 ···························· 24
      1.4.3 实验 3 管理图形文件 ···························· 25

第 2 章 基本绘图设置 ······································ 26

  2.1 基本绘图参数 ·· 27
      2.1.1 设置图形单位 ··································· 27
      2.1.2 上机练习——设置图形单位 ······················· 28
      2.1.3 设置图形界限 ··································· 28
      2.1.4 上机练习——设置 A4 图形界限 ··················· 29
  2.2 显示图形 ·· 29
      2.2.1 图形缩放 ······································· 29
      2.2.2 平移图形 ······································· 31

	2.2.3	上机练习——查看图形细节	31
2.3	图层		40
	2.3.1	图层的设置	40
	2.3.2	颜色的设置	45
	2.3.3	线型的设置	47
	2.3.4	线宽的设置	48
2.4	实例精讲——设置机械制图样板图绘图环境		49
2.5	学习效果自测		56
2.6	上机实验		57
	2.6.1	实验1 设置绘图环境	57
	2.6.2	实验2 查看零件图细节	57
	2.6.3	实验3 设置绘制螺母的图层	57

第3章 基本二维绘图命令 ········· 58

3.1	直线命令		59
	3.1.1	直线段	59
	3.1.2	构造线	60
	3.1.3	上机练习——螺栓	61
3.2	圆类图形命令		65
	3.2.1	圆	65
	3.2.2	上机练习——挡圈	66
	3.2.3	圆弧	69
	3.2.4	上机练习——圆头平键	70
	3.2.5	圆环	71
	3.2.6	椭圆与椭圆弧	71
3.3	平面图形命令		73
	3.3.1	矩形	73
	3.3.2	上机练习——方头平键	75
	3.3.3	正多边形	77
	3.3.4	上机练习——六角螺母	78
3.4	点命令		79
	3.4.1	绘制点	79
	3.4.2	等分点	80
	3.4.3	测量点	81
	3.4.4	上机练习——棘轮	82
3.5	上机实验		84
	3.5.1	实验1 绘制定距环	84
	3.5.2	实验2 绘制圆锥销	84

目录

第 4 章 高级二维绘图命令 ········ 85

4.1 多段线 ········ 86
- 4.1.1 绘制多段线 ········ 86
- 4.1.2 编辑多段线 ········ 86
- 4.1.3 上机练习——泵轴 ········ 87

4.2 样条曲线 ········ 90
- 4.2.1 绘制样条曲线 ········ 90
- 4.2.2 编辑样条曲线 ········ 91
- 4.2.3 上机练习——螺丝刀 ········ 91

4.3 面域 ········ 93
- 4.3.1 创建面域 ········ 93
- 4.3.2 面域的布尔运算 ········ 94
- 4.3.3 上机练习——扳手 ········ 95

4.4 图案填充 ········ 96
- 4.4.1 图案填充的操作 ········ 97
- 4.4.2 渐变色的操作 ········ 99
- 4.4.3 边界的操作 ········ 100
- 4.4.4 编辑填充的图案 ········ 100
- 4.4.5 上机练习——滚花轴头 ········ 102

4.5 上机实验 ········ 104
- 4.5.1 实验 1 绘制轴承座 ········ 104
- 4.5.2 实验 2 绘制凸轮轮廓 ········ 104

第 5 章 精确绘制图形 ········ 106

5.1 精确定位工具 ········ 107
- 5.1.1 栅格显示 ········ 107
- 5.1.2 捕捉模式 ········ 108
- 5.1.3 正交模式 ········ 109

5.2 对象捕捉 ········ 109
- 5.2.1 对象捕捉设置 ········ 110
- 5.2.2 上机练习——圆形插板 ········ 110
- 5.2.3 特殊位置点捕捉 ········ 112
- 5.2.4 上机练习——盘盖 ········ 113

5.3 自动追踪 ········ 114
- 5.3.1 对象捕捉追踪 ········ 114
- 5.3.2 极轴追踪 ········ 115
- 5.3.3 上机练习——方头平键 ········ 116

5.4 动态输入 ········ 120

5.5	参数化设计	121
	5.5.1 几何约束	121
	5.5.2 尺寸约束	122
	5.5.3 上机练习——泵轴	123
5.6	学习效果自测	128
5.7	上机实验	129
	5.7.1 实验1 绘制轴承座	129
	5.7.2 实验2 绘制螺母	129

第6章 二维编辑命令 … 131

6.1	选择对象	132
	6.1.1 构造选择集	132
	6.1.2 快速选择	135
	6.1.3 构造对象组	135
6.2	复制类命令	136
	6.2.1 镜像命令	136
	6.2.2 上机练习——阀杆	136
	6.2.3 复制命令	138
	6.2.4 上机练习——弹簧	139
	6.2.5 偏移命令	142
	6.2.6 上机练习——胶垫	143
	6.2.7 阵列命令	145
	6.2.8 上机练习——密封垫	147
6.3	改变位置类命令	149
	6.3.1 移动命令	149
	6.3.2 缩放命令	149
	6.3.3 旋转命令	150
	6.3.4 上机练习——曲柄	152
6.4	对象编辑	153
	6.4.1 钳夹功能	153
	6.4.2 上机练习——连接盘绘制	155
	6.4.3 特性匹配	156
	6.4.4 上机练习——修改图形特性	157
	6.4.5 修改对象属性	158
6.5	改变图形特性	161
	6.5.1 删除命令	161
	6.5.2 修剪命令	161
	6.5.3 上机练习——胶木球	163
	6.5.4 延伸命令	165

	6.5.5	上机练习——螺堵		166
	6.5.6	拉伸命令		169
	6.5.7	上机练习——螺栓		169
	6.5.8	拉长命令		171
	6.5.9	上机练习——手把主视图		172
6.6	圆角和倒角			178
	6.6.1	圆角命令		178
	6.6.2	上机练习——手把移出断面图和左视图		179
	6.6.3	倒角命令		182
	6.6.4	上机练习——销轴		184
6.7	打断、合并和分解对象			186
	6.7.1	打断命令		186
	6.7.2	上机练习——删除过长中心线		187
	6.7.3	打断于点命令		187
	6.7.4	合并命令		188
	6.7.5	分解命令		188
	6.7.6	上机练习——槽轮		188
6.8	实例精讲——底座			190
6.9	学习效果自测			194
6.10	上机实验			195
	6.10.1	实验 1	绘制连接盘	195
	6.10.2	实验 2	绘制齿轮	196
	6.10.3	实验 3	绘制阀盖	196

第 7 章 文本与表格　　198

7.1	文本样式		199
	7.1.1	定义文本样式	199
	7.1.2	设置当前文本样式	200
7.2	文本标注		201
	7.2.1	单行文本标注	201
	7.2.2	多行文本标注	204
7.3	文本编辑		208
	7.3.1	用"编辑"命令编辑文本	208
	7.3.2	用"特性"选项板编辑文本	209
7.4	表格		209
	7.4.1	表格样式	209
	7.4.2	表格绘制	212
	7.4.3	表格编辑	214
	7.4.4	实例——齿轮参数表	214

7.5 实例精讲——A3样板图 ··· 217
7.6 上机实验 ·· 224
 7.6.1 实验1 绘制技术要求 ··· 224
 7.6.2 实验2 绘制标题栏 ··· 225

第8章 尺寸标注 ··· 226

8.1 尺寸样式 ·· 227
 8.1.1 新建或修改尺寸样式 ·· 227
 8.1.2 样式定制 ·· 230
8.2 标注尺寸 ·· 240
 8.2.1 线性标注 ·· 240
 8.2.2 上机练习——标注胶垫尺寸 ··································· 242
 8.2.3 直径和半径标注 ··· 246
 8.2.4 上机练习——标注胶木球尺寸 ································ 246
 8.2.5 角度型尺寸标注 ··· 247
 8.2.6 上机练习——标注压紧螺母尺寸 ····························· 248
 8.2.7 基线标注 ·· 252
 8.2.8 连续标注 ·· 252
 8.2.9 上机练习——标注阀杆尺寸 ··································· 253
 8.2.10 对齐标注 ·· 255
 8.2.11 上机练习——标注手把尺寸 ·································· 256
8.3 引线标注 ·· 262
 8.3.1 一般引线标注 ·· 262
 8.3.2 快速引线标注 ·· 264
 8.3.3 多重引线标注 ·· 266
 8.3.4 上机练习——标注销轴尺寸 ··································· 268
8.4 形位公差 ·· 270
8.5 实例精讲——标注底座尺寸 ··· 272
8.6 上机实验——绘制挂轮架 ·· 275

第9章 高效绘图工具 ··· 276

9.1 图块操作 ·· 277
 9.1.1 定义图块 ·· 277
 9.1.2 图块的存盘 ··· 278
 9.1.3 上机练习——胶垫图块 ··· 279
 9.1.4 图块的插入 ··· 280
 9.1.5 动态块 ··· 283
9.2 图块的属性 ··· 289
 9.2.1 定义图块属性 ·· 290

- 9.2.2 修改属性的定义 291
- 9.2.3 图块属性编辑 291
- 9.3 设计中心 294
  - 9.3.1 启动设计中心 294
  - 9.3.2 插入图块 295
  - 9.3.3 图形复制 295
- 9.4 工具选项板 296
  - 9.4.1 打开工具选项板 296
  - 9.4.2 工具选项板的显示控制 296
  - 9.4.3 新建工具选项板 297
  - 9.4.4 向工具选项板添加内容 298
- 9.5 实例精讲——标注销轴表面粗糙度 299
- 9.6 上机实验 302
  - 9.6.1 实验1 绘制图块 302
  - 9.6.2 实验2 标注表面粗糙度 302
  - 9.6.3 实验3 绘制盘盖组装图 303

第10章 零件图与装配图 304

- 10.1 完整零件图绘制方法 305
  - 10.1.1 零件图的内容 305
  - 10.1.2 零件图的绘制过程 305
- 10.2 手压阀阀体设计 305
  - 10.2.1 配置绘图环境 305
  - 10.2.2 绘制主视图 307
  - 10.2.3 绘制左视图 314
  - 10.2.4 绘制俯视图 318
  - 10.2.5 标注阀体 321
  - 10.2.6 填写技术要求和标题栏 328
- 10.3 完整装配图绘制方法 329
  - 10.3.1 装配图内容 329
  - 10.3.2 装配图绘制过程 329
- 10.4 手压阀装配平面图 330
  - 10.4.1 配置绘图环境 331
  - 10.4.2 创建图块 331
  - 10.4.3 装配零件图 332
  - 10.4.4 标注手压阀装配平面图 350
- 10.5 上机实验 356
  - 10.5.1 实验1 绘制轴承的4个零件图 356
  - 10.5.2 实验2 绘制装配图 358

第 11 章　三维造型绘制··359

11.1　三维坐标系统··360
11.1.1　坐标系建立··360
11.1.2　动态 UCS··361
11.2　动态观察··362
11.3　显示形式··364
11.3.1　消隐··364
11.3.2　视觉样式··365
11.3.3　视觉样式管理器··································366
11.4　绘制三维网格曲面····································367
11.4.1　平移网格··367
11.4.2　直纹网格··368
11.4.3　旋转网格··369
11.4.4　边界网格··369
11.4.5　上机练习——弹簧······························370
11.5　绘制基本三维网格····································372
11.5.1　绘制网格长方体··································373
11.5.2　绘制网格圆锥体··································373
11.6　绘制基本三维实体····································374
11.6.1　螺旋··374
11.6.2　长方体··375
11.6.3　圆柱体··376
11.6.4　上机练习——弯管接头······················377
11.7　布尔运算··380
11.7.1　三维建模布尔运算······························380
11.7.2　上机练习——深沟球轴承··················381
11.8　特征操作··383
11.8.1　拉伸··383
11.8.2　上机练习——胶垫······························384
11.8.3　旋转··386
11.8.4　上机练习——阀杆······························387
11.8.5　扫掠··388
11.8.6　上机练习——压紧螺母······················390
11.8.7　放样··394
11.8.8　拖拽··397
11.8.9　倒角··397
11.8.10　上机练习——销轴····························398
11.8.11　圆角··402

	11.8.12	上机练习——手把	403
11.9	渲染实体		408
	11.9.1	设置光源	408
	11.9.2	渲染环境	412
	11.9.3	贴图	413
	11.9.4	渲染	414
11.10	实例精讲——手压阀阀体		416
11.11	上机实验		432
	11.11.1	实验1 绘制泵盖	432
	11.11.2	实验2 绘制密封圈	433

第12章 三维造型编辑   434

12.1	特殊视图		435
	12.1.1	剖切	435
	12.1.2	上机练习——胶木球	435
12.2	编辑三维曲面		439
	12.2.1	三维阵列	439
	12.2.2	上机练习——手轮	440
	12.2.3	三维镜像	443
	12.2.4	上机练习——泵轴	443
	12.2.5	对齐对象	448
	12.2.6	三维移动	450
	12.2.7	上机练习——阀盖	450
	12.2.8	三维旋转	455
	12.2.9	上机练习——压板	456
12.3	编辑实体		460
	12.3.1	拉伸面	460
	12.3.2	上机练习——顶针	461
	12.3.3	移动面	463
	12.3.4	偏移面	464
	12.3.5	删除面	465
	12.3.6	上机练习——镶块	465
	12.3.7	旋转面	468
	12.3.8	上机练习——轴支架	469
	12.3.9	倾斜面	473
	12.3.10	上机练习——机座	473
	12.3.11	复制面	476
	12.3.12	着色面	476
	12.3.13	复制边	477

		12.3.14	上机练习——支架	477
		12.3.15	着色边	482
		12.3.16	压印边	483
		12.3.17	清除	483
		12.3.18	分割	484
		12.3.19	抽壳	484
		12.3.20	检查	485
		12.3.21	夹点编辑	485
		12.3.22	上机练习——齿轮	486
	12.4	实例精讲——手压阀三维装配图		492
		12.4.1	配置绘图环境	493
		12.4.2	装配泵体	493
		12.4.3	装配阀杆	494
		12.4.4	装配密封垫	496
		12.4.5	装配压紧螺母	496
		12.4.6	装配弹簧	498
		12.4.7	装配胶垫	501
		12.4.8	装配底座	502
		12.4.9	装配手把	503
		12.4.10	装配销轴	504
		12.4.11	装配销	506
		12.4.12	装配胶木球	508
		12.4.13	1/4 剖切手压阀装配图	510
	12.5	上机实验		511
		12.5.1	实验 1　绘制壳体	511
		12.5.2	实验 2　绘制轴	512

附录 ……………………………………………………………………………… 513

二维码索引 …………………………………………………………………… 518

第 1 章

AutoCAD 2018入门

本章将循序渐进地介绍 AutoCAD 2018 绘图的基本知识、设置图形的系统参数的方法,以及建立新的图形文件、打开已有文件的方法等。

学习要点

- 绘图环境与操作界面
- 文件管理
- 基本输入操作

1.1 绘图环境与操作界面

1.1.1 操作界面简介

AutoCAD 的操作界面是 AutoCAD 显示、编辑图形的区域。一个完整的 AutoCAD 经典操作界面如图 1-1 所示,包括标题栏、绘图区、十字光标、菜单栏、坐标系图标、命令行窗口、状态栏、布局选项卡和导航栏等。

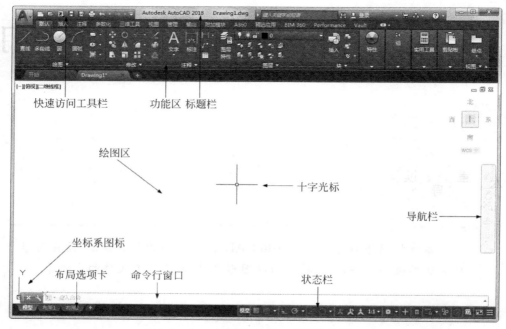

图 1-1 AutoCAD 2018 中文版的操作界面

自 AutoCAD 2009 版本开始,AutoCAD 界面有不同的显示风格。有时系统显示的界面并不是图 1-1 所示的 AutoCAD 经典界面,为了与旧版本界面的风格统一,也为了便于熟悉旧版本界面的读者学习,本书主要基于 AutoCAD 经典界面讲解。具体的转换方法是单击界面右下角的"切换工作空间"按钮,如图 1-2 所示,打开菜单,从中选择"AutoCAD 经典"选项,系统将转换到 AutoCAD 经典界面。

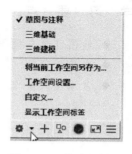

图 1-2 工作空间转换

1. 标题栏

AutoCAD 2018 中文版操作界面的最上端是标题栏。标题栏显示了系统当前正在运行的应用程序(AutoCAD 2018)和用户正在使用的图形文件。启动 AutoCAD 2018 时,标题栏将显示 AutoCAD 2018 在启动时创建并打开的图形文件的名称"Drawing1.dwg",如图 1-1 所示。

第 1 章　AutoCAD 2018入门

2．菜单栏

在 AutoCAD 快速访问工具栏处调出菜单栏，如图 1-3 所示，调出后的菜单栏如图 1-4 所示。同其他 Windows 程序一样，AutoCAD 的菜单也是下拉形式的，并且菜单中包含子菜单。

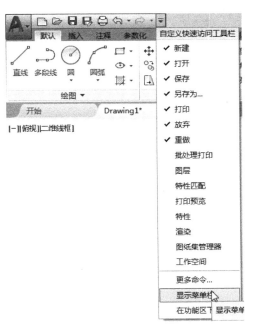

图 1-3　调出菜单栏

图 1-4　菜单栏显示界面

AutoCAD 的菜单栏中包含 12 个菜单，分别为"文件""编辑""视图""插入""格式""工具""绘图""标注""修改""参数""窗口""帮助"，这些菜单几乎包含了 AutoCAD 的所有绘图命令，后面的章节将围绕这些菜单展开讨论。一般来讲，AutoCAD 下拉菜单中的命令有以下 3 种。

1) 带有小三角形的菜单命令

这种类型的命令后面带有级联菜单。例如，单击菜单栏中的"绘图"菜单，选择其下拉菜单中的"圆"命令，屏幕上就会进一步下拉出"圆"级联菜单中所包含的命令，如图 1-5 所示。

2) 打开对话框的菜单命令

这种类型的命令后面带有省略号。例如，单击菜单栏中的"格式"菜单，选择其下拉菜单中的"表格样式"命令，如图 1-6 所示，屏幕上就会弹出对应的"表格样式"对话框，如图 1-7 所示。

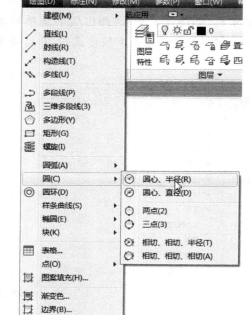

图 1-5 带有级联菜单的菜单命令

图 1-6 打开相应对话框的菜单命令

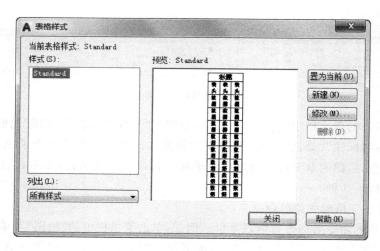

图 1-7 "表格样式"对话框

3) 直接操作的菜单命令

这种类型的命令将直接进行相应的绘图或其他操作。例如,选择"视图"菜单中的"重画"命令,如图 1-8 所示,系统将刷新显示所有视口。

第1章　AutoCAD 2018入门

3．工具栏

工具栏是一组图标型工具的集合，选择菜单栏中的"工具"→"工具栏"→AutoCAD命令，调出所需要的工具栏，把光标移动到某个图标，稍停片刻即在该图标一侧显示相应的工具提示。此时，点取图标也可以启动相应命令。

1）设置工具栏

选择菜单栏中的"工具"→"工具栏"→AutoCAD命令，调出所需要的工具栏，如图1-9所示。单击某一个未在界面显示的工具栏名，系统会自动在界面打开该工具栏；反之，关闭工具栏。

图1-8　直接执行的菜单命令

图1-9　调出工具栏

· 5 ·

2）工具栏的"固定""浮动""打开"

工具栏可以在绘图区"浮动",此时显示该工具栏标题,并可关闭该工具栏。用鼠标可以拖动"浮动"工具栏到图形区边界,使它变为"固定"工具栏,此时工具栏标题隐藏。也可以把"固定"工具栏拖出,使它成为"浮动"工具栏,如图 1-10 所示。

图 1-10 "浮动"工具栏

在有些图标的右下角带有一个小三角,单击它会打开相应的工具栏,按住鼠标左键将光标移动到某一图标上然后松开,该图标就为当前图标。单击当前图标,执行相应命令,如图 1-11 所示。

图 1-11 "三维导航"工具栏

4．快速访问工具栏

该工具栏包括"新建""打开""保存""另存为""打印""放弃""重做"和"工作空间"等常用的工具按钮。用户也可以单击此工具栏后面的小三角按钮,选择设置需要的常用工具。

5．功能区

功能区包括"默认""插入""注释""参数化""视图""管理""输出"插件和 Autodesk 360 等选项卡,功能区中集成了相关的操作工具,便于用户使用。用户可以单击功能区选项板后面的按钮 ,控制功能区的展开与收缩。打开或关闭功能区的操作方法如下。

命令行:输入 RIBBON(或 RIBBONCLOSE)。

菜单栏:执行菜单栏中的"工具"→"选项板"→"功能区"命令。

第1章　AutoCAD 2018入门

6. 绘图区

绘图区是指在标题栏下方的大片空白区域。绘图区域是用户使用 AutoCAD 绘制图形的区域，用户完成一幅设计图形的主要工作都是在绘图区域中完成的。

在绘图区域中，还有一个作用类似光标的十字线，其交点反映了光标在当前坐标系中的位置。在 AutoCAD 中，该十字线称为光标，AutoCAD 通过光标显示当前点的位置。十字线的方向与当前用户坐标系的 X 轴、Y 轴方向平行，十字线的长度系统预设为屏幕大小的 5%。

在默认情况下，AutoCAD 的绘图窗口是黑色背景、白色线条，这不符合绝大多数用户的习惯，因此修改绘图窗口颜色是大多数用户都需要进行的操作。

修改绘图窗口颜色的步骤如下：

（1）选择"工具"下拉菜单中的"选项"命令，打开"选项"对话框，打开如图 1-12 所示的"显示"选项卡，单击"窗口元素"区域中的"颜色"按钮，将打开如图 1-13 所示的"图形窗口颜色"对话框。

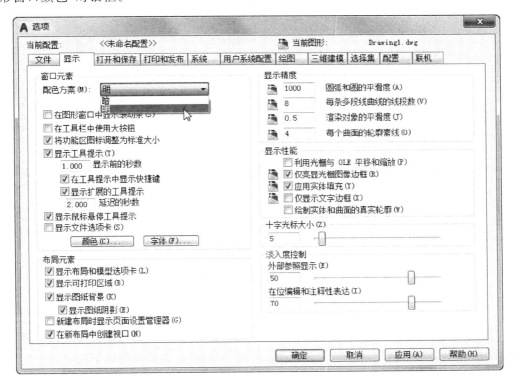

图 1-12　"选项"对话框

（2）单击"图形窗口颜色"对话框中"颜色"下拉列表框右侧的下三角按钮，在打开的下拉列表中，选择需要的窗口颜色，然后单击"应用并关闭"按钮，此时 AutoCAD 的绘图窗口就变成了窗口背景色，通常按视觉习惯选择白色为窗口颜色。

7. 坐标系图标

绘图区的左下角有一个指向图标，称为坐标系图标，表示用户绘图时正使用的坐标

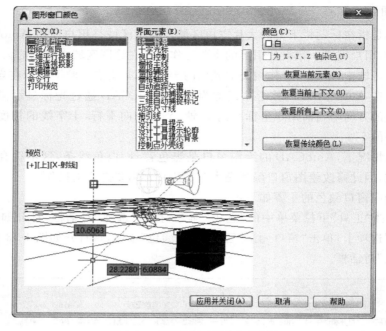

图 1-13 "图形窗口颜色"对话框

系样式。坐标系图标的作用是为点的坐标确定一个参照系,详细情况将在后面小节介绍。根据工作需要,用户可以选择将其关闭,方法是单击"视图"选项卡"视口工具"面板中的"UCS 图标"按钮 ,将其以灰色状态显示,如图 1-14 所示。

图 1-14 "视图"选项卡

8．命令行窗口

命令行窗口是输入命令名和显示命令提示的区域,默认命令行窗口布置在绘图区下方,由若干文本行构成,如图 1-15 所示。对命令行窗口,需要说明以下几点。

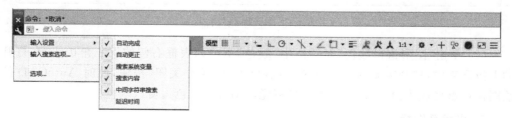

图 1-15 命令行窗口

(1) 移动拆分条,可以扩大或缩小命令行窗口。

(2) 可以拖动命令行窗口,布置在绘图区的其他位置。默认情况下,它在绘图区的下方。

(3) 对于当前命令行窗口中输入的内容,可以按 F2 键用文本编辑的方法进行编辑,如图 1-16 所示。AutoCAD 文本窗口和命令行窗口相似,可以显示当前 AutoCAD 进程中命令的输入和执行过程。在执行 AutoCAD 某些命令时,会自动切换到 AutoCAD 文本窗口,列出有关信息。

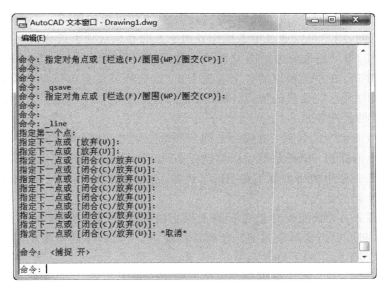

图 1-16 AutoCAD 文本窗口

(4) AutoCAD 通过命令行窗口反馈各种信息,包括出错信息,因此,用户要时刻关注在命令行窗口中出现的信息。

9．状态栏

状态栏在操作界面的底部,依次有"坐标""模型空间""栅格""捕捉模式""推断约束""动态输入""正交模式""极轴追踪""等轴测草图""对象捕捉追踪""二维对象捕捉""线宽""透明度""选择循环""三维对象捕捉""动态 UCS""选择过滤""小控件""注释可见性""自动缩放""注释比例""切换工作空间""注释监视器""单位""快捷特性""锁定用户界面""隔离对象""硬件加速""全屏显示"和"自定义"30 个功能按钮,如图 1-17 所示。单击这些开关按钮,可以实现这些功能的开和关。通过部分按钮也可以控制图形或绘图区的状态。

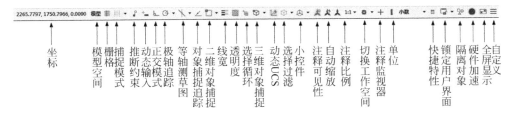

图 1-17 状态栏

10．布局选项卡

AutoCAD 系统默认设定一个"模型"选项卡和"布局 1""布局 2"两个图纸空间选项卡。这里有两个概念需要解释一下。

（1）模型。AutoCAD 的空间分模型空间和图纸空间两种。模型空间是通常绘图的环境；而在图纸空间中，用户可以创建叫作"浮动视口"的区域，以不同视图显示所绘图形。用户可以在图纸空间中调整浮动视口，并决定所包含视图的缩放比例。如果用户选择图纸空间，则可打印多个视图，也可以打印任意布局的视图。AutoCAD 系统默认打开模型空间，用户可以通过单击操作界面下方的布局选项卡选择需要的布局。

（2）布局。布局是系统为绘图设置的一种环境，包括图样大小、尺寸单位、角度设定、数值精确度等，在系统预设的 3 个选项卡中，这些环境变量都按默认设置。用户可根据实际需要改变这些变量的值，具体方法在此暂且从略。用户也可以根据需要设置符合自己要求的新选项卡。

- 模型或图纸空间转换：在模型空间与图纸空间之间进行转换。
- 显示图形栅格：栅格是覆盖用户坐标系（UCS）的整个 XY 平面的直线或点的矩形图案。使用栅格类似于在图形下放置一张坐标纸，可以对齐对象并直观显示对象之间的距离。
- 捕捉模式：对象捕捉对于在对象上指定精确位置非常重要。不论何时提示输入点，都可以指定对象捕捉。在默认情况下，当光标移到对象的对象捕捉位置时，将显示标记和工具提示。
- 正交限制光标：将光标限制在水平或垂直方向上移动，以便于精确地创建和修改对象。当创建或移动对象时，可以使用"正交"模式将光标限制在相对于用户坐标系（UCS）的水平或垂直方向上。
- 按指定角度限制光标（极轴追踪）：使用极轴追踪，光标将按指定角度进行移动。创建或修改对象时，可以使用"极轴追踪"来显示由指定的极轴角度所定义的临时对齐路径。
- 等轴测草图：通过设定"等轴测捕捉/栅格"，可以很容易地沿三个等轴测平面之一对齐对象。尽管等轴测图形看似三维图形，但它实际上是二维表示。因此，不能期望提取三维距离和面积、从不同视点显示对象或自动消除隐藏线。
- 显示捕捉参照线（对象捕捉追踪）：使用对象捕捉追踪，可以沿着基于对象捕捉点的对齐路径进行追踪。已获取的点将显示一个小加号（＋）。一次最多可以获取 7 个追踪点。获取点之后，当在绘图路径上移动光标时，将显示相对于获取点的水平、垂直或极轴对齐路径。例如，可以基于对象端点、中点或者交点，沿着某个路径选择一点。
- 将光标捕捉到二维参照点（对象捕捉）：使用执行对象捕捉设置（也称为对象捕捉），可以在对象上的精确位置指定捕捉点。选择多个选项后，将应用选定的捕捉模式，以返回距离靶框中心最近的点。按 Tab 键，可以在这些选项之间循环。
- 显示注释对象：当图标亮显时，表示显示所有比例的注释对象；当图标变暗时，表示仅显示当前比例的注释对象。
- 在注释比例发生变化时，将比例添加到注释性对象：注释比例更改时，自动将比例添加到注释性对象。
- 当前视图的注释比例：单击注释比例右下角小三角符号，界面弹出注释比例列表，如图 1-18 所示。可以根据需要选择适当的注释比例。
- 切换工作空间：进行工作空间转换。
- 注释监视器：打开仅用于所有事件或模型文档事件的注释监视器。
- 隔离对象：当选择隔离对象时，在当前视图中显示选定对象，所有其他对象都暂时隐藏；当选择隐藏对象时，在当前视图中暂时隐藏选定对象，所有其他对象都可见。
- 硬件加速：设定图形卡的驱动程序以及设置硬件加速的选项。
- 全屏显示：单击该按钮可以清除操作界面中的标题栏、工具栏和选项板等界面元素，使 AutoCAD 的绘图区全屏显示，如图 1-19 所示。
- 自定义：状态栏可以提供重要信息，而无须中断工作流。使用 MODEMACRO 系统变量可将应用程序所能识别的大多数数据显示在状态栏中。使用该系统变量的计算、判断和编辑功能可以完全按照用户的要求构造状态栏。

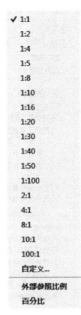

图 1-18　注释比例列表

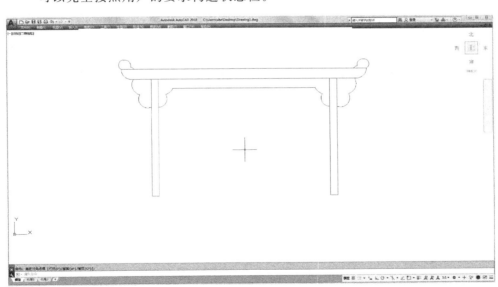

图 1-19　全屏显示

11. 滚动条

AutoCAD 2018 默认界面不显示滚动条的，需要把它调出来。选择菜单栏中的"工具"→"选项"命令，打开"选项"对话框，单击"显示"选项卡，将"窗口元素"选项区中的"在图形窗口中显示滚动条"复选框选中，如图 1-20 所示。

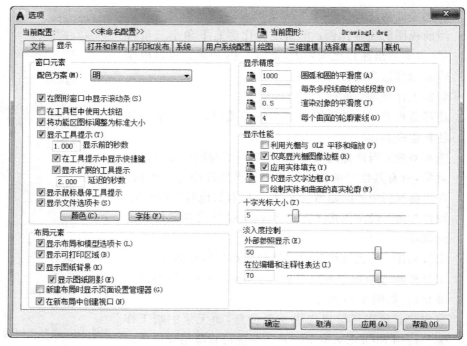

图 1-20 "选项"对话框中的"显示"选项卡

滚动条包括水平和垂直滚动条,用于上、下或左、右移动绘图窗口内的图形。按住鼠标左键拖动滚动条中的滑块或单击滚动条两侧的三角按钮,即可移动图形,如图 1-21 所示。

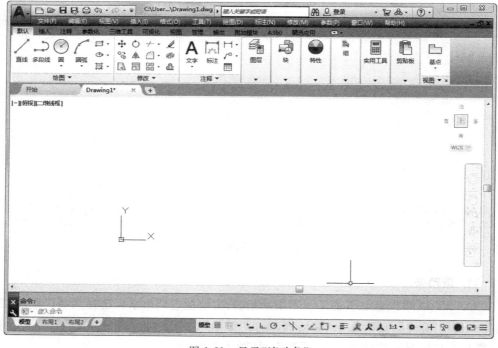

图 1-21 显示"滚动条"

12. 导航栏

导航栏是一种用户界面元素，用户可以从中访问通用导航工具和特定于产品的导航工具。

导航栏中提供以下通用导航工具：

- 平移：平行于屏幕移动视图；
- "缩放"工具：一组导航工具，用于增大或缩小模型的当前视图的比例；
- 动态观察工具：用于旋转模型当前视图的导航工具集；
- Show Motion：用户界面元素，可提供用于创建和回放以便进行设计、查看、演示和书签样式导航的屏幕显示。

1.1.2 配置绘图系统

由于每台计算机所使用的显示器、输入设备和输出设备的类型不同，用户喜好的风格及计算机的目录设置也不同，所以每台计算机都是独特的。一般来讲，使用 AutoCAD 2018 的默认配置就可以绘图，但为了使用定点设备或打印机，提高绘图的效率，用户在开始作图前应先进行必要的配置。

1. 执行方式

命令行：PREFERENCES。

菜单栏：执行菜单栏中的"工具"→"选项"命令。

右键菜单：选项（右击，系统打开右键菜单，其中包括一些最常用的命令，如图 1-22 所示）。

2. 操作步骤

执行上述命令后，系统自动打开"选项"对话框，用户可以在该对话框中选择有关选项，对系统进行配置。下面只就其中主要的几个选项卡进行说明，其他配置选项在后面用到时再作具体说明。

"选项"对话框中的第 5 个选项卡为"系统"选项卡，如图 1-23 所示，该选项卡用来设置 AutoCAD 系统的有关特性。

"选项"对话框中的第 2 个选项卡为"显示"选项卡，如图 1-24 所示，该选项卡用来控制 AutoCAD 窗口的外观，如设定屏幕菜单、屏幕颜色、光标大小、滚动条显示与否、命令行窗口中的文字行数、AutoCAD 的版面布局设置、各实体的显示分辨率以及 AutoCAD 运行时的其他各项性能参数等。有关选项的设置，读者可以自己参照帮助文件学习。

图 1-22 右键菜单

注意：在设置实体显示分辨率时，请务必记住，显示质量越高，即分辨率越高，计算机计算的时间越长，千万不要将其设置得太高。显示质量设定在合理的程度上是很重要的。

在默认情况下，AutoCAD 2018 的绘图窗口是白色背景、黑色线条，有时需要修改绘图窗口颜色。修改绘图窗口颜色的步骤如下。

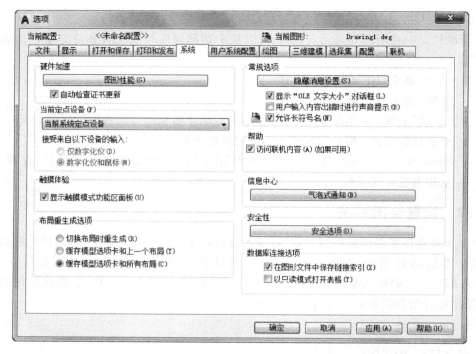

图 1-23 "系统"选项卡

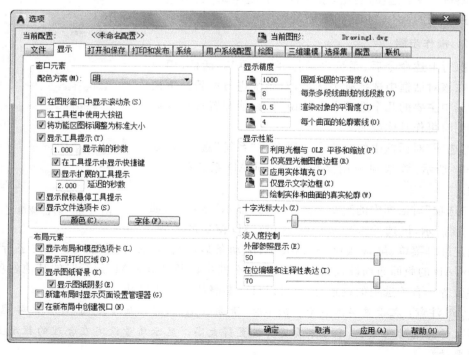

图 1-24 "显示"选项卡

第1章　AutoCAD 2018入门

(1) 在菜单栏中选择"工具"→"选项"命令,屏幕上弹出"选项"对话框。选择"显示"选项卡,单击"窗口元素"选项区中的"颜色"按钮,将弹出如图1-25所示的"图形窗口颜色"对话框。

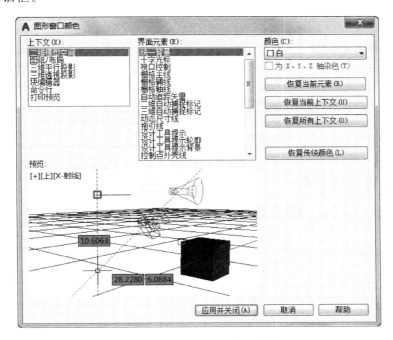

图1-25　"图形窗口颜色"对话框

(2) 单击"图形窗口颜色"对话框中"颜色"下拉列表框右侧的下三角按钮,在打开的下拉列表中,选择需要的窗口颜色,然后单击"应用并关闭"按钮。此时,AutoCAD 2018的绘图窗口变成了刚设置的颜色。

1.1.3　设置绘图环境

进入AutoCAD 2018绘图环境后,首先需要设置绘图单位,步骤如下。

1. 执行方式

命令行：DDUNITS(或UNITS)。

菜单栏：执行菜单栏中的"格式"→"单位"命令。

2. 操作步骤

执行上述命令后,系统打开"图形单位"对话框,如图1-26所示。该对话框用于定义单位和角度格式。

3. 选项说明

各选项的含义如表1-1所示。

图1-26　"图形单位"对话框

表 1-1 "设置绘图环境"命令各选项含义

选 项	含 义
"长度"与"角度"选项区	指定测量的长度与角度的当前单位及当前单位的精度
"插入时的缩放单位"下拉列表框	控制使用工具选项板（如 DesignCenter 或 i-drop）插入到当前图形的块的测量单位。 如果块或图形创建时使用的单位与该选项指定的单位不同，则在插入这些块或图形时，将对其按比例缩放。插入比例是源块或图形使用的单位与目标图形使用的单位之比。如果插入块时不按指定单位缩放，则选择"无单位"选项
"方向"按钮	单击该按钮，系统打开"方向控制"对话框，如图 1-27 所示。在该对话框中可进行方向控制设置

1.1.4 设置图形界限

设置完绘图单位后，应进行绘图边界的设置，具体步骤如下。

1. 执行方式

命令行：LIMITS。

菜单栏：执行菜单栏中的"格式"→"图形界限"命令。

图 1-27 "方向控制"对话框

2. 操作步骤

```
命令：LIMITS
重新设置模型空间界限：
指定左下角点或 [开(ON)/关(OFF)] <0.0000,0.0000>:(输入图形边界左下角的坐标后按 Enter 键)
指定右上角点 <420.0000,297.0000>:(输入图形边界右上角的坐标后按 Enter 键)
```

3. 选项说明

各选项的含义如表 1-2 所示。

表 1-2 "设置图形界限"命令各选项含义

选 项	含 义
开(ON)	使绘图边界有效。系统将在绘图边界以外拾取的点视为无效
关(OFF)	使绘图边界无效。用户可以在绘图边界以外拾取点或实体
动态输入角点坐标	用户可以直接在屏幕上输入角点坐标，输入横坐标值后，按","键，接着输入纵坐标值，如图 1-28 所示；也可以在光标位置直接单击，以确定角点位置

图 1-28 动态输入角点坐标

1.2 文件管理

本节将介绍有关文件管理的一些基本操作方法,包括新建文件、打开已有文件、保存文件、删除文件等,这些都是进行 AutoCAD 2018 操作最基础的知识。

1.2.1 新建文件

1. 执行方式

命令行:NEW。
菜单栏:执行菜单栏中的"文件"→"新建"命令。
工具栏:单击"标准"工具栏中的"新建"按钮 。

2. 操作步骤

执行上述命令后,系统打开如图 1-29 所示的"选择样板"对话框,在"文件类型"下拉列表框中有 3 种格式的图形样板,扩展名分别是.dwt、.dwg 和.dws。一般情况下,.dwt 文件是标准的样板文件,通常将一些规定的标准性的样板文件设成.dwt 文件;.dwg 文件是普通的样板文件;而.dws 文件是包含标准图层、标注样式、线型和文字样式的样板文件。

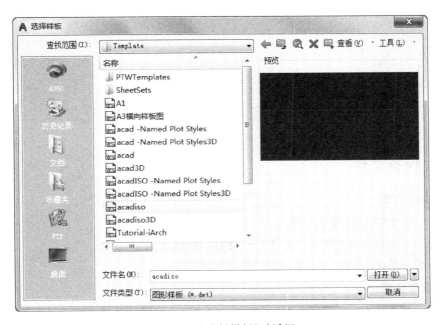

图 1-29 "选择样板"对话框

1.2.2 打开文件

1. 执行方式

命令行：OPEN。

菜单栏：执行菜单栏中的"文件"→"打开"命令。

工具栏：单击"标准"工具栏中的"打开"按钮 。

2. 操作步骤

执行上述命令后，系统打开"选择文件"对话框，如图 1-30 所示。在"文件类型"下拉列表框中，用户可选择.dwg 文件、.dwt 文件、.dxf 文件和.dws 文件。其中，.dxf 文件是用文本形式存储的图形文件，能够被其他程序读取，许多第三方应用软件都支持.dxf 格式。

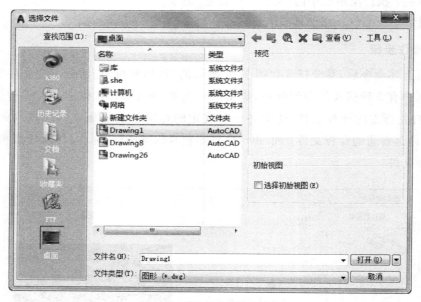

图 1-30 "选择文件"对话框

1.2.3 保存文件

1. 执行方式

命令行：QSAVE(或 SAVE)。

菜单栏：执行菜单栏中的"文件"→"保存"命令。

工具栏：单击"标准"工具栏中的"保存"按钮 。

2. 操作步骤

执行上述命令后，若文件已命名，则 AutoCAD 自动保存；若文件未命名(即为默认名 drawing1.dwg)，则系统打开"图形另存为"对话框，如图 1-31 所示，用户可以命名保存。在"保存于"下拉列表框中，可以指定保存文件的路径；在"文件类型"下拉列表框中，可以指定保存文件的类型。

图 1-31 "图形另存为"对话框

1.2.4 另存文件

1. 执行方式

命令行：SAVEAS。

菜单栏：执行菜单栏中的"文件"→"另存为"命令。

2. 操作步骤

执行上述命令后，系统打开"图形另存为"对话框，如图 1-31 所示，AutoCAD 用另存名保存，并把当前图形更名。

1.2.5 退出

1. 执行方式

命令行：QUIT 或 EXIT。

菜单栏：执行菜单栏中的"文件"→"退出"命令。

按钮：单击 AutoCAD 操作界面右上角的"关闭"按钮 。

2. 操作步骤

命令：QUIT(或 EXIT)

执行上述命令后，若用户对图形所做的修改尚未保存，则会弹出如图 1-32 所示的系统警告对话框。单击"是"按钮，系统将保存文件，然后退出；单击"否"按钮，系统将不保存文件。若用户对图形所做的修改已经保存，则直接退出。

图 1-32 系统警告对话框

1.3 基本输入操作

本节将介绍 AutoCAD 的一些基本输入操作命令或知识。这些知识属于学习 AutoCAD 软件的一些基础,也是非常重要的知识,了解这些知识,有助于方便、快捷地操作软件。

1.3.1 命令输入方式

AutoCAD 交互绘图必须输入必要的指令和参数。其中有多种 AutoCAD 命令输入方式(以画直线为例),介绍如下。

1. 在命令行窗口输入命令名

命令字符可不区分大小写。例如:LINE。执行命令时,在命令行提示中经常会出现命令选项。如输入绘制直线命令 LINE 后,命令行中的提示如下。

```
命令:LINE
指定第一个点:(在屏幕上指定一点或输入一个点的坐标)
指定下一点或 [放弃(U)]:
```

选项中不带括号的提示为默认选项,因此可以直接输入直线段的起点坐标,或在屏幕上指定一点,如果要选择其他选项,则应该先输入该选项的标识字符,如"放弃"选项的标识字符 U,然后按系统提示输入数据即可。在命令选项的后面有时还带有尖括号,尖括号内的数值为默认数值。

2. 在命令行窗口输入命令缩写字

命令缩写字即命令名的缩写,如 L(Line)、C(Circle)、A(Arc)、Z(Zoom)、R(Redraw)、M(More)、CO(Copy)、PL(Pline)、E(Erase)等。

3. 选取绘图菜单中的命令

选取选项后,可以在命令行窗口中看到对应的命令说明及命令名。

4. 单击工具栏中的对应图标

单击图标后,也可以在命令行窗口中看到对应的命令说明及命令名。

5. 在绘图区右击

如果用户要重复使用上次使用的命令,可以直接在绘图区右击,这时系统便会立即重复执行上次使用的命令,如图 1-33 所示。这种方法适用于重复执行某个命令。

图 1-33 命令行右键快捷菜单

1.3.2 命令的重复、撤销、重做

1．命令的重复

在命令行窗口中按 Enter 键可重复调用上一个命令,而不管上一个命令是完成了还是被取消了。

2．命令的撤销

在命令执行的任何时刻都可以取消和终止命令的执行。

执行方式如下。

命令行：UNDO。

菜单栏：执行菜单栏中的"编辑"→"放弃"命令。

快捷键：Esc。

3．命令的重做

已被撤销的命令还可以恢复重做。

执行方式：

命令行：REDO。

菜单栏：执行菜单栏中的"编辑"→"重做"命令。

AutoCAD 2018 可以一次执行多重放弃和重做操作。单击快速访问工具栏中的"撤销"或"重做"按钮,可以选择要放弃或重做的操作,如图 1-34 所示。

图 1-34 多重放弃或重做

1.3.3 透明命令

在 AutoCAD 2018 中,有些命令不仅可以直接在命令行中使用,而且可以在其他命令的执行过程中插入并执行,待该命令执行完毕后,系统继续执行原命令,这种命令称为透明命令。透明命令一般为修改图形设置或打开辅助绘图工具的命令。

1.3.2 节所述 3 种命令执行方式同样适用于透明命令的执行。如：

```
命令：ARC
指定圆弧的起点或 [圆心(C)]：'_pan      （透明使用命令 PAN）
>>按 Esc 或 Enter 键退出，或右击显示快捷菜单.
正在恢复执行 ARC 命令.
指定圆弧的起点或 [圆心(C)]:(继续执行原命令)
```

1.3.4 按键定义

在 AutoCAD 2018 中，除了可以通过在命令行窗口输入命令、单击工具栏图标或单击菜单项进行工作，还可以使用键盘上的功能键或快捷键。通过这些功能键或快捷键，可以快速实现指定功能。如按 F1 键，系统将调用 AutoCAD 帮助对话框。

系统使用 AutoCAD 传统标准（Windows 之前）或 Microsoft Windows 标准解释快捷键。有些功能键或快捷键在 AutoCAD 的菜单中已经指出，如"粘贴"的快捷键为 Ctrl+V，只要用户在使用的过程中多加留意，就会熟练掌握。

1.3.5 命令执行方式

有的命令有两种执行方式，即通过对话框或在命令行输入命令。如指定使用命令行窗口方式，可以在命令名前加连字符来表示，如-LAYER 表示用命令行方式执行"图层"命令；而如果在命令行输入 LAYER，系统则会自动打开"图层"对话框。

另外，有些命令同时存在命令行、菜单和工具栏 3 种执行方式，这时如果选择菜单或工具栏方式，命令行会显示该命令，并在前面加下划线。如通过菜单或工具栏方式执行"直线"命令时，命令行会显示_LINE，命令的执行过程和结果与命令行方式相同。

1.3.6 数据的输入方法

在 AutoCAD 2018 中，点的坐标可以用直角坐标、极坐标、球面坐标和柱面坐标表示，每一种坐标又分别具有两种坐标输入方式：绝对坐标和相对坐标。其中，直角坐标和极坐标最为常用，下面主要介绍它们的输入方法。

1. 直角坐标法

用点的 X、Y 坐标值表示的坐标为直角坐标。例如，在命令行中输入点的坐标提示下，输入"15,18"，则表示输入了一个 X、Y 坐标值分别为 15、18 的点。此为绝对坐标输入方式，表示该点的坐标是相对于当前坐标原点的坐标值，如图 1-35(a)所示。如果输入"@10,20"，则为相对坐标输入方式，表示该点的坐标是相对于前一点的坐标值，如图 1-35(b)所示。

2. 极坐标法

用长度和角度表示的坐标为极坐标，它只能用来表示二维点的坐标。

在绝对坐标输入方式下，表示为"长度＜角度"，如"25＜50"，其中长度为该点到坐标原点的距离，角度为该点至原点的连线与 X 轴正向的夹角，如图 1-35(c)所示。

在相对坐标输入方式下，表示为"@长度＜角度"，如"@25＜45"，其中长度为该点

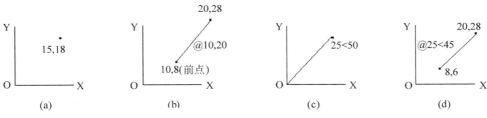

图 1-35　数据输入方法

到上一点的距离,角度为该点至上一点的连线与 X 轴正向的夹角,如图 1-35(d)所示。

3．动态数据输入

单击状态栏上的"动态输入"按钮,系统打开动态输入功能,用户可以在屏幕上动态地输入某些参数数据。例如,绘制直线时,光标附近会动态显示"指定第一点"以及后面的坐标框,当前显示的是光标所在位置,可以输入数据,两个数据之间以逗号隔开,如图 1-36 所示。指定第一点后,系统动态显示直线的角度,同时要求输入线段长度值,如图 1-37 所示,其输入效果与"@长度＜角度"方式相同。

图 1-36　动态输入坐标值　　　　　图 1-37　动态输入长度值

下面分别介绍点与距离值的输入方法。

1）点的输入

在绘图过程中,常需要输入点的位置,AutoCAD 提供了如下几种输入点的方式。

（1）用键盘直接在命令行窗口中输入点的坐标。直角坐标有两种输入方式:"X,Y"(点的绝对坐标值,如"100,50")和"@x,y"(相对于上一点的相对坐标值,如"@50,－30")。坐标值均相对于当前的用户坐标系。

极坐标的输入方式为"长度＜角度"(绝对坐标方式,如"20＜45")或"@长度＜角度"(相对坐标方式,如"@50＜－30")。

（2）用鼠标等定点设备移动光标在屏幕上直接单击。

（3）用目标捕捉方式捕捉屏幕上已有图形的特殊点,如端点、中点、中心点、插入点、交点、切点、垂足等。

（4）直接输入距离。先用鼠标拖拉出橡筋线确定方向,然后用键盘输入距离。这样有利于准确控制对象的长度等参数,如要绘制一条 10mm 长的线段,方法如下。

```
命令: LINE
指定第一个点: (在屏幕上指定一点)
指定下一点或 [放弃(U)]: 10
```

这时在屏幕上移动光标指明线段的方向,但不要单击确认,如图 1-38 所示;然后在命令行输入10,这样就在指定方向上准确地绘制了长度为10mm 的线段。

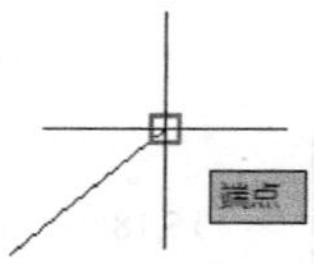

2)距离值的输入

在 AutoCAD 中,有时需要提供高度、宽度、半径、长度等距离值。AutoCAD 提供了两种输入距离值的方式:一种是用键盘在命令行窗口中直接输入数值;另一种是在屏幕上拾取两点,以两点的距离值定出所需数值。

图 1-38 绘制直线

1.4 上机实验

1.4.1 实验 1 设置绘图环境

1.目的要求

任何图形文件都有特定的绘图环境,包括图形边界、绘图单位、角度等。绘图环境通常通过单独的命令来设置。通过学习设置绘图环境,可以促进读者对图形总体环境的认识。

2.操作提示

(1)选择菜单栏中的"文件"→"新建"命令,系统打开"选择样板"对话框。

(2)选择合适的样板,单击"打开"按钮,打开一个新的图形文件。

(3)选择菜单栏中的"格式"→"单位"命令,系统打开"图形单位"对话框,可在其中进行相关设置。

(4)逐项设置:长度为"小数",精度为 0.00;角度为"十进制度数",精度为 0;角度方向为"顺时针";插入单位为"毫米"。然后单击"确定"按钮。

1.4.2 实验 2 熟悉操作界面

1.目的要求

操作界面是用户绘制图形的平台,其中各个部分都有其独特的功能,熟悉操作界面有助于用户方便、快速地进行绘图。本实验要求读者了解操作界面各部分的功能,掌握改变绘图窗口颜色和光标大小的方法,能够熟练地打开、移动、关闭工具栏。

2.操作提示

(1)启动 AutoCAD 2018,进入绘图界面。

(2)调整操作界面大小。

(3)设置绘图窗口颜色与光标大小。

(4)打开、移动、关闭工具栏。

(5)尝试分别利用命令行、下拉菜单和工具栏绘制一条线段。

1.4.3 实验3 管理图形文件

1．目的要求

图形文件管理包括文件的新建、打开、保存、加密、退出等。本实验要求读者熟练掌握.dwg 文件的保存、自动保存及打开的方法。

2．操作提示

（1）启动 AutoCAD 2018，进入绘图界面。

（2）打开一幅已经保存过的图形。

（3）进行自动保存设置。

（4）将图形以新的名称保存。

（5）尝试在图形上绘制任意图形。

（6）关闭该图形文件。

（7）尝试重新打开按新名称保存的原图形文件。

基本绘图设置

本章介绍 AutoCAD 2018 的基本二维绘图设置,主要包括基本绘图参数、显示图形、图层的设置。

学 习 要 点

- ◆ 基本绘图参数
- ◆ 显示图形
- ◆ 图层

2.1 基本绘图参数

绘制一幅图形时,需要设置一些基本参数,如图形单位、图幅界限等,下面进行简要介绍。

2.1.1 设置图形单位

在 AutoCAD 中,任何图形都有其大小、精度和所采用的单位,屏幕上显示的仅为屏幕单位,但屏幕单位应该对应一个真实的单位。不同的单位其显示格式也不同。

1．执行方式

命令行：DDUNITS(或 UNITS,快捷命令：UN)。

菜单栏：执行菜单栏中的"格式"→"单位"命令。

2．选项说明

各选项的含义如表 2-1 所示。

表 2-1 "设置图形单位"命令各选项含义

选　　项	含　　义
"长度"与"角度"选项区	指定测量的长度与角度的当前单位及精度
"插入时的缩放单位"选项区	控制插入到当前图形中的块和图形的测量单位。如果块或图形创建时使用的单位与该选项指定的单位不同,则在插入这些块或图形时,将对其按比例进行缩放。插入比例是原块或图形使用的单位与目标图形使用的单位之比。如果插入块时不按指定单位缩放,则在其下拉列表框中选择"无单位"选项
"输出样例"选项区	显示用当前单位和角度设置的例子
"光源"选项区	控制当前图形中光度控制光源的强度的测量单位。为创建和使用光度控制光源,必须从下拉列表框中指定非"常规"的单位。如果"插入比例"设置为"无单位",则将显示警告信息,提示用户渲染输出可能不正确
"方向"按钮	单击该按钮,系统打开"方向控制"对话框,如图 2-1 所示,可进行方向控制设置

图 2-1 "方向控制"对话框

2.1.2 上机练习——设置图形单位

操作步骤

（1）在命令行中输入快捷命令 UN，系统打开"图形单位"对话框，如图 2-2 所示。

（2）在长度类型下拉列表框中选择长度类型为小数，在"精度"下拉列表框中选择精度为 0.00。

（3）在角度类型下拉列表框中选择十进制度数，在"精度"下拉列表框中选择精度为 0.0。

（4）其他采用默认设置，单击"确定"按钮，完成图形单位的设置。

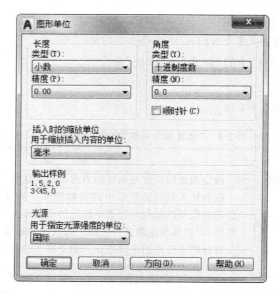

图 2-2 "图形单位"对话框

2.1.3 设置图形界限

绘图界限用于标明用户的工作区域和图纸的边界。为了便于用户准确地绘制和输出图形，避免绘制的图形超出某个范围，可使用 CAD 的绘图界限功能。

1．执行方式

命令行：LIMITS。

菜单栏：执行菜单栏中的"格式"→"图形界限"命令。

2．选项说明

各选项的含义如表 2-2 所示。

表 2-2 "设置图形界限"命令各选项含义

选 项	含 义
开(ON)	使图形界限有效。系统在图形界限以外拾取的点将视为无效
关(OFF)	使图形界限无效。用户可以在图形界限以外拾取点或实体
动态输入角点坐标	可以直接在绘图区的动态文本框中输入角点坐标,输入横坐标值后,按","键,接着输入纵坐标值,如图2-3所示;也可以按光标位置直接单击,确定角点位置

图 2-3 动态输入

2.1.4 上机练习——设置 A4 图形界限

操作步骤

在命令行中输入 LIMITS,设置图形界限为 297×210,命令行的提示与操作如下。

```
命令:LIMITS↙
重新设置模型空间界限:
指定左下角点或 [开(ON)/关(OFF)] <0.0000,0.0000>:(输入图形边界左下角的坐标后按 Enter 键)
指定右上角点 <12.0000,90000>:297,210(输入图形边界右上角的坐标后按 Enter 键)
```

技巧:在命令行中输入坐标时,请检查此时的输入法是否处于英文输入状态。如果是中文输入法,例如输入"150,20",则由于逗号","的原因,系统会认定该坐标输入无效。这时,只需将输入法改为英文重新输入即可。

2.2 显 示 图 形

恰当地显示图形的最一般方法就是利用缩放和平移命令。使用这两个命令可以在绘图区域放大或缩小图像显示,或者改变观察位置。

2.2.1 图形缩放

可以利用缩放命令将图形放大或缩小显示,以便观察和绘制图形。该命令并不改变图形实际位置和尺寸,只是变更视图的比例。

1．执行方式

命令行：ZOOM。

菜单栏：执行菜单栏中的"视图"→"缩放"→"实时"命令。

工具栏：单击"标准"工具栏中的"实时缩放"按钮 。

功能区：单击"视图"选项卡"导航"面板中的"实时"按钮，如图2-4所示。

图 2-4　"导航"下拉菜单

2．操作步骤

```
命令：ZOOM
指定窗口的角点，输入比例因子 (nX 或 nXP)，或者[全部(A)/中心(C)/动态(D)/范围(E)/上一个
(P)/比例(S)/窗口(W)/对象(O)] <实时>：
```

3．选项说明

各选项的含义如表2-3所示。

表 2-3　"图形缩放"命令各选项含义

选　　项	含　　义
输入比例因子	以当前的视图窗口为中心，根据输入的比例因子将视图窗口显示的内容放大或缩小输入的比例倍数。nX 是指根据当前视图指定比例，nXP 是指定相对于图纸空间单位的比例
全部(A)	缩放以显示所有可见对象和视觉辅助工具
中心(C)	缩放以显示由中心点和比例值/高度所定义的视图。高度值较小时增加放大比例，高度值较大时减小放大比例
动态(D)	使用矩形视图框进行平移和缩放。移动视图框或调整它的大小，将其中的视图平移或缩放，以充满整个视口
范围(E)	缩放以显示所有对象的最大范围
上一个(P)	缩放显示上一个视图
窗口(W)	缩放显示矩形窗口指定的区域
对象(O)	缩放以便尽可能大地显示一个或多个选定的对象，并使其位于视图的中心
实时	按住鼠标左键，左右拖动鼠标，光标将变为带有加号和减号的放大镜

 **教你一招**

在CAD绘制过程中,大家都习惯于用滚轮来缩小和放大图纸,但在缩放图纸的时候经常会遇到下面的情况:滚动滚轮,而图纸无法继续放大或缩小。这时状态栏会提示:"已无法进一步缩小"或"已无法进一步缩放"。这时视图缩放并不能满足我们的要求,还需要继续缩放。为什么会出现这种现象呢?

(1) CAD在打开显示图纸的时候,首先读取文件里写的图形数据,然后生成用于屏幕显示的数据。生成显示数据的过程在CAD中叫重生成,可以使用RE命令实现。

(2) 当用滚轮放大或缩小图形到一定倍数的时候,CAD判断需要重新根据当前视图范围来生成显示数据,因此就会提示无法继续缩小或缩放。直接输入RE命令,按Enter键,然后就可以继续缩放了。

(3) 如果想显示全图,最好不要用滚轮。直接输入Zoom命令,按Enter键,在命令行中输入E或A,继续按Enter键,图形会根据视图大小自动缩放到合适的大小。

2.2.2 平移图形

可通过单击和移动光标来平移图形。

执行方式如下。

命令行:PAN。

菜单栏:执行菜单栏中的"视图"→"平移"→"实时"命令。

工具栏:单击"标准"工具栏中的"实时平移"按钮。

功能区:单击"视图"选项卡"导航"面板中的"平移"按钮,如图2-5所示。

图2-5 "导航"面板

执行上述命令后,按下"实时平移"按钮,然后移动手形光标即可平移图形。当移动到图形的边沿时,光标就会变成一个三角形显示。

另外,在AutoCAD 2018中,为显示控制命令,设置了一个右键快捷菜单,如图2-6所示。在该菜单中,用户可以在显示命令执行的过程中透明地进行切换。

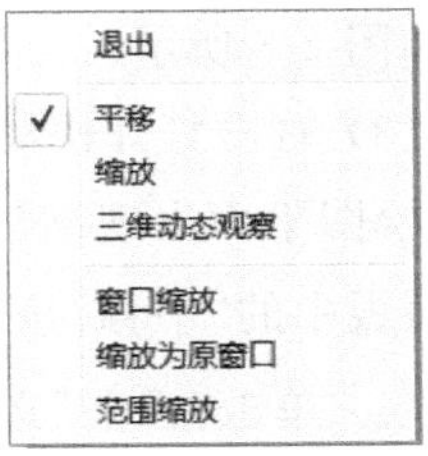

图2-6 右键快捷菜单

2.2.3 上机练习——查看图形细节

练习目标

本例介绍查看如图2-7所示的传动轴零件图的细节。

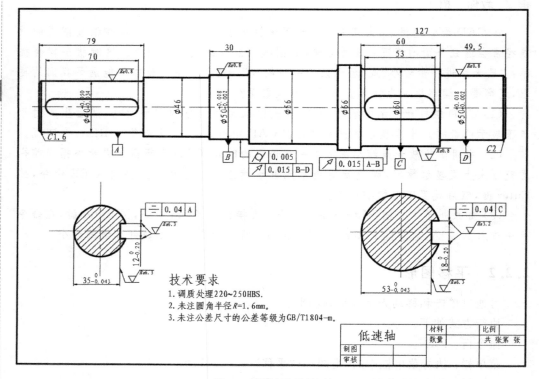

图 2-7 传动轴零件图

设计思路

通过"导航"面板中的指定命令来完成图形细节查看。

操作步骤

（1）从下载的源文件中找到并打开"传动轴"图片，如图 2-7 所示。

（2）单击"视图"选项卡"导航"面板中的"平移"按钮 ，利用鼠标将图形向左拖动，如图 2-8 所示。

（3）右击打开快捷菜单，选择"缩放"命令，如图 2-9 所示。

绘图平面出现缩放标记，向上拖动鼠标，将图形实时放大。单击"视图"选项卡"导航"面板中的"平移"按钮 ，将图形移动到中间位置，结果如图 2-10 所示。

（4）单击"视图"选项卡"导航"面板中的"窗口"按钮 ，用鼠标拖出一个缩放窗口，如图 2-11 所示。单击确认，窗口缩放结果如图 2-12 所示。

（5）单击"视图"选项卡"导航"面板中的"圆心"按钮 ，在图形上查看大体位置，并指定一个缩放中心点，如图 2-13 所示。在命令行提示下输入"200"为缩放比例，缩放结果如图 2-14 所示。

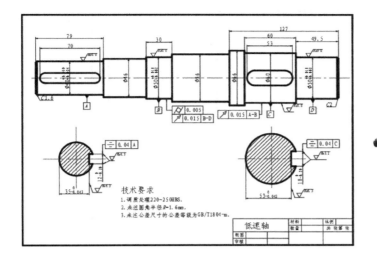

图 2-8 平移图形

图 2-9 快捷菜单

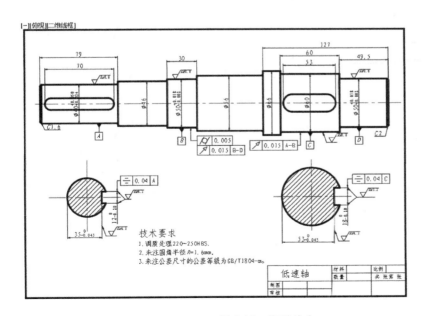

图 2-10 实时放大

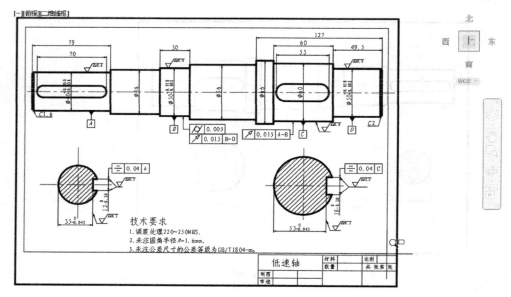

图 2-11　缩放窗口

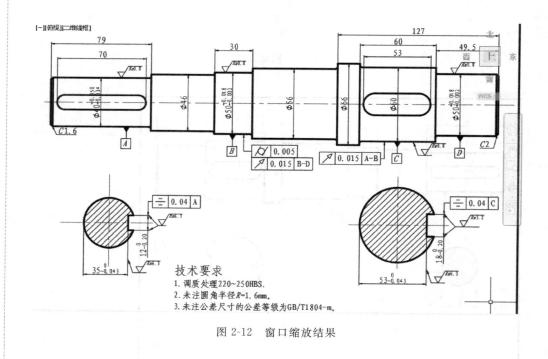

图 2-12　窗口缩放结果

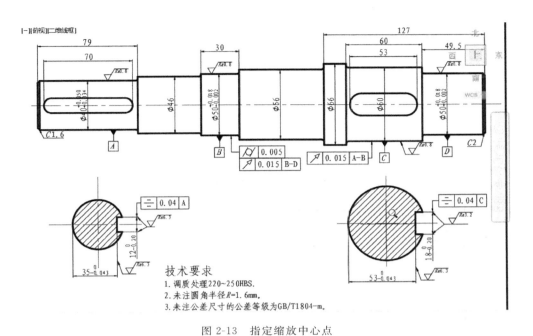

图 2-13 指定缩放中心点

图 2-14 中心缩放结果

（6）单击"视图"选项卡"导航"面板中的"上一个"按钮，系统自动返回上一次缩放的图形窗口，即中心缩放前的图形窗口。

（7）单击"视图"选项卡"导航"面板中的"动态"按钮，这时，图形平面上会出现一个中心有小叉的显示范围框，如图2-15所示。

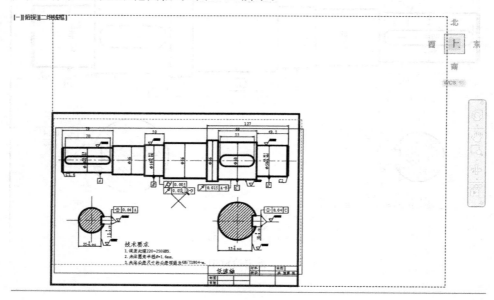

图2-15　动态缩放范围窗口

（8）单击即可出现右边带箭头的缩放范围显示框，如图2-16所示。拖动鼠标，可以看出带箭头的范围框大小在变化，如图2-17所示。松开鼠标，范围框又变成带小叉的形式，可以再次按住鼠标平移显示框，如图2-18所示。按Enter键，则系统显示动态缩放后的图形，结果如图2-19所示。

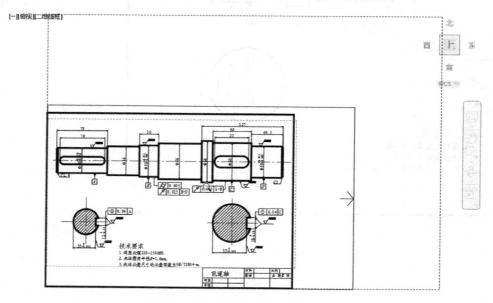

图2-16　右边带箭头的缩放范围显示框

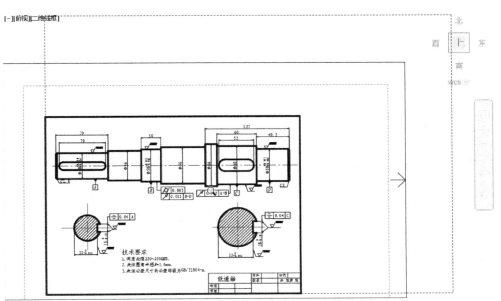

图 2-17 变化的范围框

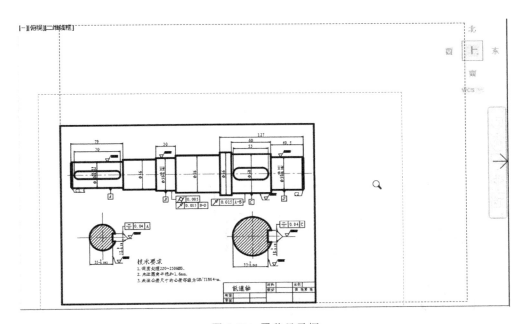

图 2-18 平移显示框

（9）单击"视图"选项卡"导航"面板中的"全部"按钮，系统将显示全部图形画面，最终结果如图 2-20 所示。

（10）单击"视图"选项卡"导航"面板中的"对象"按钮，并框选图 2-21 中亮显所示的范围，系统进行对象缩放，最终结果如图 2-22 所示。

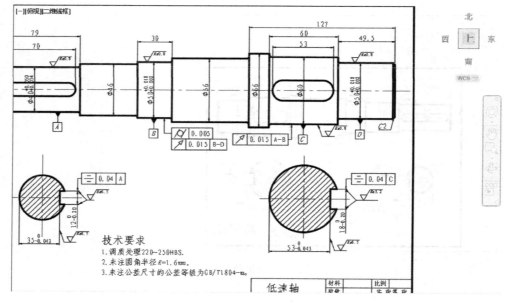

图 2-19 动态缩放结果

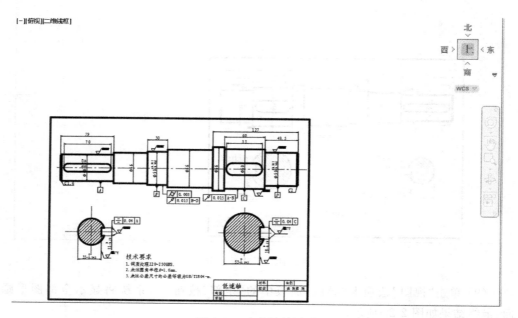

图 2-20 全部缩放图形

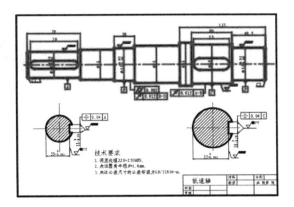

图 2-21　选择对象

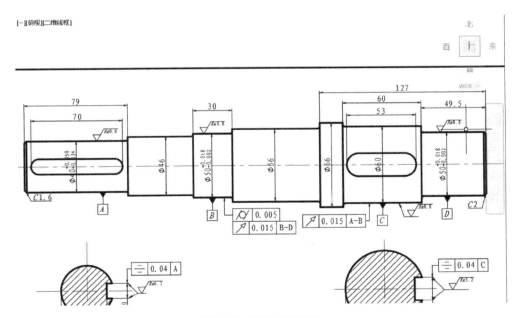

图 2-22　缩放对象结果

2.3 图　　层

图层的效果类似于投影片,可以将不同属性的对象分别放置在不同的投影片(图层)上。例如,将图形的主要线段、中心线、尺寸标注等分别绘制在不同的图层上,每个图层可设定不同的线型、线条颜色,然后把不同的图层堆叠在一起形成一张完整的视图,这样可使视图层次分明,方便图形对象的编辑与管理。一个完整的图形是由它所包含的所有图层上的对象叠加在一起构成的,如图 2-23 所示。

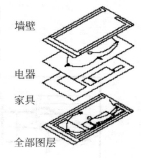

图 2-23　图层效果

2.3.1　图层的设置

在用图层功能绘图之前,首先要对图层的各项特性进行设置,包括建立和命名图层,设置当前图层,设置图层的颜色和线型,图层是否关闭,图层是否冻结,图层是否锁定,以及图层删除等。

1. 利用对话框设置图层

AutoCAD 2018 提供了详细直观的"图层特性管理器"选项板,用户可以方便地通过对该选项板中的各选项及其二级选项板进行设置,实现创建新图层、设置图层颜色及线型的各种操作。

1)执行方式

命令行:LAYER。

菜单栏:执行菜单栏中的"格式"→"图层"命令。

工具栏:单击"图层"工具栏中的"图层特性管理器"按钮 。

功能区:单击"默认"选项卡"图层"面板中的"图层特性"按钮 ,或单击"视图"选项卡"选项板"面板中的"图层特性"按钮 。

2)操作步骤

执行上述操作后,系统打开如图 2-24 所示的"图层特性管理器"对话框。

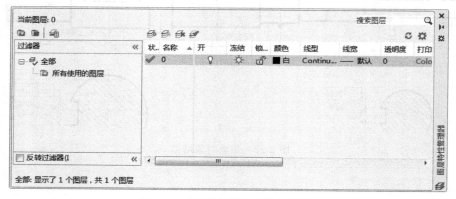

图 2-24　"图层特性管理器"对话框

3）选项说明

各选项的含义如表 2-4 所示。

表 2-4　"图层特性管理器"中各选项含义

选　　项	含　　义
"新建特性过滤器"按钮	单击该按钮，可以打开"图层过滤器特性"对话框，如图 2-25 所示。从中可以基于一个或多个图层特性创建图层过滤器
"新建组过滤器"按钮	单击该按钮，可以创建一个"组过滤器"，其中包含用户选定并添加到该过滤器的图层
"图层状态管理器"按钮	单击该按钮，可以打开"图层状态管理器"对话框，如图 2-26 所示。从中可以将图层的当前特性设置保存到命名图层状态中，以后可以再恢复这些设置
"新建图层"按钮	单击该按钮，图层列表中出现一个新的图层名称"图层 1"，用户可使用此名称，也可改名。要想同时创建多个图层，可在选中一个图层名后，输入多个名称，各名称之间以逗号分隔。图层的名称可以包含字母、数字、空格和特殊符号，AutoCAD 2018 支持长达 255 个字符的图层名称。新的图层继承了创建新图层时所选中的已有图层的所有特性（颜色、线型、开/关状态等），如果新建图层时没有图层被选中，则新图层采用默认设置
"在所有视口中都被冻结的新图层视口"按钮	单击该按钮，将创建新图层，然后在所有现有布局视口中将其冻结。可以在"模型"空间或"布局"空间上访问此按钮
"删除图层"按钮	在图层列表中选中某一图层，然后单击该按钮，则把选中的图层删除
"置为当前"按钮	在图层列表中选中某一图层，然后单击该按钮，则把选中的图层设置为当前图层，并在"当前图层"列中显示其名称。当前层的名称存储在系统变量 CLAYER 中。另外，双击图层名也可把其设置为当前图层
"搜索图层"文本框	输入字符时，按名称快速过滤图层列表。关闭图层特性管理器时并不保存此过滤器
状态行	显示当前过滤器的名称、列表视图中显示的图层数和图形中的图层数
"反转过滤器"复选框	选中该复选框，显示所有不满足选定图层特性过滤器中条件的图层
图层列表区	显示已有的图层及其特性。要修改某一图层的某一特性，单击它所对应的图标即可。右击空白区域或利用快捷菜单可快速选中所有图层。列表区中各列的含义如下：
	状态	指示项目的类型，有图层过滤器、正在使用的图层、空图层、当前图层 4 种
	名称	显示满足条件的图层名称。如果要对某图层进行修改，首先要选中该图层的名称

续表

选项		含义
图层列表区	状态转换图标	在"图层特性管理器"选项板的图层列表中有一列图标,单击这些图标,可以将其打开或关闭。该图标所代表的功能如图 2-27 所示,各图标功能说明如表 2-5 所示。
	颜色	显示和改变图层的颜色。如果要改变某一图层的颜色,单击其对应的颜色图标,AutoCAD 系统打开如图 2-28 所示的"选择颜色"对话框,用户可从中选择需要的颜色
	线型	显示和修改图层的线型。如果要修改某一图层的线型,可单击该图层的"线型"项,打开"选择线型"对话框,如图 2-29 所示,其中列出了当前可用的线型,用户可从中选择
	线宽	显示和修改图层的线宽。如果要修改某一图层的线宽,可单击该图层的"线宽"列,打开"线宽"对话框,如图 2-30 所示,其中列出了 AutoCAD 设定的线宽,用户可从中进行选择。其中"线宽"列表框中显示可以选用的线宽值,用户可从中选择需要的线宽。"旧的"显示行显示前面赋予图层的线宽,当创建一个新图层时,采用默认线宽(其值为 0.01in,即 0.22mm),默认线宽的值由系统变量 LWDEFAULT 设置;"新的"显示行显示赋予图层的新线宽
	打印样式	打印图形时各项属性的设置

技巧:合理利用图层,可以达到事半功倍的效果。在开始绘制图形时,可预先设置一些基本图层。每个图层锁定自己的专门用途,这样只需绘制一份图形文件就可以组合出许多需要的图纸,也可针对各个图层进行修改。

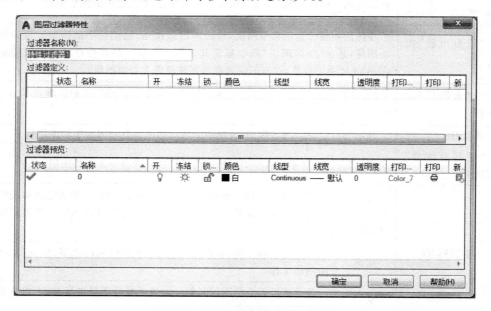

图 2-25 "图层过滤器特性"对话框

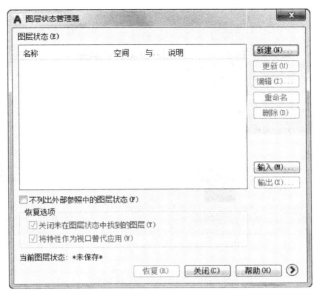

图 2-26 "图层状态管理器"对话框

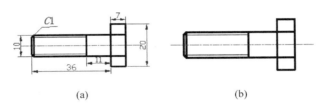

(a)　　　　　　　　　(b)

图 2-27 打开或关闭尺寸标注图层

（a）打开；（b）关闭

表 2-5 图标功能

图示	名称	功能说明
♀/♀	打开/关闭	将图层设定为打开或关闭状态，当呈现关闭状态时，该图层上的所有对象将隐藏，只有处于打开状态的图层才会在绘图区上显示，或由打印机打印出来。因此，绘制复杂的视图时，先将不编辑的图层暂时关闭，可降低图形的复杂性。图 2-27(a)和(b)分别表示尺寸标注图层打开和关闭的情形
☼/❋	解冻/冻结	将图层设定为解冻或冻结状态。当图层呈现冻结状态时，该图层上的对象均不会显示在绘图区上，也不能由打印机打出，而且不会执行重生(REGEN)、缩放(EOOM)、平移(PAN)等命令的操作，因此若将视图中不编辑的图层暂时冻结，可加快执行绘图编辑的速度。而 ♀/♀（打开/关闭）功能只是单纯将对象隐藏，因此并不会加快执行速度
⌐/⌐	解锁/锁定	将图层设定为解锁或锁定状态。被锁定的图层仍然显示在绘图区，但不能编辑修改被锁定的对象，只能绘制新的图形，这样可防止重要的图形被修改
🖨/🖨	打印/不打印	设定该图层是否可以打印图形
🗗/🗗	视口冻结/视口解冻	仅在当前布局视口中冻结选定的图层。如果图层在图形中已冻结或关闭，则无法在当前视口中解冻该图层

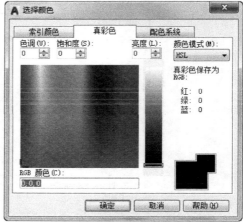

(a)　　　　　　　　　　　　　　　(b)

图 2-28　"选择颜色"对话框

(a) 索引颜色；(b) 真彩色

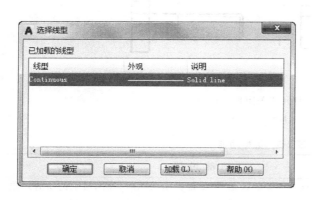

图 2-29　"选择线型"对话框　　　　　图 2-30　"线宽"对话框

2．利用面板设置图层

AutoCAD 2018 提供了一个"特性"面板，如图 2-31 所示。用户可以利用该面板下拉列表框中的选项快速地查看和改变所选对象的图层、颜色、线型和线宽特性。"特性"面板上的图层颜色、线型、线宽和打印样式的控制增强了查看和编辑对象属性的命令。在绘图区选择任何对象，都将在面板上自动显示它所在的图层、颜色、线型等属性。"特性"面板各部分的功能介绍如下。

（1）"颜色控制"下拉列表框。单击右侧的下三角按钮，用户可从打开的选项列表中选择一种颜色，使之成

图 2-31　"特性"面板

为当前颜色。如果选择"选择颜色"选项,系统将打开"选择颜色"对话框以选择其他颜色。修改当前颜色后,不论在哪个图层上绘图都采用这种颜色,但对各个图层的颜色没有影响。

(2)"线型控制"下拉列表框。单击右侧的下三角按钮,用户可从打开的选项列表中选择一种线型,使之成为当前线型。修改当前线型后,不论在哪个图层上绘图都采用这种线型,但对各个图层的线型设置没有影响。

(3)"线宽控制"下拉列表框。单击右侧的下三角按钮,用户可从打开的选项列表中选择一种线宽,使之成为当前线宽。修改当前线宽后,不论在哪个图层上绘图都采用这种线宽,但对各个图层的线宽设置没有影响。

(4)"打印类型控制"下拉列表框。单击右侧的下三角按钮,用户可从打开的选项列表中选择一种打印样式,使之成为当前打印样式。

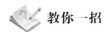 教你一招

设置图层的原则

(1)在够用的基础上越少越好。不管是什么专业、什么阶段的图纸,其上的所有图元都可以按照一定的规律来组织整理。比如,建筑专业的平面图就按照柱、墙、轴线、尺寸标注、一般汉字、门窗墙线、家具等来定义图层,然后在画图的时候根据类别把该图元放到相应的图层中。

(2)0层的使用。很多人喜欢在0层上画图,因为0层是默认层,白色是0层的默认色,因此,有时候看上去屏幕上白花花一片,这样不可取。不建议在0层上随意画图,而是建议用来定义块。定义块时,先将所有图元均设置为0层,然后再定义。这样,在插入块时,插入时是哪个层,块就在哪个层。

(3)图层颜色的定义。图层的设置有很多属性,在设置图层时,还应该定义好相应的颜色、线型和线宽。定义图层的颜色时,要注意两点:一是不同的图层一般要用不同的颜色;二是应该根据打印时线宽的粗细来选择颜色。打印时,线型设置越宽的图层,颜色就应该选用越亮的。

 注意:图层的使用技巧如下:在画图时,所有图元的各种属性都尽量与层保持一致。例如,不要出现这根线是WA层的,颜色却是黄色,线型又变成了点划线的情况。应尽量使图元的属性和图层属性保持一致,也就是尽可能使图元属性都是Bylayer。在需要修改某一属性时,可以统一修改当前图层属性,这样有助于图面的清晰、准确和效率的提高。

2.3.2 颜色的设置

AutoCAD 绘制的图形对象都具有一定的颜色,为了更清晰地表达绘制的图形,可对同一类图形对象使用相同的颜色绘制,而使不同类的对象具有不同的颜色,以示区分,这就需要适当地对颜色进行设置。AutoCAD 允许用户设置图层颜色,为新建的图形对象设置当前色,还可以改变已有图形对象的颜色。

1. 执行方式

命令行:COLOR(快捷命令:COL)。

菜单栏：执行菜单栏中的"格式"→"颜色"命令。

功能区：单击"默认"选项卡"特性"面板上的"对象颜色"下拉列表框中的"更多颜色"按钮 ，如图 2-32 所示。

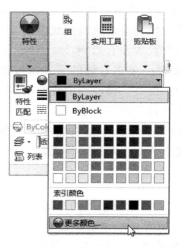

图 2-32 "对象颜色"下拉列表框

2．操作步骤

执行上述操作后，系统打开"选择颜色"对话框（见图 2-28）。

3．选项说明

各选项的含义如表 2-6 所示。

表 2-6 "颜色的设置"命令各选项含义

选 项		含 义
"索引颜色"选项卡		选择此选项卡，可以在系统所提供的 222 种颜色索引表中选择所需要的颜色
	"颜色索引"列表框	依次列出了 222 种索引色，可在此列表框中选择所需要的颜色
	"颜色"文本框	所选择的颜色代号值显示在"颜色"文本框中，也可以直接在该文本框中输入自己设定的代号值来选择颜色
	ByLayer 和 ByBlock 按钮	单击这两个按钮，颜色分别按图层和图块设置。只有在设定了图层颜色和图块颜色后才可以使用这两个按钮
"真彩色"选项卡		选择此选项卡，可以选择需要的任意颜色，如图 2-28(b)所示。可以拖动调色板中的颜色指示光标和亮度滑块选择颜色及其亮度。也可以通过"色调""饱和度"和"亮度"微调按钮来选择需要的颜色。所选颜色的红、绿、蓝值显示在下面的"颜色"文本框中，也可以直接在该文本框中输入自己设定的红、绿、蓝值来选择颜色。此选项卡中还有一个"颜色模式"下拉列表框，默认的颜色模式为 HSL 模式，即如图 2-28(b)所示的模式。RGB 模式也是常用的一种颜色模式，如图 2-33 所示
"配色系统"选项卡		选择此选项卡，可以从标准配色系统（如 Pantone）中选择预定义的颜色，如图 2-34 所示。在"配色系统"下拉列表框中选择需要的系统，然后拖动右边的滑块来选择具体的颜色，所选颜色编号显示在下面的"颜色"文本框中，也可以直接在该文本框中输入编号值来选择颜色

图 2-33 RGB 模式

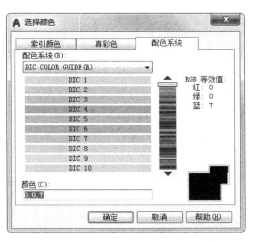

图 2-34 "配色系统"选项卡

2.3.3 线型的设置

机械制图国家标准 GB/T 4457.4—2002 对机械图样中使用的各种图线名称、线型、线宽以及在图样中的应用作了规定,如表 2-7 所示。其中常用的图线有 4 种,即粗实线、细实线、虚线、细点划线。图线分为粗、细两种,粗线的宽度 b 应按图样的大小和图形的复杂程度在 $0.2\sim2.0$ mm 之间选择,细线的宽度约为 $b/2$。

表 2-7 图线的线型及应用

图线名称	线型	线宽	主要用途
粗实线	——————	b	可见轮廓线、可见过渡线
细实线	——————	约 $b/2$	尺寸线、尺寸界线、剖面线、引出线、弯折线、牙底线、齿根线、辅助线等
细点划线	— - — - —	约 $b/2$	轴线、对称中心线、齿轮节线等
虚线	- - - - -	约 $b/2$	不可见轮廓线、不可见过渡线
波浪线	～～～	约 $b/2$	断裂处的边界线、剖视与视图的分界线
双折线	∿∿	约 $b/2$	断裂处的边界线
粗点划线	━ ・ ━ ・ ━	b	有特殊要求的线或面的表示线
双点划线	— ‥ — ‥ —	约 $b/2$	相邻辅助零件的轮廓线、极限位置的轮廓线、假想投影的轮廓线

1. 在"图层特性管理器"选项板中设置线型

单击"默认"选项卡"图层"面板中的"图层特性"按钮 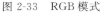,打开"图层特性管理器"对话框。在图层列表的线型列下单击线型名,如图 2-35 所示,系统打开"选择线型"对话框,对话框中选项的含义如下。

(1)"已加载的线型"列表框:显示在当前绘图中加载的线型,可供用户选用,其右侧显示线型的形式。

（2）"加载"按钮：单击该按钮，打开"加载或重载线型"对话框，用户可通过此对话框加载线型并把它添加到线型列中。但要注意，加载的线型必须在线型库（LIN）文件中定义过。标准线型都保存在 acad.lin 文件中。

2. 直接设置线型

1）执行方式

命令行：LINETYPE。

功能区：单击"默认"选项卡"特性"面板上的"线型"下拉列表框中的"其他"按钮，如图 2-35 所示。

图 2-35 "线型"下拉列表框

2）操作步骤

在命令行输入上述命令后按 Enter 键，系统打开"线型管理器"对话框，如图 2-36 所示，用户可在该对话框中设置线型。该对话框中选项的含义与前面相同，此处不再赘述。

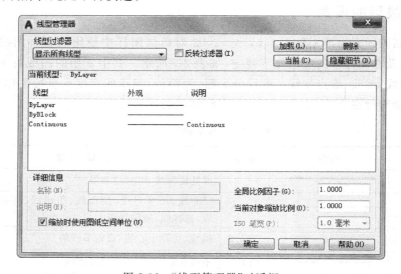

图 2-36 "线型管理器"对话框

2.3.4 线宽的设置

1. 在"图层特性管理器"中设置线宽

按照 2.3.1 节讲述的方法，打开"图层特性管理器"对话框，如图 2-24 所示。单击该层的"线宽"项，打开"线宽"对话框，其中列出了 AutoCAD 设定的线宽，用户可从中选取。

2. 直接设置线宽

1）执行方式

命令行：LINEWEIGHT。

菜单栏：执行菜单栏中的"格式"→"线宽"命令。

功能区：单击"默认"选项卡"特性"面板上的"线宽"下拉列表框中的"线宽设置"按钮，如图2-37所示。

2）操作步骤

在命令行输入上述命令后，系统打开"线宽"对话框，该对话框的功能与前面讲述的相关知识相同，不再赘述。

 教你一招

有的读者设置了线宽，但在图形中显示不出效果来，这种情况一般有两种原因：

（1）没有打开状态栏上的"显示线宽"按钮；

（2）线宽设置的宽度不够，AutoCAD只能显示出0.30mm以上线宽的宽度，如果宽度低于0.30mm，则无法显示出线宽的效果。

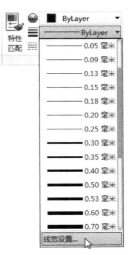

图2-37 "线宽"下拉列表框

2.4 实例精讲——设置机械制图样板图绘图环境

 练习目标

熟练掌握机械制图样板图绘图环境的设置。

 设计思路

新建图形文件，设置图形单位与图形界限，最后将设置好的文件保存成.dwt格式的样板图文件。绘制过程中要用到打开、设置单位、图形界限和保存等命令。

 操作步骤

（1）新建文件。单击"快速访问"工具栏中的"新建"按钮 ，新建一个空白文档。

（2）设置单位。选择菜单栏中的"格式"→"单位"命令，打开"图形单位"对话框，如图2-38所示。设置"长度"的"类型"为"小数"，"精度"为0；"角度"的"类型"为"十进制度数"，"精度"为0，系统默认逆时针方向为正；"用于缩放插入内容的单位"设置为"毫米"。

（3）设置图形边界。国标对图纸的幅面大小作了严格规定，如表2-8所示。

（4）在这里，不妨按国标A3图纸幅面设置图形边界。A3图纸的幅面为420mm×297mm。

图 2-38 "图形单位"对话框

表 2-8 图幅国家标准   mm×mm

幅面代号	A0	A1	A2	A3	A4
宽×长	841×1189	594×841	420×594	297×420	210×297

(5) 选择菜单栏中的"格式"→"图形界限"命令,设置图幅,命令行的提示与操作如下。

```
命令:LIMITS
重新设置模型空间界限:
指定左下角点或[开(ON)/关(OFF)]<0.0000,0.0000>:0,0
指定右上角点<420.0000,297.0000>:420,297
```

本实例将设置一个机械制图样板图,图层设置如表 2-9 所示。

表 2-9 图层设置

图层名	颜色	线型	线宽	用途
0	7(白色)	CONTINUOUS	b	图框线
CEN	2(黄色)	CENTER	$b/2$	中心线
HIDDEN	1(红色)	HIDDEN	$b/2$	隐藏线
BORDER	5(蓝色)	CONTINUOUS	b	可见轮廓线
TITLE	6(洋红)	CONTINUOUS	b	标题栏零件名
T-NOTES	4(青色)	CONTINUOUS	$b/2$	标题栏注释
NOTES	7(白色)	CONTINUOUS	$b/2$	一般注释
LW	5(蓝色)	CONTINUOUS	$b/2$	细实线
HATCH	5(蓝色)	CONTINUOUS	$b/2$	填充剖面线
DIMENSION	3(绿色)	CONTINUOUS	$b/2$	尺寸标注

（6）设置层名。单击"默认"选项卡"图层"面板中的"图层特性"按钮，打开"图层特性管理器"对话框，如图 2-39 所示。在该对话框中单击"新建"按钮，在图层列表框中出现一个默认名为"图层 1"的新图层，如图 2-40 所示。单击该图层名，将图层名改为 CEN，如图 2-41 所示。

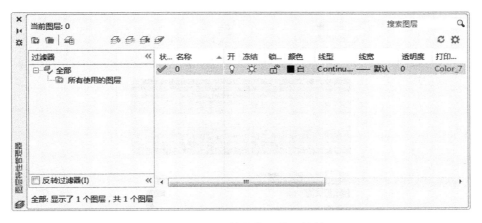

图 2-39 "图层特性管理器"对话框

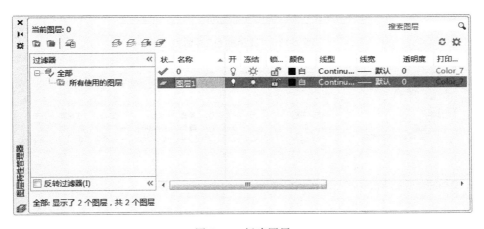

图 2-40 新建图层

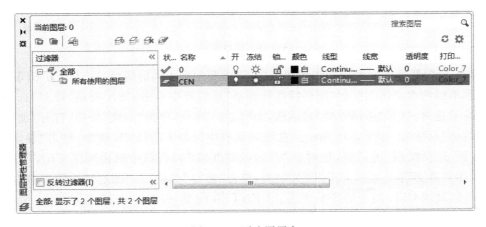

图 2-41 更改图层名

(7) 设置图层颜色。为了区分不同图层上的图线,增加图形不同部分的对比性,可以为不同的图层设置不同的颜色。单击刚建立的 CEN 图层"颜色"选项卡下的颜色色块,AutoCAD 打开"选择颜色"对话框,如图 2-42 所示。在该对话框中选择黄色,单击"确定"按钮。在"图层特性管理器"对话框中可以发现 CEN 图层的颜色变成了黄色,如图 2-43 所示。

图 2-42 "选择颜色"对话框

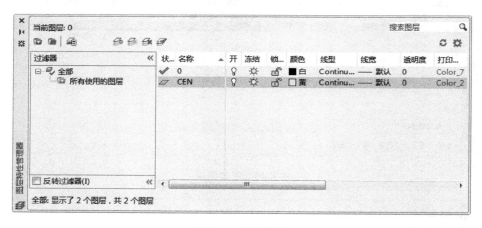

图 2-43 更改颜色

(8) 设置线型。在常用的工程图纸中,通常要用到不同的线型,这是因为不同的线型表示不同的含义。在上述"图层特性管理器"选项板中单击 CEN 图层"线型"选项卡下的线型选项,打开"选择线型"对话框,如图 2-44 所示,单击"加载"按钮,打开"加载或重载线型"对话框,如图 2-45 所示。在该对话框中选择 CENTER 线型,单击"确定"按钮,返回"选择线型"对话框,这时在"已加载的线型"列表框中就出现了 CENTER 线型,如图 2-46 所示。选择 CENTER 线型,单击"确定"按钮,在"图层特性管理器"对话框中可以发现 CEN 图层的线型变成了 CENTER 线型,如图 2-47 所示。

图 2-44 "选择线型"对话框

图 2-45 "加载或重载线型"对话框

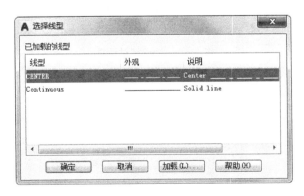

图 2-46 加载线型

(9) 设置线宽。在工程图中,不同的线宽表示不同的含义,因此也要对不同图层的线宽界线进行设置。单击上述"图层特性管理器"对话框中 CEN 图层"线宽"选项卡下的选项,打开"线宽"对话框,如图 2-48 所示。在该对话框中选择适当的线宽,单击"确定"按钮,在"图层特性管理器"对话框中可以发现 CEN 图层的线宽变成了 0.15mm,如图 2-49 所示。

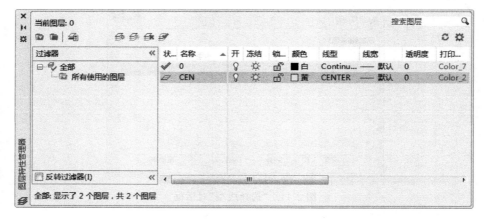

图 2-47 更改线型

图 2-48 "线宽"对话框

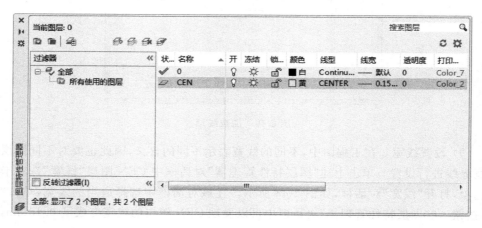

图 2-49 更改线宽

技巧：应尽量按照新国标相关规定，保持细线与粗线之间的比例大约为1∶2。

利用相同的方法建立不同层名的新图层，这些不同的图层可以分别存放不同的图线或图形的不同部分。最后完成设置的图层如图2-50所示。

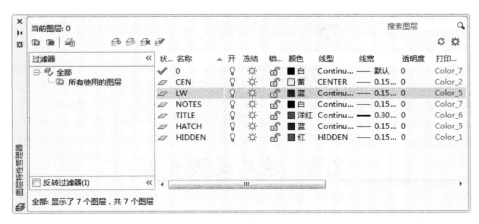

图2-50　设置图层

（10）保存为样板图文件。单击"快速访问"工具栏中的"另存为"按钮 ，打开"图形另存为"对话框，如图2-51所示。在"文件类型"下拉列表框中选择"AutoCAD图形样板（*.dwt）"选项，输入文件名"A3样板图"，单击"保存"按钮，打开"样板选项"对话框，如图2-52所示。接受默认的设置，单击"确定"按钮，保存文件。

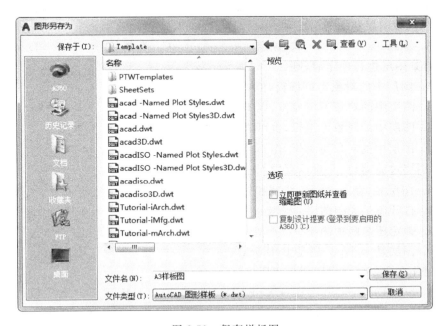

图2-51　保存样板图

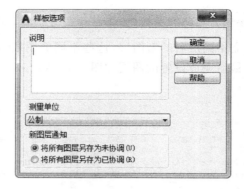

图 2-52 "样板选项"对话框

2.5 学习效果自测

1. 要使图元的颜色始终与图层的颜色一致，应将该图元的颜色设置为（　　）。
   A. BYLAYER　　　B. BYBLOCK　　　C. COLOR　　　D. RED
2. 当前图形有 5 个图层，分别为 0、A1、A2、A3、A4，如果 A3 图层为当前图层，并且 0、A1、A2、A3、A4 都处于打开状态且没有被冻结，则下面说法中正确的是（　　）。
   A. 除了 0 层，其他层都可以冻结　　　B. 除了 A3 层，其他层都可以冻结
   C. 可以同时冻结 5 个层　　　D. 一次只能冻结 1 个层
3. 如果某图层的对象不能编辑，但能在屏幕上可见，且能捕捉该对象的特殊点和标注尺寸，则该图层状态为（　　）。
   A. 冻结　　　B. 锁定　　　C. 隐藏　　　D. 块
4. 对某图层进行锁定后，则（　　）。
   A. 图层中的对象不可编辑，但可添加对象
   B. 图层中的对象不可编辑，也不可添加对象
   C. 图层中的对象可编辑，也可添加对象
   D. 图层中的对象可编辑，但不可添加对象
5. "图层过滤器特性"对话框中无法过滤的特性是（　　）。
   A. 图层名、颜色、线型、线宽和打印样式
   B. 打开还是关闭图层
   C. 锁定还是解锁图层
   D. 图层是 Bylayer 还是 ByBlock
6. 用什么命令可以设置图形界限？（　　）
   A. SCALE　　　B. EXTEND　　　C. LIMITS　　　D. LAYER
7. 在日常工作中贯彻办公和绘图标准时，下列哪种方式最为有效？（　　）
   A. 应用典型的图形文件　　　B. 应用模板文件
   C. 重复利用已有的二维绘图文件　　　D. 在"启动"对话框中选取公制
8. 绘制图形时，需要一种前面没有用到过的线型，试给出解决步骤。

2.6 上机实验

2.6.1 实验1 设置绘图环境

1．目的要求

在绘制图形之前，先设置绘图环境。

2．操作提示

（1）设置图形单位。

（2）设置 A3 图形界限。

2.6.2 实验2 查看零件图细节

1．目的要求

本实验要求用户熟练地掌握各种图形显示工具的使用方法。

2．操作提示

如图 2-53 所示为一花键轴，利用"平移"工具和"缩放"工具对其进行移动和缩放。

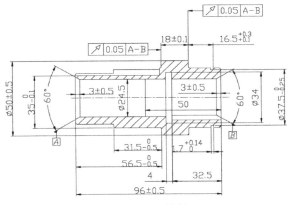

图 2-53 花键轴

2.6.3 实验3 设置绘制螺母的图层

1．目的要求

要求通过本实验熟练掌握图层的创建方法。

2．操作提示

设置"中心线""细实线"和"轮廓线"图层。

"粗实线"图层，线宽为 0.30mm，其余属性默认。

"中心线"图层，颜色为红色，线型为 CENTER，其余属性默认。

"细实线"图层，所有属性都为默认。

第3章

基本二维绘图命令

二维图形是指在二维平面空间绘制的图形,主要由一些基本图形元素组成,如点、直线、圆弧、圆、椭圆、矩形、多边形等几何元素。AutoCAD提供了大量的绘图工具,可以帮助用户完成二维图形的绘制。

学习要点

- ◆ 直线命令
- ◆ 圆类图形命令
- ◆ 平面图形命令

3.1 直线命令

直线类命令包括"直线""射线""构造线"等,这些命令是 AutoCAD 中最简单的绘图命令。

3.1.1 直线段

1. 执行方式

命令行:LINE(快捷命令:L)。

菜单栏:执行菜单栏中的"绘图"→"直线"命令。

工具栏:单击"绘图"工具栏中的"直线"按钮 。

功能区:单击"默认"选项卡"绘图"面板中的"直线"按钮 。

2. 操作步骤

```
命令:LINE
指定第一个点:(输入直线段的起点,用鼠标指定点或者给定点的坐标)
指定下一点或 [放弃(U)]:(输入直线段的端点,也可以用鼠标指定一定角度后,直接输入直线的长度)
指定下一点或 [放弃(U)]:(输入下一直线段的端点.输入 U 表示放弃前面的输入;右击或按 Enter 键,结束命令)
指定下一点或 [闭合(C)/放弃(U)]:(输入下一直线段的端点,或输入 C 使图形闭合,结束命令)
```

3. 选项说明

各选项的含义如表 3-1 所示。

表 3-1 "直线段"命令各选项含义

选 项	含 义
指定第一点	若按 Enter 键响应"指定第一点"的提示,则系统会把上次绘线(或弧)的终点作为本次操作的起始点。若上次操作为绘制圆弧,按 Enter 键响应后,可以绘出通过圆弧终点、与该圆弧相切的直线段。该线段的长度由鼠标在屏幕上指定的一点与切点之间的距离确定
指定下一点	在"指定下一点"的提示下,用户可以指定多个端点,从而绘出多条直线段。但是,每一条直线段都是一个独立的对象,可以进行单独的编辑操作 绘制两条以上的直线段后,若用选项"C"响应"指定下一点"的提示,系统会自动连接起始点和最后一个端点,从而绘出封闭的图形
U	若用选项"U"响应提示,则会擦除最近一次绘制的直线段
正交模式	若设置正交方式(单击状态栏上的"正交模式"按钮),则只能绘制水平直线段或垂直直线段
动态输入	若设置动态数据输入方式(单击状态栏上的"动态输入"按钮),则可以动态输入坐标或长度值。利用下面将要讲到的命令,同样可以设置动态数据输入方式,效果与非动态数据输入方式类似。除了特别需要(以后不再强调),否则只按非动态数据输入方式输入相关数据

3.1.2 构造线

1．执行方式

命令行：XLINE。

菜单栏：执行菜单栏中的"绘图"→"构造线"命令。

工具栏：单击"绘图"工具栏中的"构造线"按钮 。

功能区：单击"默认"选项卡"绘图"面板中的"构造线"按钮 。

2．操作步骤

命令：XLINE
指定点或 [水平(H)/垂直(V)/角度(A)/二等分(B)/偏移(O)]：
指定通过点：（给定通过点2，画一条双向无限长直线）
指定通过点：（继续指定点，继续画线，如图3-1(a)所示，按Enter键结束命令）

3．选项说明

(1) 6种方式绘制构造线

执行选项中有"指定点""水平""垂直""角度""二等分""偏移"6种方式绘制构造线，分别如图3-1(a)~(f)所示。

(2) 辅助作图

构造线用来模拟手工作图中的辅助作图线，用特殊的线型显示，在绘图输出时可不作输出，常用于辅助作图。

(3) 机械图

应用构造线作为辅助线绘制机械图中的三视图是构造线的最主要用途，构造线的应用保证了三视图之间"主俯视图长对正、主左视图高平齐、俯左视图宽相等"的对应关系。图3-2所示为应用构造线作为辅助线绘制机械图中三视图的绘图示例，图中浅色线为构造线，深色线为三视图轮廓线。

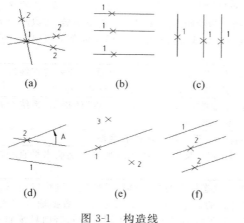

图3-1 构造线

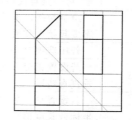

图3-2 构造线辅助绘制三视图

3.1.3 上机练习——螺栓

 练习目标

绘制如图3-3所示的螺栓。

 设计思路

新建图层,并利用之前所学过的命令,在新建的图层上绘制螺栓图形。

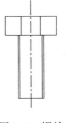

图3-3 螺栓

 **操作步骤**

1. 设置图层

(1)在命令行中输入LAYER,或者选择菜单栏中的"格式"→"图层"命令,或者单击"默认"选项卡"图层"面板中的"图层特性"按钮,系统打开"图层特性管理器"对话框,如图3-4所示。

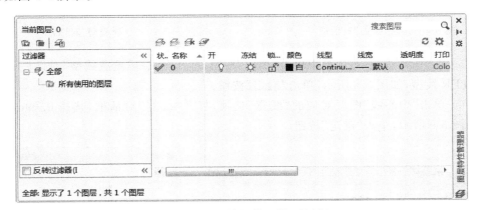

图3-4 "图层特性管理器"对话框

(2)单击"新建图层"按钮,创建一个新图层,把该图层的名字由默认的"图层1"改为"中心线",如图3-5所示。

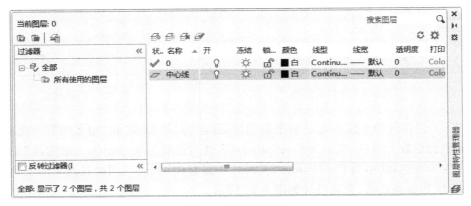

图3-5 更改图层名

（3）单击"中心线"图层对应的"颜色"选项，打开"选择颜色"对话框，选择红色为该层颜色，如图 3-6 所示。单击"确定"按钮，返回"图层特性管理器"对话框。

（4）单击"中心线"图层对应的"线型"选项，打开"选择线型"对话框，如图 3-7 所示。

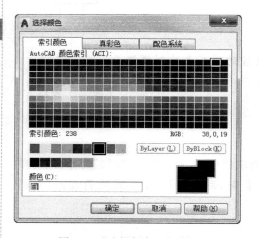

图 3-6　"选择颜色"对话框　　　　　　图 3-7　"选择线型"对话框

（5）在"选择线型"对话框中单击"加载"按钮，打开"加载或重载线型"对话框，选择 CENTER 线型，如图 3-8 所示，单击"确定"按钮。

（6）单击"中心线"图层对应的"线宽"选项，打开"线宽"对话框，选择 0.09mm 线宽，如图 3-9 所示，单击"确定"按钮。

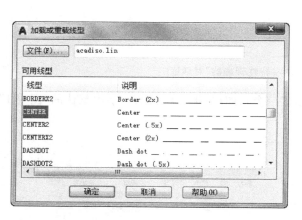
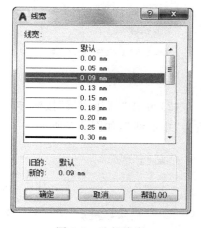

图 3-8　加载新线型　　　　　　　　　图 3-9　选择线宽

（7）采用相同的方法再建立两个新图层，命名为"轮廓线"和"细实线"。"轮廓线"图层的颜色设置为黑色，线型为 Continuous（实线），线宽为 0.30mm；"细实线"图层的颜色设置为蓝色，线型为 Continuous（实线），线宽为 0.09mm。同时让两个图层均处于打开、解冻和解锁状态，各项设置如图 3-10 所示。

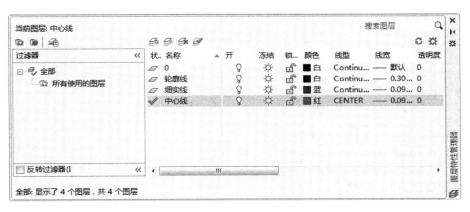

图 3-10　设置图层

（8）选择"中心线"图层，单击"置为当前"按钮，将其设置为当前图层，单击"确定"按钮，然后关闭"图层特性管理器"对话框。

2．绘制中心线

在命令行中输入 LINE，或者选择菜单栏中的"绘图"→"直线"命令，或者单击"默认"选项卡"绘图"面板中的"直线"按钮，命令行的提示与操作如下（按 Ctrl＋9 快捷键可调出或关闭命令行）。

```
命令：LINE↙
指定第一点：40,25↙
指定下一点或 [放弃(U)]：40,－145↙
```

注意：（1）输入坐标时，逗号必须在西文状态下，否则会出现错误。

（2）一般每个命令有 3 种执行方式，这里只给出了命令行执行方式，其他两种执行方式的操作方法与命令行执行方式相同。

（3）在命令行输入坐标时，要先关闭状态栏上的"动态输入"按钮。

3．绘制螺帽外框

将"轮廓线"图层设置为当前图层。单击"默认"选项卡"绘图"面板中的"直线"按钮，绘制螺帽的一条轮廓线。命令行的提示与操作如下。

```
命令：LINE↙
指定第一个点：0,0↙
指定下一点或 [放弃(U)]：@80,0↙
指定下一点或 [放弃(U)]：@0,－30↙
指定下一点或 [闭合(C)/放弃(U)]：@80<180↙
指定下一点或 [闭合(C)/放弃(U)]：C↙
```

结果如图 3-11 所示。

4．完成螺帽绘制

单击"默认"选项卡"绘图"面板中的"直线"按钮，绘制另外两条线段，端点分别为{(25,0),(@0,-30)}、{(55,0),(@0,-30)}。命令行的提示与操作如下。

```
命令: LINE↙
指定第一个点: 25,0↙
指定下一点或 [放弃(U)]: @0,-30↙
指定下一点或 [放弃(U)]:↙
命令: LINE↙
指定第一个点: 55,0↙
指定下一点或 [放弃(U)]: @0,-30↙
指定下一点或 [放弃(U)]:↙
```

结果如图 3-12 所示。

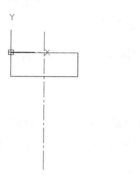
图 3-11　绘制螺帽外框

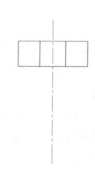
图 3-12　绘制直线

5．绘制螺杆

单击"默认"选项卡"绘图"面板中的"直线"按钮 ，命令行的提示与操作如下。

```
命令: LINE↙
指定第一个点: 20,-30↙
指定下一点或 [放弃(U)]: @0,-100↙
指定下一点或 [放弃(U)]: @40,0↙
指定下一点或 [闭合(C)/放弃(U)]: @0,100↙
指定下一点或 [闭合(C)/放弃(U)]:↙
```

结果如图 3-13 所示。

6．绘制螺纹

将"细实线"图层设置为当前图层。单击"默认"选项卡"绘图"面板中的"直线"按钮 ，绘制螺纹，端点分别为{(22.56,-30),(@0,-100)}、{(57.44,-30),(@0,-100)}。命令行的提示与操作如下。

```
命令: LINE↙
指定第一个点: 22.56,-30↙
指定下一点或 [放弃(U)]: @0,-100↙
指定下一点或 [放弃(U)]:↙
命令: LINE↙
```

```
指定第一个点: 57.44, -30 ↵
指定下一点或 [放弃(U)]: @0, -100 ↵
```

7. 显示线宽

单击状态栏上的"显示/隐藏线宽"按钮 ，显示图线线宽。最终结果如图3-14所示。

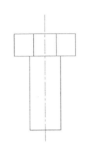

图3-13 绘制螺杆

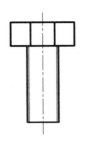

图3-14 绘制螺纹

注意：在AutoCAD中，通常有两种输入数据的方法，即输入坐标值或用鼠标在屏幕上指定。输入坐标值很精确，但比较麻烦；鼠标指定比较快捷，但不太精确。用户可以根据需要选择。例如，由于本例所绘制的螺栓是对称的，所以最好用输入坐标值的方法输入数据。

3.2 圆类图形命令

圆类图形命令主要包括"圆""圆弧""椭圆""椭圆弧""圆环"等，这些命令是AutoCAD中最简单的曲线命令。

3.2.1 圆

1. 执行方式

命令行：CIRCLE。

菜单栏：执行菜单栏中的"绘图"→"圆"命令。

工具栏：单击"绘图"工具栏中的"圆"按钮 。

功能区：单击"默认"选项卡"绘图"面板中的"圆"按钮 。

2. 操作步骤

```
命令: _CIRCLE
指定圆的圆心或 [三点(3P)/两点(2P)/切点、切点、半径(T)]：(指定圆心)
指定圆的半径或 [直径(D)] <105.5524>：(直接输入半径数值或用鼠标指定半径长度)
指定圆的直径 <211.1048>：(输入直径数值或用鼠标指定直径长度)
```

3．选项说明

各选项的含义如表 3-2 所示。

表 3-2 "圆"命令各选项含义

选　　项	含　　义
三点（3P）	用指定圆周上 3 点的方法画圆
两点（2P）	指定直径的两端点画圆
切点、切点、半径（T）	按先指定两个相切对象，后给出半径的方法画圆。图 3-15(a)～(d)给出了以"相切、相切、半径"方式绘制圆的各种情形（其中加黑的圆为最后绘制的圆）
绘制圆的菜单	"绘图"菜单的"圆"级联菜单中有一种"相切、相切、相切"的方式，如图 3-16 所示。当选择此方式时，命令行的提示如下。 指定圆上的第一个点：_tan 到：（指定相切的第一个圆弧） 指定圆上的第二个点：_tan 到：（指定相切的第二个圆弧） 指定圆上的第三个点：_tan 到：（指定相切的第三个圆弧）

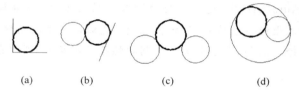

图 3-15　圆与另外两个对象相切的各种情形

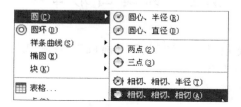

图 3-16　绘制圆的菜单

3.2.2　上机练习——挡圈

练习目标

绘制如图 3-17 所示的挡圈。

设计思路

首先创建图层，然后利用之前学习的绘图命令——如直线、圆等命令绘制挡圈图形。

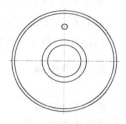

图 3-17　挡圈

操作步骤

1. 设置图层

单击"默认"选项卡"图层"面板中的"图层特性"按钮，打开"图层特性管理器"对话框。新建"中心线"和"轮廓线"两个图层。其中"轮廓线"图层线宽设置为0.3，"中心线"图层颜色设置为红色，线型加载为CENTER，其他设置不变。

2. 绘制中心线

将当前图层设置为"中心线"图层。单击"默认"选项卡"绘图"面板中的"直线"按钮，命令行的提示与操作如下。

```
命令：_line
指定第一个点：(适当指定一点)
指定下一点或 [放弃(U)]：@400,0↙
指定下一点或 [放弃(U)]：↙
命令：_line
指定第一个点：from↙(表示"捕捉自"功能)
基点：(单击状态栏上的"对象捕捉"按钮，把光标移动到刚绘制线段的中点附近，系统显示一个绿色的小三角形表示中点捕捉位置，如图3-18所示，单击确定基点位置)
<偏移>：@0,200↙
指定下一点或 [放弃(U)]：@0,-400↙
指定下一点或 [放弃(U)]：↙
```

注意："捕捉自"功能的快捷键为按住Shift键右击，可以弹出快捷菜单。

图3-18 捕捉中点

结果如图3-19所示。

3. 绘制同心圆

（1）将当前图层转换为"轮廓线"图层。在命令行中输入CIRCLE，或者选择菜单栏中的"绘图"→"圆"→"圆心、半径"命令，或者单击"默认"选项卡"绘图"面板中的"圆"按钮，命令行的提示与操作如下。

```
命令：_circle
指定圆的圆心或 [三点(3P)/两点(2P)/切点、切点、半径(T)]：(捕捉中心线交点为圆心)
指定圆的半径或 [直径(D)]：40↙
命令：_circle
指定圆的圆心或 [三点(3P)/两点(2P)/切点、切点、半径(T)]：(捕捉中心线交点为圆心)
指定圆的半径或 [直径(D)]<20.0000>：d↙
指定圆的直径<40.0000>：120↙
```

（2）利用同样的方法绘制半径分别为180和190的同心圆，如图3-20所示。

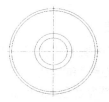

图3-19 绘制中心线　　　　　图3-20 绘制同心圆

4．绘制定位孔

单击"默认"选项卡"绘图"面板中的"圆"按钮⊙，命令行的提示与操作如下。

```
命令：↙（或者直接按Enter键，表示执行上次执行的命令）
CIRCLE 指定圆的圆心或 [三点(3P)/两点(2P)/切点、切点、半径(T)]: 2p↙
指定圆直径的第一个端点：from↙
基点：（捕捉同心圆圆心）
<偏移>：@0,120↙
指定圆直径的第二个端点：@0,20↙
```

结果如图3-21所示。

5．补画定位圆中心线

将当前图层转换为"中心线"图层。单击"默认"选项卡"绘图"面板中的"直线"按钮／，命令行的提示与操作如下。

```
命令：_line
指定第一个点：from↙
基点：（捕捉定位圆圆心）
<偏移>：@-15,0↙
指定下一点或 [放弃(U)]: @30,0↙
指定下一点或 [放弃(U)]:↙
```

结果如图3-22所示。

图3-21 绘制定位孔　　　　　图3-22 补画中心线

6．显示线宽

单击状态栏上的"显示/隐藏线宽"按钮，显示图线线宽，最终结果如图3-17所示。

3.2.3 圆弧

1．执行方式

命令行：ARC(缩写名：A)。

菜单栏：执行菜单栏中的"绘图"→"圆弧"命令。

工具栏：单击"绘图"工具栏中的"圆弧"按钮 。

功能区：单击"默认"选项卡"绘图"面板中的"圆弧"按钮 。

2．操作步骤

```
命令：_ARC
指定圆弧的起点或 [圆心(C)]：(指定起点)
指定圆弧的第二个点或 [圆心(C)/端点(E)]：(指定第二点)
指定圆弧的端点：(指定端点)
```

3．选项说明

（1）圆弧。用命令行方式画圆弧时，可以根据系统提示选择不同的选项，具体功能和"绘图"菜单下"圆弧"级联菜单提供的11种方式相似。这11种方式如图3-23(a)～(k)所示。

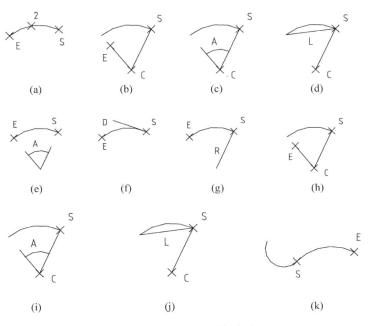

图 3-23　11 种画圆弧的方法

（2）继续。需要强调的是"继续"方式，其绘制的圆弧与上一线段或圆弧相切，继续画圆弧段，因此提供端点即可。

3.2.4 上机练习——圆头平键

练习目标

绘制如图 3-24 所示的圆头平键。

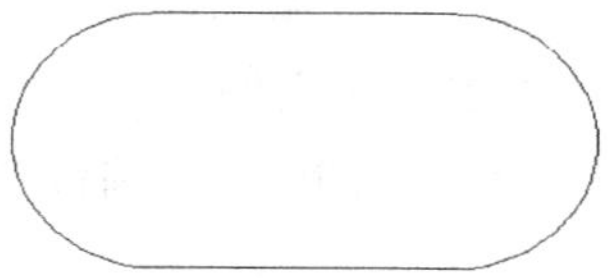

图 3-24 圆头平键

设计思路

通过绘图面板中的直线、圆弧命令来绘制圆头平键，重点掌握圆弧命令的应用。

操作步骤

（1）单击"默认"选项卡"绘图"面板中的"直线"按钮，绘制两条直线，端点坐标值为{(100,130),(150,130)}和{(100,100),(150,100)}，结果如图 3-25 所示。

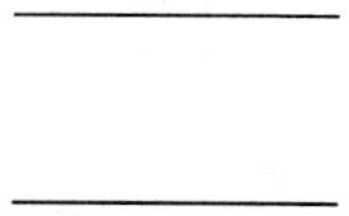

图 3-25 绘制平行线

（2）单击"默认"选项卡"绘图"面板中的"圆弧"按钮，绘制圆头部分圆弧，命令行的提示与操作如下。

```
命令：ARC
指定圆弧的起点或 [圆心(C)]：<打开对象捕捉>(指定起点为上面水平线左端点)
指定圆弧的第二个点或 [圆心(C)/端点(E)]：E
指定圆弧的端点：(指定端点为下面水平线左端点)
指定圆弧的圆心或 [角度(A)/方向(D)/半径(R)]：R
指定圆弧的半径：15
```

（3）重复"圆弧"命令绘制另一段圆弧，命令行的提示与操作如下。

```
命令：ARC
指定圆弧的起点或 [圆心(C)]：(指定起点为上面水平线右端点)
指定圆弧的第二个点或 [圆心(C)/端点(E)]：E
指定圆弧的端点：(指定端点为下面水平线右端点)
指定圆弧的圆心或 [角度(A)/方向(D)/半径(R)]：A
指定包含角：-180
```

最终结果如图 3-24 所示。

3.2.5 圆环

1. 执行方式

命令行：DONUT。

菜单栏：执行菜单栏中的"绘图"→"圆环"命令。

功能区：单击"默认"选项卡"绘图"面板中的"圆环"按钮 。

2. 操作步骤

命令：DONUT
指定圆环的内径 <0.5000>：5(指定圆环内径)
指定圆环的外径 <1.0000>：25(指定圆环外径)
指定圆环的中心点或 <退出>：(指定圆环的中心点)
指定圆环的中心点或 <退出>：(继续指定圆环的中心点，则继续绘制相同内外径的圆环。
按 Enter 键、空格键或右击结束命令，如图 3-26(a)所示)

3. 选项说明

各选项的含义如表 3-3 所示。

表 3-3 "圆环"命令各选项含义

选项	含 义
填充圆	若指定内径为 0，则画出实心填充圆，如图 3-26(b)所示
圆环	用命令 FILL 可以控制圆环是否填充，具体方法如下。 命令：FILL 输入模式 [开(ON)/关(OFF)] <开>：(选择 ON 表示填充，选择 OFF 表示不填充，结果如图 3-26(c)所示)

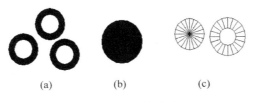

(a)   (b)   (c)

图 3-26 绘制圆环

3.2.6 椭圆与椭圆弧

1. 执行方式

命令行：ELLIPSE。

菜单栏：执行菜单栏中的"绘图"→"椭圆"→"圆弧"命令。

工具栏：单击"绘图"工具栏中的"椭圆"按钮 或 "椭圆弧"按钮 。

功能区：单击"默认"选项卡"绘图"面板中的"圆心"按钮 、"轴、端点"按钮 以及"椭圆弧"按钮 。

2. 操作步骤

```
命令：ELLIPSE
指定椭圆的轴端点或 [圆弧(A)/中心点(C)]：(指定轴端点1,如图3-27(a)所示)
指定轴的另一个端点：<正交 开>(指定轴端点2,如图3-27(a)所示)
指定另一条半轴长度或 [旋转(R)]：
```

3. 选项说明

各选项的含义如表 3-4 所示。

表 3-4 "椭圆与椭圆弧"命令各选项含义

选 项	含 义
指定椭圆的轴端点	根据两个端点定义椭圆的第一条轴。第一条轴的角度确定了整个椭圆的角度。第一条轴既可定义椭圆的长轴,也可定义椭圆的短轴
旋转(R)	通过绕第一条轴旋转圆来创建椭圆,相当于将一个圆绕椭圆轴翻转一个角度后的投影视图
中心点(C)	通过指定的中心点创建椭圆
圆弧(A)	该选项用于创建一段椭圆弧,与单击"绘图"工具栏中"椭圆弧"按钮的功能相同。其中,第一条轴的角度确定了椭圆弧的角度。第一条轴既可定义椭圆弧长轴,也可定义椭圆弧短轴。选择该选项,系统提示如下。 ``` 命令：ELLIPSE 指定椭圆的轴端点或 [圆弧(A)/中心点(C)]：(指定端点或输入 C) 指定椭圆弧的轴端点或 [中心点(C)]： 指定轴的另一个端点：(指定另一端点) 指定另一条半轴长度或 [旋转(R)]：(指定另一条半轴长度或输入 R) 指定起点角度或 [参数(P)]：(指定起始角度或输入 P) 指定端点角度或 [参数(P)/包含角度(I)]：(指定终止角度或输入 P) ``` 其中,各选项含义如下。

	起点/端点角度	指定椭圆弧端点的两种方式之一,光标与椭圆中心点连线的夹角为椭圆端点位置的角度,如图3-27(b)所示
	参数(P)	指定椭圆弧端点的另一种方式,该方式同样是指定椭圆弧端点的角度,但通过以下矢量参数方程式创建椭圆弧： $$p(u) = c + a\cos u + b\sin u$$ 其中,c 是椭圆的中心点,a 和 b 分别是椭圆的长轴和短轴,u 为光标与椭圆中心点连线的夹角
	包含角度(I)	定义从起始角度开始的包含角度

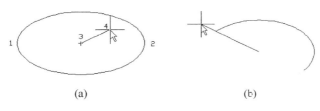

图 3-27 椭圆和椭圆弧

(a) 椭圆；(b) 椭圆弧

3.3 平面图形命令

平面图形包括矩形和多边形两种基本图形单元。本节介绍这两种平面图形的命令和绘制方法。

3.3.1 矩形

1. 执行方式

命令行：RECTANG(缩写名：REC)。

菜单栏：执行菜单栏中的"绘图"→"矩形"命令。

工具栏：单击"绘图"工具栏中的"矩形"按钮 。

功能区：单击"默认"选项卡"绘图"面板中的"矩形"按钮 。

2. 操作步骤

```
命令：RECTANG
指定第一个角点或 [倒角(C)/标高(E)/圆角(F)/厚度(T)/宽度(W)]:(指定第一个角点)
指定另一个角点或 [面积(A)/尺寸(D)/旋转(R)]:          (指定第二个角点)
```

3. 选项说明

各选项的含义如表 3-5 所示。

表 3-5 "矩形"命令各选项含义

选　　项	含　　义
第一个角点	通过指定两个角点确定矩形，如图 3-28(a)所示
倒角(C)	指定倒角距离，绘制带倒角的矩形，如图 3-28(b)所示。每一个角点的逆时针和顺时针方向的倒角可以相同，也可以不同。其中，第一个倒角距离是指角点逆时针方向的倒角距离，第二个倒角距离是指角点顺时针方向的倒角距离
标高(E)	指定矩形标高(Z 坐标)，即把矩形画在标高为 Z，并且和 XOY 坐标面平行的平面上，并作为后续矩形的标高值
圆角(F)	指定圆角半径，绘制带圆角的矩形，如图 3-28(c)所示
厚度(T)	指定矩形的厚度，如图 3-28(d)所示
宽度(W)	指定线宽，如图 3-28(e)所示

续表

选项	含义
尺寸(D)	使用长和宽创建矩形
面积(A)	指定面积和长或宽创建矩形。选择该选项，命令行提示如下。 输入以当前单位计算的矩形面积 <200.0000>：　　（输入面积值） 计算矩形标注时依据 [长度(L)/宽度(W)] <长度>：（按 Enter 键或输入 W） 输入矩形长度 <10.0000>：　　　　　　　　　　（指定长度或宽度） 指定长度或宽度后，系统自动计算另一个维度后绘制出矩形。如果矩形被倒角或圆角，则长度或宽度计算中会考虑此设置，如图 3-29 所示
旋转(R)	旋转所绘制矩形的角度。选择该选项，命令行提示如下。 命令：RECTANG 指定第一个角点或 [倒角(C)/标高(E)/圆角(F)/厚度(T)/宽度(W)]： 指定另一个角点或 [面积(A)/尺寸(D)/旋转(R)]：R 指定旋转角度或 [拾取点(P)] <0>：　　　　　（指定角度） 指定另一个角点或 [面积(A)/尺寸(D)/旋转(R)]：（指定另一个角点或选择其他选项） 指定旋转角度后，系统按指定角度创建矩形，如图 3-30 所示

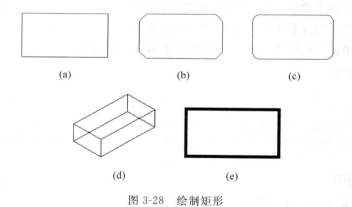

图 3-28 绘制矩形

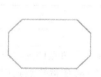

倒角距离(1,1)
面积：20 长度：6

圆角半径：1.0
面积：20 宽度：6

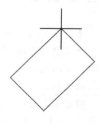

图 3-29 按面积绘制矩形　　　　　图 3-30 按指定旋转角度创建矩形

3.3.2 上机练习——方头平键

练习目标

绘制如图 3-31 所示的方头平键。

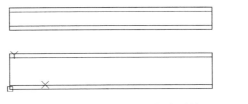

图 3-31 方头平键

设计思路

本实例通过应用绘图面板中的直线、构造线、矩形命令来完成方头平键轮廓的创建,并通过修改面板中的倒角命令来完善图形。

操作步骤

(1) 利用"矩形"命令绘制主视图外形,命令行的提示与操作如下。

```
命令:RECTANG
指定第一个角点或 [倒角(C)/标高(E)/圆角(F)/厚度(T)/宽度(W)]:0,30
指定另一个角点或 [面积(A)/尺寸(D)/旋转(R)]:@100,11
```

结果如图 3-32 所示。

(2) 单击"默认"选项卡"绘图"面板中的"直线"按钮 ,绘制主视图的两条棱线,一条棱线端点的坐标值为(0,32)和(@100,0),另一条棱线端点的坐标值为(0,39)和(@100,0),结果如图 3-33 所示。

图 3-32 绘制主视图外形   图 3-33 绘制主视图棱线

(3) 单击"默认"选项卡"绘图"面板中的"构造线"按钮 ,绘制构造线,命令行的提示与操作如下。

```
命令:XLINE
指定点或 [水平(H)/垂直(V)/角度(A)/二等分(B)/偏移(O)]:(指定主视图左边竖线上一点)
指定通过点:
```

利用同样的方法绘制右边竖直构造线,如图 3-34 所示。

(4) 单击"默认"选项卡"绘图"面板中的"矩形"按钮 和"直线"按钮 ,绘制俯视图,命令行的提示与操作如下。

```
命令: RECTANG
指定第一个角点或 [倒角(C)/标高(E)/圆角(F)/厚度(T)/宽度(W)]: 0,0
指定另一个角点或 [面积(A)/尺寸(D)/旋转(R)]: @100,18
```

接着绘制两条直线,端点分别为{(0,2),(@100,0)}和{(0,16),(@100,0)},结果如图 3-35 所示。

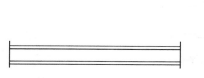

图 3-34 绘制竖直构造线

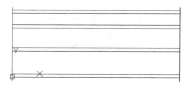

图 3-35 绘制俯视图

(5)单击"默认"选项卡"绘图"面板中的"构造线"按钮,绘制左视图构造线,命令行的提示与操作如下。

```
命令: XLINE
指定点或 [水平(H)/垂直(V)/角度(A)/二等分(B)/偏移(O)]: H
指定通过点:(指定主视图上右上端点)
指定通过点:(指定主视图上右下端点)
指定通过点:(捕捉俯视图上右上端点)
指定通过点:(捕捉俯视图上右下端点)
指定通过点: *取消*
命令: XLINE
指定点或 [水平(H)/垂直(V)/角度(A)/二等分(B)/偏移(O)]: A
输入构造线的角度 (0) 或 [参照(R)]: -45
指定通过点:(任意指定一点)
指定通过点: *取消*
命令: XLINE
指定点或 [水平(H)/垂直(V)/角度(A)/二等分(B)/偏移(O)]: V
指定通过点:(指定斜线与第三条水平线的交点)
指定通过点:(指定斜线与第四条水平线的交点)
指定通过点: *取消*
```

结果如图 3-36 所示。

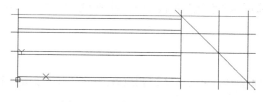

图 3-36 绘制左视图构造线

(6)单击"默认"选项卡"修改"面板中的"倒角"按钮,设置矩形两个倒角距离为2,绘制左视图,命令行的提示与操作如下。

第3章 基本二维绘图命令

```
命令:RECTANGLE
当前矩形模式:倒角 = 1.0000 × 1.0000
指定第一个角点或 [倒角(C)/标高(E)/圆角(F)/厚度(T)/宽度(W)]:C
指定矩形的第一个倒角距离 <1.0000>:2
指定矩形的第二个倒角距离 <1.0000>:2
指定第一个角点或 [倒角(C)/标高(E)/圆角(F)/厚度(T)/宽度(W)]:(指定点1)
指定另一个角点或 [面积(A)/尺寸(D)/旋转(R)]:(指定点2)
```

结果如图 3-37 所示。

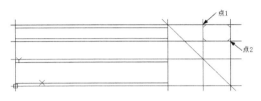

图 3-37　绘制左视图

(7) 删除构造线,最终结果如图 3-31 所示。

3.3.3　正多边形

1. 执行方式

命令行:POLYGON。

菜单栏:执行菜单栏中的"绘图"→"多边形"命令。

工具栏:单击"绘图"工具栏中的"多边形"按钮 。

功能区:单击"默认"选项卡"绘图"面板中的"多边形"按钮 。

2. 操作步骤

```
命令:POLYGON
输入侧面数 <4>:(指定多边形的边数,默认值为4)
指定正多边形的中心点或 [边(E)]:(指定中心点)
输入选项 [内接于圆(I)/外切于圆(C)] <I>:(指定是内接于圆或外切于圆,I表示内接,
如图 3-38(a)所示;C表示外切,如图 3-38(b)所示)
指定圆的半径:(指定外接圆或内切圆的半径)
```

3. 选项说明

命令中选项的含义如表 3-6 所示。

表 3-6　"正多边形"命令中选项含义

选　项	含　义
多边形	如果选择"边"选项,则只要指定正多边形的一条边,系统就会按逆时针方向创建该正多边形,如图 3-38(c)所示

77

图 3-38 画正多边形

3.3.4 上机练习——六角螺母

练习目标

绘制如图 3-39 所示的六角螺母。

设计思路

本实例首先创建图层,然后利用绘图面板中的多边形等命令来完成六角螺母的创建。

图 3-39 六角螺母

操作步骤

1. 设置图层

单击"默认"选项卡"图层"面板中的"图层特性"按钮 ,打开"图层特性管理器"对话框。新建"中心线"和"轮廓线"两个图层。其中,"轮廓线"图层线宽设置为 0.3,"中心线"图层颜色设置为红色,线型加载为 CENTER,其他设置不变。

2. 绘制中心线

将当前图层设置为"中心线"层,单击"默认"选项卡"绘图"面板中的"直线"按钮,绘制中心线,端点坐标值为{(90,150),(210,150)}、{(150,90),(150,210)},结果如图 3-40 所示。

3. 绘制螺母轮廓

(1) 将当前图层设置为"轮廓线"层。单击"默认"选项卡"绘图"面板中的"圆"按钮,以 (150,150) 为圆心,绘制半径为 50 的圆,结果如图 3-41 所示。

图 3-40 绘制中心线　　　　　　　　图 3-41 绘制圆

(2) 绘制正六边形。在命令行输入 POLYGON,或者选择菜单栏中的"绘图"→"多边形"命令,或者单击"默认"选项卡"绘图"面板中的"多边形"按钮,命令行的提示与操作如下。

```
命令：POLYGON↙
输入侧面数<4>: 6↙
指定正多边形的中心点或[边(E)]: 150,150↙
输入选项[内接于圆(I)/外切于圆(C)]<I>: c↙
指定圆的半径: 50↙
```

得到的结果如图 3-42 所示。

（3）单击"默认"选项卡"绘图"面板中的"圆"按钮 ，以(150,150)为中心，以 30 为半径绘制另一个圆，结果如图 3-39 所示。

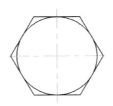

图 3-42 绘制正六边形

3.4 点 命 令

点在 AutoCAD 中有多种不同的表示方式，用户可以根据需要进行设置，也可以设置等分点和测量点。

3.4.1 绘制点

1．执行方式

命令行：POINT。

菜单栏：执行菜单栏中的"绘图"→"点"→"单点"或"多点"命令。

工具栏：单击"绘图"工具栏中的"点"按钮 。

功能区：单击"默认"选项卡"绘图"面板中的"多点"按钮 。

2．操作步骤

```
命令：POINT
当前点模式：PDMODE = 0  PDSIZE = 0.0000
指定点：(指定点所在的位置)
```

3．选项说明

各选项的含义如表 3-7 所示。

表 3-7 "绘制点"命令各选项含义

选 项	含 义
点	通过菜单方法操作时（如图 3-43 所示），"单点"选项表示只输入一个点，"多点"选项表示可输入多个点
对象捕捉	可以打开状态栏中的"对象捕捉"开关设置点捕捉模式，帮助用户拾取点
点样式	点在图形中的表示样式共有 20 种。可通过 DDPTYPE 命令或单击"格式"→"点样式"命令，弹出"点样式"对话框来设置，如图 3-44 所示

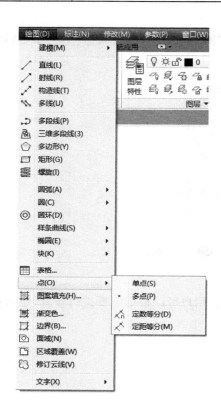

图 3-43 "点"级联菜单

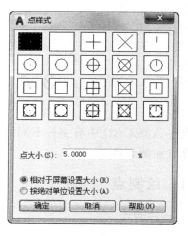

图 3-44 "点样式"对话框

3.4.2 等分点

1. 执行方式

命令行：DIVIDE(缩写名：DIV)。

菜单栏：执行菜单栏中的"绘图"→"点"→"定数等分"命令。

功能区：单击"默认"选项卡"绘图"面板中的"定数等分"按钮 。

2. 操作步骤

命令：DIVIDE

选择要定数等分的对象：(选择要等分的实体)

输入线段数目或 [块(B)]：(指定实体的等分数，绘制结果如图 3-45 所示)

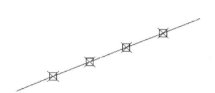

图 3-45 等分点

3. 选项说明

各选项的含义如表 3-8 所示。

表 3-8 "等分点"命令各选项含义

选 项	含 义
等分数	等分数范围为 2～32767
等分点处	在等分点处，按当前点样式设置画出等分点
块	在第二行提示下选择"块"选项时，表示在等分点处插入指定的块(BLOCK)（见第 9 章）

3.4.3 测量点

1. 执行方式

命令行：MEASURE(缩写名：ME)。

菜单栏：执行菜单栏中的"绘图"→"点"→"定距等分"命令。

功能区：单击"默认"选项卡"绘图"面板中的"定距等分"按钮 。

2. 操作步骤

命令：MESURE

选择要定距等分的对象：(选择要等分的线段)

指定线段长度或 [块(B)]：(指定线段长度，绘制结果如图 3－46 所示)

图 3-46 测量点

3. 选项说明

各选项的含义如表 3-9 所示。

表 3-9 "测量点"命令各选项含义

选 项	含 义
起点	设置的起点一般是指定线的绘制起点
块	在第二行提示下选择"块"选项时，表示在测量点处插入指定的块，后续操作与 3.4.2 节类似
等分点	在等分点处，按当前点样式画出等分点
长度	最后一个测量段的长度不一定等于指定分段长度

3.4.4 上机练习——棘轮

练习目标

绘制如图 3-47 所示的棘轮。

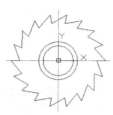

图 3-47 棘轮

设计思路

本实例首先设置图层,然后创建棘轮的中心线、内孔、轮齿内外圆,并通过点样式、定数等分以及直线命令来完成轮齿的创建,最终完成棘轮的绘制。

操作步骤

(1) 设置图层。单击"默认"选项卡"图层"面板中的"图层特性"按钮 ,打开"图层特性管理器"对话框。新建"中心线"和"轮廓线"两个图层。其中"轮廓线"图层线宽设置为 0.3,"中心线"图层颜色设置为红色,线型加载为 CENTER,其他设置不变。

(2) 绘制棘轮中心线。将当前图层设置为"中心线"图层。单击"默认"选项卡"绘图"面板中的"直线"按钮 ,绘制棘轮中心线(此处暂时忽略线型,下一章详细讲述)。

```
命令: LINE
指定第一个点: -120,0
指定下一点或 [放弃(U)]: @240,0
指定下一点或 [放弃(U)]: *取消*
```

采用同样的方法,利用 LINE 命令绘制线段,端点坐标为(0,120)和(@0,-240)。

(3) 绘制棘轮内孔及轮齿内外圆。将当前图层设置为"轮廓线"图层。单击"默认"选项卡"绘图"面板中的"圆"按钮,绘制棘轮内孔。

```
命令: CIRCLE
指定圆的圆心或 [三点(3P)/两点(2P)/切点、切点、半径(T)]: 0,0
指定圆的半径或 [直径(D)] <110.0000>: 35
```

采用同样的方法,利用 CIRCLE 命令绘制圆,圆心坐标为(0,0),半径分别为 45、90 和 110。绘制效果如图 3-48 所示。

(4) 等分圆。选择菜单栏中的"格式"→"点样式"命令,弹出如图 3-44 所示的"点样式"对话框。单击其中的"×"样式,将点大小设置为相对于屏幕大小的 5%,单击"确定"按钮。

(5) 选择菜单栏中的"绘图"→"点"→"定数等分"命令,或执行 DIVIDE 命令,将半径分别为 90 与 110 的圆 18 等分,命令行提示如下。

命令: DIVIDE
选择要定数等分的对象:(选择圆)
输入线段数目或 [块(B)]: 18

绘制结果如图 3-49 所示。

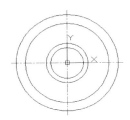
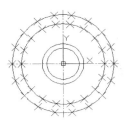

图 3-48　绘制圆　　　　　图 3-49　定数等分圆

(6) 单击"默认"选项卡"绘图"面板中的"直线"按钮 ,绘制齿廓。

命令: LINE
指定第一个点:(捕捉 A 点)
指定下一点或 [放弃(U)]:(捕捉 B 点)
指定下一点或 [放弃(U)]:(捕捉 C 点)

结果如图 3-50 所示。用同样的方法绘制其他直线,结果如图 3-51 所示。

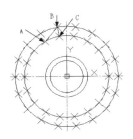
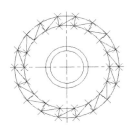

图 3-50　绘制直线　　　　　图 3-51　绘制齿廓

(7) 删除多余的点和线。选中半径分别为 90 与 110 的圆和所有的点,按 Delete 键,将选中的点和线删除,结果如图 3-47 所示。

3.5 上机实验

3.5.1 实验1 绘制定距环

1．目的要求

绘制如图3-52所示的定距环。要求通过本实验掌握基本绘图命令的绘制方法，包括"圆""直线""矩形"等命令。

2．操作提示

（1）设置图层。
（2）利用"直线"命令绘制中心线。
（3）利用"圆"和"矩形"命令绘制轮廓。

图3-52 定距环

3.5.2 实验2 绘制圆锥销

1．目的要求

圆锥销是机械中常见的零件，如图3-53所示。

图3-53 圆锥销

2．操作提示

（1）用"直线"命令绘制轮廓。
（2）以"起点、端点、半径"的方式绘制两圆弧。

高级二维绘图命令

在绘制二维图形时,有时仅仅利用第 3 章讲到的一些基本绘图命令难以完成图形的绘制,或绘制起来很烦琐。为此,AutoCAD 提供了一些高级二维绘图命令,利用这些命令可以快速、方便地完成某些图形的绘制。本章主要讲述多段线、样条曲线的绘制与编辑。

学习要点

- ◆ 多段线
- ◆ 样条曲线
- ◆ 面域
- ◆ 图案填充

4.1 多段线

多段线是一种由线段和圆弧组合而成的不同线宽的多线,由于这种线组合形式多样,线宽变化丰富,弥补了直线或圆弧功能的不足,适合绘制各种复杂的图形轮廓,因而得到了广泛的应用。

4.1.1 绘制多段线

1. 执行方式

命令行:PLINE(快捷命令:PL)。

菜单栏:执行菜单栏中的"绘图"→"多段线"命令。

工具栏:单击"绘图"工具栏中的"多段线"按钮 。

功能区:单击"默认"选项卡"绘图"面板中的"多段线"按钮 。

2. 操作步骤

```
命令:PLINE
指定起点:(指定多段线的起点)
当前线宽为 0.0000
指定下一个点或 [圆弧(A)/半宽(H)/长度(L)/放弃(U)/宽度(W)]:<正交 开>(指定多段线的下一点)
```

3. 选项说明

各选项的含义如表 4-1 所示。

表 4-1 "绘制多段线"命令各选项含义

选 项	含 义
多段线	多段线主要由连续的不同宽度的线段或圆弧组成,如果在上述提示中选择"圆弧"选项,则命令行提示如下。 [角度(A)/圆心(CE)/方向(D)/半宽(H)/直线(L)/半径(R)/第二个点(S)/放弃(U)/宽度(W)]:

4.1.2 编辑多段线

1. 执行方式

命令行:PEDIT(快捷命令:PE)。

菜单栏:执行菜单栏中的"修改"→"对象"→"多段线"命令。

工具栏:单击"修改 II"工具栏中的"编辑多段线"按钮 。

快捷菜单:选择要编辑的多段线,在绘图区域右击,从弹出的快捷菜单中选择"多段线"→"编辑多段线"命令。

功能区:单击"默认"选项卡"修改"面板中的"编辑多段线"按钮。

2. 操作步骤

命令:PEDIT
选择多段线或[多条(M)]:
输入选项[闭合(C)/合并(J)/宽度(W)/编辑顶点(E)/拟合(F)/样条曲线(S)/非曲线化(D)/
线型生成(L)/反转(R)/放弃(U)]:

3. 选项说明

各选项的含义如表 4-2 所示。

表 4-2 "编辑多段线"命令各选项含义

选 项	含 义
合并(J)	以选中的多段线为主体,合并其他直线段、圆弧和多段线,使其成为一条多段线。能合并的条件是各段端点首尾相连,如图 4-1 所示
宽度(W)	修改整条多段线的线宽,使其具有同一线宽,如图 4-2 所示

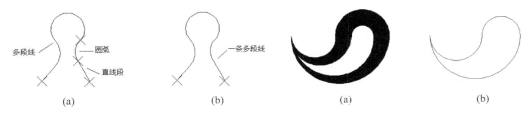

图 4-1 合并多段线　　　　　　　　　图 4-2 修改整条多段线的线宽
(a) 合并前;(b) 合并后　　　　　　　　(a) 修改前;(b) 修改后

其他选项不作叙述,读者可以自行练习体会。

4.1.3 上机练习——泵轴

练习目标

本实例绘制如图 4-3 所示的泵轴。

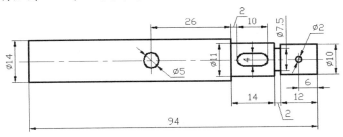

图 4-3 泵轴

设计思路

本实例绘制的轴主要由直线、圆及圆弧组成,因此,可以用直线命令 LINE、多段线命令 PLINE、圆命令 CIRCLE 及圆弧命令 ARC 结合对象捕捉功能来绘制完成。

操作步骤

1. 图层设置

选择菜单栏中的"格式"→"图层"命令,或者单击"默认"选项卡"图层"面板中的"图层特性管理器"按钮,新建以下两个图层。

(1)"轮廓线"层,线宽属性为 0.3mm,其余属性默认。

(2)"中心线"层,颜色设为红色,线型加载为 CENTER,其余属性默认。

2. 绘制泵轴的中心线

将当前图层设置为"中心线"图层。单击"默认"选项卡"绘图"面板中的"直线"按钮,绘制泵轴中心线,命令行的提示与操作如下。

```
命令: LINE↙
指定第一个点: 65,130↙
指定下一点或 [放弃(U)]: 170,130↙
指定下一点或 [放弃(U)]:↙
命令: LINE↙ (绘制Φ5圆的竖直中心线)
指定第一个点: 110,135↙
指定下一点或 [放弃(U)]: 110,125↙
指定下一点或 [放弃(U)]:↙
命令:↙ (绘制Φ2圆的竖直中心线)
指定第一点: 158,133↙
指定下一点或 [放弃(U)]: 158,127↙
指定下一点或 [放弃(U)]:↙
```

3. 绘制泵轴的外轮廓线

将当前图层设置为"轮廓线"图层。单击"默认"选项卡"绘图"面板中的"矩形"按钮,绘制泵轴外轮廓线,命令行的提示与操作如下。

```
命令: RECTANG↙ (绘制矩形命令,绘制左端Φ14轴段)
指定第一个角点或 [倒角(C)/标高(E)/圆角(F)/厚度(T)/宽度(W)]: 70,123↙ (输入矩形的左下角点坐标)
指定另一个角点或 [面积(A)/尺寸(D)/旋转(R)]: @66,14↙ (输入矩形的右上角点相对坐标)
命令: LINE↙ (绘制Φ11轴段)
指定第一个点: _from 基点:(单击"对象捕捉"工具栏中的图标,打开"捕捉自"功能,按提示操作)
_int 于:(捕捉Φ14轴段右端与水平中心线的交点)
<偏移>: @0,5.5↙
指定下一点或 [放弃(U)]: @14,0↙
指定下一点或 [放弃(U)]: @0,-11↙
指定下一点或 [闭合(C)/放弃(U)]: @-14,0↙
指定下一点或 [闭合(C)/放弃(U)]:↙
命令: LINE↙
```

```
指定第一点：_from 基点：_int 于(捕捉Φ11轴段右端与水平中心线的交点)
<偏移>：@0,3.75✓
指定下一点或 [放弃(U)]：@ 2,0✓
指定下一点或 [放弃(U)]：✓
命令：LINE✓
指定第一个点：_from 基点：_int 于(捕捉Φ11轴段右端与水平中心线的交点)
<偏移>：@0,-3.75✓
指定下一点或 [放弃(U)]：@2,0✓
指定下一点或 [放弃(U)]：✓
命令：RECTANG✓ (绘制右端Φ10轴段)
指定第一个角点或 [倒角(C)/标高(E)/圆角(F)/厚度(T)/宽度(W)]：152,125✓ (输入矩形的左下角点坐标)
指定另一个角点或 [面积(A)/尺寸(D)/旋转(R)]：@12,10✓ (输入矩形的右上角点相对坐标)
```

绘制结果如图4-4所示。

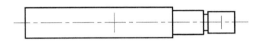

图4-4 轴的外轮廓线

4．绘制轴的孔及键槽

单击"默认"选项卡"绘图"面板中的"圆"按钮 及"多段线"按钮 ，绘制轴的孔及键槽，命令行的提示与操作如下。

```
命令：CIRCLE✓
指定圆的圆心或 [三点(3P)/两点(2P)/切点、切点、半径(T)]：(选择左边竖直中心线与水平中心线的交点为圆心)
指定圆的半径或 [直径(D)]：D✓
指定圆的直径：5✓
命令：CIRCLE✓
指定圆的圆心或 [三点(3P)/两点(2P)/切点、切点、半径(T)]：(选择右边竖直中心线与水平中心线的交点为圆心)
指定圆的半径或 [直径(D)]<2.5000>：D✓
指定圆的直径<5.0000>：2✓
命令：PLINE✓ (绘制多段线命令,绘制泵轴的键槽)
指定起点：140,132✓
当前线宽为 0.0000
指定下一个点或 [圆弧(A)/半宽(H)/长度(L)/放弃(U)/宽度(W)]：@6,0✓
指定下一点或 [圆弧(A)/闭合(C)/半宽(H)/长度(L)/放弃(U)/宽度(W)]：A✓ (绘制圆弧)
指定圆弧的端点(按住 Ctrl 键以切换方向)或[角度(A)/圆心(CE)/闭合(CL)/方向(D)/半宽(H)/直线(L)/半径(R)/第二个点(S)/放弃(U)/宽度(W)]：@0,-4✓
指定圆弧的端点(按住 Ctrl 键以切换方向)或[角度(A)/圆心(CE)/闭合(CL)/方向(D)/半宽(H)/直线(L)/半径(R)/第二个点(S)/放弃(U)/宽度(W)]：L✓
指定下一点或 [圆弧(A)/闭合(C)/半宽(H)/长度(L)/放弃(U)/宽度(W)]：@-6,0✓
指定下一点或 [圆弧(A)/闭合(C)/半宽(H)/长度(L)/放弃(U)/宽度(W)]：A✓
指定圆弧的端点(按住 Ctrl 键以切换方向)或[角度(A)/圆心(CE)/闭合(CL)/方向(D)/半宽(H)/直线(L)/半径(R)/第二个点(S)/放弃(U)/宽度(W)]：_endp 于(捕捉上部直线段的左端点,绘制左端的圆弧)
指定圆弧的端点(按住 Ctrl 键以切换方向)或[角度(A)/圆心(CE)/闭合(CL)/方向(D)/半宽(H)/直线(L)/半径(R)/第二个点(S)/放弃(U)/宽度(W)]：✓
```

最终绘制的结果如图 4-3 所示。

4.2 样条曲线

AutoCAD 使用一种称为非一致有理 B 样条（NURBS）曲线的特殊样条曲线类型。NURBS 曲线在控制点之间产生一条光滑的曲线，如图 4-5 所示。样条曲线可用于创建形状不规则的曲线，例如为地理信息系统（GIS）应用或汽车设计绘制轮廓线。

图 4-5 样条曲线

4.2.1 绘制样条曲线

1．执行方式

命令行：SPLINE。
菜单栏：执行菜单栏中的"绘图"→"样条曲线"命令。
工具栏：单击"绘图"工具栏中的"样条曲线"按钮 。
功能区：单击"默认"选项卡"绘图"面板中的"样条曲线拟合"按钮 或"样条曲线控制点"按钮 。

2．操作步骤

```
命令：SPLINE
当前设置：方式 = 拟合  节点 = 弦
指定第一个点或 [方式(M)/节点(K)/对象(O)]：（指定一点）
输入下一个点或 [起点切向(T)/公差(L)]：
输入下一个点或 [端点相切(T)/公差(L)/放弃(U)]：C
指定切向：
```

3．选项说明

各选项的含义如表 4-3 所示。

表 4-3 "绘制样条曲线"命令各选项含义

选项	含义
方式(M)	控制是使用拟合点还是使用控制点来创建样条曲线。选项会因用户选择的是使用拟合点创建还是使用控制点创建而异
节点(K)	指定节点参数化，它会影响曲线在通过拟合点时的形状

其他选项不作叙述，读者可以自行练习体会。

4.2.2 编辑样条曲线

1．执行方式

命令行：SPLINEDIT。

菜单栏：执行菜单栏中的"修改"→"对象"→"样条曲线"命令。

快捷菜单：选择要编辑的样条曲线，在绘图区域右击，从弹出的快捷菜单中选择"样条曲线"子菜单中的命令。

工具栏：单击"修改 II"工具栏中的"编辑样条曲线"按钮 。

功能区：单击"默认"选项卡"修改"面板中的"编辑样条曲线"按钮 。

2．操作步骤

```
命令：SPLINEDIT
选择样条曲线：(选择要编辑的样条曲线.若选择的样条曲线是用 SPLINE 命令创建的,其近似点
以夹点的颜色显示出来;若选择的样条曲线是用 PLINE 命令创建的,其控制点以夹点的颜色显
示出来.)
输入选项 [闭合(C)/合并(J)/拟合数据(F)/编辑顶点(E)/转换为多段线(P)/反转(R)/放弃(U)/
退出(X)] <退出>：
```

3．选项说明

各选项的含义如表 4-4 所示。

表 4-4 "编辑样条曲线"命令各选项含义

选　　项	含　　义
合并(J)	选定的样条曲线、直线和圆弧在重合端点处合并到现有样条曲线。选择有效对象后，该对象将合并到当前样条曲线,合并点处将具有一个折点
拟合数据(F)	编辑近似数据。选择该项后，创建该样条曲线时指定的各点将以小方格的形式显示出来
编辑顶点(E)	精密调整样条曲线定义
转换为多段线(P)	将样条曲线转换为多段线。精度值决定结果多段线与源样条曲线拟合的精确程度。有效值为介于 0 和 99 之间的任意整数
反转(R)	反转样条曲线的方向。此选项主要适用于第三方应用程序

4.2.3 上机练习——螺丝刀

练习目标

绘制如图 4-6 所示的螺丝刀。

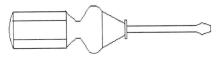

图 4-6　螺丝刀

设计思路

本实例首先利用矩形、直线、圆弧命令绘制螺丝刀把手,然后利用样条曲线命令绘制螺丝刀到头部分。

操作步骤

(1) 单击"默认"选项卡"绘图"面板中的"矩形"按钮 ,指定矩形两个角点坐标分别为(45,180)和(170,120),绘制螺丝刀左部把手。

(2) 单击"默认"选项卡"绘图"面板中的"直线"按钮 ,端点坐标分别为(45,166)和(@125<0),绘制一条线段。

采用同样方法,绘制另一条线段,端点坐标分别为(45,134)和(@125<0)。

(3) 单击"默认"选项卡"绘图"面板中的"圆弧"按钮 ,绘制把手端部的弧线,圆弧上3点坐标分别为(45,180)、(35,150)和(45,120)。绘制的图形如图4-7所示。

(4) 绘制螺丝刀的中间部分过渡线。命令行的提示与操作如下。

```
命令: SPLINE
当前设置: 方式=拟合 节点=弦
指定第一个点或 [方式(M)/节点(K)/对象(O)]: 170,180
输入下一个点或 [起点切向(T)/公差(L)]: 192,165
输入下一个点或 [端点相切(T)/公差(L)/放弃(U)]: 225,187
输入下一个点或 [端点相切(T)/公差(L)/放弃(U)/闭合(C)]: 255,180
输入下一个点或 [端点相切(T)/公差(L)/放弃(U)/闭合(C)]:
命令: SPLINE
当前设置: 方式=拟合 节点=弦
指定第一个点或 [方式(M)/节点(K)/对象(O)]: 170,120
输入下一个点或 [起点切向(T)/公差(L)]: 192,135
输入下一个点或 [端点相切(T)/公差(L)/放弃(U)]: 225,113
输入下一个点或 [端点相切(T)/公差(L)/放弃(U)/闭合(C)]: 255,120
输入下一个点或 [端点相切(T)/公差(L)/放弃(U)/闭合(C)]:
```

(5) 利用LINE命令绘制两条连续线段,端点坐标分别为{(255,180),(308,160),(@5<90),(@5<0),(@30<-90),(@5<-180),(@5<90),(255,120),(255,180)}和{(308,160),(@20<-90)}。绘制完成的图形如图4-8所示。

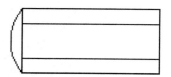

图4-7 绘制螺丝刀左部把手

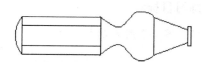

图4-8 绘制完螺丝刀中间部分后的图形

(6)绘制螺丝刀的右部。命令行的提示与操作如下。

```
命令：PLINE
指定起点：313,155
当前线宽为 0.0000
指定下一个点或 [圆弧(A)/半宽(H)/长度(L)/放弃(U)/宽度(W)]：@162<0
指定下一点或 [圆弧(A)/闭合(C)/半宽(H)/长度(L)/放弃(U)/宽度(W)]：A
指定圆弧的端点或[角度(A)/圆心(CE)/闭合(CL)/方向(D)/半宽(H)/直线(L)/半径(R)/第二个点(S)/放弃(U)/宽度(W)]：490,160
指定圆弧的端点或 [角度(A)/圆心(CE)/闭合(CL)/方向(D)/半宽(H)/直线(L)/半径(R)/第二个点(S)/放弃(U)/宽度(W)]：
命令：PLINE
指定起点：313,145
当前线宽为 0.0000
指定下一个点或 [圆弧(A)/半宽(H)/长度(L)/放弃(U)/宽度(W)]：@162<0
指定下一点或 [圆弧(A)/闭合(C)/半宽(H)/长度(L)/放弃(U)/宽度(W)]：A
指定圆弧的端点或[角度(A)/圆心(CE)/闭合(CL)/方向(D)/半宽(H)/直线(L)/半径(R)/第二个点(S)/放弃(U)/宽度(W)]：490,140
指定圆弧的端点或[角度(A)/圆心(CE)/闭合(CL)/方向(D)/半宽(H)/直线(L)/半径(R)/第二个点(S)/放弃(U)/宽度(W)]：L
指定下一点或 [圆弧(A)/闭合(C)/半宽(H)/长度(L)/放弃(U)/宽度(W)]：510,145
指定下一点或 [圆弧(A)/闭合(C)/半宽(H)/长度(L)/放弃(U)/宽度(W)]：@10<90
指定下一点或 [圆弧(A)/闭合(C)/半宽(H)/长度(L)/放弃(U)/宽度(W)]：490,160
指定下一点或 [圆弧(A)/闭合(C)/半宽(H)/长度(L)/放弃(U)/宽度(W)]：
```

最终绘制的图形如图4-6所示。

4.3 面　　域

面域是具有边界的平面区域，内部可以包含孔。在AutoCAD中，用户可以将由某些对象围成的封闭区域转变为面域，这些封闭区域可以是圆、椭圆、封闭二维多段线和封闭的样条曲线等对象，也可以是由圆弧、直线、二维多段线和样条曲线等对象构成的封闭区域。

4.3.1 创建面域

1．执行方式

命令行：REGION。
菜单栏：执行菜单栏中的"绘图"→"面域"命令。
工具栏：单击"绘图"工具栏中的"面域"按钮。
功能区：单击"默认"选项卡"绘图"面板中的"面域"按钮。

2. 操作步骤

```
命令:REGION↙
选择对象:
```

选择对象后,系统自动将所选择的对象转换成面域。

4.3.2 面域的布尔运算

布尔运算是数学上的一种逻辑运算,用在 AutoCAD 绘图中,能够极大地提高绘图的效率。

需要注意的是,布尔运算的对象只包括实体和共面的面域,对于普通的线条图形对象无法使用布尔运算。常用的布尔运算包括并集、交集和差集 3 种,其操作方法类似,下面一并介绍。

1. 执行方式

命令行:UNION(并集)或 INTERSECT(交集)或 SUBTRACT(差集)。

菜单栏:执行菜单栏中的"修改"→"实体编辑"→"并集(交集、差集)"命令。

工具栏:单击"实体编辑"工具栏中的"并集"按钮⊙("差集"按钮⊙、"交集"按钮⊙)。

功能区:单击"三维工具"选项卡"实体编辑"面板中的"并集"按钮⊙、"交集"按钮⊙或"差集"按钮⊙。

2. 操作步骤

```
命令:UNION(INTERSECT)↙
选择对象:
```

选择对象后,系统对所选择的面域作并集(交集)计算。

```
命令:SUBTRACT↙
选择对象:(选择差集运算的主体对象)
选择对象:(右击结束)
选择对象:(选择差集运算的参照体对象)
选择对象:(右击结束)
```

选择对象后,系统对所选择的面域作差集计算,运算逻辑是主体对象减去与参照体对象重叠的部分。布尔运算的结果如图 4-9 所示。

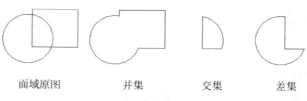

  面域原图   并集   交集   差集

图 4-9 布尔运算的结果

4.3.3 上机练习——扳手

练习目标

利用布尔运算绘制如图 4-10 所示的扳手。

图 4-10 扳手平面图

设计思路

本实例首先利用矩形、圆、多边形命令来创建扳手外轮廓，然后利用修剪命令完善图形，最终完成扳手平面图的绘制。

操作步骤

（1）单击"默认"选项卡"绘图"面板中的"矩形"按钮，绘制矩形。两个角点的坐标为(50,50),(100,40)。结果如图 4-11 所示。

（2）单击"默认"选项卡"绘图"面板上的"圆"下拉菜单中的"圆心,半径"按钮，圆心坐标为(50,45)，半径为 10。同样，以(100,45)为圆心、以 10 为半径绘制另一个圆。结果如图 4-12 所示。

图 4-11 绘制矩形　　　　　　　　图 4-12 绘制圆

（3）单击"默认"选项卡"绘图"面板中的"多边形"按钮，绘制正六边形。命令行的提示与操作如下。

```
命令：POLYGON↙
输入侧面数<6>:↙
指定正多边形的中心点或 [边(E)]:42.5,41.5↙
输入选项 [内接于圆(I)/外切于圆(C)]<I>:↙
指定圆的半径:5.8↙
```

图 4-13 绘制正多边形

同样，以(107.4,48.2)为多边形中心、以 5.8 为半径绘制另一个正六边形，结果如图 4-13 所示。

（4）单击"默认"选项卡"绘图"面板中的"面域"按钮，将所有图形转换成面域。命令行的提示与操作如下。

```
命令:_region↙
选择对象:(依次选择矩形、多边形和圆)
……
找到 5 个
选择对象:↙
已提取 5 个环。
已创建 5 个面域。
```

（5）在命令行中输入 UNION 命令，将矩形分别与两个圆进行并集处理。命令行的提示与操作如下。

```
命令:UNION↙
选择对象:(选择矩形)
选择对象:(选择一个圆)
选择对象:(选择另一个圆)
选择对象:↙
```

并集处理结果如图 4-14 所示。

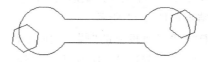

图 4-14 并集处理

（6）在命令行中输入 SUBTRACT 命令，以并集对象为主体对象，以正多边形为参照体，进行差集处理。命令行的提示与操作如下。

```
命令:SUBTRACT
选择要从中减去的实体、曲面和面域…
选择对象:(选择并集对象)
找到 1 个
选择对象:↙
选择要从中减去的实体、曲面和面域..
选择对象:(选择一个正多边形)
选择对象:(选择另一个正多边形)
选择对象:↙
```

结果如图 4-10 所示。

4.4 图案填充

当用户需要用一个重复的图案(pattern)填充一个区域时，可以使用 BHATCH 命令建立一个相关联的填充阴影对象，即所谓的图案填充。

4.4.1 图案填充的操作

1．执行方式

命令行：BHATCH(快捷命令：H)。
菜单栏：执行菜单栏中的"绘图"→"图案填充"命令。
工具栏：单击"绘图"工具栏中的"图案填充"按钮 。
功能区：单击"默认"选项卡"绘图"面板中的"图案填充"按钮 。

2．操作步骤

执行上述命令后，系统打开如图 4-15 所示的"图案填充创建"选项卡。各选项和按钮含义介绍如下。

图 4-15 "图案填充创建"选项卡 1

1)"边界"面板

(1) 拾取点。通过选择由一个或多个对象形成的封闭区域内的点，确定图案填充边界，如图 4-16 所示。指定内部点时，可以随时在绘图区域中右击以显示包含多个选项的快捷菜单。

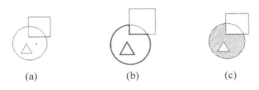

图 4-16 边界确定
(a) 选择一点；(b) 填充区域；(c) 填充结果

(2) 选取边界对象。指定基于选定对象的图案填充边界。使用该选项时，不会自动检测内部对象，必须选择选定边界内的对象，以按照当前孤岛检测样式填充这些对象，如图 4-17 所示。

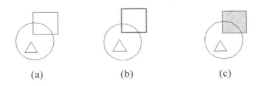

图 4-17 选取边界对象
(a) 原始图形；(b) 选取边界对象；(c) 填充结果

(3) 删除边界对象。从边界定义中删除之前添加的任何对象，如图 4-18 所示。
(4) 重新创建边界。围绕选定的图案填充或填充对象创建多段线或面域，并使其

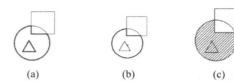

图 4-18　删除边界对象

(a) 选取边界对象；(b) 删除边界；(c) 填充结果

与图案填充对象相关联（可选）。

（5）显示边界对象。选择构成选定关联图案填充对象的边界的对象，使用显示的夹点可修改图案填充边界。

（6）保留边界对象。指定如何处理图案填充边界对象。

其选项包括以下几个。

- 不保留边界。（仅在图案填充创建期间可用）不创建独立的图案填充边界对象。
- 保留边界—多段线。（仅在图案填充创建期间可用）创建封闭图案填充对象的多段线。
- 保留边界—面域。（仅在图案填充创建期间可用）创建封闭图案填充对象的面域对象。
- 选择新边界集。指定对象的有限集（称为边界集），以便通过创建图案填充时的拾取点进行计算。

2）"图案"面板

显示所有预定义和自定义图案的预览图像。

3）"特性"面板

（1）图案填充类型：指定是使用纯色、渐变色、图案还是用户定义的填充。

（2）图案填充颜色：替代实体填充和填充图案的当前颜色。

（3）背景色：指定填充图案背景的颜色。

（4）图案填充透明度：设定新图案填充或填充的透明度，替代当前对象的透明度。

（5）图案填充角度：指定图案填充或填充的角度。

（6）填充图案比例：放大或缩小预定义或自定义填充图案。

（7）相对图纸空间：（仅在布局中可用）相对于图纸空间单位缩放填充图案。使用此选项，可以很容易地做到以适用于布局的比例显示填充图案。

（8）双向：（仅当"图案填充类型"设定为"用户定义"时可用）将绘制第二组直线，与原始直线成 90°角，从而构成交叉线。

（9）ISO 笔宽：（仅对于预定义的 ISO 图案可用）基于选定的笔宽缩放 ISO 图案。

4）"原点"面板

（1）设定原点：直接指定新的图案填充原点。

（2）左下：将图案填充原点设定在图案填充边界矩形范围的左下角。

（3）右下：将图案填充原点设定在图案填充边界矩形范围的右下角。

（4）左上：将图案填充原点设定在图案填充边界矩形范围的左上角。

（5）右上：将图案填充原点设定在图案填充边界矩形范围的右上角。

(6) 中心:将图案填充原点设定在图案填充边界矩形范围的中心。

(7) 使用当前原点:将图案填充原点设定在 HPORIGIN 系统变量中存储的默认位置。

(8) 存储为默认原点:将新图案填充原点的值存储在 HPORIGIN 系统变量中。

5) "选项"面板

(1) 关联:指定图案填充或填充为关联图案填充。关联的图案填充或填充在用户修改其边界对象时将会更新。

(2) 注释性:指定图案填充为注释性。此特性会自动完成缩放注释过程,从而使注释能够以正确的大小在图纸上打印或显示。

(3) 特性匹配

- 使用当前原点。使用选定图案填充对象(除图案填充原点外)设定图案填充的特性。
- 使用源图案填充的原点。使用选定图案填充对象(包括图案填充原点)设定图案填充的特性。

(4) 允许的间隙:设定将对象用作图案填充边界时可以忽略的最大间隙。默认值为 0,此值指定对象必须封闭区域而没有间隙。

(5) 创建独立的图案填充:控制当指定了几个单独的闭合边界时,是创建单个图案填充对象,还是创建多个图案填充对象。

(6) 孤岛检测

- 普通孤岛检测。从外部边界向内填充。如果遇到内部孤岛,填充将关闭,直到遇到孤岛中的另一个孤岛。
- 外部孤岛检测。从外部边界向内填充。此选项仅填充指定的区域,不会影响内部孤岛。
- 忽略孤岛检测。忽略所有内部的对象,填充整个闭合区域。

(7) 绘图次序:为图案填充或填充指定绘图次序。选项包括不更改、后置、前置、置于边界之后和置于边界之前。

6) "关闭"面板

关闭"图案填充创建":退出 HATCH 并关闭上下文选项卡。也可以按 Enter 键或 Esc 键退出 HATCH。

4.4.2 渐变色的操作

1. 执行方式

命令行:GRADIENT。

菜单栏:执行菜单栏中的"绘图"→"渐变色"命令。

工具栏:单击"绘图"工具栏中的"渐变色"按钮。

功能区:单击"默认"选项卡"绘图"面板中的"渐变色"按钮。

2. 操作步骤

执行上述命令后,系统将打开如图 4-19 所示的"图案填充创建"选项卡。各面板中的按钮含义与图案填充中的类似,这里不再赘述。

图 4-19 "图案填充创建"选项卡 2

4.4.3 边界的操作

1. 执行方式

命令行：BOUNDARY。

功能区：单击"默认"选项卡"绘图"面板中的"边界"按钮。

2. 操作步骤

执行上述命令后，系统打开如图 4-20 所示的"边界创建"对话框，可在此对话框中进行设置。

图 4-20 "边界创建"对话框

3. 选项说明

各选项的含义如表 4-5 所示。

表 4-5 "边界的操作"命令各选项含义

选　　项	含　　义
拾取点	根据围绕指定点构成封闭区域的现有对象来确定边界
孤岛检测	控制 BOUNDARY 命令是否检测内部闭合边界，该边界称为孤岛
对象类型	控制新边界对象的类型。BOUNDARY 将边界作为面域或多段线对象创建
边界集	通过指定点定义边界时，定义 BOUNDARY 要分析的对象集

4.4.4 编辑填充的图案

利用 HATCHEDIT 命令可以编辑已经填充的图案。

1. 执行方式

命令行：HATCHEDIT。

菜单栏：执行菜单栏中的"修改"→"对象"→"图案填充"命令。

工具栏：单击"修改 II"工具栏中的"编辑图案填充"按钮。

功能区：单击"默认"选项卡"修改"面板中的"编辑图案填充"按钮。

快捷菜单：选中填充的图案右击，在弹出的快捷菜单中选择"图案填充编辑"命令（见图 4-21）。

快捷方法：直接选择填充的图案，打开"图案填充编辑器"选项卡（见图 4-22）。

图 4-21　快捷菜单

图 4-22　"图案填充编辑器"选项卡

2. 操作步骤

执行上述命令后，命令行提示如下。

选择图案填充对象：

选取关联填充对象后,系统打开如图 4-23 所示的"图案填充编辑"对话框。

在图 4-23 中,只有对正常显示的选项才可以进行操作。利用该对话框,可以对已填充的图案进行一系列的编辑修改。

图 4-23 "图案填充编辑"对话框

4.4.5 上机练习——滚花轴头

练习目标

绘制如图 4-24 所示的滚花轴头。

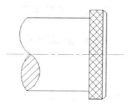

图 4-24 滚花轴头

设计思路

本实例通过新建图层,在 CAD 的绘图区域中利用绘图命令绘制滚花轴头轮廓,然后利用图案填充命令填充图形,最后完成滚花轴头的绘制。

 **操作步骤**

(1) 设置图层。单击"默认"选项卡"图层"面板中的"图层特性"按钮,打开"图层特性管理器"对话框。新建"中心线""轮廓线""细实线"三个图层,如图 4-25 所示。

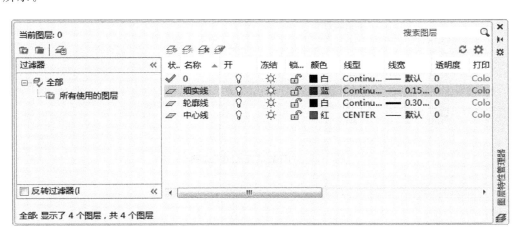

图 4-25　图层设置

(2) 绘制中心线。将当前图层设置为"中心线"层,单击"默认"选项卡"绘图"面板中的"直线"按钮,绘制水平中心线,结果如图 4-26 所示。

(3) 将当前图层设置为"轮廓线"层,单击"默认"选项卡"绘图"面板中的"矩形"按钮和"直线"按钮,绘制零件主体部分,如图 4-27 所示。

(4) 将当前图层设置为"细实线"层,单击"默认"选项卡"绘图"面板中的"样条曲线拟合"按钮,绘制零件断裂部分示意线,如图 4-28 所示。

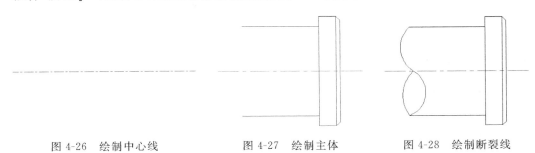

图 4-26　绘制中心线　　　　图 4-27　绘制主体　　　　图 4-28　绘制断裂线

(5) 填充断面。在命令行输入 BHATCH 命令,或者选择"绘图"菜单中的"图案填充"命令,或者单击"默认"选项卡"绘图"面板中的"图案填充"按钮(或者"渐变色"按钮),打开如图 4-29 所示的"图案填充创建"选项卡,设置"图案填充图案"为 ANSI31,"角度"为 45°,"间距"设置为 5,用鼠标拾取填充区域内一点,按 Enter 键,完成图案的填充。结果如图 4-30 所示。

(6) 绘制滚花表面。重复图案填充命令,设置"图案填充图案"为 ANSI37,将"角

图 4-29 "图案填充创建"选项卡

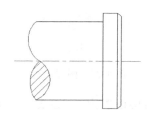

图 4-30 填充结果

度"设置为 45,"间距"设置为 5,用鼠标拾取填充区域内一点,按 Enter 键,完成图案的填充,最终绘制的图形如图 4-24 所示。

4.5 上机实验

4.5.1 实验 1 绘制轴承座

1. 目的要求

绘制如图 4-31 所示的轴承座,通过本实验的操作练习,帮助读者熟悉、掌握多段线的灵活使用方法。

2. 操作提示

利用"多段线"命令绘制图形。

4.5.2 实验 2 绘制凸轮轮廓

1. 目的要求

本实验绘制的是凸轮轮廓,如图 4-32 所示,其中 3 处用图案填充。本实验的目的是让大家掌握样条曲线绘制方法。

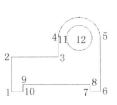 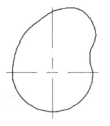

图 4-31 轴承座　　　　　　图 4-32 凸轮轮廓

2．操作提示

（1）设置图层。

（2）利用"直线"命令绘制中心线。

（3）利用"圆弧"命令和"样条曲线"命令绘制凸轮轮廓。

精确绘制图形

绘制二维图形时，要精确地完成图形的定位以及绘制，可以使用 AutoCAD 提供的精确定位工具、对象捕捉、自动追踪、动态输入等命令。

学 习 要 点

- ◆ 精确定位工具
- ◆ 对象捕捉
- ◆ 自动追踪
- ◆ 动态输入

第5章 精确绘制图形

5.1 精确定位工具

精确定位工具是指能够快速准确地定位某些特殊点(如端点、中点、圆心等)和特殊位置(如水平位置、垂直位置)的工具。

5.1.1 栅格显示

用户可以应用栅格显示工具使绘图区显示网格,类似于传统的坐标纸。本节介绍控制栅格显示及设置栅格参数的方法。

1.执行方式

菜单栏:选择菜单栏中的"工具"→"绘图设置"命令。
状态栏:单击状态栏中的"栅格"按钮 (仅限于打开与关闭)。
快捷键:F7(仅限于打开与关闭)。

2.操作步骤

选择菜单栏中的"工具"→"绘图设置"命令,打开"草图设置"对话框,选择"捕捉和栅格"选项卡,如图 5-1 所示。

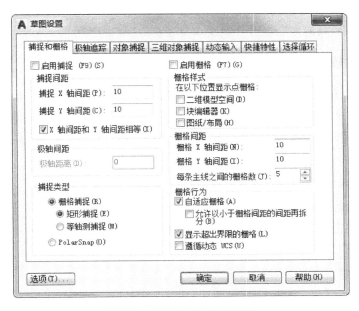

图 5-1 "捕捉和栅格"选项卡

3.选项说明

各选项的含义如表 5-1 所示。

表 5-1 "栅格显示"命令各选项含义

选项	含义	
"启用栅格"复选框	用于控制是否显示栅格	
"栅格样式"选项区	在二维空间中设定栅格样式	
	二维模型空间	将二维模型空间的栅格样式设定为点栅格
	块编辑器	将块编辑器的栅格样式设定为点栅格
	图纸/布局	将图纸和布局的栅格样式设定为点栅格
"栅格间距"选项区	"栅格 X 轴间距"和"栅格 Y 轴间距"文本框用于设置栅格在水平与垂直方向的间距。如果"栅格 X 轴间距"和"栅格 Y 轴间距"设置为 0,则 AutoCAD 系统会自动将捕捉的栅格间距应用于栅格,且其原点和角度总是与捕捉栅格的原点和角度相同。另外,还可以通过 GRID 命令在命令行设置栅格间距	
"栅格行为"选项区	自适应栅格	缩小时,限制栅格密度。如果选中"允许以小于栅格间距的间距再拆分"复选框,则在放大时,生成更多间距更小的栅格线
	显示超出界限的栅格	显示超出图形界限指定的栅格
	遵循动态 UCS	更改栅格平面以跟随动态 UCS 的 XY 平面

技巧:在"栅格间距"选项区的"栅格 X 轴间距"和"栅格 Y 轴间距"文本框中输入数值时,若在"栅格 X 轴间距"文本框中输入一个数值后按 Enter 键,系统将自动传送这个值给"栅格 Y 轴间距",这样可减少工作量。

5.1.2 捕捉模式

为了准确地在绘图区捕捉点,AutoCAD 提供了捕捉工具,可以在绘图区生成一个隐含的栅格(捕捉栅格),这个栅格能够捕捉光标,约束光标只能落在栅格的某一个节点上,使用户能够高精确度地捕捉和选择这个栅格上的点。本节主要介绍捕捉栅格的参数设置方法。

1. 执行方式

菜单栏:执行菜单栏中的"工具"→"绘图设置"命令。

状态栏:单击状态栏中的"捕捉模式"按钮 (仅限于打开与关闭)。

快捷键:F9(仅限于打开与关闭)。

2. 操作步骤

选择菜单栏中的"工具"→"绘图设置"命令,打开"草图设置"对话框,选择"捕捉和栅格"选项卡,如图 5-1 所示。

3. 选项说明

各选项的含义如表 5-2 所示。

表 5-2 "捕捉模式"命令各选项含义

选项	含义	
"启用捕捉"复选框	控制捕捉功能的开关,与按 F9 键或单击状态栏上的"捕捉模式"按钮 功能相同	
"捕捉间距"选项区	设置捕捉参数,其中,"捕捉 X 轴间距"与"捕捉 Y 轴间距"文本框用于确定捕捉栅格点在水平和垂直两个方向上的间距	
"极轴间距"选项区	该选项区只有在选择 PolarSnap 捕捉类型时才可用。可在"极轴距离"文本框中输入距离值,也可以在命令行中输入 SNAP 命令,设置捕捉的有关参数	
"捕捉类型"选项区	确定捕捉类型和样式。AutoCAD 提供了两种捕捉栅格的方式:"栅格捕捉"和 PolarSnap(极轴捕捉)	
	栅格捕捉	是指按正交位置捕捉位置点。"栅格捕捉"又分为"矩形捕捉"和"等轴测捕捉"两种方式。在"矩形捕捉"方式下捕捉,栅格以标准的矩形显示;在"等轴测捕捉"方式下捕捉,栅格和光标十字线不再互相垂直,而是呈绘制等轴测图时的特定角度,在绘制等轴测图时使用这种方式十分方便
	极轴捕捉	可以根据设置的任意极轴角捕捉位置点

5.1.3 正交模式

在 AutoCAD 绘图过程中,经常需要绘制水平直线和垂直直线,但是用光标控制选择线段的端点时很难保证两个点严格沿水平或垂直方向。为此,AutoCAD 提供了正交功能,当启用正交模式时,画线或移动对象时只能沿水平方向或垂直方向移动光标,也只能绘制平行于坐标轴的正交线段。

1．执行方式

命令行:ORTHO。

状态栏:单击状态栏中的"正交模式"按钮 。

快捷键:F8。

2．操作步骤

```
命令:ORTHO↙
输入模式 [开(ON)/关(OFF)] <开>:(设置开或关)
```

技巧:"正交"模式必须依托于其他绘图工具,才能显示其功能效果。

5.2 对象捕捉

在利用 AutoCAD 画图时经常要用到一些特殊点,如圆心、切点、线段或圆弧的端点、中点等,如果只利用光标在图形上选择,要准确地找到这些点是十分困难的,因此,AutoCAD 提供了一些识别这些点的工具,通过这些工具即可容易地构造新几何体,精确地绘制图形。其结果比传统手工绘图更精确且更容易维护。在 AutoCAD 中，这种功能称为对象捕捉功能。

5.2.1 对象捕捉设置

在利用 AutoCAD 绘图之前，可以根据需要事先设置开启一些对象捕捉模式，绘图时系统就能自动捕捉这些特殊点，从而加快绘图速度，提高绘图质量。

1．执行方式

命令行：DDOSNAP。

菜单栏：执行菜单栏中的"工具"→"绘图设置"命令。

工具栏：单击"对象捕捉"工具栏中的"对象捕捉设置"按钮 。

状态栏：单击状态栏中的"对象捕捉"按钮 （仅限于打开与关闭）。

快捷键：F3（仅限于打开与关闭）。

快捷菜单：按住 Shift 键右击，在弹出的快捷菜单中选择"对象捕捉设置"命令。

2．选项说明

各选项的含义如表 5-3 所示。

表 5-3 "对象捕捉设置"命令各选项含义

选　项	含　义
"启用对象捕捉"复选框	选中该复选框，在"对象捕捉模式"选项区中，被选中的捕捉模式处于激活状态
"启用对象捕捉追踪"复选框	用于打开或关闭自动追踪功能
"对象捕捉模式"选项区	该选项区中列出各种捕捉模式的复选框，被选中的复选框处于激活状态。单击"全部清除"按钮，则所有模式均被清除；单击"全部选择"按钮，则所有模式均被选中
"选项"按钮	单击该按钮可以打开"选项"对话框中的"草图"选项卡，利用该对话框可决定捕捉模式的各项设置

5.2.2 上机练习——圆形插板

练习目标

本实例绘制如图 5-2 所示的圆形插板。

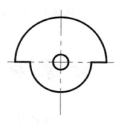

图 5-2 圆形插板

设计思路

本实例首先创建图层,然后利用直线、圆、圆弧命令以及对象捕捉命令绘制圆形插板。

 操作步骤

(1) 单击"默认"选项卡"图层"面板中的"图层特性"按钮,弹出"图层特性管理器"对话框,新建如下两个图层。

① 第一图层命名为"粗实线",线宽为 0.30mm,其余属性默认。

② 第二图层命名为"中心线",颜色为红色,线型为 CENTER,其余属性默认。

(2) 将"中心线"图层设置为当前图层,单击"默认"选项卡"绘图"面板中的"直线"按钮,绘制相互垂直的中心线。端点坐标分别为{(−70,0),(70,0)}和{(0,−70),(0,70)}。

(3) 选择菜单栏中的"工具"→"绘图设置"命令,打开"草图设置"对话框,选择"对象捕捉"选项卡,单击"全部选择"按钮,选择所有的捕捉模式,然后选中"启用对象捕捉"复选框,如图 5-3 所示。单击"确定"按钮,关闭对话框。

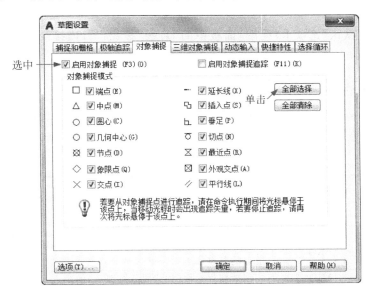

图 5-3 对象捕捉设置

(4) 将"粗实线"图层设置为当前图层,单击"默认"选项卡"绘图"面板中的"圆"按钮,绘制圆,在指定圆心时,捕捉垂直中心线的交点,如图 5-4(a)所示。指定圆的半径为 10,绘制效果如图 5-4(b)所示。

(5) 单击"默认"选项卡"绘图"面板中的"圆弧"按钮,绘制圆弧,命令行的提示与操作如下。

(a)   (b)

图 5-4   绘制中心圆

```
命令：_arc↙
指定圆弧的起点或 [圆心(C)]：C↙
指定圆弧的圆心：（捕捉垂直中心线的交点）
指定圆弧的起点：60,0↙
指定圆弧的端点(按住Ctrl键以切换方向)或 [角度(A)/弦长(L)] -60,0↙
命令：_arc↙
指定圆弧的起点或 [圆心(C)]：C↙
指定圆弧的圆心：（捕捉垂直中心线的交点）
指定圆弧的起点：-40,0↙
指定圆弧的端点(按住Ctrl键以切换方向)或 [角度(A)/弦长(L)] 40,0↙
```

（6）单击"默认"选项卡"绘图"面板中的"直线"按钮，连接两个圆弧的端点，结果如图 5-2 所示。

5.2.3 特殊位置点捕捉

在绘制 AutoCAD 图形时，有时需要指定一些特殊位置的点，如圆心、端点、中点、平行线上的点等，可以通过对象捕捉功能来捕捉这些点，如表 5-4 所示。

表 5-4   特殊位置点捕捉

捕捉模式	快捷命令	功　　能
临时追踪点	TT	建立临时追踪点
两点之间的中点	M2P	捕捉两个独立点之间的中点
捕捉自	FRO	与其他捕捉方式配合使用，建立一个临时参考点作为指出后继点的基点
中点	MID	用来捕捉对象（如线段或圆弧等）的中点
圆心	CEN	用来捕捉圆或圆弧的圆心
节点	NOD	捕捉用 POINT 或 DIVIDE 等命令生成的点
象限点	QUA	用来捕捉距光标最近的圆或圆弧上可见部分的象限点，即圆周上 0°、90°、180°、270°位置上的点
交点	INT	用来捕捉对象（如线、圆弧或圆等）的交点
延长线	EXT	用来捕捉对象延长路径上的点
插入点	INS	用于捕捉块、形、文字、属性或属性定义等对象的插入点
垂足	PER	在线段、圆、圆弧或其延长线上捕捉一个点，与最后生成的点形成连线，与该线段、圆或圆弧正交

续表

捕捉模式	快捷命令	功　　能
切点	TAN	最后生成的一个点到选中的圆或圆弧上引切线，切线与圆或圆弧的交点
最近点	NEA	用于捕捉离拾取点最近的线段、圆、圆弧等对象上的点
外观交点	APP	用来捕捉两个对象在视图平面上的交点。若两个对象没有直接相交，则系统自动计算其延长后的交点；若两个对象在空间上为异面直线，则系统计算其投影方向上的交点
平行线	PAR	用于捕捉与指定对象平行方向上的点
无	NON	关闭对象捕捉模式
对象捕捉设置	OSNAP	设置对象捕捉

AutoCAD提供了命令行、工具栏和右键快捷菜单3种执行特殊点对象捕捉的方法。

在使用特殊位置点捕捉的快捷命令前，必须先选择绘制对象的命令或工具，再在命令行中输入其快捷命令。

5.2.4　上机练习——盘盖

练习目标

绘制如图5-5所示的盘盖。

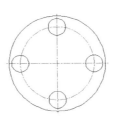

图5-5　盘盖

设计思路

本实例首先创建图层，然后利用对象捕捉功能绘制圆，最终完成盘盖绘制。

操作步骤

(1) 利用"图层"命令设置图层。"中心线"图层的线型为CENTER，颜色为红色，其余属性默认；"粗实线"图层的线宽为0.30mm，其余属性默认。

(2) 将"中心线"图层设置为当前图层，利用"直线"命令绘制垂直中心线。

(3) 执行菜单命令。选择"工具"→"绘图设置"命令，打开"草图设置"对话框，单击"对象捕捉"选项卡，打开"对象捕捉"选项卡，单击"全部选择"按钮，选择所有的捕捉模式，并选中"启用对象捕捉"复选框，单击"确定"按钮退出。

（4）利用"圆"命令绘制圆形中心线，在指定圆心时，捕捉垂直线的垂足，如图 5-6（a）所示。结果如图 5-6（b）所示。

（5）将当前图层设置为"粗实线"层，利用"圆"命令绘制盘盖外圆和内孔，在指定圆心时，捕捉垂直中心线的交点，如图 5-7（a）所示。结果如图 5-7（b）所示。

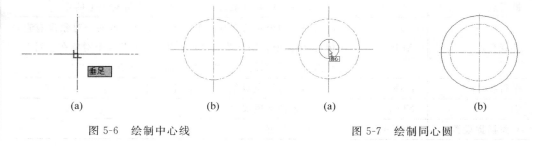

图 5-6　绘制中心线　　　　　　图 5-7　绘制同心圆

（6）利用"圆"命令绘制螺孔，在指定圆心时，捕捉圆形象限点，如图 5-8（a）所示。结果如图 5-8（b）所示。

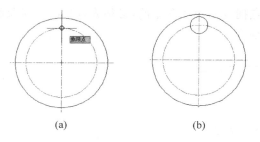

图 5-8　绘制单个均布圆

（7）采用同样方法绘制其他 3 个螺孔，最终结果如图 5-5 所示。

5.3　自动追踪

自动追踪是指按指定角度或与其他对象建立指定关系绘制对象。利用自动追踪功能，可以对齐路径，有助于以精确的位置和角度创建对象。自动追踪包括"极轴追踪"和"对象捕捉追踪"两种追踪选项。"极轴追踪"是指按指定的极轴角或极轴角的倍数对齐要指定点的路径；"对象捕捉追踪"是指以捕捉到的特殊位置点为基点，按指定的极轴角或极轴角的倍数对齐要指定点的路径。

5.3.1　对象捕捉追踪

"对象捕捉追踪"必须配合"对象捕捉"功能一起使用，即使状态栏中的"对象捕捉"按钮 和"对象捕捉追踪"按钮 均处于打开状态。

1．执行方式

命令行：DDOSNAP。

菜单栏：执行菜单栏中的"工具"→"绘图设置"命令。

工具栏：单击"对象捕捉"工具栏中的"对象捕捉设置"按钮 。

状态栏：单击状态栏中的"对象捕捉"按钮 和"对象捕捉追踪"按钮 ，或单击"极轴追踪"右侧的下三角按钮，弹出下拉菜单，选择"正在追踪设置"命令（如图5-9所示）。

快捷键：F11。

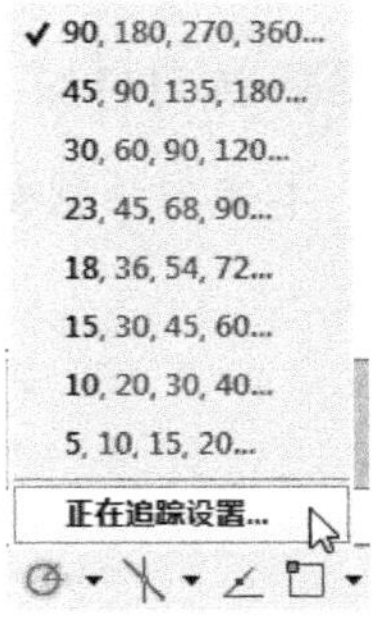

2．操作步骤

图5-9 下拉菜单

按照上面执行方式操作或者在"对象捕捉"开关或"对象捕捉追踪"开关处右击，在弹出的快捷菜单中选择"设置"命令，打开"草图设置"对话框，然后切换到"对象捕捉"选项卡，选中"启用对象捕捉追踪"复选框，即完成对象捕捉追踪设置。

5.3.2 极轴追踪

"极轴追踪"必须配合"对象捕捉"功能一起使用，即使状态栏中的"极轴追踪"按钮 和"对象捕捉"按钮 均处于打开状态。

1．执行方式

命令行：DDOSNAP。

菜单栏：执行菜单栏中的"工具"→"绘图设置"命令。

工具栏：单击"对象捕捉"工具栏中的"对象捕捉设置"按钮 。

状态栏：单击状态栏中的"对象捕捉"按钮 和"极轴追踪"按钮 。

快捷键：F10。

2．选项说明

"草图设置"对话框的"极轴追踪"选项卡中的各选项功能如表5-5所示。

表5-5 "极轴追踪"命令各选项含义

选 项	含 义
"启用极轴追踪"复选框	选中该复选框，即启用极轴追踪功能
"极轴角设置"选项区	设置极轴角的值，可以在"增量角"下拉列表框中选择一种角度值，也可选中"附加角"复选框，单击"新建"按钮设置任意附加角。系统在进行极轴追踪时，同时追踪增量角和附加角，可以设置多个附加角
"对象捕捉追踪设置"和"极轴角测量"选项区	按界面提示设置相应单选按钮，利用自动追踪可以完成三维视图绘制

5.3.3 上机练习——方头平键

练习目标

本实例绘制如图 5-10 所示的方头平键。

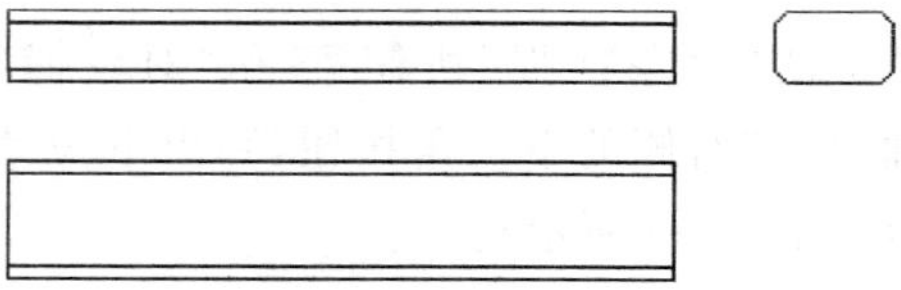

图 5-10 方头平键

键是一种常用的连接件,常用于轴与轴上零件的周向固定和导向。其中平键是最常用的一种键,也是一种标准件。平键分为圆头平键(A 型键)、方头平键(B 型键)和半圆头平键(C 型键)3 种,下面介绍方头平键三视图的绘制方法。

设计思路

本例将通过方头平键的绘制过程来熟练掌握"矩形"和"构造线"命令的操作方法,以及对象追踪工具的灵活应用。

操作步骤

1. 绘制主视图外形

单击"默认"选项卡"绘图"面板中的"矩形"按钮 ,绘制主视图外形,在空白处单击确定矩形的第一个角点,另一个角点为(@100,11),绘制效果如图 5-11 所示。

2. 设置对象捕捉

右击状态栏中的"对象捕捉"按钮 ,弹出快捷菜单,如图 5-12 所示,选择"对象捕

图 5-11 绘制主视图外形　　　　图 5-12 快捷菜单

捉设置"命令,或者单击"对象捕捉"工具栏中的"对象捕捉设置"按钮,打开"草图设置"对话框。单击"全部选择"按钮,将所有特殊位置点设置为可捕捉状态,如图 5-13 所示。

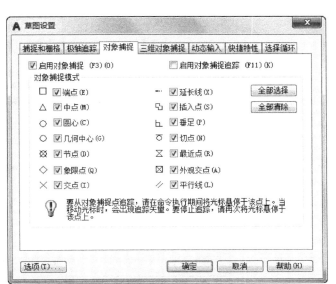

图 5-13 "草图设置"对话框

3. 绘制主视图棱线

同时打开状态栏上的"对象捕捉"和"对象捕捉追踪"按钮,启动对象捕捉追踪功能。单击"默认"选项卡"绘图"面板中的"直线"按钮 ,绘制直线,命令行的提示与操作如下。

```
命令:LINE↙
指定第一个点:FROM↙
基点:(捕捉矩形左上角点,如图 5-14 所示)
<偏移>:@0,-2↙
指定下一点或 [放弃(U)]:(鼠标右移,捕捉矩形右边上的垂足,如图 5-15 所示)
```

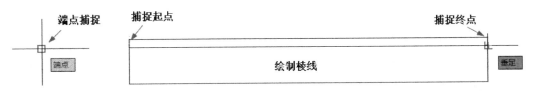

图5-14 捕捉角点　　　　　　图 5-15 捕捉垂足

使用相同的方法,以矩形左下角点为基点,向上偏移两个单位,利用基点捕捉绘制下边的另一条棱线,结果如图 5-16 所示。

4. 设置捕捉

在"草图设置"对话框中,切换到"极轴追踪"选项卡,将增量角设置为 90°,将对象捕捉追踪设置为"仅正交追踪",如图 5-17 所示。

注意：正交、对象捕捉等命令是透明命令,可以在其他命令执行过程中操作,而不中断原命令操作。

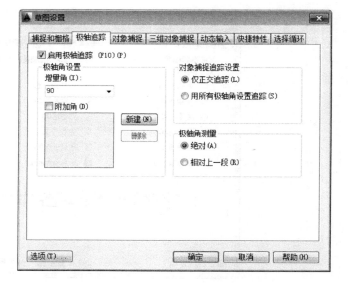

图 5-16 绘制主视图棱线　　　　　　图 5-17 "极轴追踪"选项卡

5. 绘制俯视图外形

单击"默认"选项卡"绘图"面板中的"矩形"按钮 ▭ ,捕捉上面绘制矩形左下角点,系统显示追踪线,沿追踪线向下在适当位置指定一点为矩形角点,如图 5-18 所示。另一角点坐标为(@100,18),结果如图 5-19 所示。

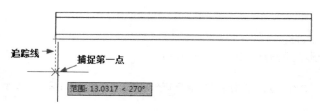

图 5-18 追踪对象

6. 绘制俯视图棱线

单击"默认"选项卡"绘图"面板中的"直线"按钮 ╱ ,结合基点捕捉功能绘制俯视图棱线,偏移距离为2,结果如图 5-20 所示。

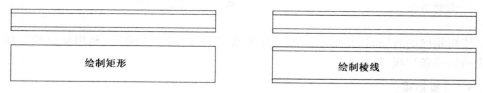

图 5-19 绘制俯视图　　　　　　图 5-20 绘制俯视图棱线

7. 绘制左视图构造线

在命令行输入 XLINE,或者选择菜单栏中的"绘图"→"构造线"命令,或者单击"默认"选项卡"绘图"面板中的"构造线"按钮,首先指定适当一点绘制－45°构造线,继续绘制构造线。命令行的提示与操作如下。

```
命令:_xline
指定点或[水平(H)/垂直(V)/角度(A)/二等分(B)/偏移(O)]: a
输入构造线的角度(0)或[参照(R)]: 45
指定通过点:(捕捉主视图右下角点)如图 5-21 所示。
```

使用同样的方法绘制另一条水平构造线,再捕捉两条水平构造线与斜构造线交点为指定点,绘制两条竖直构造线,如图 5-22 所示。

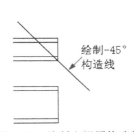
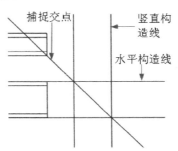

图 5-21　绘制左视图构造线　　　　图 5-22　完成左视图构造线

8. 绘制左视图

单击"绘图"工具栏中的"矩形"按钮,绘制矩形,命令行的提示与操作如下。

```
命令:_rectang
指定第一个角点或[倒角(C)/标高(E)/圆角(F)/厚度(T)/宽度(W)]: C
指定矩形的第一个倒角距离 <0.0000>: 2
指定矩形的第二个倒角距离 <0.0000>: 2
指定第一个角点或[倒角(C)/标高(E)/圆角(F)/厚度(T)/宽度(W)]:(捕捉主视图矩形上边延长线与第一条竖直构造线的交点,如图 5-23 所示)
指定另一个角点或[尺寸(D)]:(捕捉主视图矩形下边延长线与第二条竖直构造线的交点)
```

完成上述操作后,结果如图 5-24 所示。

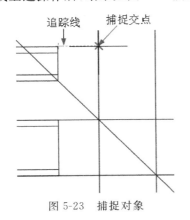
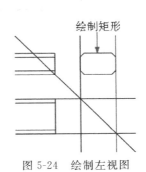

图 5-23　捕捉对象　　　　图 5-24　绘制左视图

9. 删除辅助线

选择构造线,将其删除,最终结果如图 5-10 所示。

5.4 动态输入

利用动态输入功能可实现在绘图平面直接动态输入绘制对象的各种参数,使绘图变得直观简捷。

1. 执行方式

命令行:DSETTINGS。

菜单栏:执行菜单栏中的"工具"→"绘图设置"命令。

工具栏:单击"对象捕捉"工具栏中的"对象捕捉设置"按钮 。

状态栏:动态输入(只限于打开与关闭)。

快捷键:F12(只限于打开与关闭)。

2. 操作步骤

按照前面介绍的执行方式操作或者在"动态输入"开关上右击,在弹出的快捷菜单中选择"动态输入设置"命令,打开如图 5-25 所示的"草图设置"对话框,切换到"动态输入"选项卡。

图 5-25 "动态输入"选项卡

5.5 参数化设计

约束能够精确地控制草图中的对象。草图约束有两种类型：几何约束和尺寸约束。

几何约束建立草图对象的几何特性（如要求某一直线具有固定长度），或是两个或更多草图对象的关系类型（如要求两条直线垂直或平行，或是几个圆弧具有相同的半径）。在绘图区，用户可以使用功能区中"参数化"选项卡内的"全部显示""全部隐藏"或"显示"功能来显示有关信息，并显示代表这些约束的直观标记，如图 5-26 所示的水平标记 、竖直标记 和共线标记 。

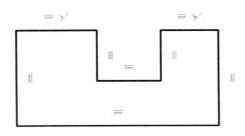

图 5-26 "几何约束"示意图

尺寸约束建立草图对象的大小（如直线的长度、圆弧的半径等），或是两个对象之间的关系（如两点之间的距离）。如图 5-27 所示为带有尺寸约束的图形示例。

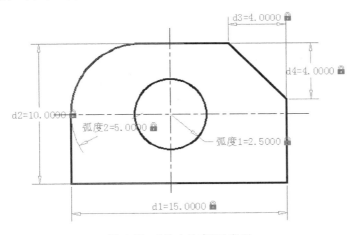

图 5-27 "尺寸约束"示意图

5.5.1 几何约束

利用几何约束工具，可以指定草图对象必须遵守的条件，或是草图对象之间必须维持的关系。"几何约束"面板及工具栏（其面板在"二维草图与注释"工作空间"参数化"选项卡的"几何"面板中）如图 5-28 所示，其主要几何约束选项功能如表 5-6 所示。

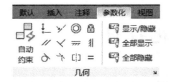

图 5-28 "几何约束"面板及工具栏

表 5-6 几何约束选项功能

约束模式	功 能
重合	约束两个点使其重合,或约束一个点使其位于曲线(或曲线的延长线)上。可以使对象上的约束点与某个对象重合,也可以使其与另一对象上的约束点重合
共线	使两条或多条直线段沿同一直线方向,使其共线
同心	将两个圆弧、圆或椭圆约束到同一个中心点,结果与将重合约束应用于曲线的中心点所产生的效果相同
固定	将几何约束应用于一对对象时,选择对象的顺序以及选择每个对象的点可能会影响对象彼此间的放置方式
平行	使选定的直线位于彼此平行的位置,平行约束在两个对象之间应用
垂直	使选定的直线位于彼此垂直的位置,垂直约束在两个对象之间应用
水平	使直线或点位于与当前坐标系 X 轴平行的位置,默认选择类型为对象
竖直	使直线或点位于与当前坐标系 Y 轴平行的位置
相切	将两条曲线约束为保持彼此相切或其延长线保持彼此相切,相切约束在两个对象之间应用
平滑	将样条曲线约束为连续,并与其他样条曲线、直线、圆弧或多段线保持连续性
对称	使选定对象受对称约束,相对于选定直线对称
相等	将选定圆弧和圆的尺寸重新调整为半径相同,或将选定直线的尺寸重新调整为长度相同

在绘图过程中,可指定二维对象或对象上点之间的几何约束。在编辑受约束的几何图形时,将保留约束,因此,通过使用几何约束,可以使图形符合设计要求。

在用 AutoCAD 绘图时,可以控制约束栏的显示,利用"约束设置"对话框,可控制约束栏上显示或隐藏的几何约束类型,单独或全局显示或隐藏几何约束和约束栏,可执行以下操作:

(1)显示(或隐藏)所有的几何约束。

(2)显示(或隐藏)指定类型的几何约束。

(3)显示(或隐藏)所有与选定对象相关的几何约束。

5.5.2 尺寸约束

建立尺寸约束可以限制图形几何对象的大小,与在草图上标注尺寸相似,同样设置尺寸标注线,与此同时也会建立相应的表达式,不同的是,建立尺寸约束后,可以在后续的编辑工作中实现尺寸的参数化驱动。

在生成尺寸约束时,用户可以选择草图曲线、边、基准平面或基准轴上的点,以生成水平、竖直、平行、垂直和角度尺寸。

生成尺寸约束时,系统会生成一个表达式,其名称和值显示在一个文本框中,如图 5-29 所示。用户可以在其中编辑该表达式的名称和值。

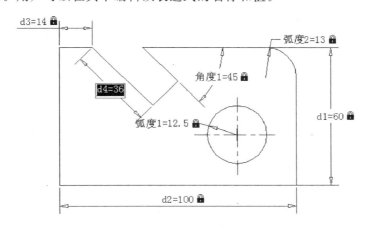

图 5-29　编辑尺寸约束示意图

生成尺寸约束时,只要选中几何体,其尺寸及其延伸线和箭头就会全部显示出来。将尺寸拖动到位,然后单击,就完成了尺寸约束的添加。完成尺寸约束后,用户还可以随时更改尺寸约束,只需在绘图区选中该值并双击,即可使用生成过程中所采用的方式编辑其名称、值或位置。

在用 AutoCAD 绘图时,使用"约束设置"对话框中的"标注"选项卡,可控制显示标注约束时的系统配置,标注约束控制设计的大小和比例。尺寸约束的具体内容如下:

(1) 对象之间或对象上点之间的距离;
(2) 对象之间或对象上点之间的角度。

5.5.3　上机练习——泵轴

绘制如图 5-30 所示的泵轴。

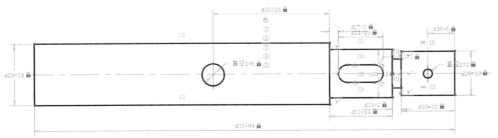

图 5-30　绘制泵轴

本实例首先设置图层,再利用绘图命令绘制泵轴外轮廓并对泵轴添加约束,然后继续利用绘图命令创建键槽并添加约束,最终完成泵轴的绘制。

操作步骤

1. 设置图层

利用"图层"命令设置图层。"中心线"图层：线型为 CENTER，颜色为红色，其余属性默认；"轮廓线"图层：线宽为 0.30mm，其余属性默认；"尺寸线"图层：颜色为蓝色，其余属性默认。

2. 绘制中心线

将当前图层设置为"中心线"图层，单击"默认"选项卡"绘图"面板中的"直线"按钮 ，绘制泵轴的水平中心线。

3. 绘制泵轴的外轮廓线

将当前图层设置为"轮廓线"图层。单击"默认"选项卡"绘图"面板中的"直线"按钮 ，绘制如图 5-31 所示的泵轴外轮廓线，尺寸无须精确。

图 5-31 泵轴的外轮廓线

4. 添加约束

（1）在命令行中输入 GCFIX 或者单击"参数化"选项卡"几何"面板中的"固定"按钮 ，添加水平中心线的固定约束。命令行的提示与操作如下。

```
命令:_GcFix
选择点或 [对象(O)] <对象>:选取水平中心线
```

结果如图 5-32 所示。

图 5-32 添加固定约束

（2）在命令行中输入 GCCOINCIDENT 或者单击"参数化"选项卡"几何"面板中的"重合"按钮 ，选取左端竖直线的上端点和最上端水平直线的左端点添加重合约束。命令行的提示与操作如下。

```
命令:_GcCoincident
选择第一个点或 [对象(O)/自动约束(A)] <对象>:选取左端竖直线的上端点
选择第二个点或 [对象(O)] <对象>:选取最上端水平直线的左端点
```

采用相同的方法，添加各个端点之间的重合约束，如图 5-33 所示。

（3）单击"参数化"选项卡"几何"面板中的"共线"按钮 ，添加轴肩竖直线之间的共线约束，结果如图 5-34 所示。

| 图 5-33 添加重合约束 | 图 5-34 添加共线约束 |

（4）在命令行中输入 DCVERTICAL 或者单击"参数化"选项卡"标注"面板中的"竖直"按钮，选择左侧第一条竖直线的两端点进行尺寸约束。命令行的提示与操作如下。

```
命令：_DcVertical
指定第一个约束点或 [对象(O)] <对象>：选取竖直线的上端点
指定第二个约束点：选取竖直线的下端点
指定尺寸线位置：指定尺寸线的位置
标注文字 = 19
```

更改尺寸值为 14，直线的长度根据尺寸进行变化。采用相同的方法，对其他线段进行竖直约束，结果如图 5-35 所示。

图 5-35 添加竖直尺寸约束

（5）在命令行中输入 DCHORIZONTAL 或者单击"参数化"选项卡"几何"面板中的"水平"按钮，对泵轴外轮廓尺寸进行约束设置。命令行的提示与操作如下。

```
命令：_DcHorizontal
指定第一个约束点或 [对象(O)] <对象>：指定第一个约束点
指定第二个约束点：指定第二个约束点
指定尺寸线位置：指定尺寸线的位置
标注文字 = 12.56
```

更改尺寸值为 12，直线的长度根据尺寸进行变化。采用相同的方法，对其他线段进行水平约束，绘制结果如图 5-36 所示。

图 5-36 添加水平尺寸约束

(6) 在命令行中输入 GCSYMMETRIC 或者单击"参数化"选项卡"几何"面板中的"对称"按钮,添加上下两条水平直线相对于水平中心线的对称约束关系。命令行的提示与操作如下。

```
命令:_GcSymmetric
选择第一个对象或 [两点(2P)]<两点>:选取右侧上端水平直线
选择第二个对象:选取右侧下端水平直线
选择对称直线:选取水平中心线
```

采用相同的方法,添加其他三个轴段相对于水平中心线的对称约束关系,结果如图 5-37 所示。

图 5-37　添加竖直尺寸约束

5. 绘制泵轴的键槽

(1) 将"轮廓线"层设置为当前图层。单击"默认"选项卡"绘图"面板中的"直线"按钮,在第二轴段内适当位置绘制两条水平直线。

(2) 单击"默认"选项卡"绘图"面板中的"圆弧"按钮,在直线的两端绘制圆弧,结果如图 5-38 所示。

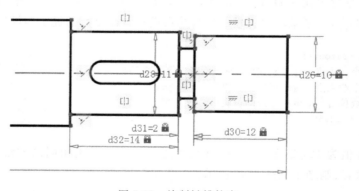

图 5-38　绘制键槽轮廓

(3) 单击"参数化"选项卡"几何"面板中的"重合"按钮,分别添加直线端点与圆弧端点的重合约束关系。

(4) 单击"参数化"选项卡"几何"面板中的"对称"按钮,添加键槽上下两条水平直线相对于水平中心线的对称约束关系。

(5) 单击"参数化"选项卡"几何"面板中的"相切"按钮,添加直线与圆弧之间的相切约束关系,结果如图 5-39 所示。

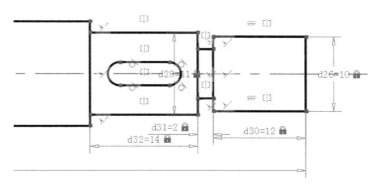

图 5-39　添加键槽的几何约束

(6) 单击"参数化"选项卡"标注"面板中的"线性"按钮，对键槽进行线性尺寸约束。

(7) 单击"参数化"选项卡"标注"面板中的"半径"按钮，更改半径尺寸为2，结果如图 5-40 所示。

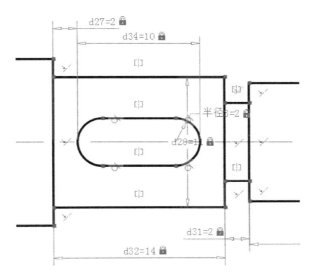

图 5-40　添加键槽的尺寸约束

6．绘制孔

(1) 将当前图层设置为"中心线"图层，单击"默认"选项卡"绘图"面板中的"直线"按钮，在第一轴段和最后一轴段适当位置绘制竖直中心线。

(2) 单击"参数化"选项卡"标注"面板中的"线性"按钮，对竖直中心线进行线性尺寸约束，如图 5-41 所示。

(3) 将当前图层设置为"轮廓线"图层，单击"默认"选项卡"绘图"面板中的"圆"按钮，在竖直中心线和水平中心线的交点处绘制圆，如图 5-42 所示。

(4) 单击"参数化"选项卡"标注"面板中的"直径"按钮，对圆的直径进行尺寸约束，如图 5-43 所示。

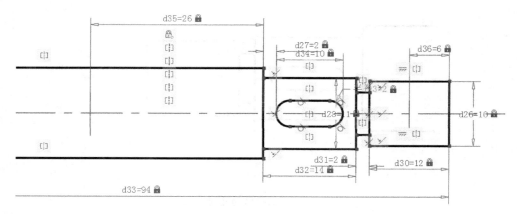

图 5-41 添加尺寸约束

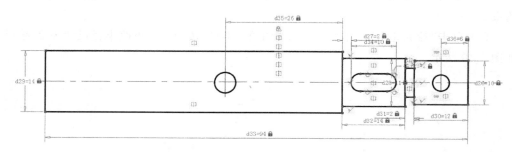

图 5-42 绘制圆

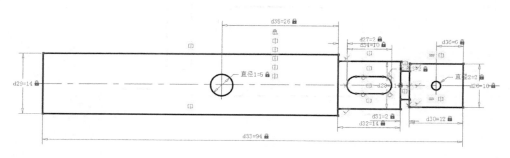

图 5-43 标注直径尺寸

注意：在进行几何约束和尺寸约束时应注意约束顺序，如约束出错的话，可以根据需求适当地添加几何约束。

5.6 学习效果自测

1. 对"极轴"追踪角度进行设置，把增量角设为30°，把附加角设为10°，采用极轴追踪时，不会显示极轴对齐的是（　　）。

  A. 10   B. 30   C. 40   D. 60

2．当捕捉设定的间距与栅格所设定的间距不同时,(   )。
   A．捕捉仍然只按栅格进行   B．捕捉时按照捕捉间距进行
   C．捕捉既按栅格,又按捕捉间距进行   D．无法设置
3．执行对象捕捉时,如果在一个指定的位置上有多个对象符合捕捉条件,则按什么键可以在不同对象间切换?(   )
   A．Ctrl 键   B．Tab 键   C．Alt 键   D．Shift 键
4．下列关于被固定约束的圆心的圆说法错误的是(   )。
   A．可以移动圆   B．可以放大圆
   C．可以偏移圆   D．可以复制圆
5．几何约束栏设置不包括(   )。
   A．垂直   B．平行   C．相交   D．对称
6．下列不是自动约束类型的是(   )。
   A．共线约束   B．固定约束
   C．同心约束   D．水平约束

5.7　上 机 实 验

5.7.1　实验 1　绘制轴承座

1．目的要求

本实验要绘制的图形比较简单,如图 5-44 所示,但是要准确地找到切点,必须启用"对象捕捉"功能,捕捉切点。通过本实验,读者可以体会到对象捕捉功能的方便、快捷。

2．操作提示

（1）打开"对象捕捉"工具栏。
（2）绘制中心线、圆和矩形。
（3）利用"对象捕捉"工具栏中的"捕捉切点"工具绘制两条切线。

5.7.2　实验 2　绘制螺母

1．目的要求

本实验要绘制的图形也比较简单,如图 5-45 所示,主要利用对象捕捉的方法。

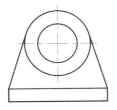

图 5-44　轴承座

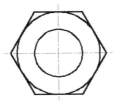

图 5-45　螺母

2. 操作提示

（1）设置图层。

（2）绘制中心线和圆。

（3）利用"多边形"命令绘制正六边形，注意利用"对象捕捉"功能制定内切圆半径。

第 6 章

二维编辑命令

二维图形编辑操作配合使用绘图命令,可以进一步完成复杂图形对象的绘制工作,并可以使用户合理地安排和组织图形,保证作图准确,减少重复。因此,对编辑命令的熟练掌握和使用有助于提高设计和绘图的效率。

学习要点

- ◆ 选择对象
- ◆ 改变位置类命令
- ◆ 对象编辑
- ◆ 打断、合并和分解对象

6.1 选择对象

选择对象是进行编辑的前提。AutoCAD 提供了多种对象选择方法,如点取方法,用选择窗口选择对象,用选择线选择对象,用对话框选择对象,用套索选择工具选择对象等。

AutoCAD 2018 提供了两种编辑图形的途径:

(1) 先执行编辑命令,然后选择要编辑的对象;

(2) 先选择要编辑的对象,然后执行编辑命令。

这两种途径的执行效果相同,但选择对象是进行编辑的前提。在 AutoCAD 2018 中,可以编辑单个的选择对象,也可以把选择的多个对象组成整体,如选择集和对象组,再进行整体编辑与修改。

6.1.1 构造选择集

选择集可以仅由一个图形对象构成,也可以是一个复杂的对象组,如位于某一特定层上具有某种特定颜色的一组对象。选择集的构造可以在调用编辑命令之前或之后。

AutoCAD 提供了以下几种方法构造选择集:

- 先选择一个编辑命令,然后选择对象,按 Enter 键结束操作。
- 使用 SELECT 命令。
- 用点取设备选择对象,然后调用编辑命令。
- 定义对象组。

无论使用哪种方法,AutoCAD 都将提示用户选择对象,并且光标的形状由十字光标变为拾取框。

下面结合 SELECT 命令说明选择对象的方法。

1. 操作步骤

SELECT 命令可以单独使用,也可以在执行其他编辑命令时自动调用。命令行的提示与操作如下。

```
命令:SELECT
选择对象:(等待用户以某种方式选择对象作为回答.AutoCAD 2018 提供了多种选择方式,可以输入"?"查看这些选择方式)
需要点或窗口(W)/上一个(L)/窗交(C)/框(BOX)/全部(ALL)/栏选(F)/圈围(WP)/圈交(CP)/编组(G)/添加(A)/删除(R)/多个(M)/前一个(P)/放弃(U)/自动(AU)/单个(SI)/子对象(SU)/对象(O)
```

2. 选项说明

各选项的含义如表 6-1 所示。

第6章　二维编辑命令

表6-1　"构造选择集"命令各选项含义

选　　项	含　　义
点	该选项表示直接通过点取的方式选择对象。用鼠标或键盘移动拾取框,使其框住要选取的对象,然后单击,就会选中该对象并以高亮度显示
窗口(W)	用由两个对角顶点确定的矩形窗口选取位于其范围内部的所有图形,与边界相交的对象不会被选中。在指定对角顶点时应该按照从左向右的顺序,如图6-1所示
上一个(L)	在"选择对象:"提示下输入L后,按Enter键,系统会自动选取最后绘出的一个对象
窗交(C)	该方式与上述"窗口"方式类似,区别在于它不但选中矩形窗口内部的对象,也选中与矩形窗口边界相交的对象。选择的对象如图6-2所示
框(BOX)	使用时,系统根据用户在屏幕上给出的两个对角点的位置而自动引用"窗口"或"窗交"方式。若从左向右指定对角点,则为"窗口"方式;反之,则为"窗交"方式
全部(ALL)	选取图面上的所有对象
栏选(F)	用户临时绘制一些直线,这些直线不必构成封闭图形,凡是与这些直线相交的对象均被选中。选择的对象如图6-3所示
圈围(WP)	使用一个不规则的多边形来选择对象。根据提示,用户顺次输入构成多边形的所有顶点的坐标,最后按Enter键,结束操作,系统将自动连接第一个顶点到最后一个顶点的各个顶点,形成封闭的多边形。凡是被多边形围住的对象均被选中(不包括边界)。选择的对象如图6-4所示
圈交(CP)	类似于"圈围"方式,在"选择对象:"提示后输入CP,后续操作与"圈围"方式相同。区别在于与多边形边界相交的对象也被选中
编组(G)	使用预先定义的对象组作为选择集。事先将若干个对象组成对象组,用组名引用
添加(A)	添加下一个对象到选择集。也可用于从移走模式(Remove)到选择模式的切换
删除(R)	按住Shift键选择对象,可以从当前选择集中移走该对象。对象由高亮度显示状态变为正常显示状态
多个(M)	指定多个点,不高亮度显示对象。这种方法可以加快在复杂图形上的选择对象过程。若两个对象交叉,两次指定交叉点,则可以选中这两个对象
前一个(P)	用关键字"P"回应"选择对象:"的提示,则把上次编辑命令中的最后一次构造的选择集或最后一次使用SELECT(DDSELECT)命令预置的选择集作为当前选择集。这种方法适用于对同一选择集进行多种编辑操作的情况
放弃(U)	用于取消加入选择集的对象
自动(AU)	选择结果视用户在屏幕上的选择操作而定。如果选中单个对象,则该对象为自动选择的结果;如果选择点落在对象内部或外部的空白处,系统会提示"指定对角点",此时,系统会采取一种窗口的选择方式。对象被选中后,变为虚线形式,并以高亮度显示
单选(SI)	选择指定的第一个对象或对象集,而不继续提示进行下一步的选择
子对象(SU)	使用户可以逐个选择原始形状,这些形状是复合实体的一部分或三维实体上的顶点、边和面。可以选择这些子对象的其中之一,也可以创建多个子对象的选择集。选择集可以包含多种类型的子对象
对象(O)	结束选择子对象的功能。使用户可以使用对象选择方法

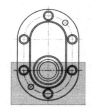 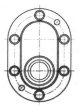

图中下部方框为选择框　　　　选择后的图形

图 6-1 "窗口"对象选择方式

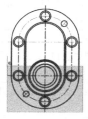 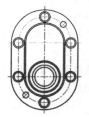

图中下部虚线框为选择框　　　　选择后的图形

图 6-2 "窗交"对象选择方式

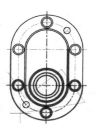 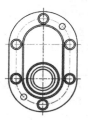

图中虚线为选择栏　　　　选择后的图形

图 6-3 "栏选"对象选择方式

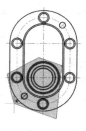 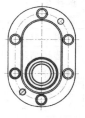

图中十字线所拉出深色多边形为选择窗口　　　　选择后的图形

图 6-4 "圈围"对象选择方式

技巧：若矩形框从左向右定义,即第一个选择的对角点为左侧的对角点,则矩形框内部的对象被选中,框外部的及与矩形框边界相交的对象不会被选中。若矩形框从右向左定义,则矩形框内部及与矩形框边界相交的对象都会被选中。

6.1.2 快速选择

有时用户需要选择具有某些共同属性的对象来构造选择集,如选择具有相同颜色、线型或线宽的对象,用户可以使用前面介绍的方法选择这些对象,但如果要选择的对象数量较多且分布在较复杂的图形中时,会导致很大的工作量。

1. 执行方式

命令行:QSELECT。

菜单栏:执行菜单栏中的"工具"→"快速选择"命令。

快捷菜单:在右键快捷菜单中选择"快速选择"(如图 6-5 所示)命令,或在"特性"选项板中单击"快速选择"按钮 ,如图 6-6 所示。

2. 操作步骤

执行上述命令后,系统打开如图 6-7 所示的"快速选择"对话框。利用该对话框可以根据用户指定的过滤标准快速创建选择集。

图 6-5 "快速选择"右键菜单

图 6-6 "特性"选项板

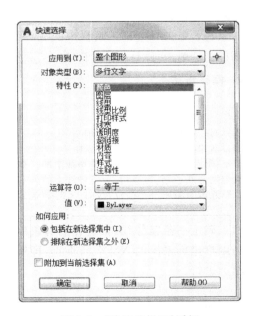

图 6-7 "快速选择"对话框

6.1.3 构造对象组

对象组与选择集并没有本质的区别,当把若干个对象定义为选择集,并想让它们在以后的操作中始终作为一个整体时,为了简捷,可以给这个选择集命名并保存起来,这个命名了的对象选择集就是对象组,它称为组名。

如果对象组可以被选择(位于锁定层上的对象组不能被选择),那么可以通过它的组名引用该对象组,并且一旦组中任何一个对象被选中,那么组中的全部对象成员都被选中。该命令的调用方法如下:在命令行中输入 GROUP 命令。

执行上述命令后,系统打开"对象编组"对话框。可以利用该对话框查看或修改存在的对象组的属性,也可以创建新的对象组。

6.2 复制类命令

本节详细介绍 AutoCAD 2018 的复制类命令。利用这些复制类命令,可以方便地编辑所绘制图形。

6.2.1 镜像命令

镜像对象是指把选择的对象以一条镜像线为对称轴进行镜像后的对象。镜像操作完成后,可以保留原对象,也可以将其删除。

1. 执行方式

命令行:MIRROR。
菜单栏:执行菜单栏中的"修改"→"镜像"命令。
工具栏:单击"修改"工具栏中的"镜像"按钮 ⚠ 。
功能区:单击"默认"选项卡"修改"面板中的"镜像"按钮 ⚠ 。

2. 操作步骤

```
命令:MIRROR↙
选择对象:(选定要复制的对象)
选择对象:(按 Enter 键,结束选择)
指定镜像线的第一点:(指定镜像线上的一点)
指定镜像线的第二点:(指定镜像线上的另一点)
要删除源对象吗?[是(Y)/否(N)]<N>:(确定是否删除原图形.默认为不删除原图形)
```

两点确定一条镜像线,被选择的对象以该线为对称轴进行镜像。包含该线的镜像平面与用户坐标系统的 XY 平面垂直,即镜像操作在与用户坐标系统的 XY 平面平行的平面上进行。

6.2.2 上机练习——阀杆

 练习目标

绘制如图 6-8 所示的阀杆。

 设计思路

首先创建图层,然后利用绘图命令绘制阀杆外轮廓,并通过图案填充命令绘制剖面

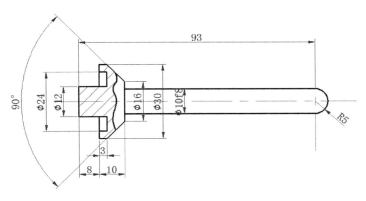

图 6-8 阀杆

线,最终完成阀杆图形绘制。

操作步骤

1. 创建图层

单击"默认"选项卡"图层"面板中的"图层特性"按钮,打开"图层特性管理器"对话框,设置以下图层。

(1) 中心线:颜色为红色,线型为 CENTER,线宽为 0.15mm。

(2) 粗实线:颜色为白色,线型为 Continuous,线宽为 0.30mm。

(3) 细实线:颜色为白色,线型为 Continuous,线宽为 0.15mm。

(4) 尺寸标注:颜色为白色,线型为 Continuous,线宽为默认。

(5) 文字说明:颜色为白色,线型为 Continuous,线宽为默认。

2. 绘制中心线

将"中心线"图层设定为当前图层。单击"默认"选项卡"绘图"面板中的"直线"按钮,以坐标点{(125,150),(233,150)}、{(223,160),(223,140)}绘制中心线,结果如图 6-9 所示。

3. 绘制直线

将"粗实线"图层设定为当前图层。单击"默认"选项卡"绘图"面板中的"直线"按钮,以坐标点{(130,150),(130,156),(138,156),(138,165)}、{(141,165),(148,158),(148,150)}、{(148,155),(223,155)}、{(138,156),(141,156),(141,162),(138,162)}依次绘制线段,结果如图 6-10 所示。

图 6-9 绘制中心线　　图 6-10 绘制直线

4. 镜像处理

单击"默认"选项卡"修改"面板中的"镜像"按钮 ，以水平中心线为轴镜像，命令行的提示与操作如下。

```
命令：mirror↙
选择对象：(选择刚绘制的实线)
选择对象：↙
指定镜像线的第一个点：(在水平中心线上选取一点)
指定镜像线的第二个点：(在水平中心线上选取另一点)
要删除源对象吗?[是(Y)/否(N)]<N>:↙
```

结果如图 6-11 所示。

5. 绘制圆弧

单击"默认"选项卡"绘图"面板中的"圆弧"按钮 ，以中心线交点为圆心，以上、下水平实线最右端两个端点为圆弧两个端点，绘制圆弧。结果如图 6-12 所示。

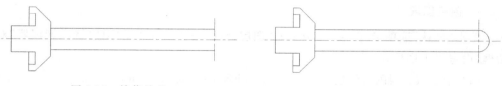

图 6-11　镜像处理　　　　　　　　图 6-12　绘制圆弧

6. 绘制局部剖切线

单击"默认"选项卡"绘图"面板中的"样条曲线拟合"按钮 ，绘制局部剖切线。结果如图 6-13 所示。

7. 绘制剖面线

将"细实线"图层设定为当前图层。单击"默认"选项卡"绘图"面板中的"图案填充"按钮 ，设置填充图案为 ANST31，角度为 0°，比例为 1，打开状态栏上的"线宽"按钮 。结果如图 6-14 所示。

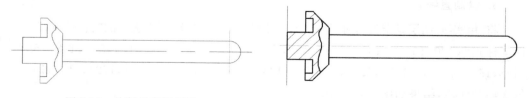

图 6-13　绘制局部剖切线　　　　　　图 6-14　阀杆图案填充

6.2.3　复制命令

使用复制命令，可以对原对象以指定的角度和方向创建对象副本。CAD 复制默认是多重复制，也就是选定图形并指定基点后，可以通过定位不同的目标点复制出多份来。

1. 执行方式

命令行：COPY。
菜单栏：执行菜单栏中的"修改"→"复制"命令。
工具栏：单击"修改"工具栏中的"复制"按钮。
功能区：单击"默认"选项卡"修改"面板中的"复制"按钮。
快捷菜单：选择要复制的对象，在绘图区右击，从弹出的快捷菜单中选择"复制选择"命令。

2. 操作步骤

命令：COPY↙
选择对象：（选择要复制的对象）

用前面介绍的对象选择方法选择一个或多个对象，按 Enter 键，结束选择操作。命令行的提示和操作如下。

当前设置：复制模式 = 多个
指定基点或 [位移(D)/模式(O)] <位移>：
指定第二个点或 [阵列(A)] <使用第一个点作为位移>：
指定第二个点或 [阵列(A)/退出(E)/放弃(U)] <退出>：

3. 选项说明

各选项的含义如表 6-2 所示。

表 6-2 "复制"命令各选项含义

选 项	含 义
指定基点	指定一个坐标点后，把该点作为复制对象的基点。 指定第二个点后，系统将根据这两点确定的位移矢量把选择的对象复制到第二点处。如果此时直接按 Enter 键，即选择默认的"用第一点作位移"，则第一个点被当作相对于 X、Y、Z 的位移。例如，如果指定基点为(2,3)并在下一个提示下按 Enter 键，则该对象从它当前的位置开始，在 X 方向上移动 2 个单位，在 Y 方向上移动 3 个单位。一次复制完成后，可以不断指定新的第二点，从而实现多重复制
位移(D)	直接输入位移值，表示以选择对象时的拾取点为基准，以拾取点坐标为移动方向，以纵横比移动指定位移后所确定的点为基点。例如，选择对象时的拾取点坐标为(2,3)，输入位移为 5，则表示以(2,3)点为基准，沿纵横比为 3：2 的方向移动 5 个单位所确定的点为基点
模式(O)	控制是否自动重复该命令。确定复制模式是单个还是多个
阵列(A)	指定在线性阵列中排列的副本数量

6.2.4 上机练习——弹簧

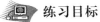练习目标

弹簧作为机械设计中的常见零件，其样式及画法多种多样。本例绘制的弹簧主要

利用"圆""直线"命令,绘制单个部分,并利用6.2.3节介绍的"复制"命令进行简化。绘制的弹簧如图6-15所示。

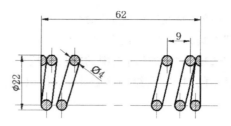

图 6-15 弹簧

设计思路

本练习首先设置图层,然后利用绘图命令绘制弹簧外轮廓,并通过图案填充命令填充剖面线,最终完成弹簧的绘制。

操作步骤

1. 创建图层

单击"默认"选项卡"图层"面板中的"图层特性"按钮,打开"图层特性管理器"对话框,设置以下图层。

(1)中心线:颜色为红色,线型为CENTER,线宽为0.15mm。

(2)粗实线:颜色为白色,线型为Continuous,线宽为0.30mm。

(3)细实线:颜色为白色,线型为Continuous,线宽为0.15mm。

2. 绘制中心线

将"中心线"图层设定为当前图层。

单击"默认"选项卡"绘图"面板中的"直线"按钮,以坐标点{(150,150),(230,150)}、{(160,164),(160,154)}、{(162,146),(162,136)}绘制中心线,修改线型比例为0.5。结果如图6-16所示。

3. 偏移中心线

单击"默认"选项卡"修改"面板中的"偏移"按钮,将绘制的水平中心线向上、下两侧偏移,偏移距离为9;将图6-16中的竖直中心线A向右偏移,偏移距离分别为4、9、36、9、4;将图6-16中的竖直中心线B向右偏移,偏移距离分别为6、37、9、6。结果如图6-17所示。

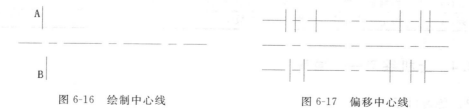

图 6-16 绘制中心线　　　　　　　图 6-17 偏移中心线

4. 绘制圆

将"粗实线"图层设定为当前图层。

单击"默认"选项卡"绘图"面板中的"圆"按钮 ,以最上水平中心线与左边第 2 根竖直中心线交点为圆心,绘制半径为 2 的圆。结果如图 6-18 所示。

5. 复制圆

单击"默认"选项卡"修改"面板中的"复制"按钮,命令行的提示与操作如下。

```
命令:_copy
选择对象:(选择刚绘制的圆)
选择对象:
当前设置:复制模式 = 多个
指定基点或 [位移(D)/模式(O)] <位移>:(选择圆心)
指定第二个点或 [阵列(A)] <使用第一个点作为位移>:(分别选择竖直中心线与水平中心线的交点)
指定第二个点或 [阵列(A)/退出(E)/放弃(U)] <退出>:↵
```

结果如图 6-19 所示。

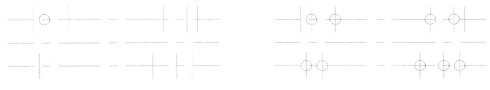

图 6-18　绘制圆　　　　　　　图 6-19　复制圆

6. 绘制圆弧

单击"默认"选项卡"绘图"面板中的"圆弧"按钮,命令行的提示与操作如下。

```
命令:_arc
指定圆弧的起点或 [圆心(C)]:c↵
指定圆弧的圆心:(指定最左边竖直中心线与最上水平中心线的交点)
指定圆弧的起点:@0,-2↵
指定圆弧的端点或 [角度(A)/弦长(L)]:@0,4↵
```

采用相同方法绘制另一段圆弧,命令行的提示与操作如下。

```
命令:_arc
指定圆弧的起点或 [圆心(C)]:c 指定圆弧的圆心:
指定圆弧的起点:@0,2
指定圆弧的端点或 [角度(A)/弦长(L)]:@0,-4
```

结果如图 6-20 所示。

7. 绘制连接线

单击"默认"选项卡"绘图"面板中的"直线"按钮,绘制连接线,结果如图 6-21 所示。

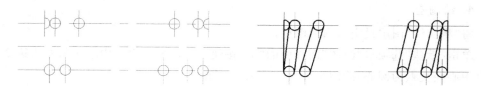

图 6-20　绘制圆弧　　　　　　　图 6-21　绘制连接线

8．绘制剖面线

将"细实线"图层设定为当前图层。

单击"默认"选项卡"绘图"面板中的"图案填充"按钮 ，设置填充图案为 ANST31，角度为 0°，比例为 0.2，打开状态栏上的"线宽"按钮 。结果如图 6-22 所示。

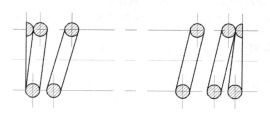

图 6-22　弹簧图案填充

6.2.5　偏移命令

偏移对象是指保持所选择的对象的形状，在不同的位置以不同的尺寸大小新建的一个对象。

1．执行方式

命令行：OFFSET。

菜单栏：执行菜单栏中的"修改"→"偏移"命令。

工具栏：单击"修改"工具栏中的"偏移"按钮 。

功能区：单击"默认"选项卡"修改"面板中的"偏移"按钮 。

2．操作步骤

```
命令：OFFSET
当前设置：删除源 = 否 图层 = 源 OFFSETGAPTYPE = 0
指定偏移距离或 [通过(T)/删除(E)/图层(L)] <通过>：(给定偏移的距离)
选择要偏移的对象，或 [退出(E)/放弃(U)] <退出>：(选择要偏移的对象)
指定要偏移的那一侧上的点，或 [退出(E)/多个(M)/放弃(U)] <退出>：(选择偏移方向)
选择要偏移的对象，或 [退出(E)/放弃(U)] <退出>：*取消*
```

3．选项说明

各选项的含义如表 6-3 所示。

表 6-3 "偏移"命令各选项含义

选 项	含 义
指定偏移距离	输入一个距离值,或按 Enter 键,使用当前的距离值,系统把该距离值作为偏移距离,如图 6-23 所示
通过(T)	指定偏移对象的通过点。选择该选项后出现如下提示。 选择要偏移的对象,或 [退出(E)/放弃(U)] <退出>:(选择要偏移的对象,按 Enter 键结束操作) 指定通过点或 [退出(E)/多个(M)/放弃(U)] <退出>:(指定偏移对象的一个通过点) 操作完毕后,系统根据指定的通过点绘出偏移对象,如图 6-24 所示
删除(E)	偏移后,将源对象删除。选择该选项后出现如下提示。 要在偏移后删除源对象吗?[是(Y)/否(N)] <否>:
图层(L)	确定将偏移对象创建在当前图层上,还是在源对象所在的图层上。选择该选项后出现如下提示。 输入偏移对象的图层选项 [当前(C)/源(S)] <源>:

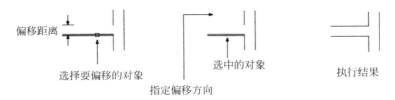

图 6-23 指定偏移对象的距离

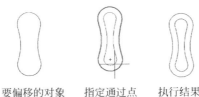

图 6-24 指定偏移对象的通过点

6.2.6 上机练习——胶垫

 **练习目标**

绘制如图 6-25 所示的胶垫。

设计思路

在绘制二维图形过程中,一般首先创建绘图环境,即创建图层以及绘制中心线,然后利用绘图命令绘制图形。本练习也采用此操作

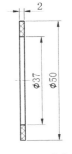

图 6-25 胶垫

进行绘图。

操作步骤

1. 创建图层

单击"默认"选项卡"图层"面板中的"图层特性"按钮,打开"图层特性管理器"对话框,设置以下图层。

(1) 中心线:颜色为红色,线型为 CENTER,线宽为 0.15mm。

(2) 粗实线:颜色为白色,线型为 Continuous,线宽为 0.30mm。

(3) 细实线:颜色为白色,线型为 Continuous,线宽为 0.15mm。

(4) 尺寸标注:颜色为白色,线型为 Continuous,其余默认。

(5) 文字说明:颜色为白色,线型为 Continuous,其余默认。

设置结果如图 6-26 所示。

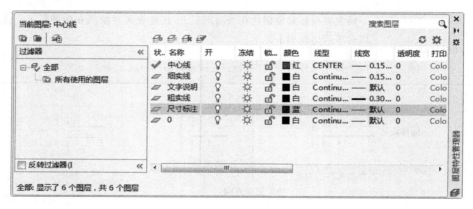

图 6-26 "图层特性管理器"对话框

2. 绘制中心线

将"中心线"图层设定为当前图层。单击"默认"选项卡"绘图"面板中的"直线"按钮,以坐标点{(167,150),(175,150)}绘制一条水平中心线,如图 6-27 所示。

3. 绘制竖直直线

将"粗实线"图层设定为当前图层。单击"默认"选项卡"绘图"面板中的"直线"按钮,以坐标{(170,175),(170,125)}绘制一条竖直直线。结果如图 6-28 所示。

图 6-27 绘制中心线　　　　图 6-28 绘制竖直直线

4. 偏移处理

单击"默认"选项卡"修改"面板中的"偏移"按钮 ,将竖直直线向右偏移,偏移距离为 2。命令行操作如下。

```
命令: OFFSET↙
当前设置: 删除源 = 否 图层 = 源 OFFSETGAPTYPE = 0
指定偏移距离或 [通过(T)/删除(E)/图层(L)] <通过>:2↙
选择要偏移的对象,或 [退出(E)/放弃(U)] <退出>:(选择刚绘制的竖线)
指定要偏移的那一侧上的点,或 [退出(E)/多个(M)/放弃(U)] <退出>:(向右指定一点)
```

单击"默认"选项卡"绘图"面板中的"直线"按钮 ,将两条竖线的端点连接起来。结果如图 6-29 所示。

5. 重复"偏移"命令

将上、下两条横线分别向内偏移,偏移距离为 6.5,结果如图 6-30 所示。

6. 绘制剖面线

将"细实线"图层设定为当前图层。单击"默认"选项卡"绘图"面板中的"图案填充"按钮,打开"图案填充创建"选项卡,设置填充图案为 ANSI37,角度为 0°,比例为 0.5,用鼠标拾取填充区域内一点,按 Enter 键,绘制剖面线。打开状态栏上的"线宽"按钮,最终完成胶垫的绘制。结果如图 6-31 所示。

图 6-29　偏移处理　　　　图 6-30　继续偏移　　　　图 6-31　胶垫设计

6.2.7 阵列命令

阵列是指多次重复选择对象,并把这些副本按矩形或环形排列。把副本按矩形排列称为建立矩形阵列,把副本按环形排列称为建立极阵列。建立极阵列时,应该控制复制对象的次数和对象是否被旋转;建立矩形阵列时,应该控制行和列的数量以及对象副本之间的距离。

用该命令可以建立矩形阵列、极阵列(环形)和旋转的矩形阵列。

1. 执行方式

命令行:ARRAY。

菜单栏:执行菜单栏中的"修改"→"阵列"命令。

工具栏：单击"修改"工具栏中的"矩形阵列"按钮 ，或单击"修改"工具栏中的"路径阵列"按钮 ，或单击"修改"工具栏中的"环形阵列"按钮 。

功能区：单击"默认"选项卡"修改"面板中的"矩形阵列"按钮 （或"路径阵列"按钮 ，或"环形阵列"按钮 ）（如图 6-32 所示）。

图 6-32 "阵列"下拉列表

2．操作步骤

```
命令：ARRAY↙
选择对象：（使用对象选择方法）
输入阵列类型[矩形(R)/路径(PA)/极轴(PO)]<矩形>：
```

3．选项说明

各选项的含义如表 6-4 所示。

表 6-4 "阵列"命令各选项含义

选　　项	含　　义
矩形(R)(命令行：ARRAYRECT)	将选定对象的副本分布到行数、列数和层数的任意组合。通过夹点，调整阵列间距、列数、行数和层数；也可以分别选择各选项输入数值
极轴(PO)	在绕中心点或旋转轴的环形阵列中均匀分布对象副本。选择该选项后出现如下提示： 指定阵列的中心点或 [基点(B)/旋转轴(A)]：（选择中心点、基点或旋转轴） 选择夹点以编辑阵列或 [关联(AS)/基点(B)/项目(I)/项目间角度(A)/填充角度(F)/行(ROW)/层(L)/旋转项目(ROT)/退出(X)] <退出>：（通过夹点，调整角度，填充角度；也可以分别选择各选项输入数值）
路径(PA)(命令行：ARRAYPATH)	沿路径或部分路径均匀分布选定对象的副本。选择该选项后出现如下提示： 选择路径曲线：（选择一条曲线作为阵列路径） 选择夹点以编辑阵列或 [关联(AS)/方法(M)/基点(B)/切向(T)/项目(I)/行(R)/层(L)/对齐项目(A)/Z方向(Z)/退出(X)] <退出>：（通过夹点，调整阵列行数和层数；也可以分别选择各选项输入数值）

6.2.8 上机练习——密封垫

 练习目标

不同材质的密封垫在各大机械零件中是不可或缺的,本例主要利用"圆""环形阵列"命令,绘制如图6-33所示的密封垫。

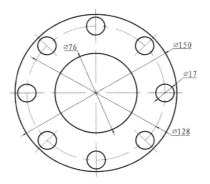

图6-33 密封垫

 设计思路

首先设置图层,然后利用绘图命令绘制大致轮廓,最后利用环形阵列命令完善图形完成密封垫绘制。

 操作步骤

(1) 创建图层

单击"默认"选项卡"图层"面板中的"图层特性"按钮 ,新建以下图层。

① 粗实线层:线宽 0.50mm,其余属性默认。

② 细实线层:线宽 0.30mm,其余属性默认。

③ 中心线层:线宽 0.15mm,颜色为红色,线型为 CENTER,其余属性默认。

(2) 绘制中心线

将线宽显示打开。将当前图层设置为"中心线层"图层。

单击"默认"选项卡"绘图"面板中的"直线"按钮 ,绘制相交中心线{(120,180),(280,180)}和{(200,260),(200,100)},结果如图6-34所示。

单击"默认"选项卡"绘图"面板中的"圆"按钮 ,捕捉中心线交点为圆心,绘制直径为128的圆。命令行的提示与操作如下。

```
命令:_circle
指定圆的圆心或 [三点(3P)/两点(2P)/切点、切点、半径(T)]:(捕捉中心线交点)
指定圆的半径或 [直径(D)]:d
指定圆的直径:128
```

结果如图 6-35 所示。

将当前图层设置为"粗实线层"图层。

图 6-34 绘制中心线

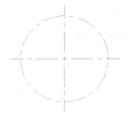
图 6-35 绘制圆

（3）单击"默认"选项卡"绘图"面板中的"圆"按钮 ⊙ ，捕捉中心线交点为圆心，绘制直径分别为 150、76 的同心圆。绘制结果如图 6-36 所示。

（4）单击"默认"选项卡"绘图"面板中的"圆"按钮 ⊙ ，捕捉中心线与圆上交点为圆心，绘制直径为 17 的圆。绘制结果如图 6-37 所示。

（5）在"图层特性管理器"对话框中选择"中心线层"图层，将图层置为当前。

（6）单击"默认"选项卡"绘图"面板中的"直线"按钮 ，捕捉辅助直线适当点绘制中心线，绘制结果如图 6-38 所示。

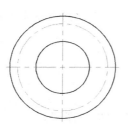
图 6-36 绘制圆

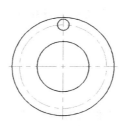
图 6-37 绘制同心圆

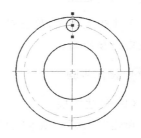
图 6-38 删除辅助线

（7）单击"默认"选项卡"修改"面板中的"环形阵列"按钮 ，项目数设置为 8，填充角度设置为 360°。命令行的提示与操作如下。

```
命令：_arraypolar
选择对象：找到 1 个
选择对象：找到 1 个,总计 2 个（选择小圆）
选择对象：
类型 = 极轴 关联 = 是
指定阵列的中心点或 [基点(B)/旋转轴(A)]：（捕捉圆的圆心）
选择夹点以编辑阵列或 [关联(AS)/基点(B)/项目(I)/项目间角度(A)/填充角度(F)/行(ROW)/层(L)/旋转项目(ROT)/退出(X)]<退出>：i
输入阵列中的项目数或 [表达式(E)]<6>：8
选择夹点以编辑阵列或 [关联(AS)/基点(B)/项目(I)/项目间角度(A)/填充角度(F)/行(ROW)/层(L)/旋转项目(ROT)/退出(X)]<退出>：
```

阵列结果如图 6-33 所示。

6.3 改变位置类命令

这一类编辑命令主要包括移动、缩放和旋转等,其功能是按照指定要求改变当前图形或图形的某部分的位置。

6.3.1 移动命令

移动对象是指对象的重定位,可以在指定方向上按指定距离移动对象,对象的位置发生了改变,但方向和大小不改变。

1. 执行方式

命令行:MOVE。

菜单栏:执行菜单栏中的"修改"→"移动"命令。

快捷菜单:选择要复制的对象,在绘图区右击,从弹出的快捷菜单中选择"移动"命令。

工具栏:单击"修改"工具栏中的"移动"按钮 。

功能区:单击"默认"选项卡"修改"面板中的"移动"按钮 。

2. 操作步骤

```
命令:MOVE↙
选择对象:(选择对象)
选择对象:
```

采用前面介绍的对象选择方法选择要移动的对象,按 Enter 键,结束选择。系统继续提示:

```
指定基点或 [位移(D)] <位移>:(指定基点或移至点)
指定第二个点或 <使用第一个点作为位移>:(指定基点或位移)
```

命令的选项功能与"复制"命令类似。

6.3.2 缩放命令

缩放操作是将已有图形对象以基点为参照进行等比例缩放,它可以调整对象的大小,使其在一个方向上按照要求增大或缩小一定的比例。

1. 执行方式

命令行:SCALE。

菜单栏:执行菜单栏中的"修改"→"缩放"命令。

快捷菜单:选择要缩放的对象,在绘图区右击,从弹出的快捷菜单中选择"缩放"命令。

工具栏:单击"修改"工具栏中的"缩放"按钮 。

功能区：单击"默认"选项卡"修改"面板中的"缩放"按钮。

2．操作步骤

```
命令：SCALE
选择对象：(选择要缩放的对象)
指定基点：(指定缩放操作的基点)
指定比例因子或 [复制(C)/参照(R)] <1.0000>：
```

3．选项说明

各选项的含义如表 6-5 所示。

表 6-5 "缩放"命令各选项含义

选　项	含　义
指定比例因子	选择对象并指定基点后，从基点到当前光标位置会出现一条线段，线段的长度即为比例因子。鼠标选择的对象会动态地随着该连线长度的变化而缩放，按 Enter 键，确认缩放操作
参照(R)	采用参考方向缩放对象时，系统提示如下。 　　指定参照长度 <1>：(指定参考长度值) 　　指定新的长度或 [点(P)] <1.0000>：(指定新长度值) 若新长度值大于参考长度值，则放大对象；否则，缩小对象。操作完毕后，系统以指定的基点按指定的比例因子缩放对象。如果选择"点(P)"选项，则指定两点来定义新的长度
复制(C)	选择该选项时，可以复制缩放对象，即缩放对象时保留原对象，如图 6-39 所示

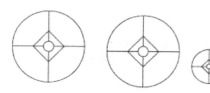

图 6-39 复制缩放

6.3.3　旋转命令

旋转操作是在保持原形状不变的情况下，以一定点为中心、以一定角度为旋转角度旋转得到新的图形。

1．执行方式

命令行：ROTATE。

菜单栏：执行菜单栏中的"修改"→"旋转"命令。

快捷菜单：选择要旋转的对象，在绘图区右击，从弹出的快捷菜单中选择"旋转"命令。

工具栏：单击"修改"工具栏中的"旋转"按钮 。

功能区：单击"默认"选项卡"修改"面板中的"旋转"按钮 。

2．操作步骤

```
命令：ROTATE↙
UCS 当前的正角方向：ANGDIR = 逆时针 ANGBASE = 0
选择对象：(选择要旋转的对象)
指定基点：(指定旋转的基点．在对象内部指定一个坐标点)
指定旋转角度，或[复制(C)/参照(R)]<0>：(指定旋转角度或其他选项)
```

3．选项说明

各选项的含义如表 6-6 所示。

表 6-6　"旋转"命令各选项含义

选　　项	含　　义
复制(C)	选择该选项，旋转对象的同时，保留原对象，如图 6-40 所示
参照(R)	采用参照方式旋转对象时，系统提示与操作如下。 　　指定参照角 <0>：(指定要参考的角度，默认值为 0) 　　指定新角度或[点(P)]<0>：(输入旋转后的角度值) 操作完毕后，对象被旋转至指定的角度位置。 **技巧**：可以用拖动鼠标的方法旋转对象。选择对象并指定基点后，从基点到当前光标位置会出现一条连线，鼠标选择的对象会动态地随着该连线与水平方向的夹角的变化而旋转，按 Enter 键，确认旋转操作，如图 6-41 所示

图 6-40　复制旋转

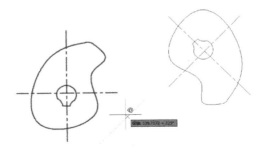

图 6-41　拖动鼠标旋转对象

6.3.4 上机练习——曲柄

练习目标

绘制如图 6-42 所示的曲柄。

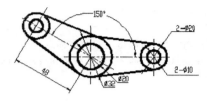

图 6-42 曲柄

设计思路

首先设置绘图环境,然后利用绘图命令绘制曲柄右侧部分,接着利用旋转命令完成曲柄左侧部分的绘制,最终完成曲柄图形绘制。

操作步骤

(1) 单击"默认"选项卡"图层"面板中的"图层特性"按钮,打开"图层特性管理器"对话框,新建下列图层:"中心线"图层,线型为 CENTER2,其余属性默认;"粗实线"图层,线宽为 0.30mm,其余属性默认。

(2) 将"中心线"图层设置为当前图层,单击"默认"选项卡"绘图"面板中的"直线"按钮,绘制直线。直线坐标分别为{(100,100),(180,100)}和{(120,120),(120,80)}。结果如图 6-43 所示。

(3) 单击"默认"选项卡"修改"面板中的"偏移"按钮,绘制另一条中心线,偏移距离为 48。结果如图 6-44 所示。

图 6-43 绘制中心线   图 6-44 偏移中心线

(4) 转换到"粗实线"图层,单击"默认"选项卡"绘图"面板中的"圆"按钮,绘制图形轴孔部分。以水平中心线与左边竖直中心线交点为圆心,以 32 和 20 为直径绘制一组同心圆,以水平中心线与右边竖直中心线交点为圆心,以 20 和 10 为直径绘制另一组同心圆。结果如图 6-45 所示。

(5) 单击"默认"选项卡"绘图"面板中的"直线"按钮,绘制连接板。分别捕捉左右外圆的切点为端点,绘制上、下两条连接线。结果如图 6-46 所示。

第6章 二维编辑命令

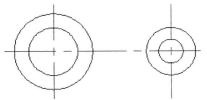

图 6-45　绘制同心圆

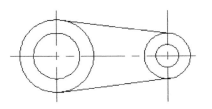

图 6-46　绘制切线

（6）单击"默认"选项卡"修改"面板中的"旋转"按钮，将所绘制的图形进行复制旋转。命令行提示如下。

```
命令：ROTATE
UCS 当前的正角方向：ANGDIR = 逆时针 ANGBASE = 0
选择对象：指定对角点：找到 9 个
选择对象：（选择绘制的右边图形）
指定基点：（以直径为 32 的圆的圆心为基点）
指定旋转角度，或 [复制(C)/参照(R)] <0>：C
旋转一组选定对象
指定旋转角度，或 [复制(C)/参照(R)] <0>：150
```

最终结果如图 6-47 所示。

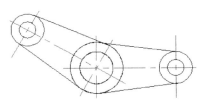

图 6-47　选择复制对象

6.4　对象编辑

在对图形进行编辑时，还可以对图形对象本身的某些特性进行编辑，从而便于绘制图形。

6.4.1　钳夹功能

要使用钳夹功能编辑对象，必须先打开钳夹功能。

（1）选择菜单栏中的"工具"→"选项"命令，弹出"选项"对话框，切换到"选择集"选项卡，如图 6-48 所示。在"夹点"选项组中选中"显示夹点"复选框。在该选项卡中，还可以设置代表夹点的小方格的尺寸和颜色。

利用夹点功能，可以快速方便地编辑对象。AutoCAD 在图形对象上定义了一些特殊点，称为夹点，利用夹点可以灵活地控制对象，如图 6-49 所示。

图 6-48 "选择集"选项卡

（2）也可以通过 GRIPS 系统变量来控制是否打开夹点功能，1 代表打开，0 代表关闭。

（3）打开夹点功能后，应该在编辑对象之前先选择对象。

夹点表示对象的控制位置。使用夹点编辑对象，要选择一个夹点作为基点，称为基准夹点。

（4）选择一种编辑操作，包括镜像、移动、旋转、拉伸和缩放等。可以用空格键、Enter 键或键盘上的快捷键循环选择这些功能，如图 6-50 所示。

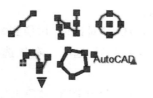

图 6-49 显示夹点

图 6-50 选择编辑操作

6.4.2 上机练习——连接盘绘制

练习目标

本实例主要利用"圆""环形阵列"命令绘制连接盘,如图 6-51 所示。

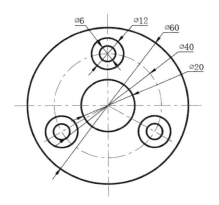

图 6-51 连接盘

设计思路

首先创建图层及中心线完成绘图前准备工作,然后利用绘图命令绘制大致图形,最后利用环形阵列命令完成图形绘制,并利用钳夹功能细化完善图形。

操作步骤

1. 创建图层

单击"默认"选项卡"图层"面板中的"图层特性"按钮 ,打开"图层特性管理器"对话框,新建以下图层。

(1)"粗实线"图层:线宽为 0.30mm,其余属性默认。

(2)"细实线"图层:线宽为 0.15mm,其余属性默认。

(3)"中心线"图层:线宽为 0.15mm,颜色为红色,线型为 CENTER,其余属性默认。

2. 绘制中心线

(1)将线宽显示打开。将当前图层设置为"中心线"图层。

(2)单击"默认"选项卡"绘图"面板中的"直线"按钮 和"圆"按钮 ,并结合"正交""对象捕捉"和"对象追踪"等工具选取适当尺寸绘制如图 6-52 所示的中心线。

3. 绘制轮廓线

(1)将当前图层设置为"粗实线"图层。

(2)单击"默认"选项卡"绘图"面板中的"圆"按钮 ,并结合"对象捕捉"工具选取适当尺寸绘制如图 6-53 所示的圆。

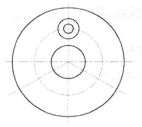

图 6-52　绘制中心线　　　　图 6-53　绘制轮廓线

4．阵列圆

（1）单击"默认"选项卡"修改"面板中的"环形阵列"按钮 ，选择两个同心的小圆为阵列对象，右击，捕捉中心线圆的圆心的阵列中心。

（2）在命令行提示"选择对象："后选择两个同心圆中的小圆为阵列对象。

（3）在命令行提示"指定阵列的中心点或[基点（B）/旋转轴（A）]："后捕捉中心线圆的圆心的阵列中心。

（4）在命令行提示"选择夹点以编辑阵列或[关联（AS）/基点（B）/项目（I）/项目间角度（A）/填充角度（F）/行（ROW）/层（L）/旋转项目（ROT）/退出（X）]<退出>："后输入 I。

（5）在命令行提示"输入阵列中的项目数或[表达式（E）]<6>："后输入 3，阵列结果如图 6-54 所示。

5．细化图形

利用钳夹功能，将中心线缩短，如图 6-55 所示，最终结果如图 6-51 所示。

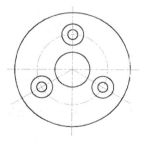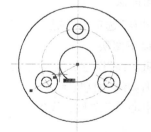

图 6-54　阵列结果　　　　图 6-55　钳夹功能编辑

6.4.3　特性匹配

利用特性匹配功能，可以将目标对象的属性与源对象的属性进行匹配，使目标对象的属性与源对象属性相同。利用特性匹配功能，可以方便快捷地修改对象属性，并保持不同对象的属性相同。

1．执行方式

命令行：MATCHPROP。

菜单栏：执行菜单栏中的"修改"→"特性匹配"命令。

工具栏：单击"标准"工具栏中的"特性匹配"按钮。
功能区：单击"默认"选项卡"特性"面板中的"特性匹配"按钮。

2．操作步骤

命令：MATCHPROP↙
选择源对象：(选择源对象)
选择目标对象或[设置(S)]:(选择目标对象)

3．选项说明

各选项的含义如表 6-7 所示。

表 6-7 "特性匹配"命令各选项含义

选　项	含　义
目标对象	指定要将源对象的特性复制到其上的对象
设置(S)	选择此选项，打开如图 6-56 所示的"特性设置"对话框，可以控制要将哪些对象特性复制到目标对象。默认情况下，选定所有对象特性进行复制

图 6-56 "特性设置"对话框

6.4.4　上机练习——修改图形特性

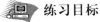 练习目标

本节通过特性匹配命令来修改图形特性。

 设计思路

首先打开创建完善的图形，然后利用图形特性命令修改图形特性。

操作步骤

(1) 打开下载的源文件中的"源文件\第 6 章\6.4.2dwg 文件",如图 6-57(a)所示。

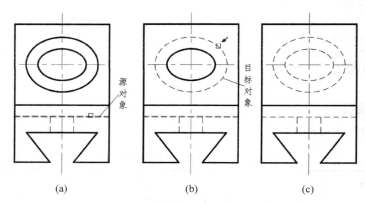

图 6-57　修改图形特性

(2) 单击"默认"选项卡"特性"面板中的"特性匹配"按钮，将矩形的线型修改为粗实线。命令行的提示与操作如下。

```
命令:'_matchprop
选择源对象:选取虚线
当前活动设置:颜色 图层 线型 线型比例 线宽 透明度 厚度 打印样式 标注 文字 图案填充 多
段线 视口 表格材质 多重引线中心对象
选择目标对象或 [设置(S)]:鼠标变成画笔,选取椭圆,如图 6－57(b)所示.
```

结果如图 6-57(c)所示。

6.4.5　修改对象属性

1．执行方式

命令行：DDMODIFY 或 PROPERTIES。

菜单栏：执行菜单栏中的"修改"→"特性"命令，或执行菜单栏中的"工具"→"选项板"→"特性"命令。

工具栏：单击"标准"工具栏中的"特性"按钮。

快捷键：Ctrl+1。

功能区：单击"视图"选项卡"选项板"面板中的"特性"按钮。

执行上述命令后，打开"特性"对话框，如图 6-58 所示。从中可以方便地设置或修改对象的各种属性。

不同的对象属性种类和值不同，修改属性值后，对象改变为新的属性。

2．选项说明

各选项的含义如表 6-8 所示。

第6章 二维编辑命令

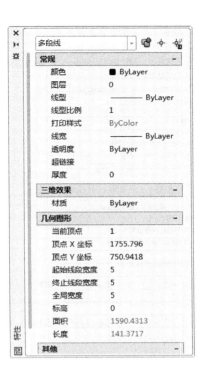

图 6-58 "特性"对话框

表 6-8 "修改对象属性"命令各选项含义

选 项	含 义
切换 PICKADD 系统变量的值	单击此按钮,打开或关闭 PICKADD 系统变量。打开 PICKADD 时,每个选定对象都将添加到当前选择集中
选择对象	使用任意选择方法选择所需对象
快速选择	单击此按钮,打开如图 6-59 所示的"快速选择"对话框,可以创建基于过滤条件的选择集
快捷菜单	在"特性"选项板的标题栏上右击,弹出如图 6-60 所示的快捷菜单
	移动	选择此选项,显示用于移动选项板的四向箭头光标,移动光标,移动选项板
	大小	选择此选项,显示四向箭头光标,用于拖动选项板的边或角点使其变大或变小
	关闭	选择此选项关闭选项板
	允许固定	切换固定或定位选项板。选择此选项,可以固定该窗口。固定窗口附着到应用程序窗口的边上,并导致重新调整绘图区域的大小
	描点居左/居右	将选项板附着到位于绘图区域右侧或左侧
	自动隐藏	当光标移动到浮动选项板上时,该选项板将展开,当光标离开该选项板时,它将滚动关闭
	透明度	选择此选项,打开如图 6-61 所示的"透明度"对话框,可以调整选项板的透明度

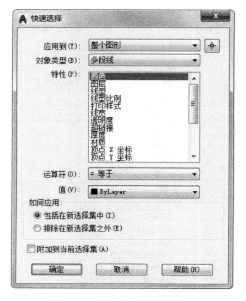

图 6-59 "快速选择"对话框

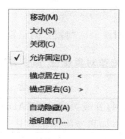

图 6-60 快捷菜单

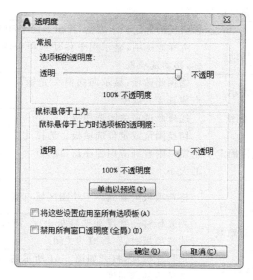

图 6-61 "透明度"对话框

6.5 改变图形特性

这一类编辑命令包括修剪、延伸、拉长、拉伸等,在对指定对象进行编辑后,可以使编辑对象的几何特性发生改变。

6.5.1 删除命令

如果所绘制的图形不符合要求或发生错绘,可以使用删除命令ERASE把它删除。

1．执行方式

命令行:ERASE。

菜单栏:执行菜单栏中的"修改"→"删除"命令。

快捷菜单:选择要删除的对象,在绘图区右击,从弹出的快捷菜单中选择"删除"命令。

工具栏:单击"修改"工具栏中的"删除"按钮 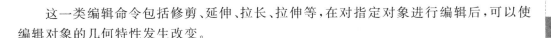。

功能区:单击"默认"选项卡"修改"面板中的"删除"按钮 。

2．操作步骤

可以先选择对象,然后调用删除命令;也可以先调用删除命令,再选择对象。选择对象时,可以使用前面介绍的各种对象选择的方法。

当选择多个对象时,多个对象都被删除;若选择的对象属于某个对象组,则该对象组的所有对象都被删除。

6.5.2 修剪命令

修剪操作是将超出边界的多余部分修剪删除掉,与橡皮擦的功能相似。采用修剪命令,可以修改直线、圆、圆弧、多段线、样条曲线、射线和填充图案。

1．执行方式

命令行:TRIM。

菜单栏:执行菜单栏中的"修改"→"修剪"命令。

工具栏:单击"修改"工具栏中的"修剪"按钮 。

功能区:单击"默认"选项卡"修改"面板中的"修剪"按钮。

2．操作步骤

```
命令:TRIM↙
当前设置:投影=UCS,边=无
选择剪切边…
选择对象或<全部选择>:(选择用作修剪边界的对象)
按Enter键,结束对象选择,系统提示:
选择要修剪的对象,或按住Shift键选择要延伸的对象,或[栏选(F)/窗交(C)/投影(P)/边(E)/
删除(R)/放弃(U)]:
```

3．选项说明

各选项的含义如表 6-9 所示。

表 6-9 "修改"命令各选项含义

选　　项	含　　义	
按 Shift 键	在选择对象时，如果按住 Shift 键，系统就自动将"修剪"命令转换成"延伸"命令	
边(E)	选择该选项时，可以选择对象的修剪方式，即延伸和不延伸	
	延伸(E)	延伸边界进行修剪。在此方式下，如果剪切边没有与要修剪的对象相交，系统会延伸剪切边直至与要修剪的对象相交，然后再修剪，如图 6-62 所示
	不延伸(N)	不延伸边界修剪对象。只修剪与剪切边相交的对象
栏选(F)	选择该选项时，系统以栏选的方式选择被修剪对象，如图 6-63 所示	
窗交(C)	选择该选项时，系统以窗交的方式选择被修剪对象，如图 6-64 所示	

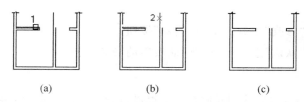

图 6-62　延伸方式修剪对象
（a）选择剪切边；(b) 选择要修剪的对象；(c) 修剪后的结果

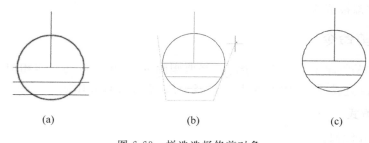

图 6-63　栏选选择修剪对象
（a）选定剪切边；(b) 使用栏选选定的修剪对象；(c) 结果

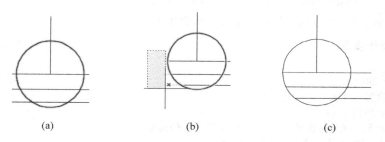

图 6-64　窗交选择修剪对象
（a）使用窗交选择选定的边；(b) 选定要修剪的对象；(c) 结果

6.5.3 上机练习——胶木球

练习目标

绘制如图 6-65 所示的胶木球。

设计思路

首先设置图层，并绘制中心线，然后利用绘图命令绘制胶木球大致轮廓，并通过偏移、修剪等命令完善图形，最后为图形添加剖面线，最终完成胶木球的绘制。

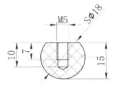

图 6-65　胶木球

操作步骤

1．创建图层

单击"默认"选项卡"图层"面板中的"图层特性"按钮 ，打开"图层特性管理器"对话框，设置以下图层。

(1) 中心线：颜色为红色，线型为 CENTER，线宽为 0.15mm。
(2) 粗实线：颜色为白色，线型为 Continuous，线宽为 0.30mm。
(3) 细实线：颜色为白色，线型为 Continuous，线宽为 0.15mm。
(4) 尺寸标注：颜色为白色，线型为 Continuous，线宽为默认。
(5) 文字说明：颜色为白色，线型为 Continuous，线宽为默认。

2．绘制中心线

将"中心线"图层设定为当前图层。单击"默认"选项卡"绘图"面板中的"直线"按钮，以坐标点{(154,150),(176,150)}和{(165,159),(165,139)}绘制中心线，修改线型比例为 0.1。结果如图 6-66 所示。

3．绘制圆

将"粗实线"图层设定为当前图层。单击"默认"选项卡"绘图"面板中的"圆"按钮，以坐标点(165,150)为圆心、半径为 9 绘制圆，结果如图 6-67 所示。

4．偏移处理

单击"默认"选项卡"修改"面板中的"偏移"按钮，将水平中心线向上偏移，偏移距离为 6，并将偏移后的直线设置为"粗实线"层。结果如图 6-68 所示。

图 6-66　绘制中心线

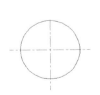

图 6-67　绘制圆

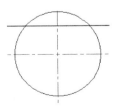

图 6-68　偏移处理

5. 修剪处理

单击"默认"选项卡"修改"面板中的"修剪"按钮 ，将多余的直线进行修剪。命令行操作如下。

```
命令：_trim
当前设置：投影=UCS,边=无
选择剪切边...
选择对象或<全部选择>：(选择圆和刚偏移的水平线)
选择对象：↙
选择要修剪的对象,或按住 Shift 键选择要延伸的对象,或[栏选(F)/窗交(C)/投影(P)/边(E)/删除(R)/放弃(U)]:(选择圆在直线上的圆弧上一点)
选择要修剪的对象,或按住 Shift 键选择要延伸的对象,或[栏选(F)/窗交(C)/投影(P)/边(E)/删除(R)/放弃(U)]:(选择水平线左端一点)
选择要修剪的对象,或按住 Shift 键选择要延伸的对象,或[栏选(F)/窗交(C)/投影(P)/边(E)/删除(R)/放弃(U)]:(选择水平线右端一点)
选择要修剪的对象,或按住 Shift 键选择要延伸的对象,或[栏选(F)/窗交(C)/投影(P)/边(E)/删除(R)/放弃(U)]:↙
```

结果如图 6-69 所示。

6. 偏移处理

单击"默认"选项卡"修改"面板中的"偏移"按钮 ，将剪切后的直线向下偏移，偏移距离为 7 和 10；再将竖直中心线向两侧偏移，偏移距离为 2.5 和 2。并将偏移距离为 2.5 的直线设置为"细实线"层，将偏移距离为 2 的直线设置为"粗实线"层。结果如图 6-70 所示。

7. 修剪处理

单击"默认"选项卡"修改"面板中的"修剪"按钮 ，将多余的直线进行修剪。结果如图 6-71 所示。

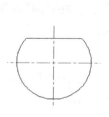
图 6-69 修剪处理

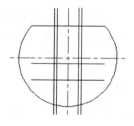
图 6-70 偏移处理

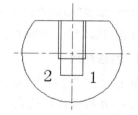
图 6-71 修剪处理

8. 绘制锥角

将"粗实线"图层设定为当前图层。在状态栏中选择"极轴追踪"按钮后右击，系统弹出右键快捷菜单，选择角度为 30°。单击"默认"选项卡"绘图"面板中的"直线"按钮 ，将"极轴追踪"打开，以图 6-71 所示的点 1 和点 2 为起点绘制夹角为 30°的直线，绘制的直线与竖直中心线相交。结果如图 6-72 所示。

9. 修剪处理

单击"默认"选项卡"修改"面板中的"修剪"按钮，将多余的直线进行修剪。结果如图 6-73 所示。

10. 绘制剖面线

将"细实线"图层设定为当前图层。单击"默认"选项卡"绘图"面板中的"图案填充"按钮，设置填充图案为 NET，角度为 45°，比例为 1，单击拾取点按钮，选择填充区域进行填充，打开状态栏上的"线宽"按钮。结果如图 6-74 所示。

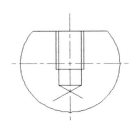
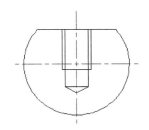
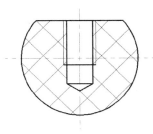

图 6-72 绘制锥角　　　　　图 6-73 修剪处理　　　　　图 6-74 胶木球图案填充

6.5.4 延伸命令

延伸对象是指延伸一个对象直至另一个对象的边界线，如图 6-75 所示。

选择边界　　　　　　选择要延伸的对象　　　　　　执行结果

图 6-75 延伸对象

1. 执行方式

命令行：EXTEND。
菜单栏：执行菜单栏中的"修改"→"延伸"命令。
工具栏：单击"修改"工具栏中的"延伸"按钮。
功能区：单击"默认"选项卡"修改"面板中的"延伸"按钮。

2. 操作步骤

命令：EXTEND↙
当前设置：投影 = UCS，边 = 无
选择边界的边…
选择对象或 <全部选择>：(选择边界对象)

此时可以通过选择对象来定义边界。若直接按 Enter 键，则选择所有对象作为可能的边界对象。

系统规定可以用作边界对象的对象有直线段、射线、双向无限长线、圆弧、圆、椭圆、二维多段线、三维多段线、样条曲线、文本、浮动的视口、区域。如果选择二维多段线作为边界对象,系统会忽略其宽度而把对象延伸至多段线的中心线上。

选择边界对象后,命令行提示如下。

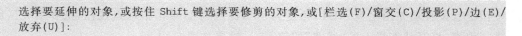

3. 选项说明

各选项的含义如表 6-10 所示。

表 6-10 "延伸"命令各选项含义

选 项	含 义
延伸对象	如果要延伸的对象是适配样条多段线,则延伸后会在多段线的控制框上增加新节点。如果要延伸的对象是锥形的多段线,系统会修正延伸端的宽度,使多段线从起始端平滑地延伸至新的终止端。如果延伸操作导致新终止端的宽度为负值,则取宽度值为 0,如图 6-76 所示
延伸	选择对象时,如果按住 Shift 键,系统会自动将"延伸"命令转换成"修剪"命令

选择边界对象　　选择要延伸的多段线　　延伸后的结果

图 6-76　延伸对象

6.5.5　上机练习——螺堵

 练习目标

本例绘制如图 6-77 所示的螺堵主视图。

 设计思路

本实例主要利用"直线""倒角"命令绘制基本轮廓,并利用"延伸""偏移"命令编辑图形细节部分。

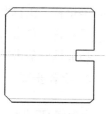

图 6-77　螺堵主视图

操作步骤

(1) 创建图层

单击"默认"选项卡"图层"面板中的"图层特性"按钮 ,打开"图层特性管理器"对话框,设置以下图层。

① 中心线：颜色为红色，线型为 CENTER，线宽为 0.15mm。
② 粗实线：颜色为白色，线型为 Continuous，线宽为 0.30mm。
③ 细实线：颜色为白色，线型为 Continuous，线宽为 0.15mm。

（2）在"图层特性管理器"对话框右侧下拉列表中选择"中心线"图层，将图层置为当前。

（3）单击"默认"选项卡"绘图"面板中的"直线"按钮，绘制水平中心线{(100,185)，(130,185)}。

选择上步绘制的中心线右击，从弹出的快捷菜单中选择"特性"命令，打开"特性"选项板，如图 6-78 所示，在"线型比例"文本框中输入"0.1"，中心线绘制结果如图 6-79 所示。

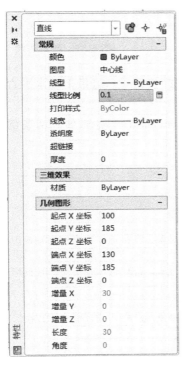

图 6-78　设置线宽　　　　　图 6-79　绘制中心线

在"图层特性管理器"对话框右侧下拉列表中选择"粗实线"图层，将图层置为当前。

（4）单击"默认"选项卡"绘图"面板中的"直线"按钮，绘制轮廓线，点坐标为(102,185)，(@0,13.5)，(@25,0)，(@0,-12)，(@-5,0)，(@0,-1.5)，结果如图 6-80 所示。

（5）单击"默认"选项卡"修改"面板中的"倒角"按钮，对轮廓进行倒角操作。命令行操作如下。

命令：chamfer↙
("修剪"模式) 当前倒角距离 1 = 0.0000,距离 2 = 0.0000

```
选择第一条直线或 [多段线(P)/距离(D)/角度(A)/修剪(T)/方式(M)/多个(U)]: d✓
指定第一个倒角距离 <0.0000>: 2✓
指定第二个倒角距离 <2.0000>:✓
选择第一条直线或 [多段线(p)/距离(d)/角度(A)/修剪(T)/方式(M)/多个(U)]:(选择最左侧的
竖直线)
选择第二条直线:(选择最上面水平线)
```

采用同样的方法对右上角进行倒角,结果如图 6-81 所示。

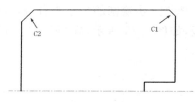

图 6-80　绘制轮廓线　　　　　　　　　　图 6-81　倒角结果

(6) 单击"默认"选项卡"修改"面板中的"偏移"按钮，将最上端水平直线向下偏移 1。

(7) 单击"默认"选项卡"修改"面板中的"延伸"按钮，并延伸到两条倒角斜线位置,命令行的提示与操作如下。

```
命令:_extend("延伸"命令)
当前设置:投影=UCS,边=无
选择边界的边...
选择对象或 <全部选择>:
选择要延伸的对象,或按住 Shift 键选择要修剪的对象,或[栏选(F)/窗交(C)/投影(P)/边(E)/
放弃(U)]:(选择偏移直线左端)
选择要延伸的对象,或按住 Shift 键选择要修剪的对象,或[栏选(F)/窗交(C)/投影(P)/边(E)/
放弃(U)]:
(选择偏移直线右端)
选择要延伸的对象,或按住 Shift 键选择要修剪的对象,或[栏选(F)/窗交(C)/投影(P)/边(E)/
放弃(U)]:
```

(8) 将延伸后的直线设为"细实线"图层,结果如图 6-82 所示。

(9) 单击"默认"选项卡"修改"面板中的"镜像"按钮，镜像水平中心线上方图形,结果如图 6-83 所示。

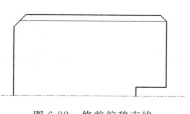
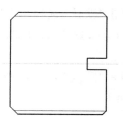

图 6-82　修剪偏移直线　　　　　　　　　图 6-83　镜像结果

6.5.6 拉伸命令

拉伸对象是指拖拉选择的且形状发生改变后的对象。拉伸对象时,应指定拉伸的基点和移置点。可以利用一些辅助工具如捕捉、钳夹功能及相对坐标等提高拉伸的精度。

1．执行方式

命令行：STRETCH。
菜单栏：执行菜单栏中的"修改"→"拉伸"命令。
工具栏：单击"修改"工具栏中的"拉伸"按钮。
功能区：单击"默认"选项卡"修改"面板中的"拉伸"按钮。

2．操作步骤

```
命令：STRETCH↙
以交叉窗口或交叉多边形选择要拉伸的对象…
选择对象：C↙
指定第一个角点：指定对角点：找到 2 个(采用交叉窗口的方式选择要拉伸的对象)
指定基点或 [位移(D)] <位移>：(指定拉伸的基点)
指定第二个点或 <使用第一个点作为位移>：(指定拉伸的移至点)
```

此时,若指定第二个点,系统将根据这两点决定的矢量拉伸对象。若直接按 Enter 键,系统会把第一个点作为 X 轴和 Y 轴的分量值。

STRETCH 仅移动位于交叉选择窗口内的顶点和端点,而不更改那些位于交叉选择窗口外的顶点和端点。部分包含在交叉选择窗口内的对象将被拉伸。

6.5.7 上机练习——螺栓

 练习目标

绘制如图 6-84 所示的螺栓零件图。

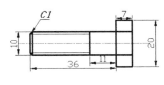

图 6-84　螺栓

 设计思路

本例主要利用"拉伸"命令拉伸图形,完成螺栓绘制。

 操作步骤

1．图层设置

单击"默认"选项卡"图层"面板中的"图层特性"按钮,新建 3 个图层,名称及属性如下。

(1)"粗实线"图层,线宽为0.30mm,其余属性默认。

(2)"细实线"图层,线宽为0.15mm,其余属性默认。

(3)"中心线"图层,线宽为0.15mm,线型为CENTER,颜色设为红色,其余属性默认。

2. 绘制中心线

将"中心线"层设置为当前图层。

单击"默认"选项卡"绘图"面板中的"直线"按钮,绘制坐标点为(-5,0),(@30,0)的中心线。

3. 绘制初步轮廓线

将"粗实线"层设置为当前图层。

单击"默认"选项卡"绘图"面板中的"直线"按钮,绘制4条线段或连续线段,端点坐标分别为{(0,0),(@0,5),(@20,0)}、{(20,0),(@0,10),(@-7,0),(@0,-10)}、{(10,0),(@0,5)}、{(1,0),(@0,5)}。

4. 绘制螺纹牙底线

将"细实线"层设置为当前图层。

单击"默认"选项卡"绘图"面板中的"直线"按钮,绘制线段,端点坐标为{(0,4),(@10,0)},打开状态栏上的"线宽"按钮,绘制结果如图6-85所示。

5. 倒角处理

单击"默认"选项卡"修改"面板中的"倒角"按钮,设置倒角距离为1,对图6-86中A点处的两条直线进行倒角处理,结果如图6-86所示。

6. 镜像处理

单击"默认"选项卡"修改"面板中的"镜像"按钮,对所有绘制的对象进行镜像,镜像轴为螺栓的中心线,绘制结果如图6-87所示。

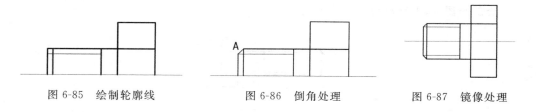

图6-85　绘制轮廓线　　　　图6-86　倒角处理　　　　图6-87　镜像处理

7. 拉伸处理

单击"默认"选项卡"修改"面板中的"拉伸"按钮,拉伸上一步操作绘制的图形,命令行的提示与操作如下。

命令:STRETCH↙
以交叉窗口或交叉多边形选择要拉伸的对象...
选择对象:(选择图6-88所示的虚框所显示的范围)
指定对角点:找到13个
选择对象:↙

第6章 二维编辑命令

指定基点或 [位移(D)] <位移>:(指定图中任意一点)
指定第二个点或 <使用第一个点作为位移>: @-8,0✓

绘制结果如图 6-89 所示。

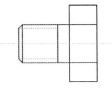

图 6-88 拉伸操作

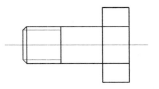

图 6-89 拉伸图形

按空格键继续执行"拉伸"操作,命令行的提示与操作如下。

命令: STRETCH✓
以交叉窗口或交叉多边形选择要拉伸的对象…
选择对象:(选择图 6-90 所示的虚框所显示的范围)
指定对角点: 找到 13 个
选择对象:✓
指定基点或 [位移(D)] <位移>:(指定图中任意一点)
指定第二个点或 <使用第一个点作为位移>:@-15,0✓

绘制结果如图 6-91 所示。

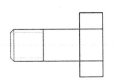

图 6-90 拉伸操作

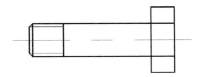

图 6-91 拉伸螺栓

8. 保存文件

在命令行输入 QSAVE 命令,或者单击"标准"工具栏中的"保存"按钮 。最后得到如图 6-84 所示的零件图。

说明:拉伸命令"修改"→"拉伸"选择拉伸的对象和拉伸的两个角点。AutoCAD 中可拉伸与选择窗口相交的圆弧、椭圆弧、直线、多段线、二维实体、射线、宽线和样条曲线。STRETCH 命令移动窗口内的端点,而不改变窗口外的端点。STRETCH 命令还移动窗口内的宽线和二维实体的顶点,而不改变窗口外的宽线和二维实体的顶点。多段线的每一段都被当作简单的直线或圆弧分开处理。

6.5.8 拉长命令

利用拉长命令,可以更改对象的长度和圆弧的包含角。

1. 执行方式

命令行: LENGTHEN。
菜单栏: 执行菜单栏中的"修改"→"拉长"命令。

功能区：单击"默认"选项卡"修改"面板中的"拉长"按钮。

2．操作步骤

```
命令：LENGTHEN↙
选择对象或 [增量(DE)/百分比(P)/总计(T)/动态(DY)]：(选定对象)
当前长度：30.5001(给出选定对象的长度，如果选择圆弧则还将给出圆弧的包含角)
选择对象或 [增量(DE)/百分比(P)/总计(T)/动态(DY)]：DE↙(选择拉长或缩短的方式.如选择"增量(DE)"方式)
输入长度增量或 [角度(A)] <0.0000>：10↙(输入长度增量数值.如果选择圆弧段，则可输入选项 A 给定角度增量)
选择要修改的对象或 [放弃(U)]：(选定要修改的对象，进行拉长操作)
选择要修改的对象或 [放弃(U)]：(继续选择，按 Enter 键，结束命令)
```

3．选项说明

各选项的含义如表 6-11 所示。

表 6-11 "拉长"命令各选项含义

选　项	含　义
增量(DE)	用指定增加量的方法来改变对象的长度或角度
百分数(P)	用指定要修改对象的长度占总长度的百分比的方法来改变圆弧或直线段的长度
总计(T)	用指定新的总长度或总角度值的方法来改变对象的长度或角度
动态(DY)	在该模式下，可以使用拖拉鼠标的方法来动态地改变对象的长度或角度

拉伸和拉长的区别

拉伸和拉长工具都可以改变对象的大小，所不同的是拉伸可以一次框选多个对象，不仅改变对象的大小，而且改变对象的形状；而拉长只改变对象的长度，且不受边界的局限。可用以拉长的对象包括直线、弧线和样条曲线等。

6.5.9 上机练习——手把主视图

 练习目标

绘制如图 6-92 所示的手把主视图。

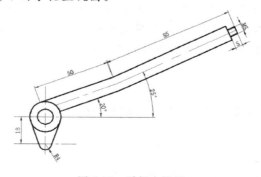

图 6-92　手把主视图

第6章 二维编辑命令

设计思路

本例首先创建绘图环境,然后利用绘图命令以及修改命令绘制图形,重点掌握拉长命令的应用,最终完成手把主视图绘制。

操作步骤

1．创建图层

单击"默认"选项卡"图层"面板中的"图层特性"按钮,打开"图层特性管理器"对话框,设置以下图层。

(1) 中心线：颜色为红色,线型为CENTER,线宽为0.15mm。
(2) 粗实线：颜色为白色,线型为Continuous,线宽为0.30mm。
(3) 细实线：颜色为白色,线型为Continuous,线宽为0.15mm。
(4) 尺寸标注：颜色为白色,线型为Continuous,线宽为默认。
(5) 文字说明：颜色为白色,线型为Continuous,线宽为默认。

2．绘制中心线

将"中心线"图层设定为当前图层。单击"默认"选项卡"绘图"面板中的"直线"按钮,以坐标点{(85,100),(115,100)}、{(100,115),(100,80)}绘制中心线。结果如图6-93所示。

3．绘制圆

将"粗实线"图层设定为当前图层。单击"默认"选项卡"绘图"面板中的"圆"按钮,以中心线交点为圆心、以10和5为半径绘制圆,结果如图6-94所示。

图6-93　绘制中心线　　　　　图6-94　绘制圆

4．偏移中心线

单击"默认"选项卡"修改"面板中的"偏移"按钮,将水平中心线向下偏移,偏移量为18。结果如图6-95所示。

5．拉伸中心线

单击"默认"选项卡"修改"面板中的"拉长"按钮,将竖直中心线拉长。命令行的提示与操作如下。

```
命令:_lengthen
选择对象或 [增量(DE)/百分数(P)/全部(T)/动态(DY)]: de↙
```

输入长度增量或 [角度(A)] <5.0000>: 5 ↙
选择要修改的对象或 [放弃(U)]:(选取竖直中心线下端)
选择要修改的对象或 [放弃(U)]: ↙

采用同样的方法，将偏移的水平线左右两端缩短5,结果如图6-96所示。

6. 绘制圆

单击"默认"选项卡"绘图"面板中的"圆"按钮 ,以中心线交点为圆心,绘制半径为4的圆,结果如图6-97所示。

图6-95 偏移中心线　　　图6-96 拉伸中心线　　　图6-97 绘制圆

7. 绘制直线

首先在状态栏中选择"对象捕捉"选项后右击,从弹出的快捷菜单中选择"设置"命令,打开"草图设置"对话框,在对话框中选中"切点"复选框,如图6-98所示,单击"确定"按钮完成设置。再单击"默认"选项卡"绘图"面板中的"直线"按钮 ,绘制与圆相切的直线。结果如图6-99所示。

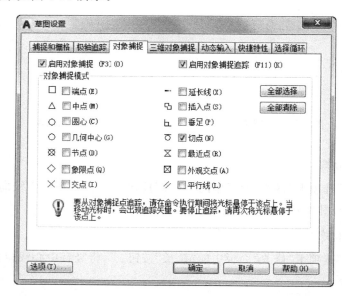

图6-98 "草图设置"对话框

8. 剪切图形

单击"默认"选项卡"修改"面板中的"修剪"按钮 ，剪切图形，结果如图 6-100 所示。

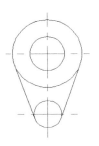
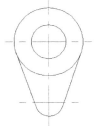

图 6-99　绘制切线　　　　　图 6-100　剪切图形

9. 绘制直线

首先在状态栏中选择"极轴追踪"选项后右击，从弹出的快捷菜单中选择"设置"命令，打开"草图设置"对话框，在对话框中输入增量角为 20，如图 6-101 所示，单击"确定"按钮完成设置。再单击"默认"选项卡"绘图"面板中的"直线"按钮 ，以中心线交点为起点绘制夹角为 20°、长度为 50 的直线，结果如图 6-102 所示。

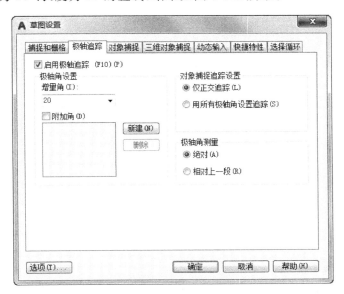

图 6-101　"草图设置"对话框

10. 偏移并剪切图形

单击"默认"选项卡"修改"面板中的"偏移"按钮，将直线向上偏移，偏移距离为 5 和 10。将偏移距离为 5 的线修改图层为"中心线"，单击"默认"选项卡"修改"面板中的"修剪"按钮，剪切图形。结果如图 6-103 所示。

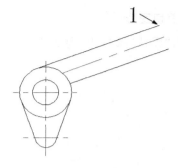

图 6-102 绘制线　　　　　　　图 6-103 偏移剪切图形

11．绘制直线

首先在状态栏中选择"极轴追踪"选项后右击，从弹出的快捷菜单中选择"设置"命令，打开"草图设置"对话框，在对话框中输入增量角为 25，如图 6-104 所示，单击"确定"按钮完成设置。再单击"默认"选项卡"绘图"面板中的"直线"按钮 ，以图 6-103 中的线段端点 1 为起点绘制夹角为 25°、长度为 85 的直线，结果如图 6-105 所示。

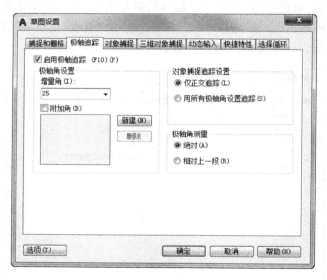

图 6-104 "草图设置"对话框

12．创建直线

单击"默认"选项卡"修改"面板中的"偏移"按钮 ，将上步绘制的直线向下偏移，偏移距离为 5 和 10，并将中间的直线修改图层为"中心线"。结果如图 6-106 所示。

13．放大视图

利用"缩放"工具将刚偏移的线段局部放大，如图 6-107 所示，可以发现，线段没有连接。

14．延伸直线

单击"默认"选项卡"修改"面板中的"延伸"按钮，连接 3 条断开的线段，结果如图 6-108 所示。

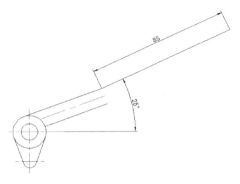
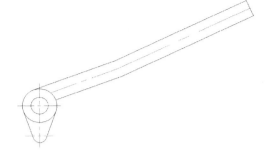

图 6-105　绘制线　　　　　　　　　图 6-106　偏移直线

15．连接端点

单击"默认"选项卡"绘图"面板中的"直线"按钮，连接线段端点，结果如图 6-109 所示。

图 6-107　局部放大　　　　图 6-108　创建直线　　　　图 6-109　连接端点

16．偏移线段

首先单击"默认"选项卡"修改"面板中的"偏移"按钮，将连接的线段向左偏移，距离为 5；再将中心线向两侧偏移，距离为 2 和 2.5，将偏移距离为 2 的线段修改图层为"细实线"，将偏移距离为 2.5 的线段修改图层为"粗实线"，结果如图 6-110 所示。

17．剪切直线

单击"默认"选项卡"修改"面板中的"修剪"按钮，剪切图形，结果如图 6-111 所示。图形最终结果如图 6-92 所示。

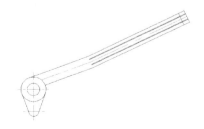
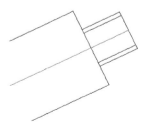

图 6-110　偏移线段　　　　　　　　图 6-111　剪切图形

6.6 圆角和倒角

在使用 CAD 绘图的过程中，经常用到圆角和倒角。使用圆角和倒角命令时应先设置圆角半径、倒角距离，否则命令执行后，很可能看不到任何效果。

6.6.1 圆角命令

圆角是指用指定的半径决定的一段平滑的圆弧连接两个对象。系统规定可以用圆角连接一对直线段、非圆弧的多段线段、样条曲线、双向无限长线、射线、圆、圆弧和椭圆等。可以在任何时刻圆角连接非圆弧多段线的每个节点。

1. 执行方式

命令行：FILLET。

菜单栏：执行菜单栏中的"修改"→"圆角"命令。

工具栏：单击"修改"工具栏中的"圆角"按钮 。

功能区：单击"默认"选项卡"修改"面板中的"圆角"按钮 。

2. 操作步骤

```
命令：FILLET↵
当前设置：模式 = 修剪，半径 = 0.0000
选择第一个对象或 [放弃(U)/多段线(P)/半径(R)/修剪(T)/多个(M)]：(选择第一个对象或别的选项)
选择第二个对象，或按住 Shift 键选择对象以应用角点或 [半径(R)]：(选择第二个对象)
```

3. 选项说明

各选项的含义如表 6-12 所示。

表 6-12 "圆角"命令各选项含义

选 项	含 义
多段线(P)	在一条二维多段线的两段直线段的节点处插入圆滑的弧。选择多段线后，系统会根据指定的圆弧半径把多段线各顶点用圆滑的弧连接起来
修剪(T)	决定在圆角连接两条边时，是否修剪这两条边，如图 6-112 所示
多个(M)	可以同时对多个对象进行圆角编辑，而不必重新启用命令
半径(R)	按住 Shift 键并选择两条直线，可以快速创建零距离倒角或零半径圆角

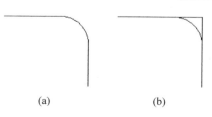

(a)　　　　　(b)

图 6-112　圆角连接

(a) 修剪方式；(b) 不修剪方式

6.6.2 上机练习——手把移出断面图和左视图

练习目标

此例延续上例,绘制如图 6-113 所示的手把移出断面图和左视图。

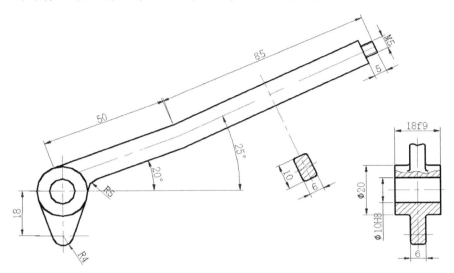

图 6-113 手把移出断面图和左视图

设计思路

打开指定图形,然后利用圆角命令创建圆角,再利用绘图命令、修改命令绘制断面图,并对其添加剖面线,完成图形绘制。

操作步骤

1. 完善主视图

单击"默认"选项卡"修改"面板中的"圆角"按钮 ,创建半径为 5 的圆角,命令行的提示与操作如下。

```
命令:_fillet
当前设置:模式 = 修剪,半径 = 0.0000
选择第一个对象或 [放弃(U)/多段线(P)/半径(R)/修剪(T)/多个(M)]: r↙
指定圆角半径 <0.0000>: 5↙
选择第一个对象或 [放弃(U)/多段线(P)/半径(R)/修剪(T)/多个(M)]:(选择大圆)
选择第二个对象,或按住 Shift 键选择对象以应用角点或 [半径(R)]:(选择与大圆相交的三条平行斜线中最下面的一条)
```

结果如图 6-114 所示。

注意:初学者在此处容易遇到无法出现倒圆效果的问题,主要原因是没有设置倒圆半径。后面的倒角操作与此情形类似。

2. 绘制移出断面图

1）绘制中心线

将"中心线"图层设定为当前图层。单击"默认"选项卡"绘图"面板中的"直线"按钮，首先绘制与倾斜角为 25°的中心线相垂直的中心线；再以绘制的中心线为基准绘制相垂直的中心线。结果如图 6-115 所示。

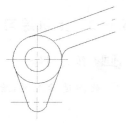

图 6-114　圆角处理

2）偏移中心线

单击"默认"选项卡"修改"面板中的"偏移"按钮，将绘制的中心线向两侧偏移，偏移距离为 3 和 5，结果如图 6-116 所示。

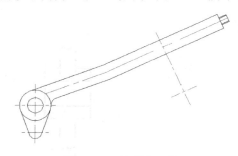
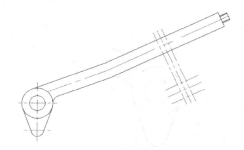

图 6-115　绘制中心线　　　　　　图 6-116　绘制辅助线

3）剪切图形

单击"默认"选项卡"修改"面板中的"修剪"按钮，剪切图形，并将剪切后的图形修改图层为"粗实线"。结果如图 6-117 所示。

4）创建圆角

单击"默认"选项卡"修改"面板中的"圆角"按钮，创建半径为 1 的圆角。结果如图 6-118 所示。

5）绘制剖面线

将"细实线"图层设定为当前图层，按前面所述方法填充剖面线。结果如图 6-119 所示。

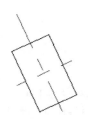

图 6-117　剪切图形　　　图 6-118　创建圆角　　　图 6-119　移出剖视图图案填充

3. 绘制左视图

1）绘制中心线

将"中心线"图层设定为当前图层。单击"默认"选项卡"绘图"面板中的"直线"按钮，首先在如图 6-120 所示的中心线的延长线上绘制一段中心线,再绘制与其相垂直的中心线,修改线型比例为 0.3。结果如图 6-121 所示。

图 6-120　绘制基准

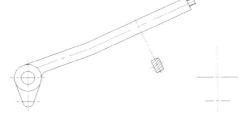

图 6-121　绘制中心线

2）偏移中心线

单击"默认"选项卡"修改"面板中的"偏移"按钮 ,将竖直中心线向两侧偏移,偏移距离为 3 和 9,结果如图 6-122 所示。

3）绘制辅助线

单击"默认"选项卡"绘图"面板中的"直线"按钮,根据主视图绘制辅助线,结果如图 6-123 所示。

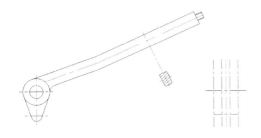

图 6-122　偏移中心线

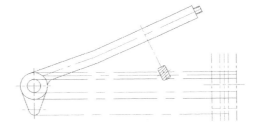

图 6-123　绘制辅助线

4）剪切图形

单击"默认"选项卡"修改"面板中的"修剪"按钮,剪切图形,并将剪切后的图形修改图层为"粗实线"。结果如图 6-124 所示。

5）创建圆角

单击"默认"选项卡"修改"面板中的"圆角"按钮,创建半径为 1 的圆角,并将多余的线段删除,结果如图 6-125 所示。

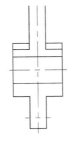

图 6-124　剪切图形

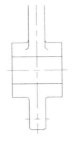

图 6-125　创建圆角

6）绘制局部剖切线

将"粗实线"图层设定为当前图层。单击"默认"选项卡"绘图"面板中的"样条曲线拟合"按钮 ，绘制局部剖切线，并单击"默认"选项卡"修改"面板中的"修剪"按钮，修剪图形，结果如图 6-126 所示。

7）绘制剖面线

将"细实线"图层设定为当前图层。单击"默认"选项卡"绘图"面板中的"图案填充"按钮 ，设置填充图案为 ANST31，角度为 0°，比例为 0.5，结果如图 6-127 所示。

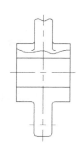
图 6-126　绘制局部剖切线

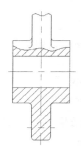
图 6-127　左视图图案填充

8）设置线宽

单击状态栏上的"线宽"按钮 ，进行相应设置，最终结果如图 6-113 所示。

教你一招

几种情况下的圆角

1. 当两条线相交或不相连时，利用圆角进行修剪和延伸

如果将圆角半径设置为 0，则不会创建圆弧，操作对象将被修剪或延伸直到它们相交。当两条线相交或不相连时，使用圆角命令可以自动进行修剪和延伸，比使用修剪和延伸命令方便。

2. 对平行直线倒圆角

不仅可以对相交或未连接的线倒圆角，对平行的直线、构造线和射线同样可以倒圆角。对平行线进行倒圆角时，软件将忽略原来的圆角设置，自动调整圆角半径，生成一个半圆连接两条直线，这在绘制键槽或类似零件时比较方便。对于平行线倒圆角时第一个选定对象必须是直线或射线，不能是构造线，因为构造线没有端点，但是它可以作为圆角的第二个对象。

3. 对多段线加圆角或删除圆角

如果想在多段线上适合圆角半径的每条线段的顶点处插入相同长度的圆角弧，可在倒圆角时使用"多段线"命令；如果想删除多段线上的圆角和弧线，也可以使用"多段线"命令，只需将圆角设置为 0，圆角命令将删除该圆弧线段并延伸直线，直到它们相交。

6.6.3　倒角命令

倒角是指用斜线连接两个不平行的线型对象。可以用斜线连接直线段、双向无限长线、射线和多段线。

1. 执行方式

命令行：CHAMFER。

菜单栏：执行菜单栏中的"修改"→"倒角"命令。

工具栏：选择"修改"工具栏中的"倒角"按钮 。

功能区：单击"默认"选项卡"修改"面板中的"倒角"按钮 。

2. 操作步骤

```
命令：CHAMFER↙
("不修剪"模式)当前倒角距离 1 = 0.0000,距离 2 = 0.0000
选择第一条直线或[放弃(U)/多段线(P)/距离(D)/角度(A)/修剪(T)/方式(E)/多个(M)]：(选
择第一条直线或别的选项)
选择第二条直线,或按住 Shift 键选择直线以应用角点或[距离(D)/角度(A)/方法(M)]：(选择
第二条直线)
```

3. 选项说明

各选项的含义如表 6-13 所示。

表 6-13　"倒角"命令各选项含义

选　项	含　义
距离(D)	选择倒角的两个斜线距离。斜线距离是指从被连接的对象与斜线的交点到被连接的两对象的可能的交点之间的距离，如图 6-128 所示。这两个斜线距离可以相同也可以不同，若二者均为 0，则系统不绘制连接的斜线，而是把两个对象延伸至相交，并修剪超出的部分
角度(A)	选择第一条直线的斜线距离和角度。采用这种方法用斜线连接对象时，需要输入两个参数：斜线与一个对象的斜线距离和斜线与该对象的夹角(如图 6-129 所示)
多段线(P)	对多段线的各个交叉点进行倒角编辑。为了得到最好的连接效果，一般将倒角距离和角度设置为相同的数值。系统根据指定的斜线距离把多段线的每个交叉点都作斜线连接，连接的斜线成为多段线新添加的构成部分，如图 6-130 所示
修剪(T)	与圆角连接命令 FILLET 相同，该选项决定连接对象后，是否剪切原对象
方式(E)	决定采用"距离"方式还是"角度"方式来倒角
多个(M)	同时对多个对象进行倒角编辑

图 6-128　斜线距离

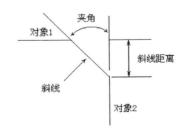

图 6-129　斜线距离与夹角

6.6.4 上机练习——销轴

练习目标

绘制如图 6-131 所示的销轴。

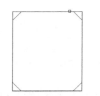

图 6-130 斜线连接多段线

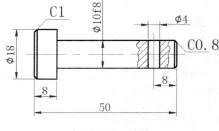

图 6-131 销轴

设计思路

首先创建图层,然后利用绘图命令、修改命令绘制图形,并添加剖面线,重点掌握倒角的创建,最终完成销轴的绘制。

操作步骤

1. 创建图层

单击"默认"选项卡"图层"面板中的"图层特性"按钮,打开"图层特性管理器"对话框,设置以下图层。

(1) 中心线:颜色为红色,线型为 CENTER,线宽为 0.15mm。
(2) 粗实线:颜色为白色,线型为 Continuous,线宽为 0.30mm。
(3) 细实线:颜色为白色,线型为 Continuous,线宽为 0.15mm。
(4) 尺寸标注:颜色为白色,线型为 Continuous,线宽为默认。
(5) 文字说明:颜色为白色,线型为 Continuous,线宽为默认。

2. 绘制中心线

将"中心线"图层设定为当前图层。单击"默认"选项卡"绘图"面板中的"直线"按钮,以坐标点{(135,150),(195,150)}绘制中心线。结果如图 6-132 所示。

3. 绘制直线

将"粗实线"图层设定为当前图层。单击"默认"选项卡"绘图"面板中的"直线"按钮,以坐标点{(140,150),(140,159),(148,159),(148,150)}、{(148,155),(190,155),(190,150)}依次绘制线段,结果如图 6-133 所示。

图 6-132 绘制中心线

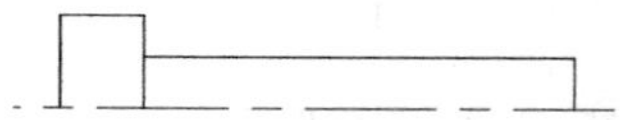

图 6-133 绘制直线

第6章 二维编辑命令

4. 倒角处理

单击"默认"选项卡"修改"面板中的"倒角"按钮,命令行的提示与操作如下。

```
命令：CHAMFER↙
("修剪"模式)当前倒角距离 1 = 0.0000,距离 2 = 0.0000
选择第一条直线或 [多段线(P)/距离(D)/角度(A)/修剪(T)/方式(M)/多个(U)]: d↙
指定第一个倒角距离 <0.0000>: 1↙
指定第二个倒角距离 <1.0000>: ↙
选择第一条直线或 [多段线(p)/距离(d)/角度(A)/修剪(T)/方式(M)/多个(U)]:(选择最左侧的竖直线)
选择第二条直线:(选择最上面水平线)
```

采用同样的方法,设置倒角距离为 0.8,进行右端倒角,结果如图 6-134 所示。

5. 绘制直线

单击"默认"选项卡"绘图"面板中的"直线"按钮,绘制倒角线,结果如图 6-135 所示。

图 6-134　倒角处理　　　　　　　图 6-135　修剪处理

6. 镜像处理

单击"默认"选项卡"修改"面板中的"镜像"按钮,以中心线为轴镜像,结果如图 6-136 所示。

7. 偏移处理

单击"默认"选项卡"修改"面板中的"偏移"按钮,将右侧竖直直线向左偏移,距离为 8,并将偏移的直线两端拉长,修改图层为"中心线"层。结果如图 6-137 所示。

图 6-136　镜像处理　　　　　　　图 6-137　偏移处理

8. 绘制销孔

单击"默认"选项卡"修改"面板中的"偏移"按钮,将偏移后的直线继续向两侧偏移,偏移距离为 2,并将偏移后的直线修改图层为"粗实线"层。再单击"默认"选项卡"修改"面板中的"修剪"按钮,将多余的线条修剪掉。结果如图 6-138 所示。

9. 绘制局部剖切线

将"细实线"图层设定为当前图层。单击"默认"选项卡"绘图"面板中的"样条曲线拟合"按钮,绘制局部剖切线。结果如图 6-139 所示。

10. 绘制剖面线

将"细实线"图层设定为当前图层。单击"默认"选项卡"绘图"面板中的"图案填充"按钮，设置填充图案为 ANSI31，角度为 0°，比例为 0.5。单击状态栏上的"线宽"按钮，结果如图 6-140 所示。

图 6-138　绘制销孔

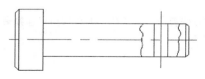

图 6-139　绘制局部剖切线

图 6-140　销轴图案填充

6.7　打断、合并和分解对象

除了前面介绍的复制类命令、改变位置类命令、改变图形特性的命令以及圆角和倒角命令之外，编辑命令还有打断、合并和分解命令。

6.7.1　打断命令

利用打断命令，可在两个点之间创建间隔，也就是在打断之处存在间隙。

1．执行方式

命令行：BREAK。

菜单栏：执行菜单栏中的"修改"→"打断"命令。

工具栏：单击"修改"工具栏中的"打断"按钮。

功能区：单击"默认"选项卡"修改"面板中的"打断"按钮。

2．操作步骤

```
命令：BREAK↙
选择对象：(选择要打断的对象)
指定第二个打断点 或 [第一点(F)]：(指定第二个断开点或输入 F)
```

3．选项说明

命令中选项的含义如表 6-14 所示。

表 6-14　"打断"命令中选项含义

选　项	含　义
第一点(F)	如果选择"第一点(F)"选项，系统将丢弃前面的第一个选择点，重新提示用户指定两个打断点

6.7.2 上机练习——删除过长中心线

 练习目标

将图 6-141(a)中过长的中心线删除。

 设计思路

首先打开指定图形,然后利用打断命令打断直线,删除过长中心线。

 操作步骤

(1) 打开下载的源文件中的"源文件\第 7 章\修剪过长中心线操作图.DWG。"

(2) 单击"默认"选项卡"修改"面板中的"打断"按钮。命令行的提示与操作如下。

```
命令:BREAK↙
选择对象:(选择过长的中心线需要打断的地方,如图 6-141(a)所示,这时被选中的中心线高亮
显示,如图 6-141(b)所示)
指定第二个打断点或 [第一点(F)]:(指定断开点,在中心线的延长线上选择第二点,多余的中心
线被删除)
```

结果如图 6-141(c)所示。

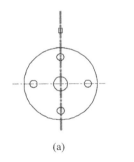 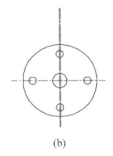 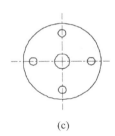

(a) (b) (c)

图 6-141 打断对象

 技巧:系统默认打断的方向是沿逆时针的方向,所以在选择打断点的先后顺序时不要弄反了。

6.7.3 打断于点命令

利用打断于点命令,可将对象在某一点处打断,打断之处没有间隙。有效的对象包括直线、圆弧等,但不能是圆、矩形和多边形等封闭的图形。此命令与打断命令类似。

1. 执行方式

命令行:BREAK。

工具栏:单击"修改"工具栏中的"打断于点"按钮。

功能区：单击"默认"选项卡"修改"面板中的"打断于点"按钮。

2．操作步骤

```
命令：_break
选择对象：(选择要打断的对象)
指定第二个打断点或 [第一点(F)]：_f(系统自动执行"第一点(F)"选项)
指定第一个打断点：(选择打断点)
指定第二个打断点：@(系统自动忽略此提示)
```

6.7.4 合并命令

利用合并命令，可以将直线、圆弧、椭圆弧和样条曲线等独立的对象合并为一个对象。

1．执行方式

命令行：JOIN。

菜单栏：执行菜单栏中的"修改"→"合并"命令。

工具栏：单击"修改"工具栏中的"合并"按钮。

功能区：单击"默认"选项卡"修改"面板中的"合并"按钮。

2．操作步骤

```
命令：JOIN↙
选择源对象或要一次合并的多个对象：(选择一个对象)
选择要合并的对象：(选择另一个对象)
选择要合并的对象：↙
```

6.7.5 分解命令

利用分解命令，可以将对象进行分解。

1．执行方式

命令行：EXPLODE。

菜单栏：执行菜单栏中的"修改"→"分解"命令。

工具栏：单击"修改"工具栏中的"分解"按钮。

功能区：单击"默认"选项卡"修改"面板中的"分解"按钮。

2．操作步骤

```
命令：EXPLODE↙
选择对象：(选择要分解的对象)
```

选择一个对象后，该对象会被分解。系统继续提示该行信息，允许分解多个对象。

6.7.6 上机练习——槽轮

练习目标

绘制如图 6-142 所示的槽轮。

第 6 章 二维编辑命令

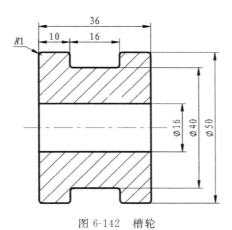

图 6-142 槽轮

设计思路

本实例首先设置图层,然后利用绘图命令绘制直线与矩形,并通过分解命令分解矩形,最后利用修改命令完成图形绘制,并添加剖面线。

操作步骤

(1) 单击"默认"选项卡"图层"面板中的"图层特性管理器"按钮 ,打开"图层特性管理器"对话框,新建如下图层。

① 第一图层命名为"轮廓线"图层,线宽为 0.30mm,其余属性默认。

② 第二图层命名为"剖面线"图层,颜色为蓝色,其余属性默认。

③ 第三图层命名为"中心线"图层,颜色为红色,线型为 CENTER,其余属性默认。

(2) 将"中心线"图层设置为当前图层。单击"默认"选项卡"绘图"面板中的"直线"按钮 ,以{(−5,25),(41,25)}为坐标点绘制一条水平中心线。

(3) 将"粗实线"图层设置为当前图层。单击"默认"选项卡"绘图"面板中的"矩形"按钮 ,以{(0,0),(36,50)}为角点坐标绘制矩形。

(4) 单击"默认"选项卡"修改"面板中的"分解"按钮 ,将矩形分解,命令行的提示与操作如下。

```
命令:_explode↙
选择对象:(选择矩形)
选择对象:↙
```

(5) 单击"默认"选项卡"修改"面板中的"偏移"按钮 ,将上侧的水平直线向下偏移,偏移距离分别为 5、17、33、45,将左侧的竖直直线向右偏移,偏移距离分别为 10 和 26,效果如图 6-143 所示。

(6) 单击"默认"选项卡"修改"面板中的"修剪"按钮 ,修剪图形,效果如图 6-144 所示。

(7)单击"默认"选项卡"修改"面板中的"圆角"按钮,对图形进行圆角处理,圆角半径为1,效果如图6-145所示。

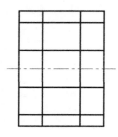

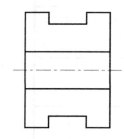

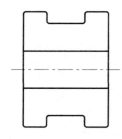

图6-143 偏移直线　　　　图6-144 修剪图形　　　　图6-145 圆角处理

(8)将"剖面线"图层设置为当前图层,单击"默认"选项卡"绘图"面板中的"图案填充"按钮,在打开的对话框的"图案填充创建"选项卡中设置"图案填充"为ANSI31,角度为0,比例为1,对图形进行图案填充,效果如图6-142所示。

6.8　实例精讲——底座

练习目标

本例绘制底座,如图6-146所示。

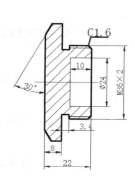

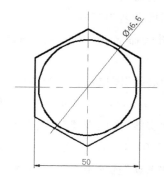

图6-146　底座

设计思路

底座的绘制过程分两步:左视图由多边形和圆构成,可直接绘制;主视图则需要利用与左视图的投影对应关系进行定位和绘制。

操作步骤

1. 创建图层

单击"默认"选项卡"图层"面板中的"图层特性"按钮,打开"图层特性管理器"对话框,设置以下图层。

(1) 中心线：颜色为红色，线型为 CENTER，线宽为 0.15mm。
(2) 粗实线：颜色为白色，线型为 Continuous，线宽为 0.30mm。
(3) 细实线：颜色为白色，线型为 Continuous，线宽为 0.15mm。
(4) 尺寸标注：颜色为白色，线型为 Continuous，线宽为默认。
(5) 文字说明：颜色为白色，线型为 Continuous，线宽为默认。

2. 绘制左视图

1）绘制中心线

将"中心线"图层设定为当前图层。单击"默认"选项卡"绘图"面板中的"直线"按钮，以坐标点{(200,150),(300,150)}、{(250,200),(250,100)}绘制中心线，修改线型比例为 0.5。结果如图 6-147 所示。

2）绘制多边形

将"粗实线"图层设定为当前图层。单击"默认"选项卡"绘图"面板中的"正多边形"按钮，绘制正六边形，设置其外切圆半径为 25。单击"默认"选项卡"修改"面板中的"旋转"按钮，将绘制的正六边形旋转 90°，结果如图 6-148 所示。

图 6-147 绘制中心线　　　　　图 6-148 绘制正六边形

3）绘制圆

单击"默认"选项卡"绘图"面板中的"圆"按钮，以中心线交点为圆心，绘制半径为 23.3 的圆，结果如图 6-149 所示。

3. 绘制主视图

1）绘制中心线

将"中心线"图层设定为当前图层。单击"默认"选项卡"绘图"面板中的"直线"按钮，以坐标点{(130,150),(170,150)}、{(140,190),(140,110)}绘制中心线，修改线型比例为 0.5。结果如图 6-150 所示。

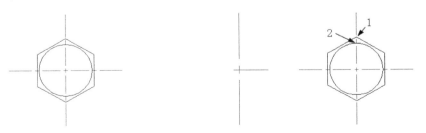

图 6-149 绘制圆　　　　　图 6-150 绘制中心线

2)绘制辅助线

单击"默认"选项卡"绘图"面板中的"直线"按钮 ，以图 6-150 中的点 1、2 为基准向左侧绘制直线，结果如图 6-151 所示。

3)绘制图形

将"粗实线"图层设定为当前图层。单击"默认"选项卡"绘图"面板中的"直线"按钮 ，根据辅助线及尺寸绘制图形。结果如图 6-152 所示。

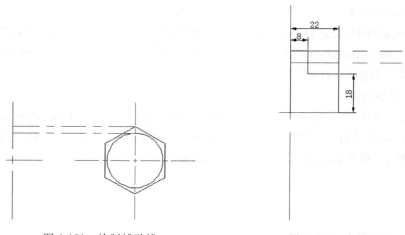

图 6-151　绘制辅助线　　　　　　　图 6-152　绘制图形

4)绘制退刀槽

单击"默认"选项卡"绘图"面板中的"直线"按钮 ，并单击"默认"选项卡"修改"面板中的"修剪"按钮 ，绘制退刀槽。结果如图 6-153 所示。

5)创建倒角 1

单击"默认"选项卡"修改"面板中的"倒角"按钮 ，以 1.6 为边长创建倒角。结果如图 6-154 所示。

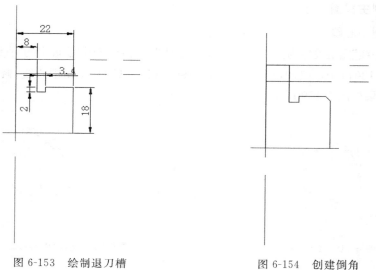

图 6-153　绘制退刀槽　　　　　　　图 6-154　创建倒角

6) 创建倒角 2

单击状态栏上的"极轴追踪"右侧的符号,从下拉列表中选择"正在追踪设置",弹出草图设置对话框,然后选中"启用极轴追踪"选项,并将增量角设置为 30°,单击"确定"按钮完成,单击"默认"选项卡"绘图"面板中的"直线"按钮,并单击"默认"选项卡"修改"面板中的"修剪"按钮,绘制倒角。结果如图 6-155 所示。

7) 绘制螺纹线

单击"默认"选项卡"修改"面板中的"偏移"按钮,将水平中心线向上偏移,偏移距离为 16.9,并单击"默认"选项卡"修改"面板中的"修剪"按钮,剪切线段,将剪切后的线段修改图层为"细实线"。结果如图 6-156 所示。

8) 绘制内孔

将"粗实线"图层设定为当前图层。单击"默认"选项卡"绘图"面板中的"直线"按钮,绘制螺纹线。结果如图 6-157 所示。

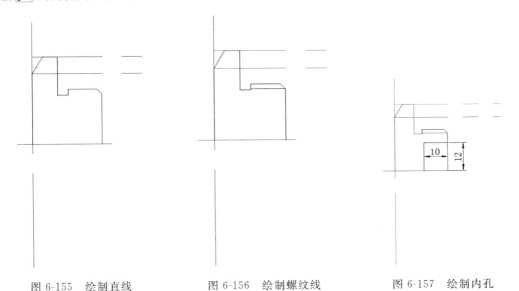

图 6-155　绘制直线　　　图 6-156　绘制螺纹线　　　图 6-157　绘制内孔

9) 镜像图形

单击"默认"选项卡"修改"面板中的"镜像"按钮,将绘制好的一半图形镜像到另一侧。结果如图 6-158 所示。

10) 绘制剖面线

将"细实线"图层设定为当前图层。单击"默认"选项卡"绘图"面板中的"图案填充"按钮,设置填充图案为 ANST31,角度为 0°,比例为 1。结果如图 6-159 所示。

11) 修改各线

删除多余的辅助线,并单击"默认"选项卡"修改"面板中的"打断"按钮,修剪过长的中心线。最后打开状态栏上的"线宽"按钮,最终结果如图 6-146 所示。

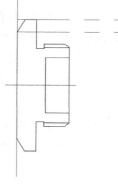

图 6-158 镜像图形

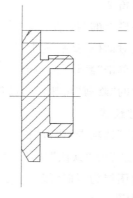

图 6-159 图案填充

6.9 学习效果自测

1. 在选择集中去除对象,按住哪个键可以进行去除对象选择?(　　)
   A. Backspace　　　　B. Shift　　　　C. Ctrl　　　　D. Alt
2. 执行环形阵列命令,在指定圆心后默认创建几个图形?(　　)
   A. 4　　　　　　　B. 6　　　　　　C. 8　　　　　　D. 10
3. 将半径10,圆心(70,100)的圆矩形阵列。阵列3行2列,行偏移距离−30,列偏移距离50,阵列角度10°。阵列后第2列第3行圆的圆心坐标是(　　)。
   A. X=119.2404,Y=108.6824　　　　B. X=124.4498,Y=79.1382
   C. X=129.6593,Y=49.5939　　　　　D. X=80.4189,Y=40.9115
4. 已有一个画好的圆,绘制一组同心圆可以用哪个命令来实现?(　　)
   A. STRETCH 伸展　　　　　　　　B. OFFSET 偏移
   C. EXTEND 延伸　　　　　　　　　D. MOVE 移动
5. 在对图形对象进行复制操作时,指定了基点坐标为(0,0),系统要求指定第二点时直接按 Enter 键结束,则复制出的图形所处位置是(　　)。
   A. 没有复制出新图形　　　　　　　B. 与原图形重合
   C. 图形基点坐标为(0,0)　　　　　　D. 系统提示错误
6. 在一张复杂图样中,要选择半径小于10的圆,如何快速方便地选择?(　　)
   A. 通过选择过滤
   B. 执行快速选择命令,在对话框中设置对象类型为"圆",特性为"直径",运算符为"<",输入值为10,单击"确定"按钮
   C. 执行快速选择命令,在对话框中设置对象类型为"圆",特性为"半径",运算符为">",输入值为10,单击"确定"按钮
   D. 执行快速选择命令,在对话框中设置对象类型为"圆",特性为"半径",运算符为"=",输入值为10,单击"确定"按钮

7. 使用偏移命令时,下列说法中正确的是( )。
   A. 偏移值可以小于 0,这是向反向偏移
   B. 可以框选对象进行一次偏移多个对象
   C. 一次只能偏移一个对象
   D. 偏移命令执行时不能删除原对象
8. 在进行移动操作时,给定了基点坐标为(190,70),系统要求给定第二点时输入"@",按 Enter 键结束,那么图形对象移动量是( )。
   A. 到原点   B. 190,70
   C. -190,-70   D. 0,0

6.10 上机实验

6.10.1 实验 1 绘制连接盘

1. 目的要求

本实验设计的图形是一个常见的机械零件,如图 6-160 所示。在绘制的过程中,除了要用到"直线""圆""图案填充"等基本绘图命令,还要用到"修剪""阵列""偏移"等编辑命令。本实验的目的是通过上机实验,使读者掌握"修剪""阵列""偏移"等编辑命令的用法。

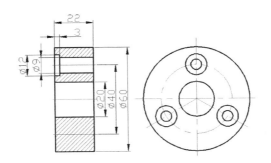

图 6-160 连接盘

2. 操作提示

(1) 设置新图层。
(2) 绘制中心线和左视图基本轮廓。
(3) 对左视图同心小圆进行阵列编辑。
(4) 利用主左视图之间"高、平、齐"尺寸关系绘制主视图基本轮廓。
(5) 进行偏移编辑,产生连接盘厚度。
(6) 进行修剪操作,修剪掉多余的图线。
(7) 进行图案填充操作,填充剖面线。

6.10.2 实验2 绘制齿轮

1．目的要求

本实验设计的图形是一个重要的机械零件，如图6-161所示。在绘制的过程中，除了要用到"直线""圆""图案填充"等基本绘图命令，还要用到"修剪""镜像""偏移""倒角"和"圆角"等编辑命令。本实验的目的是通过上机实验，使读者掌握"修剪""镜像""偏移""倒角""圆角"等编辑命令的用法。

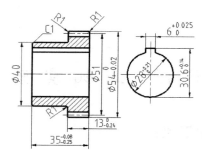

图6-161 齿轮

2．操作提示

（1）设置新图层。
（2）绘制中心线和左视图基本轮廓。
（3）偏移左视图轴线形成键槽轮廓。
（4）改变偏移直线线型，并进行修剪。
（5）利用主左视图之间"高、平、齐"尺寸关系以及"偏移"命令绘制主视图基本轮廓。
（6）进行修剪和镜像编辑，产生主视图基本外形。
（7）进行倒角和圆角操作，对相关部位进行倒角和圆角。
（8）进行图案填充操作，填充剖面线。

6.10.3 实验3 绘制阀盖

1．目的要求

本实验设计的图形是一种常见的盘盖类零件，如图6-162所示，结构相对复杂。在绘制的过程中，除了要用到"直线""圆""图案填充"等基本绘图命令，还要用到"修剪""阵列""镜像""偏移""打断""倒角""圆角"等编辑命令。

本实验的目的是通过上机实验，使读者掌握"修剪""镜像""打断""偏移""阵列""倒角""圆角"等编辑命令的用法。

2．操作提示

（1）设置新图层。
（2）绘制中心线。

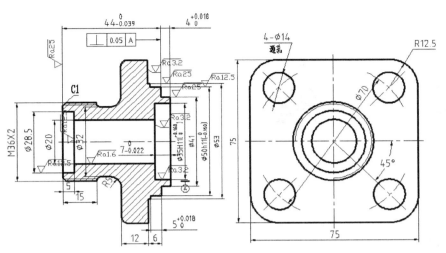

图 6-162 阀盖

(3) 绘制左视图,其中要用到"打断"命令来控制通孔中心线以及螺纹牙底线的长度。

(4) 利用主左视图之间"高、平、齐"尺寸关系以及"偏移"命令绘制前视图基本轮廓。

(5) 进行修剪和镜像编辑,产生前视图基本外形。

(6) 进行倒角和圆角操作,对相关部位进行倒角和圆角。

(7) 进行图案填充操作,填充剖面线。

第7章

文本与表格

本章导读

> 文字注释是图形中很重要的一部分内容,进行各种设计时,通常不仅要绘出图形,还要在图形中标注一些文字(如技术要求、注释说明等)对图形对象加以解释。AutoCAD提供了多种写入文字的方法,本章将介绍文本的注释和编辑功能。图表在AutoCAD图形中也有大量的应用,如明细表、参数表和标题栏等。

学习要点

- ◆ 文本样式
- ◆ 文本标注
- ◆ 文本编辑
- ◆ 表格

7.1 文本样式

所有AutoCAD图形中的文字都有和其相对应的文本样式。文本样式是用来控制文字基本形状的一组设置。当输入文字对象时，AutoCAD使用当前设置的文本样式。

7.1.1 定义文本样式

1．执行方式

命令行：STYLE(快捷命令：ST)或 DDSTYLE。
菜单栏：执行菜单栏中的"格式"→"文字样式"命令。
工具栏：单击"文字"工具栏中的"文字样式"按钮 。
功能区：单击"默认"选项卡"注释"面板中的"文字样式"按钮 。

2．操作步骤

命令：STYLE↙

在命令行输入STYLE或DDSTYLE命令，或在"默认"选项卡"注释"面板中单击"文字样式"按钮 ，打开"文字样式"对话框，如图7-1所示。

图7-1 "文字样式"对话框

该对话框主要用于命名新样式名或对已有样式名进行相关操作。单击"新建"按钮，打开如图7-2所示的"新建文字样式"对话框。在此对话框中可以为新建的样式输入名字。从文本样式列表框中选中要改名的文本样式。

图7-2 "新建文字样式"对话框

7.1.2 设置当前文本样式

在上节打开的"文字样式"对话框中可以进行文本样式的设置。

各选项的含义如表 7-1 所示。

表 7-1 "设置当前文本样式"命令各选项含义

选 项		含 义
"字体"选项区		确定字体式样。文字的字体确定字符的形状，在 AutoCAD 中，除了固有的 SHX 形状字体文件，还可以使用 TrueType 字体（如宋体、楷体、italley 等）。一种字体可以设置不同的效果从而被多种文本样式使用，例如图 7-3 所示就是同一种字体（宋体）的不同样式。 "字体"选项区用来确定文本样式使用的字体文件、字体风格及字高等。如果在"高度"文本框中输入一个数值，则作为创建文字时的固定字高，在用 TEXT 命令输入文字时，AutoCAD 不再提示输入字高参数。如果在"高度"文本框中设置字高为 0，AutoCAD 则会在每一次创建文字时提示输入字高。所以，如果不想固定字高，就可以把它在样式中设置为 0
"大小"选项区	"注释性"复选框	指定文字为注释性文字
	"使文字方向与布局匹配"复选框	指定图纸空间视口中的文字方向与布局方向匹配。如果不选中"注释性"复选框，则该选项不可用
	"高度"复选框	设置文字高度。如果输入 0.0，则每次用该样式输入文字时，文字高度默认值为 0.2
"效果"选项区	"颠倒"复选框	选中此复选框，表示将文本文字倒置标注，如图 7-4(a)所示
	"反向"复选框	确定是否将文本文字反向标注。图 7-4(b)给出了这种标注效果
	"垂直"复选框	确定文本是水平标注还是垂直标注。此复选框选中时为垂直标注，否则为水平标注。 注意：本复选框只有在 SHX 字体下才可用
	宽度因子	设置宽度系数，确定文本字符的宽高比。当比例系数为 1 时表示将按字体文件中定义的宽高比标注文字。当此系数小于 1 时字会变窄，反之变宽。图 7-3 给出了不同比例系数下标注的文本
	倾斜角度	用于确定文字的倾斜角度。角度为 0°时不倾斜，为正时向右倾斜，为负时向左倾斜（如图 7-3 所示）
"应用"按钮		确认对文本样式的设置。当建立新的样式或者对现有样式的某些特征进行修改后，都需按此按钮，AutoCAD 确认所做的改动

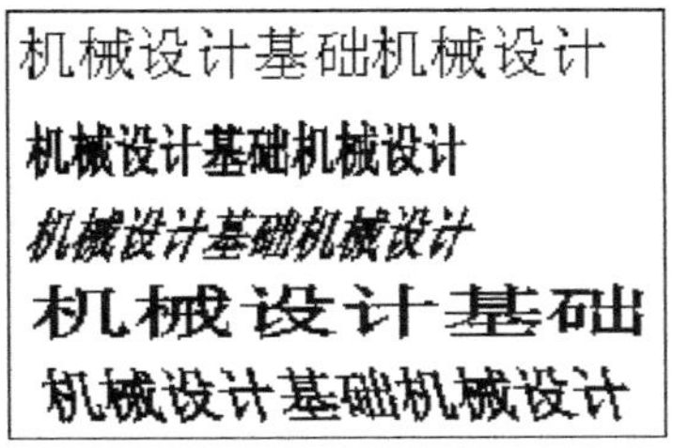

图 7-3 同一字体的不同样式 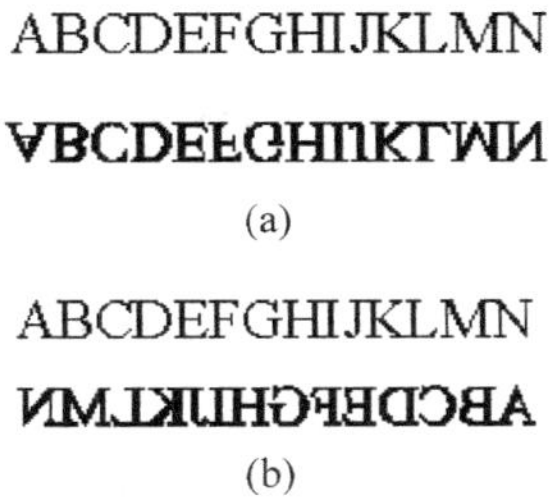 　　图 7-4 文字倒置标注与反向标注

7.2 文 本 标 注

在制图过程中文字传递了很多设计信息,它可能是一段很长、很复杂的说明,也可能是一段简短的文字信息。当需要标注的文本不太长时,可以利用 TEXT 命令创建单行文本。当需要标注很长、很复杂的文字信息时,用户可以用 MTEXT 命令创建多行文本。

7.2.1 单行文本标注

1. 执行方式

命令行:TEXT。

菜单栏:执行菜单栏中的"绘图"→"文字"→"单行文字"命令。

工具栏:单击"文字"工具栏中的"单行文字"按钮 。

功能区:单击"注释"选项卡"文字"面板中的"单行文字"按钮 ,或单击"默认"选项卡"注释"面板中的"单行文字"按钮 。

2. 操作步骤

```
命令:TEXT
当前文字样式:"样式 1"　文字高度:2.5000　注释性:否
指定文字的起点或 [对正(J)/样式(S)]:(指定文字的起始点)
指定高度 <2.5000>:(指定文字的高度)
指定文字的旋转角度 <0>:(指定文字的倾斜角度)
```

3. 选项说明

各选项的含义如表 7-2 所示。

表 7-2 "单行文本标注"命令各选项含义

选项	含义
指定文字的起点	在此提示下，直接在作图屏幕上单击一点作为文本的起始点，系统提示如下。 指定高度 <0.2000>:(确定字符的高度) 指定文字的旋转角度 <0>:(确定文本行的倾斜角度) TEXT:(输入文本) 在此提示下输入一行文本后按 Enter 键，则 AutoCAD 继续显示 TEXT 提示，可继续输入文本，待全部输入完后，在此提示下直接按 Enter 键，则退出 TEXT 命令。可见，用 TEXT 命令也可创建多行文本，只是这种多行文本每一行是一个对象，不能同时对多行文本进行操作。 注意：只有当前文本样式中设置的字符高度为 0 时，在使用 TEXT 命令时 AutoCAD 才出现要求用户确定字符高度的提示。 AutoCAD 允许将文本行倾斜排列，如图 7-5 所示为倾斜角度是 0°、45°和 −45°时的排列效果。在"指定文字的旋转角度<0>:"提示下输入文本行的倾斜角度或在屏幕上拉出一条直线来指定倾斜角度
对正(J)	在上面的提示下输入 J，用来确定文本的对齐方式，对齐方式决定文本的哪一部分与所选的插入点对齐。执行此选项，AutoCAD 提示： 输入选项 [对齐(A)/调整(F)/中心(C)/中间(M)/右®/左上(TL)/中上(TC)/右上(TR)/左中(ML)/正中(MC)/右中(MR)/左下(BL)/中下(BC)/右下(BR)]: 在此提示下选择一个选项作为文本的对齐方式。当文本串水平排列时，AutoCAD 为标注文本串定义了图 7-6 所示的顶线、中线、基线和底线，各种对齐方式如图 7-7 所示，图中大写字母对应上述提示中各命令。下面以"对齐"为例进行简要说明。 对齐(A)：选择此选项，要求用户指定文本行基线的起始点与终止点的位置，AutoCAD 提示如下。 指定文字基线的第一个端点：(指定文本行基线的起点位置) 指定文字基线的第二个端点：(指定文本行基线的终点位置) 输入文字：(输入一行文本后按 Enter 键) 输入文字：(继续输入文本或直接按 Enter 键结束命令) 执行结果：所输入的文本字符均匀地分布于指定的两点之间，如果两点间的连线不水平，则文本行倾斜放置，倾斜角度由两点间的连线与 X 轴的夹角确定；字高、字宽根据两点间的距离、字符的多少以及文本样式中设置的宽度系数自动确定。指定了两点之后，每行输入的字符越多，字宽和字高越小。 其他选项与"对齐"类似，不再赘述。 实际绘图时，有时需要标注一些特殊字符，例如直径符号、上划线或下划线、温度符号等，由于这些符号不能直接从键盘上输入，AutoCAD 提供了一些控制码，用来实现这些要求。控制码用两个百分号（%%）加一个字符构成，常用的控制码如表 7-3 所示。

续表

选　项	含　义
对正(J)	其中，%%O 和%%U 分别是上划线和下划线的开关，第一次出现此符号开始画上划线和下划线，第二次出现此符号上划线和下划线终止。例如在"Text:"提示后输入"I want to %%U go to Beijing %%U."，则得到如图 7-8(a)所示的文本行；输入"50%%D+%%C75%%P12"，则得到如图 7-8(b)所示的文本行。 用 TEXT 命令可以创建一个或若干个单行文本，也就是说用此命令可以标注多行文本。在"输入文本:"提示下输入一行文本后按 Enter 键，AutoCAD 继续提示"输入文本:"，用户可输入第二行文本，依次类推，直到文本全部输完，再在此提示下直接按 Enter 键，结束文本输入命令。每一次按 Enter 键就结束一个单行文本的输入，每一个单行文本是一个对象，可以单独修改其文本样式、字高、旋转角度和对齐方式等。 用 TEXT 命令创建文本时，在命令行输入的文字同时显示在屏幕上，而且在创建过程中可以随时改变文本的位置，只要将光标移到新的位置按点取键，则当前行结束，随后输入的文本在新的位置出现。用这种方法可以把多行文本标注到屏幕的任何地方

图 7-5　文本行倾斜排列的效果

图 7-6　文本行的底线、基线、中线和顶线

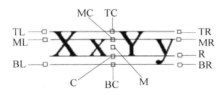

图 7-7　文本的对齐方式

表 7-3　AutoCAD 常用控制码

符　号	功　能	符　号	功　能
%%O	上划线	\u+0278	电相位
%%U	下划线	\u+E101	流线
%%D	"度"符号	\u+2261	标识
%%P	正负符号	\u+E102	界碑线
%%C	直径符号	\u+2260	不相等
%%%	百分号%	\u+2126	欧姆
\u+2248	几乎相等	\u+03A9	欧米加
\u+2220	角度	\u+214A	低界线
\u+E100	边界线	\u+2082	下标 2
\u+2104	中心线	\u+00B2	上标 2
\u+0394	差值		

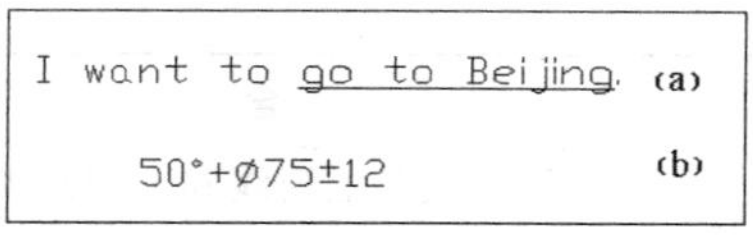

```
I want to go to Beijing.    (a)
       50°+⌀75±12           (b)
```

图 7-8　文本行

7.2.2　多行文本标注

1．执行方式

命令行：MTEXT。

菜单栏：执行菜单栏中的"绘图"→"文字"→"多行文字"命令。

工具栏：单击"绘图"工具栏中的"多行文字"按钮 ，或单击"文字"工具栏中的"多行文字"按钮 。

功能区：单击"默认"选项卡"注释"面板中的"多行文字"按钮 A，或单击"注释"选项卡"文字"面板中的"多行文字"按钮 A。

2．操作步骤

```
命令：MTEXT
当前文字样式："样式 1"　文字高度：　10　注释性：　否
指定第一角点：（指定代表文字位置的矩形框左上角点）
指定对角点或 [高度(H)/对正(J)/行距(L)/旋转(R)/样式(S)/宽度(W)/栏(C)]：（指定矩形框
右下角点）
```

3．选项说明

各选项的含义如表 7-4 所示。

表 7-4　"多行文本标注"命令各选项含义

选项	含义
指定对角点	直接在屏幕上选取一个点作为矩形框的第二个角点，AutoCAD 以这两个点为对角点形成一个矩形区域，其宽度作为将来要标注的多行文本的宽度，而且第一个点作为第一行文本顶线的起点。响应后 AutoCAD 打开如图 7-9 所示的多行文字编辑器，可利用此对话框与编辑器输入多行文本并对其格式进行设置。关于对话框中各项的含义与编辑器功能，稍后再详细介绍
对正(J)	确定所标注文本的对齐方式。选取此选项，AutoCAD 提示： 输入对正方式 [左上(TL)/中上(TC)/右上(TR)/左中(ML)/正中(MC)/右中(MR)/左下(BL)/中下(BC)/右下(BR)] <左上(TL)>： 这些对齐方式与 TEXT 命令中的各对齐方式相同，不再重复。选取一种对齐方式后按 Enter 键，AutoCAD 回到上一级提示

第7章 文本与表格

续表

选 项	含 义
行距(L)	确定多行文本的行间距,这里所说的行间距是指相邻两文本行的基线之间的垂直距离。执行此选项,AutoCAD 提示: 输入行距类型［至少(A)/精确(E)］<至少(A)>: 在此提示下有两种方式确定行间距:"至少"方式和"精确"方式。"至少"方式下 AutoCAD 根据每行文本中最大的字符自动调整行间距。"精确"方式下 AutoCAD 给多行文本赋予一个固定的行间距。可以直接输入一个确切的间距值,也可以以"nx"的形式输入,其中 n 是一个具体数,表示行间距设置为单行文本高度的 n 倍,而单行文本高度是本行文本字符高度的 1.66 倍
旋转(R)	确定文本行的倾斜角度。执行此选项,AutoCAD 提示: 指定旋转角度<0>:(输入倾斜角度) 输入角度值后按 Enter 键,AutoCAD 返回到"指定对角点或［高度(H)/对正(J)/行距(L)/旋转(R)/样式(S)/宽度(W)］:"提示
样式(S)	确定当前的文本样式
宽度(W)	指定多行文本的宽度。可在屏幕上选取一点与前面确定的第一个角点组成的矩形框的宽作为多行文本的宽度。也可以输入一个数值,精确设置多行文本的宽度。 在创建多行文本时,只要给定了文本行的起始点和宽度,AutoCAD 就会打开如图 7-9 所示的多行文字编辑器,该编辑器包含一个"文字格式"对话框和一个右键快捷菜单。用户可以在编辑器中输入和编辑多行文本,包括设置字高、文本样式以及倾斜角度等。 该编辑器与 Microsoft 的 Word 编辑器界面类似,事实上该编辑器与 Word 编辑器在某些功能上趋于一致。这样既增强了多行文字编辑功能,又方便用户使用,效果很好
栏(C)	可以将多行文字对象的格式设置为多栏。可以指定栏和栏之间的宽度、高度及栏数,以及使用夹点编辑栏宽和栏高。其中提供了 3 个栏选项:"不分栏""静态栏"和"动态栏"
"文字编辑器"选项卡	用来控制文本文字的显示特性。可以在输入文本文字前设置文本的特性,也可以改变已输入的文本文字特性。要改变已有文本文字显示特性,首先应选择要修改的文本。选择文本的方式有以下 3 种: 将光标定位到文本文字开始处,按住鼠标,拖到文本末尾; 双击某个文字,则该文字被选中; 单击 3 次,则选中全部内容

下面介绍选项卡中部分选项的功能。

(1) "文字高度"下拉列表框:用于确定文本的字符高度,可在文本编辑器中设置输入新的字符高度,也可从此下拉列表框中选择已设定过的高度值。

(2) "加粗" **B** 和"斜体"按钮 *I* :用于设置加粗或斜体效果,但这两个按钮只对

图 7-9 "文字格式"对话框中的多行文字编辑器

TrueType 字体有效。

(3)"删除线"按钮 :用于在文字上添加水平删除线。

(4)"下划线" 和"上划线"按钮 :用于设置或取消文字的上、下划线。

(5)"堆叠"按钮:为层叠或非层叠 1/2 文本按钮,用于层叠所选的文本文字,也就是创建分数形式。当文本中某处出现"/""^"或"♯"3 种层叠符号之一时,选中需层叠的文字,才可层叠文本。二者缺一不可。将符号左边的文字作为分子、右边的文字作为分母进行层叠。

AutoCAD 提供了 3 种分数形式:

① 如果选中"abcd/efgh"后单击此按钮,则得到如图 7-10(a)所示的分数形式;

② 如果选中"abcd^efgh"后单击此按钮,则得到如图 7-10(b)所示的形式,此形式多用于标注极限偏差;

③ 如果选中"abcd ♯ efgh"后单击此按钮,则创建斜排的分数形式,如图 7-10(c)所示。

如果选中已经层叠的文本对象后单击此按钮,则恢复到非层叠形式。

(6)"倾斜角度"( )文本框:用于设置文字的倾斜角度。

注意:倾斜角度与斜体效果是两个不同的概念,前者可以设置任意倾斜角度,后者是在任意倾斜角度的基础上设置斜体效果,如图 7-11 所示。第一行倾斜角度为 0°,非斜体;第二行倾斜角度为 12°,非斜体;第三行倾斜角度为 12°,斜体效果。

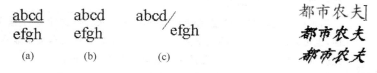

图 7-10 文本层叠   图 7-11 倾斜角度与斜体效果

(7)"符号"按钮:用于输入各种符号。单击该按钮,系统打开符号列表,如图 7-12 所示。可以从中选择符号输入到文本中。

(8)"插入字段"按钮:插入一些常用或预设字段。单击该按钮,系统打开"字段"对话框,如图 7-13 所示。用户可以从中选择字段插入标注文本中。

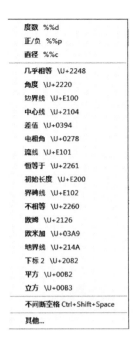

图 7-12 符号列表

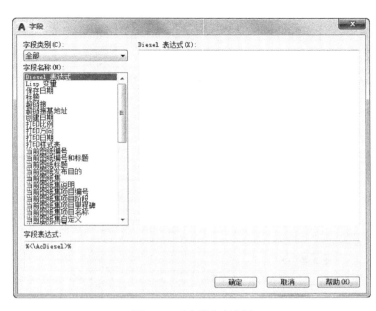

图 7-13 "字段"对话框

(9)"追踪"下拉列表框 ：增大或减小选定字符之间的空间。1.0 设置是常规间距。设置为大于 1.0 可增大间距,设置为小于 1.0 可减小间距。

(10)"宽度因子"下拉列表框 ：扩展或收缩选定字符。1.0 设置代表此字体中字母的常规宽度。可以增大或减小该宽度。

(11)"列"下拉列表框 ：显示栏弹出菜单,该菜单提供 3 个栏选项,分别为"不分栏""静态栏"和"动态栏"。

(12)"多行文字对齐"下拉列表框 ：显示"多行文字对正"菜单,并且有 9 个对齐选项可用。"左上"为默认。

(13)"上标"按钮 ：将选定文字转换为上标,即在输入线的上方设置稍小的文字。

(14)"下标"按钮 ：将选定文字转换为下标,即在输入线的下方设置稍小的文字。

(15)"清除格式"下拉列表框:删除选定字符的字符格式,或删除选定段落的段落格式,或删除选定段落中的所有格式。

(16)段落:为段落和段落的第一行设置缩进。指定制表位和缩进,控制段落对齐方式、段落间距和段落行距,如图 7-14 所示。

(17)输入文字:选择此项,系统打开"选择文件"对话框,如图 7-15 所示。可选择任意 ASCII 或 RTF 格式的文件。输入的文字保留原始字符格式和样式特性,但可以在多行文字编辑器中编辑和格式化输入的文字。选择要输入的文本文件后,可以替换选定的文字或全部文字,或在文字边界内将插入的文字附加到选定的文字中。输入文字的文件长度必须小于 32KB。

(18)编辑器设置:显示"文字格式"工具栏的选项列表。有关详细信息参见编辑器设置。

图 7-14 "段落"对话框

图 7-15 "选择文件"对话框

7.3 文本编辑

7.3.1 用"编辑"命令编辑文本

1. 执行方式

命令行：DDEDIT。

菜单栏：执行菜单栏中的"修改"→"对象"→"文字"→"编辑"命令。

工具栏：单击"文字"工具栏中的"编辑"按钮 。

快捷菜单:"修改多行文字"或"编辑文字"(在工具栏右击"文字",弹出快捷菜单)。

2. 操作步骤

选择相应的菜单项,或在命令行输入 DDEDIT 命令后按 Enter 键,AutoCAD 提示:

```
命令: DDEDIT✓
选择注释对象或 [放弃(U)]:
```

7.3.2 用"特性"选项板编辑文本

1. 执行方式

命令行:DDMODIFY 或 PROPERTIES。
菜单栏:执行菜单栏中的"修改"→"特性"命令。
工具栏:单击"标准"工具栏中的"特性"按钮 回 。
功能区:单击"视图"选项卡"选项板"面板中的"特性"按钮 (图 7-16),或单击"默认"选项卡"特性"面板中的"对话框启动器"按钮 。

图 7-16 "选项板"面板

2. 操作步骤

选择上述命令,然后选择要修改的文字,AutoCAD 打开"特性"选项板。利用该选项板可以方便地修改文本的内容、颜色、线型、位置、倾斜角度等属性。

7.4 表 格

从 AutoCAD 2005 开始,新增加了一个"表格"绘图功能,有了该功能,创建表格就变得非常容易,用户可以直接插入设置好样式的表格,而不用绘制由单独的图线组成的栅格。

7.4.1 表格样式

与文字样式相同,所有 AutoCAD 图形中的表格都有和其相对应的表格样式。当插入表格对象时,系统使用当前设置的表格样式。表格样式是用来控制表格基本形状和间距的一组设置。模板文件 ACAD.DWT 和 ACADISO.DWT 中定义了名为 STANDARD 的默认表格样式。

1. 执行方式

命令行:TABLESTYLE。
菜单栏:执行菜单栏中的"格式"→"表格样式"命令。

工具栏：单击"样式"工具栏中的"表格样式"按钮。

功能区：单击"默认"选项卡"注释"面板中的"表格样式"按钮（图7-17），或单击"注释"选项卡"表格"面板上的"表格样式"下拉菜单中的"管理表格样式"选项（图7-18），或单击"注释"选项卡"表格"面板中的"对话框启动器"按钮。

图7-17 "注释"面板2

图7-18 "表格"面板

2. 操作步骤

```
命令：TABLESTYLE
```

在命令行输入TABLESTYLE命令，或在菜单栏中选择"格式"→"文字样式"命令，或者在"样式"工具栏中单击"表格样式管理器"按钮，打开"表格样式"对话框，如图7-19所示。

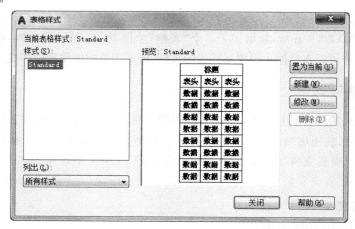

图7-19 "表格样式"对话框

3. 选项说明

各选项的含义如表 7-5 所示。

表 7-5 "表格样式"命令各选项含义

选 项	含 义		
新建	单击该按钮，系统打开"创建新的表格样式"对话框，如图 7-20 所示。输入新的表格样式名后，单击"继续"按钮，打开"新建表格样式"对话框，如图 7-21 所示。从中可以定义新的表样式		
"新建表格样式"对话框中的三个选项卡	分别为"常规""文字"和"边框"，如图 7-21 所示。分别控制表格中数据、表头和标题的有关参数，如图 7-22 所示		
	"常规"选项卡	"特性"选项区	填充颜色：指定填充颜色。 对齐：为单元内容指定一种对齐方式。 格式：设置表格中各行的数据类型和格式。 类型：将单元样式指定为选项卡或数据，在包含起始表格的表格样式中插入默认文字时使用，也用于在"工具"选项板上创建表格工具的情况
		"页边距"选项区	水平：设置单元中的文字或块与左右单元边界之间的距离。 垂直：设置单元中的文字或块与上下单元边界之间的距离。 创建行/列时合并单元：将使用当前单元样式创建的所有新行或列合并到一个单元中
	"文字"选项卡	文字样式：指定文字样式。 文字高度：指定文字高度。 文字颜色：指定文字颜色。 文字角度：设置文字角度	
	"边框"选项卡	线宽：设置要用于显示边界的线宽。 线型：通过单击"边框"按钮，设置线型以应用于指定边框。 颜色：指定颜色以应用于显示的边界。 双线：指定选定的边框为双线型	
修改	单击该按钮，对当前表格样式进行修改，方式与新建表格样式相同		

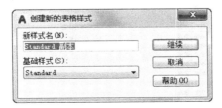

图 7-20 "创建新的表格样式"对话框

图 7-21 "新建表格样式"对话框

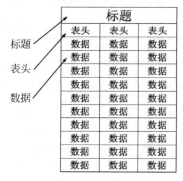

图 7-22 表格样式

7.4.2 表格绘制

在设置好表格样式后,可以利用 TABLE 命令创建表格。

1. 执行方式

命令行:TABLE。
菜单栏:执行菜单栏中的"绘图"→"表格"命令。
工具栏:单击"绘图"工具栏中的"表格"按钮 。
功能区:单击"默认"选项卡"注释"面板中的"表格"按钮 ,或单击"注释"选项卡"表格"面板中的"表格"按钮 。

2. 操作步骤

命令:TABLE✓

在命令行输入 TABLE 命令,或在菜单栏中选择"绘图"→"表格"命令,或者在"绘图"工具栏中单击"表格"按钮,打开"插入表格"对话框,如图 7-23 所示。

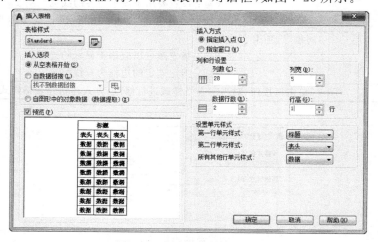

图 7-23 "插入表格"对话框

3. 选项说明

各选项的含义如表 7-6 所示。

表 7-6 "表格绘制"命令各选项含义

选 项	含 义	
"表格样式"选项区	在该选项区中，用户可以在"表格样式"下拉列表框中选择一种表格样式，也可以单击后面的按钮新建或修改表格样式	
"插入方式"选项区	"指定插入点"单选按钮	指定表左上角的位置。可以使用定点设备，也可以在命令行输入坐标值。如果表样式将表的方向设置为由下而上读取，则插入点位于表的左下角
	"指定窗口"单选按钮	指定表的大小和位置。可以使用定点设备，也可以在命令行输入坐标值。选定此选项时，行数、列数、列宽和行高取决于窗口的大小以及列和行设置
"列和行设置"选项区	指定列和行的数目以及列宽与行高	

注意：在"插入方式"选项区中选择了"指定窗口"单选按钮后，列与行设置的两个参数中只能指定一个，另外一个由指定窗口大小自动等分指定。

在上面的"插入表格"对话框中进行相应设置后，单击"确定"按钮，系统在指定的插入点或窗口自动插入一个空表格，并显示多行文字编辑器，用户可以逐行逐列输入相应的文字或数据，如图 7-24 所示。

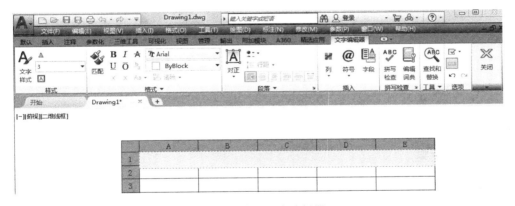

图 7-24 多行文字编辑器

注意：在插入后的表格中选择某一个单元格，单击后出现钳夹点，通过移动钳夹点可以改变单元格的大小，如图 7-25 所示。

图 7-25 改变单元格大小

7.4.3 表格编辑

1．执行方式

命令行：TABLEDIT。

快捷菜单：选定表和一个或多个单元后右击，从弹出的快捷菜单中选择"编辑文字"命令（图 7-26）。

图 7-26 快捷菜单

定点设备：在表单元内双击。

2．操作步骤

命令：TABLEDIT↙

系统打开图 7-24 所示的多行文字编辑器，用户可以对指定表格单元的文字进行编辑。

7.4.4 实例——齿轮参数表

练习目标

绘制如图 7-27 所示的齿轮参数表。

齿数	Z	24
模数	m	3
压力角	α	30°
公差等级及配合类别	6H-GE	T3478.1-1995
作用齿槽宽最小值	E_{Vmin}	4.7120
实际齿槽宽最大值	E_{max}	4.8370
实际齿槽宽最小值	E_{min}	4.7590
作用齿槽宽最大值	E_{Vmax}	4.7900

图 7-27　齿轮参数表

 设计思路

本例首先设置表格样式，然后创建表格，并编辑表格文字，最终完成齿轮参数创建。

 操作步骤

（1）设置表格样式。执行菜单栏中的"格式"→"表格样式"命令，打开"表格样式"对话框。

（2）单击"修改"按钮，系统打开"修改表格样式"对话框，如图 7-28 所示。在该对话框中进行如下设置：数据、表头和标题的文字样式为 Standard，文字高度为 4.5，文字颜色为 ByBlock，填充颜色为"无"，对齐方式为"正中"，在"边框特性"选项区中按下第一个按钮，栅格颜色为"洋红"；表格方向向下，水平单元边距和垂直单元边距都为 1.5 的表格样式。

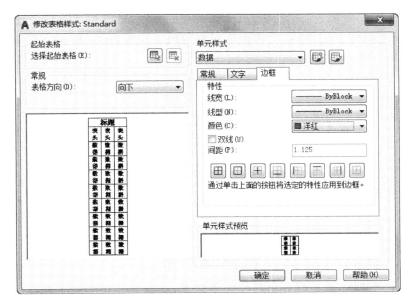

图 7-28　"修改表格样式"对话框

(3) 设置好文字样式后,单击"确定"按钮退出。

(4) 创建表格。执行菜单栏中的"绘图"→"表格"命令,打开"插入表格"对话框。设置插入方式为"指定插入点",将第一、第二行单元样式指定为"数据",行和列设置为 6 行 3 列,列宽为 48,行高为 1,如图 7-29 所示。

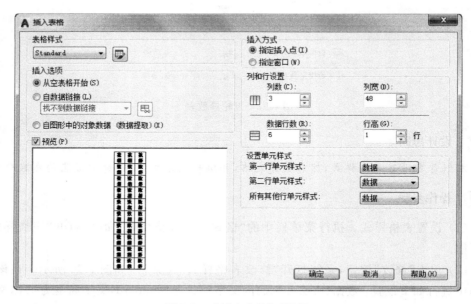

图 7-29 "插入表格"对话框

确定后,在绘图平面指定插入点,则插入空表格,并显示多行文字编辑器,不输入文字,直接在多行文字编辑器中单击"确定"按钮退出。

(5) 单击第一列某一个单元格,出现钳夹点后,将右边钳夹点向右拉,使列宽大约变成 68。采用同样方法,将第二列和第三列的列宽拉成约 15 和 30。结果如图 7-30 所示。

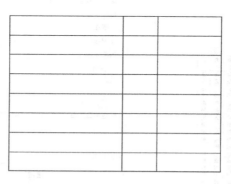

图 7-30 改变列宽

(6) 双击单元格,重新打开多行文字编辑器,在各单元格中输入相应的文字或数据,最终结果如图 7-27 所示。

7.5　实例精讲——A3样板图

练习目标

A3样板图如图7-31所示。

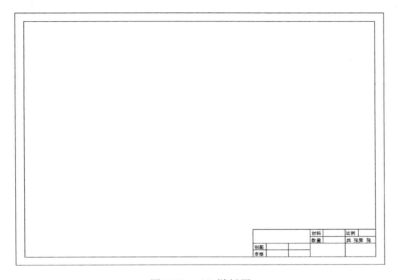

图 7-31　A3样板图

设计思路

所谓样板图就是将绘制图形通用的一些基本内容和参数事先设置好，并绘制出来，以.dwt的格式保存起来。比如A3图纸，可以绘制好图框、标题栏，设置好图层、文字样式、标注样式等，然后作为样板图保存。以后需要绘制A3幅面的图形时，可打开此样板图在此基础上绘图。

操作步骤

1．配置绘图环境

1）创建新文件

启动AutoCAD 2018应用程序，执行菜单栏中的"文件"→"新建"命令，打开"选择样板"对话框，单击"打开"按钮右侧的下拉按钮，以"无样板打开－公制"（mm）方式创建新文件。

2）设置图形界限

为了便于图纸的管理，我国的国家标准对图纸幅面的大小作了统一的规定，如表7-7所示。

表 7-7　图幅国家标准（GB/T 14689—2008）　　　　　　mm×mm

幅面代号	A0	A1	A2	A3	A4
宽×长	841×1189	594×841	420×594	297×420	210×297

在绘制机械图样时，应根据所绘制图形的大小及复杂程度选择合适的图幅。下面以 A3 图纸为例，介绍设置图幅尺寸的过程。

执行菜单栏中的"格式"→"图形界限"命令，或在命令行输入 LIMITS 命令，命令行提示如下。

```
命令：_limits↙
重新设置模型空间界限：
指定左下角点或 [开(ON)/关(OFF)] <0.0000,0.0000>：↙
指定右上角点 <420.0000,297.0000>：↙（选用 A3 图纸）
```

3）创建图层

单击"默认"选项卡"图层"面板中的"图层特性管理器"按钮 ，打开"图层特性管理器"对话框，设置以下图层。

图框层：颜色为白色，线型为 Continuous，线宽为 0.50mm。

设置结果如图 7-32 所示。

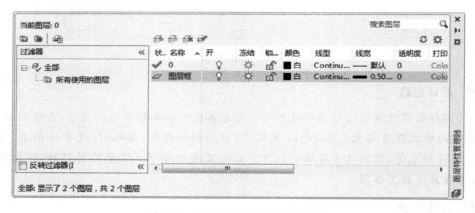

图 7-32　"图层特性管理器"对话框

2．绘制图框

1）绘制边框

将"图框层"设定为当前图层。单击"默认"选项卡"绘图"面板中的"矩形"按钮，指定矩形的角点分别为{(0,0),(420,297)}和{(10,10),(410,287)}，分别作为图纸边和图框。绘制结果如图 7-33 所示。

2）绘制标题栏

（1）单击"默认"选项卡"注释"面板中的"表格样式"按钮，打开"表格样式"对话框，如图 7-34 所示。

图 7-33 绘制的边框

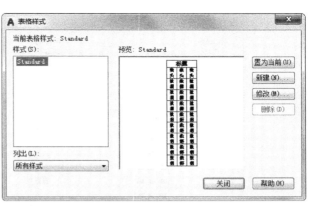

图 7-34 "表格样式"对话框

（2）单击"表格样式"对话框中的"修改"按钮，打开"修改表格样式"对话框，在"单元样式"下拉列表框中选择"数据"选项，在下面的"文字"选项卡中将文字高度设置为 3，如图 7-35 所示。再切换到"常规"选项卡，将"页边距"选项区中的"水平"和"垂直"都设置成 1，如图 7-36 所示。

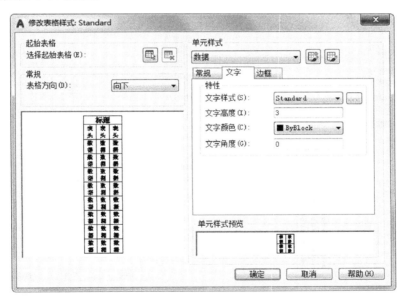

图 7-35 "修改表格样式"对话框

☏ **注意**：表格的行高＝文字高度＋2×垂直页边距，此处设置为 3＋2×1＝5。

（3）系统回到"表格样式"对话框，单击"关闭"按钮退出。

（4）单击"默认"选项卡"注释"面板中的"表格"按钮 ▦，打开"插入表格"对话框，在"列和行设置"选项区中将"列"设置为 28，将"列宽"设置为 5，将"数据行"设置为 2（加上标题行和表头行共 4 行），将"行高"设置为 1 行（即为 5）；在"设置单元样式"选项区中将"第一行单元样式""第二行单元样式"和"第三行单元样式"都设置为"数据"，如图 7-37 所示。

图 7-36 设置"常规"选项卡

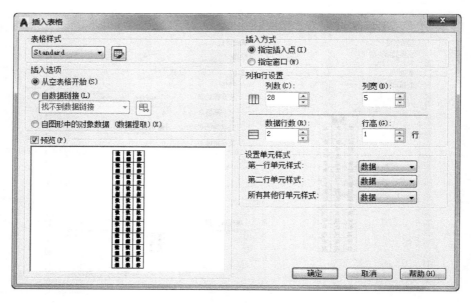

图 7-37 "插入表格"对话框

（5）在图框线右下角附近指定表格位置，系统生成表格，同时打开"文字编辑器"选项卡，如图 7-38 所示，直接按 Enter 键，不输入文字，生成表格如图 7-39 所示。

（6）单击表格的一个单元格，系统显示其编辑夹点，然后右击，在弹出的快捷菜单中选择"特性"命令，如图 7-40 所示，打开"特性"对话框。将单元高度参数改为 8，如图 7-41 所示，这样该单元格所在行的高度就统一改为 8。采用同样方法将其他行的高度改为 8，结果如图 7-42 所示。

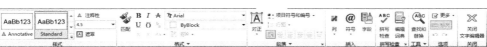

图 7-38 表格和文字编辑器

图 7-39 生成表格

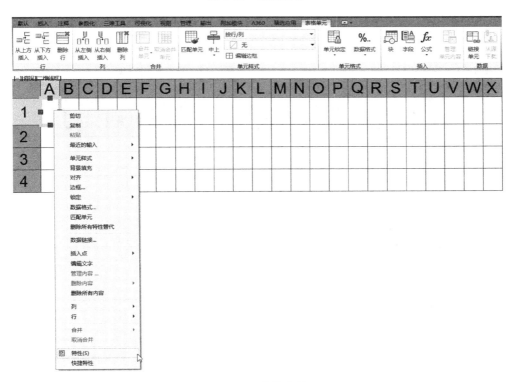

图 7-40 快捷菜单

（7）选择 A1 单元格，按住 Shift 键，同时选择右边的 12 个单元格以及下面的 12 个单元格后右击，从弹出的快捷菜单中选择"合并"→"全部"命令，如图 7-43 所示，这些单元格完成合并，结果如图 7-44 所示。

采用同样方法合并其他单元格，结果如图 7-45 所示。

（8）在单元格三击鼠标，打开文字编辑器，在单元格中输入文字，将文字大小改为 4，如图 7-46 所示。

图 7-41 "特性"对话框   图 7-42 修改表格高度

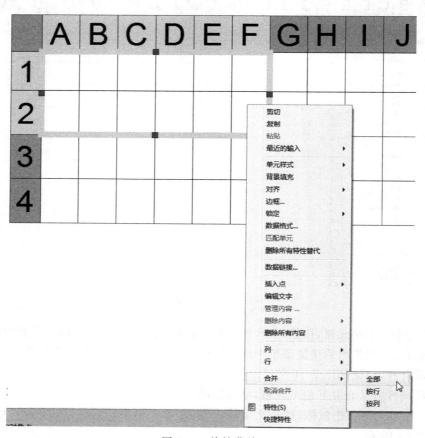

图 7-43 快捷菜单

图 7-44 合并单元格

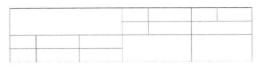

图 7-45 完成表格绘制

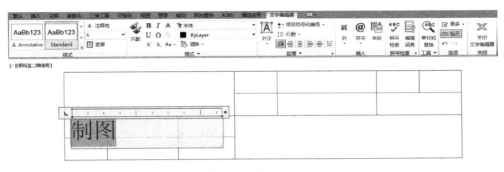

图 7-46 输入文字

采用同样方法,输入其他单元格文字,结果如图 7-47 所示。

图 7-47 完成标题栏文字输入

3) 移动标题栏

刚生成的标题栏无法准确确定与图框的相对位置,需要移动。单击"默认"选项卡"修改"面板中的"移动"按钮,命令行提示和操作如下。

```
命令: move↙
选择对象:(选择刚绘制的表格)
选择对象:↙
指定基点或 [位移(D)] <位移>:(捕捉表格的右下角点)
指定第二个点或 <使用第一个点作为位移>:(捕捉图框的右下角点)
```

这样,就将表格准确放置在图框的右下角,如图 7-48 所示。

4) 保存样板图

单击"标准"工具栏中的"保存"按钮,将绘制好的图形保存。

Note

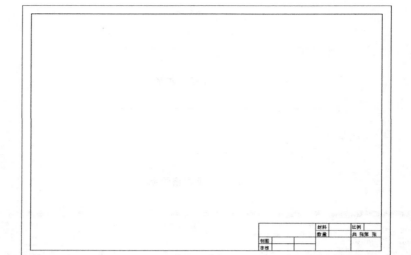

图 7-48　移动表格

7.6　上机实验

7.6.1　实验 1　绘制技术要求

1. 标注要求

标注如图 7-49 所示的技术要求。

1. 当无标准齿轮时，允许检查下列三项代替检查径向综合公差和一齿径向综合公差
   a. 齿圈径向跳动公差Fr为0.056
   b. 齿形公差ff为0.016
   c. 基节极限偏差±f_{pb}为0.018
2. 用带凸角的刀具加工齿轮，但齿根不允许有凸台，允许下凹，下凹深度不大于0.2
3. 未注倒角1x45°
4. 尺寸为$\varnothing 30^{+0.05}_{-0.06}$的孔抛光处理。

图 7-49　技术要求

2. 操作提示

（1）设置文字标注的样式。

（2）利用“多行文字”命令进行标注。

（3）利用右键菜单，输入特殊字符。在输入尺寸公差时要注意一定要输入“+0.05～-0.06”，然后选择这些文字，单击“文字格式”对话框中的“堆叠”按钮。

7.6.2 实验2 绘制标题栏

1．绘制标题栏

绘制并填写如图 7-50 所示的标题栏。

图 7-50 标注图形名和单位名称

2．操作提示

（1）按照有关标准或规范设定的尺寸利用直线命令和相关编辑命令绘制标题栏。
（2）设置两种不同的文字样式。
（3）注写标题栏中的文字。

尺寸标注

  尺寸标注是绘图设计过程中相当重要的一个环节。由于图形的主要作用是表达物体的形状,而物体各部分的真实大小和各部分之间的确切位置只能通过尺寸标注来表达,因此,如果没有正确的尺寸标注,绘制出的图纸对于加工制造就没什么意义。AutoCAD 2018 提供了方便、准确的尺寸标注功能。

学 习 要 点

- ◆ 尺寸样式
- ◆ 标注尺寸
- ◆ 引线标注
- ◆ 形位公差

8.1 尺寸样式

组成尺寸标注的尺寸界线、尺寸线、尺寸文本及箭头等可以采用多种多样的形式，对于一个几何对象，它的尺寸标注以什么形态出现，取决于当前所采用的尺寸标注样式。标注样式决定尺寸标注的形式，包括尺寸线、尺寸界线、箭头和中心标记的形式，尺寸文本的位置、特性等。在 AutoCAD 2018 中，用户可以利用"标注样式管理器"对话框方便地设置自己需要的尺寸标注样式。本节介绍如何定制尺寸标注样式。

8.1.1 新建或修改尺寸样式

在进行尺寸标注之前，要建立尺寸标注的样式。如果用户不建立尺寸样式而直接进行标注，则系统使用默认的名称为 STANDARD 的样式。用户如果认为使用的标注样式某些设置不合适，也可以对其进行修改。

1. 执行方式

命令行：DIMSTYLE。

菜单栏：执行菜单栏中的"格式"→"标注样式或标注"→"样式"命令。

工具栏：单击"标注"工具栏中的"标注样式"按钮 。

功能区：单击"默认"选项卡"注释"面板中的"标注样式"按钮 （如图 8-1 所示），或单击"注释"选项卡"标注"选项区中的"标注样式"下拉列表框中的"管理标注样式"按钮（如图 8-2 所示），或单击"注释"选项卡"标注"面板中"对话框启动器"按钮。

图 8-1 "注释"面板

图 8-2 "标注"面板

2. 操作步骤

命令: DIMSTYLE ✓

选择相应的菜单项或工具图标,打开"标注样式管理器"对话框,如图8-3所示。利用此对话框可方便直观地定制和浏览尺寸标注样式,包括产生新的标注样式、修改已存在的样式、设置当前尺寸标注样式、样式重命名以及删除一个已有样式等。

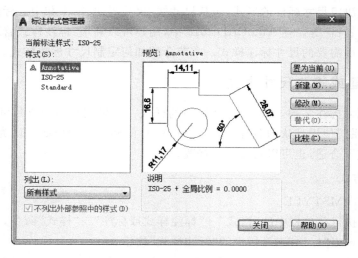

图8-3 "标注样式管理器"对话框

3. 选项说明

各选项的含义如表8-1所示。

表8-1 "新建或修改尺寸样式"命令各选项含义

选 项	含 义
"置为当前"按钮	单击此按钮,把在"样式"列表框中选中的样式设置为当前样式
"新建"按钮	定义一个新的尺寸标注样式。单击此按钮,打开"创建新标注样式"对话框,如图8-4所示。利用此对话框可创建一个新的尺寸标注样式,其中各项的功能说明如下
	新样式名	给新的尺寸标注样式命名
	基础样式	选取创建新样式所基于的标注样式。单击右侧的下三角按钮,出现当前已有的样式列表,从中选取一个作为定义新样式的基础,新的样式是在这个样式的基础上修改一些特性得到的
	用于	指定新样式应用的尺寸类型。单击右侧的下三角按钮出现尺寸类型列表,如果新建样式应用于所有尺寸,则选择"所有标注";如果新建样式只应用于特定的尺寸标注(例如只在标注直径时使用此样式),则选取相应的尺寸类型
	继续	设置好各选项以后,单击"继续"按钮,打开"新建标注样式"对话框,利用此对话框可对新样式的各项特性进行设置。该对话框中各部分的含义和功能将在后文介绍

续表

选 项	含 义
"修改"按钮	修改一个已存在的尺寸标注样式。单击此按钮,打开"修改标注样式"对话框,如图8-5所示。该对话框中的各选项与"修改标注样式"对话框中完全相同,用户从中可以对已有标注样式进行修改
"替代"按钮	设置临时覆盖尺寸标注样式。单击此按钮,打开"替代当前样式"对话框。该对话框中各选项与"修改标注样式"对话框完全相同,用户可改变选项的设置覆盖原来的设置,但这种修改只对指定的尺寸标注起作用,而不影响当前尺寸变量的设置
"比较"按钮	比较两个尺寸标注样式在参数上的区别或浏览一个尺寸标注样式的参数设置。单击此按钮,打开"比较标注样式"对话框,如图8-6所示。可以把比较结果复制到剪切板上,然后再粘贴到其他的Windows应用软件上

图8-4 "创建新标注样式"对话框

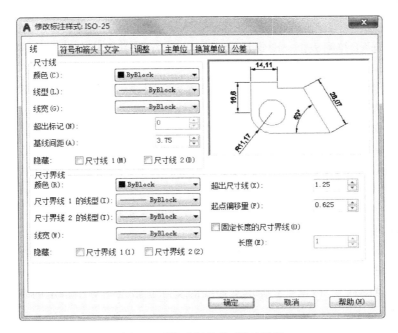

图8-5 "修改标注样式"对话框

图 8-6 "比较标注样式"对话框

8.1.2 样式定制

1. 线

在"新建标注样式"对话框中,第一个选项卡就是"线"。该选项卡用于设置尺寸线、尺寸界线的形式和特性。现分别进行说明。

1)"尺寸线"选项区

该选项区用于设置尺寸线的特性。其中各选项的含义如下。

(1)"颜色"下拉列表框:设置尺寸线的颜色。可直接输入颜色名称,也可从下拉列表中选择。如果选取"选择颜色"选项,则系统打开"选择颜色"对话框供用户选择其他颜色。

(2)"线宽"下拉列表框:设置尺寸线的线宽,下拉列表中列出了各种线宽的名称和宽度。

(3)"超出标记"微调框:当尺寸箭头设置为短斜线、短波浪线等,或尺寸线上无箭头时,可利用此微调框设置尺寸线超出尺寸界线的距离。

(4)"基线间距"微调框:设置以基线方式标注尺寸时,相邻两尺寸线之间的距离。

(5)"隐藏"复选框组:确定是否隐藏尺寸线及相应的箭头。选中"尺寸线 1"复选框表示隐藏第一段尺寸线,选中"尺寸线 2"复选框表示隐藏第二段尺寸线。

2)"尺寸界线"选项区

该选项区用于确定延伸线的形式。其中各项的含义如下。

(1)"颜色"下拉列表框:设置延伸线的颜色。

(2)"线宽"下拉列表框:设置延伸线的线宽。

(3)"超出尺寸线"微调框:确定延伸线超出尺寸线的距离。

(4)"起点偏移量"微调框:确定延伸线的实际起始点相对于指定的延伸线的起始点的偏移量。

(5)"超出尺寸线"下拉列表框:确定延伸线超出尺寸线的距离,相应的尺寸变量是 DIMEXE。

(6)"起点偏移量"下拉列表框:确定延伸线的实际起始点相对于指定的延伸线的

起始点的偏移量，相应的尺寸变量是 DIMEXO。

（7）"固定长度的尺寸界线"复选框：选中该复选框，系统以固定长度的延伸线标注尺寸。可以在下面的"长度"微调框中输入长度值。

（8）"隐藏"复选框组：确定是否隐藏延伸线。选中"延伸线 1"复选框表示隐藏第一段延伸线，选中"延伸线 2"复选框表示隐藏第二段延伸线。

2．尺寸样式显示框

在"新建标注样式"对话框的右上方，是一个尺寸样式显示框，该框以样例的形式显示用户设置的尺寸样式。

3．符号和箭头

在"新建标注样式"对话框中，第二个选项卡就是"符号和箭头"，如图 8-7 所示。该选项卡用于设置箭头、圆心标记、弧长符号和半径标注折弯的形式和特性，现分别说明。

图 8-7　"符号和箭头"选项卡

1）"箭头"选项区

该选项区用于设置尺寸箭头的形式。AutoCAD 提供了多种多样的箭头形状，列在"第一个"和"第二个"下拉列表框中。另外，还允许采用用户自定义的箭头形状。两个尺寸箭头可以采用相同的形式，也可采用不同的形式。

（1）"第一个"下拉列表框：用于设置第一个尺寸箭头的形式。可单击右侧的下三角按钮从下拉列表中选择，其中列出了各种箭头形式的名称以及各类箭头的形状。一旦确定了第一个箭头的类型，第二个箭头则自动与其匹配，要想使第二个箭头取不同的形状，可在"第二个"下拉列表框中设定。

如果在列表中选择了"用户箭头"，则打开如图 8-8 所示的"选择自定义箭头块"对话框。用户可以事先把自定义的箭头存成一个图块，在此对话框中输入该图块名即可。

图 8-8 "选择自定义箭头块"对话框

(2)"第二个"下拉列表框：确定第二个尺寸箭头的形式。可与第一个箭头不同。
(3)"引线"下拉列表框：确定引线箭头的形式，与"第一个"设置类似。
(4)"箭头大小"微调框：设置箭头的大小。

2)"圆心标记"选项区
(1) 无：既不产生中心标记，也不产生中心线，如图 8-9 所示。
(2) 标记：中心标记为一个记号。
(3) 直线：中心标记采用中心线的形式。
(4)"大小"微调框：设置中心标记和中心线的大小和粗细。

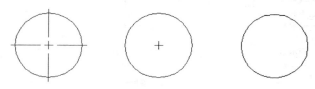

图 8-9 圆心标记

3)"弧长符号"选项区
该选项区用于控制弧长标注中圆弧符号的显示。有以下 3 个单选项。
(1) 标注文字的前缀：将弧长符号放在标注文字的前面，如图 8-10(a)所示。
(2) 标注文字的上方：将弧长符号放在标注文字的上方，如图 8-10(b)所示。
(3) 无：不显示弧长符号，如图 8-10(c)所示。

4)"半径折弯标注"选项区
该选项区用于控制折弯(Z 字形)半径标注的显示。折弯半径标注通常在中心点位于页面外部时创建。在"折弯角度"文本框中可以输入连接半径标注的尺寸界线和尺寸线横向直线的角度，如图 8-11 所示。

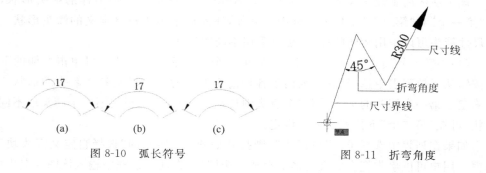

图 8-10 弧长符号　　　　图 8-11 折弯角度

5)"线性折弯标注"选项区

该选项区用于控制线性标注折弯的显示。当标注不能精确表示实际尺寸时,通常将折弯线添加到线性标注中。

6)折断标注

它用于控制折断标注的间距宽度。

4.文字

在"新建标注样式"对话框中,第三个选项卡就是"文字",如图 8-12 所示。该选项卡用于设置尺寸文本的形式、布置和对齐方式等。

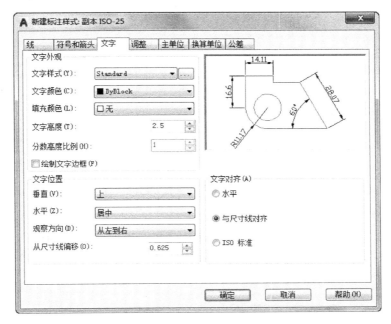

图 8-12 "文字"选项卡

1)"文字外观"选项区

(1)"文字样式"下拉列表框:选择当前尺寸文本采用的文本样式。可单击下三角按钮从下拉列表中选取一个样式;也可单击右侧的按钮 ,打开"文字样式"对话框以创建新的文本样式或对文本样式进行修改。

(2)"文字颜色"下拉列表框:设置尺寸文本的颜色,其操作方法与设置尺寸线颜色的方法相同。

(3)"填充颜色"下拉列表框:用于设置标注中文字背景的颜色。如果选择"选择颜色"选项,则系统打开"选择颜色"对话框,可以从 255 种 AutoCAD 索引(ACI)颜色、真彩色和配色系统颜色中选择颜色。

(4)"文字高度"微调框:设置尺寸文本的字高。如果选用的文本样式中已设置了具体的字高(不是 0),则此处的设置无效;如果文本样式中设置的字高为 0,才以此处的设置为准。

(5)"分数高度比例"微调框:确定尺寸文本的比例系数。

(6)"绘制文字边框"复选框:选中此复选框,会在尺寸文本周围加上边框。

2)"文字位置"选项区

(1)"垂直"下拉列表框:确定尺寸文本相对于尺寸线在垂直方向的对齐方式。单击右侧的下三角按钮从下拉列表中选择一种对齐方式。可选择的对齐方式有以下 4 种。

- 居中:将尺寸文本放在尺寸线的中间。
- 上:将尺寸文本放在尺寸线的上方。
- 外部:将尺寸文本放在远离第一条尺寸界线起点的位置,即和所标注的对象分列于尺寸线的两侧。
- JIS:使尺寸文本的放置符合 JIS(日本工业标准)规则。

这几种文本布置方式如图 8-13 所示。

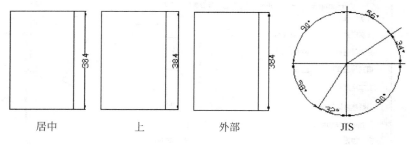

图 8-13　尺寸文本在垂直方向的放置

(2)"水平"下拉列表框:确定尺寸文本相对于尺寸线和尺寸界线在水平方向的对齐方式。单击右侧的下三角按钮从下拉列表中选择一种对齐方式。有以下 5 种对齐方式:居中、第一条尺寸界线、第二条尺寸界线、第一条尺寸界线上方、第二条尺寸界线上方,示例如图 8-14(a)～(e)所示。

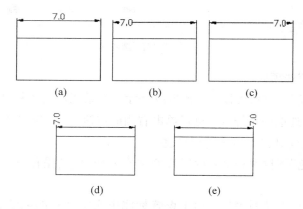

图 8-14　尺寸文本在水平方向的放置

(3)"从尺寸线偏移"微调框:当尺寸文本放在断开的尺寸线中间时,此微调框用来设置尺寸文本与尺寸线之间的距离(尺寸文本间隙)。

3)"文字对齐"选项区:用来控制尺寸文本排列的方向。

(1)"水平"单选按钮:尺寸文本沿水平方向放置。不论标注什么方向的尺寸,尺寸文本总保持水平。

(2)"与尺寸线对齐"单选按钮：尺寸文本沿尺寸线方向放置。

(3)"ISO标准"单选按钮：当尺寸文本在尺寸界线之间时，沿尺寸线方向放置；在尺寸界线之外时，沿水平方向放置。

5．调整

在"新建标注样式"对话框中，第四个选项卡就是"调整"，如图 8-15 所示。该选项卡根据两条尺寸界线之间的空间，设置将尺寸文本、尺寸箭头放在两尺寸界线的里边还是外边。如果空间允许，AutoCAD 总是把尺寸文本和箭头放在尺寸界线的里边；如空间不够的话，则根据本选项卡的各项设置放置。

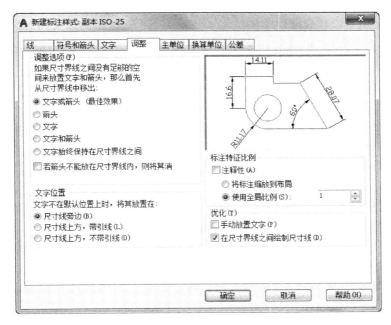

图 8-15 "调整"选项卡

1)"调整选项"选项区

(1)"文字或箭头（最佳效果）"单选按钮：选择此单选按钮，按以下方式放置尺寸文本和箭头。

如果空间允许，把尺寸文本和箭头都放在两尺寸界线之间；如果两尺寸界线之间只够放置尺寸文本，则把文本放在尺寸界线之间，而把箭头放在尺寸界线的外边；如果空间只够放置箭头，则把箭头放在里边，把文本放在外边；如果两尺寸界线之间既放不下文本，也放不下箭头，则把二者均放在外边。

(2)"箭头"单选按钮：选择此单选按钮，按以下方式放置尺寸文本和箭头。

如果空间允许，把尺寸文本和箭头都放在两尺寸界线之间；如果空间只够放置箭头，则把箭头放在尺寸界线之间，把文本放在外边；如果尺寸界线之间的空间放不下箭头，则把箭头和文本均放在外面。

(3)"文字"单选按钮：选择此单选按钮，按以下方式放置尺寸文本和箭头。

如果空间允许，把尺寸文本和箭头都放在两尺寸界线之间；否则把文本放在尺寸界线之间，把箭头放在外面；如果尺寸界线之间的空间放不下尺寸文本，则把文本和箭头都放在外面。

（4）"文字和箭头"单选按钮：选择此单选按钮，如果空间允许，把尺寸文本和箭头都放在两尺寸界线之间；否则把文本和箭头都放在尺寸界线外面。

（5）"文字始终保持在尺寸界线之间"单选按钮：选择此单选按钮，AutoCAD 总是把尺寸文本放在两条延伸线之间。

（6）"若箭头不能放在尺寸界线内，则将其消除"复选框：选中此复选框，则延伸线之间的空间不够时省略尺寸箭头。

2）"文字位置"选项区

该选项区用来设置尺寸文本的位置。其中 3 个单选按钮的含义如下。

（1）"尺寸线旁边"单选按钮：选择此单选按钮，把尺寸文本放在尺寸线的旁边，如图 8-16（a）所示。

（2）"尺寸线上方，带引线"单选按钮：选择此单选按钮，把尺寸文本放在尺寸线的上方，并用引线与尺寸线相连，如图 8-16（b）所示。

（3）"尺寸线上方，不带引线"单选按钮：选择此单选按钮，把尺寸文本放在尺寸线的上方，中间无引线，如图 8-16（c）所示。

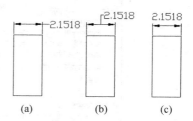

图 8-16　尺寸文本的位置

3）"标注特征比例"选项区

（1）"注释性"复选框：指定标注为 annotative。

（2）"使用全局比例"单选按钮：确定尺寸的整体比例系数。其后面的"比例值"微调框可以用来选择需要的比例。

（3）"将标注缩放到布局"单选按钮：确定图纸空间内的尺寸比例系数，默认值为 1。

4）"优化"选项区：设置附加的尺寸文本布置选项，包含两个选项。

（1）"手动放置文字"复选框：选中此复选框，标注尺寸时由用户确定尺寸文本的放置位置，忽略前面的对齐设置。

（2）"在尺寸界线之间绘制尺寸线"复选框：选中此复选框，不论尺寸文本在尺寸界线内部还是外面，AutoCAD 均在两尺寸界线之间绘出一尺寸线；否则当尺寸界线内放不下尺寸文本而将其放在外面时，尺寸界线之间无尺寸线。

6．主单位

在"新建标注样式"对话框中，第五个选项卡就是"主单位"，如图 8-17 所示。该选项卡用来设置尺寸标注的主单位和精度，以及给尺寸文本添加固定的前缀或后缀。本选项卡含有两个选项区，分别用来对长度型标注和角度型标注进行设置。

1）"线性标注"选项区

该选项区用来设置标注长度型尺寸时采用的单位和精度。

（1）"单位格式"下拉列表框：确定标注尺寸时使用的单位制（角度型尺寸除外）。在其下拉列表中提供了"科学""小数""工程""建筑""分数"和"Windows 桌面"6 种单位制，可根据需要选择。

图 8-17 "主单位"选项卡

(2) "精度"下拉列表框：设置线型标注的精度。

(3) "分数格式"下拉列表框：设置分数的形式。提供了"水平""对角"和"非堆叠"3 种形式供用户选用。

(4) "小数分隔符"下拉列表框：确定十进制单位（Decimal）的分隔符。AutoCAD 提供了 3 种形式：句点（.）、逗点（,）和空格。

(5) "舍入"微调框：设置除角度之外的尺寸测量的圆整规则。在文本框中输入一个值，如果输入 1，则所有测量值均圆整为整数。

(6) "前缀"文本框：设置固定前缀。可以输入文本，也可以用控制符产生特殊字符，这些文本将被加在所有尺寸文本之前。

(7) "后缀"文本框：给尺寸标注设置固定后缀。

(8) "测量单位比例"选项区：确定 AutoCAD 自动测量尺寸时的比例因子。其中，"比例因子"微调框用来设置除角度之外所有尺寸测量的比例因子。例如，如果用户确定比例因子为 2，AutoCAD 则把实际测量为 1 的尺寸标注为 2。

如果选中"仅应用到布局标注"复选框，则设置的比例因子只适用于布局标注。

(9) "消零"选项区：用于设置是否省略标注尺寸时的 0。

- 前导：选中此复选框省略尺寸值处于高位的 0。例如，0.50000 标注为.50000。
- 后续：选中此复选框省略尺寸值小数点后末尾的 0。例如，12.5000 标注为 12.5，而 30.0000 标注为 30。
- 0 英尺：采用"工程"和"建筑"单位制时，如果尺寸值小于 1 英尺时，则省略尺。例如，0′－6 1/2″标注为 6 1/2″。
- 0 英寸：采用"工程"和"建筑"单位制时，如果尺寸值是整数尺时，则省略寸。例如，1′－0″标注为 1′。

2)"角度标注"选项区

该选项区用来设置标注角度时采用的角度单位。

(1)"单位格式"下拉列表框：设置角度单位制。AutoCAD 提供了"十进制度数""度/分/秒""百分度"和"弧度"四种角度单位。

(2)"精度"下拉列表框：设置角度型尺寸标注的精度。

(3)"消零"选项区：设置是否省略标注角度时的 0。

7．换算单位

在"新建标注样式"对话框中，第六个选项卡就是"换算单位"，如图 8-18 所示。该选项卡用于对替换单位进行设置。

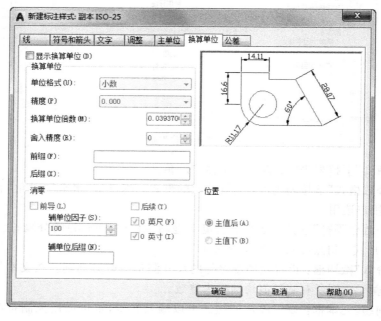

图 8-18 "换算单位"选项卡

1)"显示换算单位"复选框

选中此复选框，则替换单位的尺寸值也同时显示在尺寸文本上。

2)"换算单位"选项区

该选项区用于设置换算单位。其中各项的含义如下：

(1)"单位格式"下拉列表框：选取换算单位采用的单位制。

(2)"精度"下拉列表框：设置换算单位的精度。

(3)"换算单位倍数"微调框：指定主单位和换算单位的转换因子。

(4)"舍入精度"微调框：设定换算单位的圆整规则。

(5)"前缀"文本框：设置换算单位文本的固定前缀。

(6)"后缀"文本框：设置换算单位文本的固定后缀。

3)"消零"选项区

该选项区用于设置是否省略尺寸标注中的 0。

4)"位置"选项区

该选项区用于设置换算单位尺寸标注的位置。

(1)"主值后"单选按钮:把换算单位尺寸标注放在主单位标注的后边。

(2)"主值下"单选按钮:把换算单位尺寸标注放在主单位标注的下边。

8. 公差

在"新建标注样式"对话框中,第七个选项卡就是"公差",如图 8-19 所示。该选项卡用来确定标注公差的方式。

图 8-19 "新建标注样式"对话框的"公差"选项卡

1)"公差格式"选项区

该选项区用于设置公差的标注方式。

(1)"方式"下拉列表框:设置以何种形式标注公差。单击右侧的下三角按钮打开下拉列表,其中列出了 AutoCAD 提供的 5 种标注公差的形式,可从中选择。这 5 种形式分别是"无""对称""极限偏差""极限尺寸"和"基本尺寸",其中"无"表示不标注公差,即我们上面的通常标注情形。其余 4 种标注情况如图 8-20 所示。

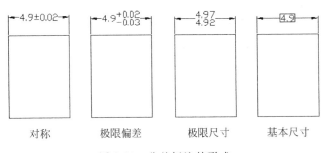

图 8-20 公差标注的形式

(2)"精度"下拉列表框：确定公差标注的精度。
(3)"上偏差"微调框：设置尺寸的上偏差。
(4)"下偏差"微调框：设置尺寸的下偏差。
(5)"高度比例"微调框：设置公差文本的高度比例，即公差文本的高度与一般尺寸文本的高度之比。
(6)"垂直位置"下拉列表框：控制"对称"和"极限偏差"形式的公差标注的文本对齐方式。

- 上：公差文本的顶部与一般尺寸文本的顶部对齐。
- 中：公差文本的中线与一般尺寸文本的中线对齐。
- 下：公差文本的底线与一般尺寸文本的底线对齐。

这 3 种对齐方式如图 8-21 所示。

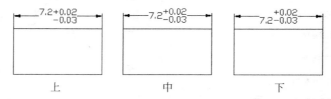

图 8-21　公差文本的对齐方式

(7)"消零"选项区：设置是否省略公差标注中的 0。
2)"换算单位公差"选项区
该选项区用于对形位公差标注的换算单位进行设置。其中各项的设置方法与上面相同。

8.2　标注尺寸

正确地进行尺寸标注是设计绘图工作中非常重要的一个环节，AutoCAD 提供了方便快捷的尺寸标注方法，可通过执行命令实现，也可利用菜单或工具图标实现。本节重点介绍如何对各种类型的尺寸进行标注。

8.2.1　线性标注

1．执行方式

命令行：DIMLINEAR（缩写名：DIMLIN）。
菜单栏：执行菜单栏中的"标注"→"线性"命令。
工具栏：单击"标注"工具栏中的"线性"按钮 。
快捷命令：D＋L＋I。
功能区：单击"默认"选项卡"注释"面板中的"线性"按钮 。

2．操作步骤

命令：DIMLIN✓
指定第一条尺寸界线原点或 <选择对象>：

3. 选项说明

各选项的含义如表 8-2 所示。

表 8-2 "线性标注"命令各选项含义

选 项	含 义	
直接按 Enter 键	光标变为拾取框,并且在命令行提示: 选择标注对象:(用拾取框点取要标注尺寸的线段) 指定尺寸线位置或[多行文字(M)/文字(T)/角度(A)/水平(H)/垂直(V)/旋转(R)]: 各项的含义如下	
	指定尺寸线位置	确定尺寸线的位置。用户可移动鼠标选择合适的尺寸线位置,然后按 Enter 键或单击,AutoCAD 则自动测量所标注线段的长度并标注出相应的尺寸
	多行文字(M)	用多行文本编辑器确定尺寸文本
	文字(T)	在命令行提示下输入或编辑尺寸文本。选择此选项后,AutoCAD 提示: 输入标注文字 <默认值>: 其中的默认值是 AutoCAD 自动测量得到的被标注线段的长度,直接按 Enter 键即可采用此长度值,也可输入其他数值代替默认值。当尺寸文本中包含默认值时,可使用尖括号"<>"表示默认值 注意:要在公差尺寸前或后添加某些文本符号,必须输入尖括号"<>"表示默认值。比如,要将图 8-22(a)所示原始尺寸改为图 8-22(b)所示尺寸,在进行线性标注时,执行 M 或 T 命令后,在"输入标注文字<默认值>:"提示下应该这样输入:％％c<>。如果要将图 8-22(a)的尺寸文本改为图 8-22(c)所示的文本则比较麻烦。因为后面的公差是堆叠文本,这时可以用多行文字命令 M 选项来执行,在多行文字编辑器中输入:5.8+0.1^-0.2,然后堆叠处理一下即可
	角度(A)	确定尺寸文本的倾斜角度
	水平(H)	水平标注尺寸,不论标注什么方向的线段,尺寸线均水平放置
	垂直(V)	垂直标注尺寸,不论被标注线段沿什么方向,尺寸线总保持垂直
	旋转(R)	输入尺寸线旋转的角度值,旋转标注尺寸
指定第一条尺寸界线原点	指定第一条与第二条尺寸界线的起始点	

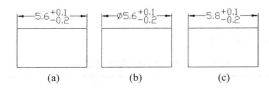

(a)　　　　　(b)　　　　　(c)

图 8-22　在公差尺寸前或后添加某些文本符号

8.2.2　上机练习——标注胶垫尺寸

练习目标

标注如图 8-23 所示的胶垫尺寸。

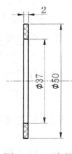

图 8-23　胶垫

设计思路

首先创建绘图环境,然后利用绘图命令绘制图形,最后为图形添加剖面线,完成胶垫绘制。

操作步骤

1. 设置标注样式

(1) 将"尺寸标注"图层设定为当前图层。单击"默认"选项卡"注释"面板中的"标注样式"按钮 ,打开如图 8-24 所示的"标注样式管理器"对话框。

(2) 单击"新建"按钮,在弹出的"创建新标注样式"对话框中设置新样式名为"机械制图",如图 8-25 所示。

(3) 单击"继续"按钮,打开"新建标注样式:机械制图"对话框。在如图 8-26 所示的"线"选项卡中,设置基线间距为 2,超出尺寸线为 1.25,起点偏移量为 0.625,其他设置保持默认。

(4) 在如图 8-27 所示的"符号和箭头"选项卡中,设置箭头为"实心闭合",箭头大小为 2.5,其他设置保持默认。

(5) 在如图 8-28 所示的"文字"选项卡中,设置文字高度为 3,其他设置保持默认。

第 8 章　尺寸标注

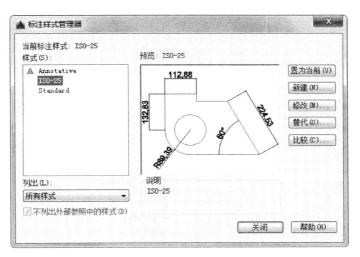

图 8-24　"标注样式管理器"对话框

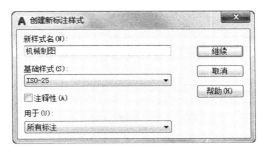

图 8-25　"创建新标注样式"对话框

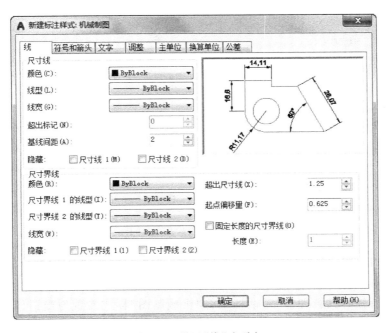

图 8-26　设置"线"选项卡

图 8-27　设置"符号和箭头"选项卡

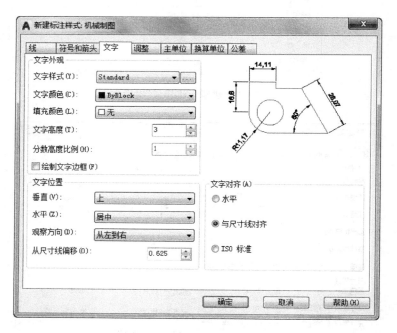

图 8-28　设置"文字"选项卡

（6）在如图 8-29 所示的"主单位"选项卡中，设置精度为 0.0，小数分隔符为句点，其他设置保持默认。完成后单击"确认"按钮退出。

（7）在"标注样式管理器"对话框中将"机械制图"样式设置为当前样式，单击"关闭"按钮退出。

第8章 尺寸标注

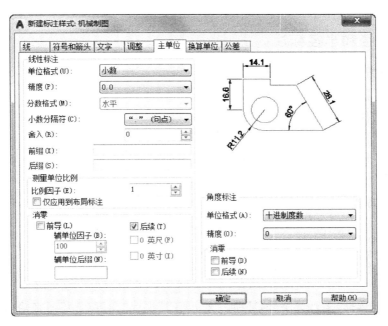

图 8-29　设置"主单位"选项卡

2．标注尺寸

单击"默认"选项卡"注释"面板中的"线性"按钮 ，对图形进行尺寸标注。命令行的提示与操作如下。

```
命令: _dimlinear↙(标注厚度尺寸"2")
指定第一个尺寸界线原点或 <选择对象>:(指定第一条尺寸边界线位置)
指定第二条尺寸界线原点: (指定第二条尺寸边界线位置)
指定尺寸线位置或[多行文字(M)/文字(T)/角度(A)/水平(H)/垂直(V)/旋转(R)]:(选取尺寸放置位置)
标注文字 = 2
命令: _dimlinear↙(标注直径尺寸"φ37")
指定第一个尺寸界线原点或 <选择对象>:(指定第一条尺寸边界线位置)
指定第二条尺寸界线原点: (指定第二条尺寸边界线位置)
指定尺寸线位置或[多行文字(M)/文字(T)/角度(A)/水平(H)/垂直(V)/旋转(R)]: t↙
输入标注文字 <37>: %%c37↙
指定尺寸线位置或[多行文字(M)/文字(T)/角度(A)/水平(H)/垂直(V)/旋转(R)]:(选取尺寸放置位置)
标注文字 = 37
命令: _dimlinear↙(标注直径尺寸"φ50")
指定第一个尺寸界线原点或 <选择对象>:(指定第一条尺寸边界线位置)
指定第二条尺寸界线原点: (指定第二条尺寸边界线位置)
指定尺寸线位置或[多行文字(M)/文字(T)/角度(A)/水平(H)/垂直(V)/旋转(R)]: t↙
输入标注文字 <50>: %%c50↙
指定尺寸线位置或[多行文字(M)/文字(T)/角度(A)/水平(H)/垂直(V)/旋转(R)]:(选取尺寸放置位置)
标注文字 = 50
```

结果如图 8-23 所示。

8.2.3 直径和半径标注

1．执行方式

命令行：DIMDIAMETER。

菜单栏：执行菜单栏中的"标注"→"直径"命令。

工具栏：单击"标注"工具栏中的"直径"按钮。

功能区：单击"默认"选项卡"注释"面板中的"直径"按钮，或单击"注释"选项卡"标注"面板中的"直径"按钮。

2．操作步骤

```
命令：DIMDIAMETER↙
选择圆弧或圆：（选择要标注直径的圆或圆弧）
指定尺寸线位置或[多行文字(M)/文字(T)/角度(A)]：（确定尺寸线的位置或选某一选项）
```

用户可以选择"多行文字(M)"项、"文字(T)"项或"角度(A)"项来输入、编辑尺寸文本或确定尺寸文本的倾斜角度，也可以直接确定尺寸线的位置标注出指定圆或圆弧的直径。

半径标注参照直径标注。

8.2.4 上机练习——标注胶木球尺寸

练习目标

标注如图 8-30 所示的胶木球尺寸。

设计思路

首先打开胶木球二维图形，然后对其进行标注。标注过程分两步进行，首先设置标注样式，然后根据需要对胶木球进行不同性质的尺寸标注，并完成尺寸标注。本例主要介绍直径尺寸标注。

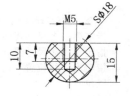

图 8-30 胶木球

操作步骤

1．设置标注样式

将"尺寸标注"图层设定为当前图层。按与 8.2.2 节相同的方法设置标注样式。

2．标注尺寸

（1）单击"默认"选项卡"注释"面板中的"线性"按钮，标注线性尺寸，结果如图 8-31 所示。

（2）单击"默认"选项卡"注释"面板中的"直径"按钮，标注直径尺寸。命令行的提示与操作如下。

```
命令: DIMDIAMETER↵
选择圆弧或圆:(选择要标注直径的圆弧)
标注文字 = 18
指定尺寸线位置或[多行文字(M)/文字(T)/角度(A)]:t↵
输入标注文字<18>: s%%c18
指定尺寸线位置或[多行文字(M)/文字(T)/角度(A)]:(适当指定
   一个位置)
```

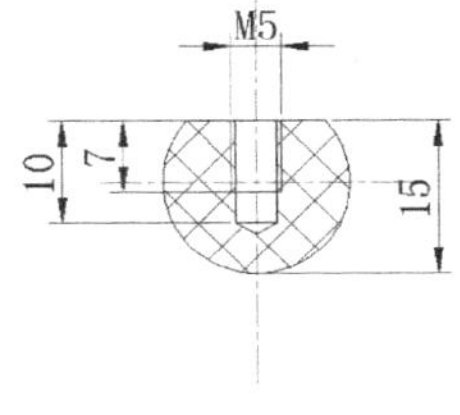

结果如图 8-30 所示。

图 8-31 线性尺寸标注

8.2.5 角度型尺寸标注

1. 执行方式

命令行：DIMANGULAR。

菜单栏：执行菜单栏中的"标注"→"角度"命令。

工具栏：单击"标注"工具栏中的"角度标注"按钮 。

功能区：单击"注释"选项卡"标注"面板中的"角度"按钮，或单击"默认"选项卡"注释"面板中的"角度"按钮。

2. 操作步骤

```
命令: DIMANGULAR↵
选择圆弧、圆、直线或<指定顶点>:
```

3. 选项说明

各选项的含义如表 8-3 所示。

表 8-3 "角度型尺寸标注"命令各选项含义

选 项	含 义
选择圆弧(标注圆弧的中心角)	当选取一段圆弧后，AutoCAD 提示： 指定标注弧线位置或[多行文字(M)/文字(T)/角度(A)]:(确定尺寸线的位置或选取某一项) 在此提示下确定尺寸线的位置，AutoCAD 按自动测量得到的值标注出相应的角度，在此之前用户可以选择"多行文字(M)"项、"文字(T)"项或"角度(A)"项通过多行文本编辑器或命令行来输入或定制尺寸文本以及指定尺寸文本的倾斜角度
选择一个圆(标注圆上某段弧的中心角)	当单击圆上一点选择该圆后，AutoCAD 提示选取第二点： 指定角的第二个端点:(选取另一点，该点可在圆上，也可不在圆上) 指定标注弧线位置或[多行文字(M)/文字(T)/角度(A)]: 在此提示下确定尺寸线的位置，AutoCAD 标出一个角度值，该角度以圆心为顶点，两条尺寸界线通过所选取的两点，第二点可以不必在圆周上。还可以选择"多行文字(M)"项、"文字(T)"项或"角度(A)"项编辑尺寸文本和指定尺寸文本倾斜角度，如图 8-32 所示

续表

选 项	含 义
选择一条直线(标注两条直线间的夹角)	当选取一条直线后，AutoCAD 提示选取另一条直线： 选择第二条直线：(选取另外一条直线) 指定标注弧线位置或[多行文字(M)/文字(T)/角度(A)]： 在此提示下确定尺寸线的位置，AutoCAD 标出这两条直线之间的夹角。该角以两条直线的交点为顶点，以两条直线为尺寸界线，所标注角度取决于尺寸线的位置，如图 8-33 所示。用户还可以利用"多行文字(M)"项、"文字(T)"项或"角度(A)"项编辑尺寸文本和指定尺寸文本的倾斜角度
指定顶点	直接按 Enter 键，AutoCAD 提示： 指定角的顶点：(指定顶点) 指定角的第一个端点：(输入角的第一个端点) 指定角的第二个端点：(输入角的第二个端点) 创建了无关联的标注。 指定标注弧线位置或[多行文字(M)/文字(T)/角度(A)]：(输入一点作为角的顶点) 在此提示下给定尺寸线的位置，AutoCAD 根据给定的三点标注出角度，如图 8-34 所示。 另外，还可以用"多行文字(M)"项、"文字(T)"项或"角度(A)"选项编辑尺寸文本和指定尺寸文本的倾斜角度

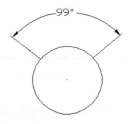

图 8-32　标注角度

图 8-33　用 DIMANGULAR 命令标注两直线的夹角

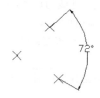

图 8-34　标注三点确定的角度

8.2.6　上机练习——标注压紧螺母尺寸

标注如图 8-35 所示的压紧螺母尺寸。

第8章 尺寸标注

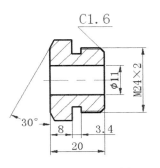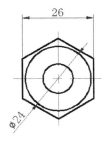

图 8-35　压紧螺母

设计思路

本例尺寸的标注思路基本与上一实例相同,只是练习的标注命令稍有差异。本例主要学习角度命令的标注。

操作步骤

1．设置标注样式

将"尺寸标注"图层设定为当前图层。按与 8.2.2 节相同的方法设置标注样式。

2．标注线性尺寸

单击"默认"选项卡"注释"面板中的"线性"按钮,标注线性尺寸,结果如图 8-36 所示。

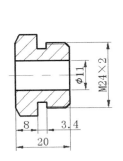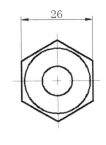

图 8-36　线性尺寸标注

3．标注直径尺寸

单击"默认"选项卡"注释"面板中的"直径"按钮,标注直径尺寸,结果如图 8-37 所示。

4．设置角度标注尺寸样式

(1) 单击"默认"选项卡"注释"面板中的"标注样式"按钮,在弹出的"标注样式管理器"对话框的"样式"列表中,选择已经设置的"机械制图"样式,单击"新建"按钮,在弹出的"创建新标注样式"对话框中的"用于"下拉列表框中选择"角度标注"选项,如图 8-38 所示。

249

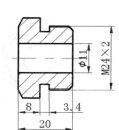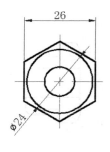

图 8-37 直径尺寸标注

图 8-38 新建标注样式

(2)单击"继续"按钮,打开"新建标注样式"对话框,在"文字"选项卡"文字对齐"选项区中选择"水平"单选按钮,其他选项按默认设置,如图 8-39 所示。

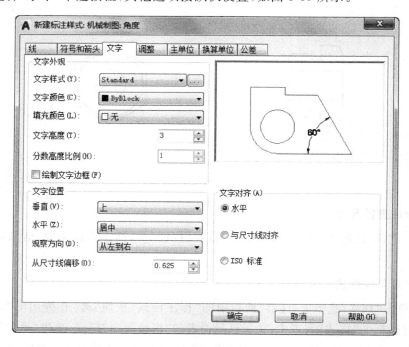

图 8-39 设置标注样式

(3) 单击"确定"按钮,回到"标注样式管理器"对话框,样式列表中新增加了"机械制图"样式下的"角度"标注样式,如图 8-40 所示。单击"关闭"按钮,"角度"标注样式被设置为当前标注样式,并只对角度标注有效。

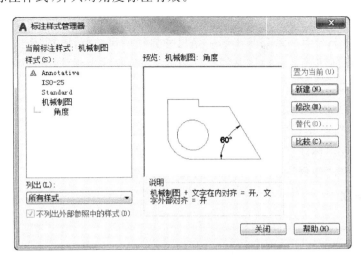

图 8-40 "标注样式管理器"对话框

注意:在机械制图国家标准(GB/T 4458.4—2003)中规定,角度的尺寸数字必须水平放置,所以这里要对角度尺寸的标注样式进行重新设置。

5. 标注角度尺寸

单击"注释"选项卡"标注"面板中的"角度"按钮 ,对图形进行角度尺寸标注。命令行的提示与操作如下。

```
命令:_dimangular
选择圆弧、圆、直线或 <指定顶点>:(选择主视图上倒角的斜线)
选择第二条直线:(选择主视图最左端竖直线)
指定标注弧线位置或 [多行文字(M)/文字(T)/角度(A)/象限点(Q)]:(选择合适位置)
标注文字 = 53
```

结果如图 8-41 所示。

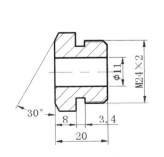

图 8-41 角度尺寸标注

6．标注倒角尺寸 C1.6

该尺寸标注方法在下一节讲述，这里暂且省略，最终结果如图 8-35 所示。

8.2.7 基线标注

基线标注用于产生一系列基于同一条尺寸界线的尺寸标注，适用于长度尺寸标注、角度标注和坐标标注等。在使用基线标注方式之前，应该先标注出一个相关的尺寸。

1．执行方式

命令行：DIMBASELINE。

菜单栏：执行菜单栏中的"标注"→"基线"命令。

工具栏：单击"标注"工具栏中的"基线"按钮。

功能区：单击"注释"选项卡"标注"面板中的"基线"按钮。

2．操作步骤

```
命令：DIMBASELINE↙
指定第二条尺寸界线原点或 [放弃(U)/选择(S)] <选择>:
```

3．选项说明

各选项的含义如表 8-4 所示。

表 8-4 "基线标注"命令各选项含义

选　项	含　义
指定第二条尺寸界线原点	直接确定另一个尺寸的第二条尺寸界线的起点，AutoCAD 以上次标注的尺寸为基准标注，标注出相应尺寸
选择	在上述提示下直接按 Enter 键，AutoCAD 提示： 选择基准标注：(选取作为基准的尺寸标注)

8.2.8 连续标注

连续标注又叫尺寸链标注，用于产生一系列连续的尺寸标注，后一个尺寸标注均把前一个标注的第二条尺寸界线作为它的第一条尺寸界线。它适用于长度型尺寸标注、角度型标注和坐标标注等。在使用连续标注方式之前，应该先标注出一个相关的尺寸。

1．执行方式

命令行：DIMCONTINUE。

菜单栏：执行菜单栏中的"标注"→"连续"命令。

工具栏：单击"标注"工具栏中的"连续"按钮。

功能区：单击"注释"选项卡"标注"面板中的"连续"按钮。

2. 操作步骤

```
命令：DIMCONTINUE↙
选择连续标注：
指定第二条尺寸界线原点或 [放弃(U)/选择(S)] <选择>：
```

在此提示下的各选项与基线标注中完全相同，此处不再叙述。

注意：AutoCAD 允许用户利用基线标注方式和连续标注方式进行角度标注，如图 8-42 所示。

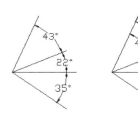

图 8-42　连续型和基线型角度标注

8.2.9　上机练习——标注阀杆尺寸

练习目标

标注如图 8-43 所示的阀杆尺寸。

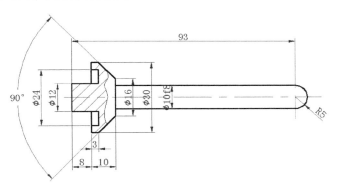

图 8-43　标注阀杆尺寸

设计思路

本例首先设置标注样式，然后进行尺寸标注，标注过程中应重点掌握连续命令的应用。

操作步骤

1．设置标注样式

将"尺寸标注"图层设定为当前图层。按与 8.2.2 节相同的方法设置标注样式。

2. 标注线性尺寸

单击"默认"选项卡"注释"面板中的"线性"按钮 ⊢┤，标注线性尺寸，结果如图 8-44 所示。

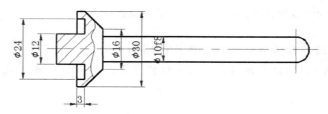

图 8-44　标注线性尺寸

3. 标注半径尺寸

单击"默认"选项卡"注释"面板中的"半径"按钮 ⊘，标注圆弧尺寸，结果如图 8-45 所示。

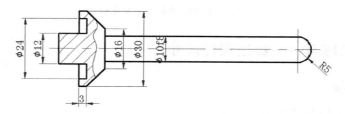

图 8-45　标注半径尺寸

4. 设置角度标注样式

按与 8.2.6 节相同的方法设置角度标注样式。

5. 标注角度尺寸

单击"默认"选项卡"注释"面板中的"角度"按钮 △，对图形进行角度尺寸标注，结果如图 8-46 所示。

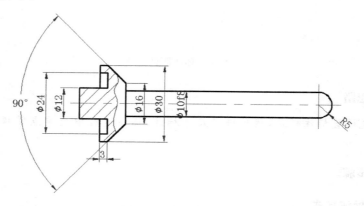

图 8-46　标注角度尺寸

6. 标注基线尺寸

先单击"默认"选项卡"注释"面板中的"线性"按钮 ，标注线性尺寸 93；再单击"注释"选项卡"标注"面板中的"基线"按钮 ，标注基线尺寸 8。命令行操作如下。

```
命令: _dimbaseline
指定第二条尺寸界线原点或 [放弃(U)/选择(S)]<选择>:(选择尺寸界线)
标注文字 = 8
指定第二条尺寸界线原点或 [放弃(U)/选择(S)]<选择>:↙
```

选择刚标注的基线标注，利用钳夹功能将尺寸线移动到合适的位置，结果如图 8-47 所示。

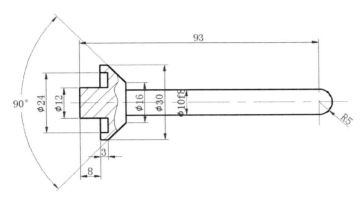

图 8-47　标注基线尺寸

7. 标注连续尺寸

单击"注释"选项卡"标注"面板中的"连续"按钮，标注连续尺寸 10，命令行操作如下。

```
命令: _dimcontinue
指定第二条尺寸界线原点或 [放弃(U)/选择(S)]<选择>:(选择尺寸界线)
标注文字 = 10
指定第二条尺寸界线原点或 [放弃(U)/选择(S)]<选择>:↙
```

最终结果如图 8-43 所示。

8.2.10　对齐标注

1. 执行方式

命令行：DIMALIGNED（快捷命令：DAL）。

菜单栏：执行菜单栏中的"标注"→"对齐"命令。

工具栏：单击"标注"工具栏中的"对齐"按钮。

功能区：单击"默认"选项卡"注释"面板中的"对齐"按钮，或单击"注释"选项卡"标注"面板中的"对齐"按钮。

2．选项说明

各选项的含义如表 8-5 所示。

表 8-5 "对齐标注"命令各选项含义

选 项	含 义
对齐	命令：DIMALIGNED↙ 指定第一条尺寸界线原点或 <选择对象>： 这种命令标注的尺寸线与所标注轮廓线平行，标注的是起始点到终点之间的距离尺寸

8.2.11 上机练习——标注手把尺寸

练习目标

标注如图 8-48 所示的手把尺寸。

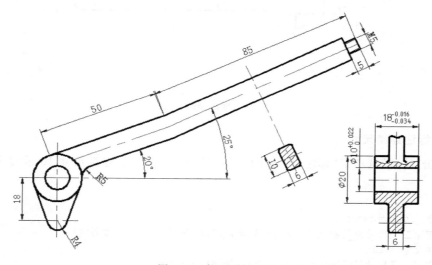

图 8-48 标注手把尺寸

设计思路

本实例首先设置标注样式，然后对手把的不同部位进行线性、半径、角度、对齐等标注，从而完成手把尺寸标注。

操作步骤

1．设置标注样式

将"尺寸标注"图层设定为当前图层。按与 8.2.2 节相同的方法设置标注样式。

2. 标注线性尺寸

单击"默认"选项卡"注释"面板中的"线性"按钮,标注线性尺寸,结果如图 8-49 所示。

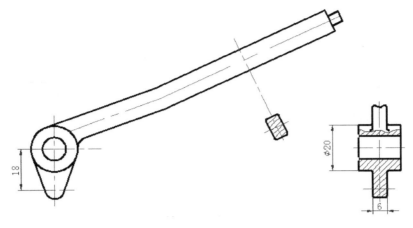

图 8-49　标注线性尺寸

3. 标注半径尺寸

单击"默认"选项卡"注释"面板中的"半径"按钮,标注圆弧尺寸,结果如图 8-50 所示。

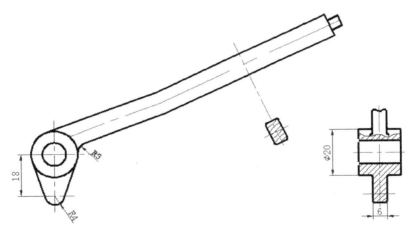

图 8-50　标注半径尺寸

4. 设置角度标注样式

按与 8.2.6 节相同的方法设置角度标注样式。

5. 标注角度尺寸

单击"默认"选项卡"注释"面板中的"角度"按钮,对图形进行角度尺寸标注,结果如图 8-51 所示。

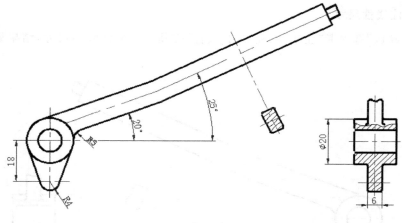

图 8-51 标注角度尺寸

6. 标注对齐尺寸

单击"默认"选项卡"注释"面板中的"对齐"按钮,对图形进行对齐尺寸标注。命令行操作如下。

```
命令:_dimaligned
指定第一个尺寸界线原点或<选择对象>:(选择合适的标注起始位置点)
指定第二条尺寸界线原点:(选择合适的标注终止位置点)
指定尺寸线位置或[多行文字(M)/文字(T)/角度(A)]:(指定合适的尺寸线位置)
标注文字 = 50
```

采用相同方法标注其他对齐尺寸,结果如图 8-52 所示。

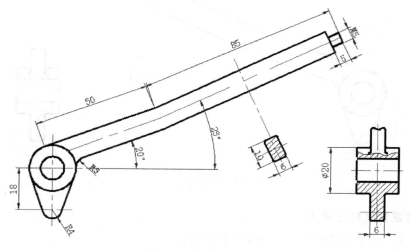

图 8-52 标注对齐尺寸

7. 设置公差尺寸标注样式

(1)单击"默认"选项卡"注释"面板中的"标注样式"按钮,在弹出的"标注样式管理器"对话框的"样式"列表中,选择已经设置的"机械制图"样式,单击"替代"按钮,打开"替代当前样式"对话框。

(2) 在其中的"公差"选项卡中,选择"样式"为"极限偏差","精度"为 0.000,在"上偏差"文本框中输入 0.022,在"下偏差"文本框中输入 0,在"高度比例"文本框中输入 0.5,在"垂直位置"下拉列表框中选择"中",如图 8-53 所示。

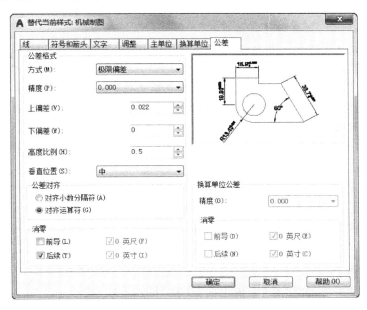

图 8-53 设置"公差"选项卡

(3) 切换到"主单位"选项卡,在"前缀"文本框中输入"%%c",如图 8-54 所示。单击"确定"按钮,退出"替代当前样式"对话框,再单击"关闭"按钮,退出"标注样式管理器"对话框。

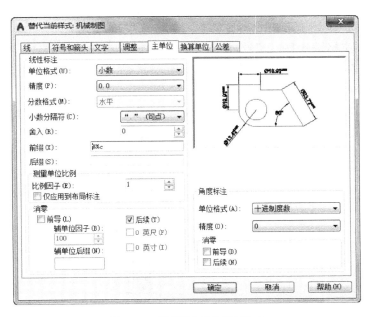

图 8-54 设置"主单位"选项卡

注意：

（1）"上偏差"及"下偏差"文本框中的数值不能随意填写，应该查阅相关工程手册中的标准公差数值。本例讲解的是基准尺寸为 10 的孔公差系列为 H8 的尺寸，查阅相关手册，上偏差为＋22（即 0.022），下偏差为 0。这样，每次标注新的不同公差值的公差尺寸，就要重新设置一次替代标注样式，比较烦琐。当然，也可以采取另一种相对简单的方法，后文会讲述，读者应注意体会。

（2）系统默认在下偏差数值前加一个"－"号，如果下偏差为正值，一定要在"下偏差"文本框中输入一个负值。

（3）"精度"一定要选择为 0.000，即小数点后三位数字，否则显示的偏差会出错。

（4）"高度比例"文本框中一定要输入 0.5，这样竖直堆放在一起的两个偏差数字的总的高度就和前面的基准数值高度相近。

（5）"垂直位置"下拉列表框中选择"中"，可以使偏差数值与前面的基准数值对齐，相对美观。

（6）在"主单位"选项卡的"前缀"文本框中输入"％％c"的目的是标注线性尺寸的直径符号φ。这里不能采用标注普通的不带偏差值的线性尺寸的处理方式——通过重新输入文字值来处理，因为重新输入文字时无法输入上下偏差值（其实可以，但非常烦琐，读者一般很难掌握，因此这里不再介绍）。

8. 标注公差尺寸

单击"默认"选项卡"注释"面板中的"线性"按钮，标注公差尺寸，结果如图 8-55 所示。

9. 修改偏差值

单击"默认"选项卡"修改"面板中的"分解"按钮，将刚标注的公差尺寸分解。双击分解后的尺寸数字，打开文字格式编辑器，如图 8-56 所示，选择偏差数字，这时，文字格式编辑器上的"堆叠"按钮处于可用的亮显状态。单击该按钮，把公差数值展开，用空格键代替"－"号，如图 8-57 所示。再次选择展开后的公差数字，单击"堆叠"按钮，如图 8-58 所示。单击文字格式编辑器上的"关闭"按钮，结果如图 8-59 所示。

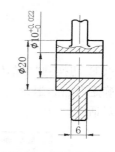

图 8-55　标注公差尺寸

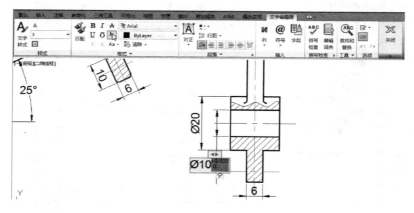

图 8-56　文字格式编辑器

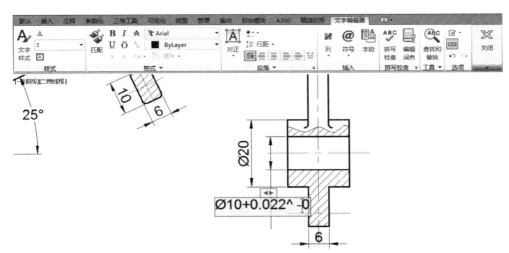

图 8-57　修改公差数字

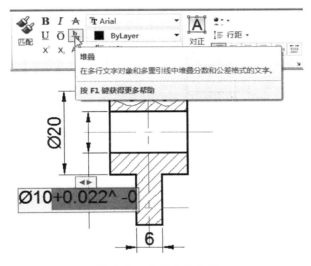

图 8-58　选择公差数字

注意：从图 8-58 中可以看出，下偏差标注的值是－0，这是因为系统默认在下偏差前添加一个负号，偏差 0 前不可以添加符号，所以需要修改。在修改时不能直接把负号去掉了事，那样会导致上下偏差数值无法对齐。

10．标注另一公差尺寸

再次单击"注释"选项卡"标注"面板中的"线性"按钮，标注另一个公差尺寸，结果如图 8-60 所示。这个公差尺寸有两个地方不符合实际情况，一是前面多了一个直径符号φ，二是公差数值不符合实际公差系列中查阅的数值，所以需要修改。

11．修改尺寸数字

按与步骤 9 相同的方法分解尺寸，打开文字格式编辑器，如图 8-61 所示，将公差数字展开，去掉前面的直径符号φ，修改公差值，结果如图 8-62 所示。

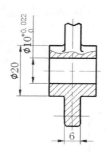

图 8-59 完成公差数字修改

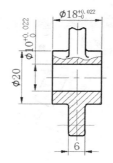

图 8-60 再次标注公差尺寸

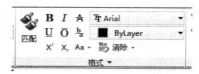

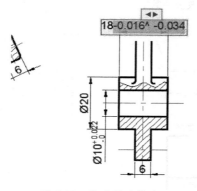

图 8-61 修改尺寸数字

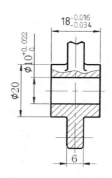

图 8-62 修改结果

最终结果如图 8-48 所示。

8.3 引线标注

AutoCAD 提供了引线标注功能,利用该功能不仅可以标注特定的尺寸,如圆角、倒角等,还可以实现在图中添加多行旁注、说明。在引线标注中指引线可以是折线,也可以是曲线,指引线端部可以有箭头,也可以没有箭头。

8.3.1 一般引线标注

利用 LEADER 命令可以创建灵活多样的引线标注形式,可根据需要把指引线设置为折线或曲线。指引线可带箭头,也可不带箭头。注释文本可以是多行文本,也可以是形位公差,还可以从图形其他部位复制,还可以是一个图块。

1. 执行方式

命令行:LEADER。

2. 操作步骤

```
命令：LEADER↙
指定引线起点：（输入指引线的起始点）
指定下一点：（输入指引线的另一点）
指定下一点或 [注释(A)/格式(F)/放弃(U)] <注释>：
```

3. 选项说明

各选项的含义如表 8-6 所示。

表 8-6 "一般引线标注"命令各选项含义

选 项		含 义
指定下一点		直接输入一点，AutoCAD 根据前面的点画出折线作为指引线
注释		输入注释文本，为默认项。在上面提示下直接按 Enter 键，AutoCAD 提示： 输入注释文字的第一行或<选项>：
	输入注释文本	在此提示下输入第一行文本后按 Enter 键，可继续输入第二行文本。如此反复执行，直到输入全部注释文本，然后在此提示下直接按 Enter 键，AutoCAD 会在指引线终端标注出所输入的多行文本，并结束 LEADER 命令
	直接按 Enter 键	如果在上面的提示下直接按 Enter 键，AutoCAD 提示： 输入注释选项 [公差(T)/副本(C)/块(B)/无(N)/多行文字(M)] <多行文字>： 在此提示下选择一个注释选项或直接按 Enter 键选择"多行文字"选项。其中各选项的含义如下： （1）公差(T)：标注形位公差。形位公差的标注见 8.4 节。 （2）副本(C)：把已由 LEADER 命令创建的注释复制到当前指引线末端。执行该选项，系统提示： 选择要复制的对象： 在此提示下选取一个已创建的注释文本，则 AutoCAD 把它复制到当前指引线的末端。 （3）块(B)：插入块，把已经定义好的图块插入到指引线的末端。执行该选项，系统提示： 输入块名或[?]： 在此提示下输入一个已定义好的图块名，AutoCAD 把该图块插入到指引线的末端。或输入"?"列出当前已有图块，用户可从中选择 无(N)：不进行注释，没有注释文本。 <多行文字>：用多行文本编辑器标注注释文本并定制文本格式，为默认选项

续表

选项		含义
格式(F)		确定指引线的形式。选择该项，AutoCAD 提示： 输入引线格式选项 [样条曲线(S)/直线(ST)/箭头(A)/无(N)] <退出>： 选择指引线形式，或直接按 Enter 键回到上一级提示
	样条曲线(S)	设置指引线为样条曲线
	直线(ST)	设置指引线为折线
	箭头(A)	在指引线的起始位置画箭头
	无(N)	在指引线的起始位置不画箭头
	<退出>	此项为默认选项，选择该项退出"格式"选项，返回"指定下一点或[注释(A)/格式(F)/放弃(U)]<注释>："提示，并且指引线形式按默认方式设置

8.3.2 快速引线标注

利用 QLEADER 命令可快速生成指引线及注释，而且可以通过命令行优化对话框进行用户自定义，由此可以消除不必要的命令行提示，取得最高的工作效率。

1. 执行方式

命令行：QLEADER。

2. 操作步骤

```
命令：QLEADER↙
指定第一个引线点或 [设置(S)] <设置>：
```

3. 选项说明

各选项的含义如表 8-7 所示。

表 8-7 "快速引线标注"命令各选项含义

选项	含义
指定第一个引线点	在上面的提示下确定一点作为指引线的第一点，AutoCAD 提示： 指定下一点：(输入指引线的第二点) 指定下一点：(输入指引线的第三点) AutoCAD 提示用户输入的点的数目由"引线设置"对话框确定。输入完指引线的点后 AutoCAD 提示： 指定文字宽度 <0.0000>：(输入多行文本的宽度) 输入注释文字的第一行 <多行文字(M)>： 此时，有两种命令输入选择，含义如下。

续表

选项		含义
指定第一个引线点	输入注释文字的第一行	在命令行输入第一行文本。系统继续提示： 输入注释文字的下一行：（输入另一行文本） 输入注释文字的下一行：（输入另一行文本或按 Enter 键）
	多行文字(M)	打开多行文字编辑器，输入编辑多行文字。 直接按 Enter 键，结束 QLEADER 命令并把多行文本标注在指引线的末端附近
设置		直接按 Enter 键或输入 S，打开"引线设置"对话框，允许对引线标注进行设置。该对话框包含"注释""引线和箭头""附着"3 个选项卡，下面分别进行介绍
	"注释"选项卡（图 8-63）	用于设置引线标注中注释文本的类型、多行文本的格式并确定注释文本是否多次使用
	"引线和箭头"选项卡（图 8-64）	用来设置引线标注中指引线和箭头的形式。其中"点数"选项区用于设置执行 QLEADER 命令时 AutoCAD 提示用户输入的点的数目。例如，设置点数为 3，执行 QLEADER 命令时，当用户在提示下指定 3 个点后，AutoCAD 自动提示用户输入注释文本。注意设置的点数要比用户希望的指引线的段数多 1。可利用微调框进行设置，如果选中"无限制"复选框，AutoCAD 会一直提示用户输入点直到连续按 Enter 键两次为止。"角度约束"选项区用于设置第一段和第二段指引线的角度约束
	"附着"选项卡（图 8-65）	设置注释文本和指引线的相对位置。如果最后一段指引线指向右边，系统自动把注释文本放在右侧；反之放在左侧。利用本选项卡左侧和右侧的单选按钮分别设置位于左侧和右侧的注释文本与最后一段指引线的相对位置，二者可相同也可不同

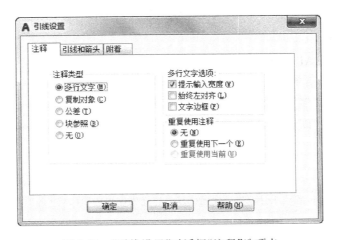

图 8-63 "引线设置"对话框"注释"选项卡

图 8-64 "引线设置"对话框"引线和箭头"选项卡

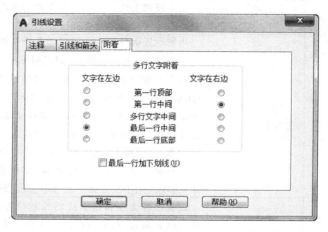

图 8-65 "引线设置"对话框的"附着"选项卡

8.3.3 多重引线标注

多重引线可创建为箭头优先、引线基线优先或内容优先。

1. 执行方式

命令行：MLEADERSTYLE。
菜单栏：执行菜单栏中的"格式"→"多重引线样式"命令。
工具栏：单击"多重引线"工具栏中的"多重引线样式"按钮 。
功能区：单击"默认"选项卡"注释"面板中的"多重引线样式"按钮 。

2. 操作步骤

```
命令：MLEADER
指定引线箭头的位置或 [引线基线优先(L)/内容优先(C)/选项(O)] <选项>：
```

3．选项说明

各选项的含义如表8-8所示。

表8-8 "多重引线标注"命令各选项含义

选　　项	含　　义	
引线箭头位置	指定多重引线对象箭头的位置	
引线基线优先(L)	指定多重引线对象的基线的位置。如果先前绘制的多重引线对象是基线优先，则后续的多重引线也将先创建基线(除非另外指定)	
内容优先(C)	指定与多重引线对象相关联的文字或块的位置。如果先前绘制的多重引线对象是内容优先，则后续的多重引线对象也将先创建内容(除非另外指定)	
选项(O)	指定用于放置多重引线对象的选项。格式如下。 输入选项[引线类型(L)/引线基线(A)/内容类型(C)/最大点数(M)/第一个角度(F)/第二个角度(S)/退出选项(X)]：	
	引线类型(L)	指定要使用的引线类型。格式如下。 输入选项[类型(T)/基线(L)]： 类型(T)：指定直线、样条曲线或无引线。格式如下。 选择引线类型[直线(S)/样条曲线(P)/无(N)]： 基线(L)：更改水平基线的距离。格式如下。 使用基线[是(Y)/否(N)]： 如果此时选择"否"，则不会有与多重引线对象相关联的基线
	内容类型(C)	指定要使用的内容类型。格式如下。 输入内容类型[块(B)//无(N)]： 块：指定图形中的块，以与新的多重引线相关联。格式如下。 输入块名称： 无：指定"无"内容类型
	最大点数(M)	指定新引线的最大点数。格式如下。 输入引线的最大点数或 <无>：
	第一个角度(F)	约束新引线中的第一个点的角度。格式如下。 输入第一个角度约束或 <无>：
	第二个角度(S)	约束新引线中的第二个角度。格式如下。 输入第二个角度约束或 <无>：
	退出选项(X)	返回到第一个MLEADER命令提示

8.3.4 上机练习——标注销轴尺寸

 练习目标

标注如图 8-66 所示的销轴尺寸。

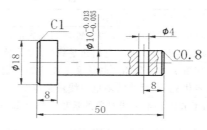

图 8-66 销轴

 设计思路

本例的操作步骤与之前的实例基本相同,不同之处在于多重引线命令的应用。

 操作步骤

(1) 设置标注样式。将"尺寸标注"图层设定为当前图层。按与 8.2.2 节相同的方法设置标注样式。

(2) 标注线性尺寸。单击"注释"选项卡"标注"面板中的"线性"按钮 ,标注线性尺寸,结果如图 8-67 所示。

(3) 设置公差尺寸标注样式。按与 6.2.9 节相同的方法设置公差尺寸标注样式。

(4) 标注公差尺寸。单击"注释"选项卡"标注"面板中的"线性"按钮 ,标注公差尺寸,结果如图 8-68 所示。

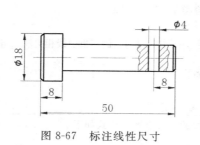

图 8-67 标注线性尺寸

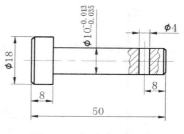

图 8-68 标注公差尺寸

(5) 用"引线"命令标注销轴左端倒角,命令行的提示与操作如下。

```
命令: QLEADER↙
指定第一个引线点或 [设置(S)] <设置>:↙(系统打开"引线设置"对话框,分别按图 8-69、
图 8-70 设置,最后单击"确定"按钮退出)
指定第一个引线点或 [设置(S)] <设置>:(指定销轴左上倒角点)
```

指定下一点:(适当指定下一点)
指定下一点:(适当指定下一点)
指定文字宽度<0>:3✓
输入注释文字的第一行<多行文字(M)>: C1✓
输入注释文字的下一行:✓

图 8-69　设置注释

图 8-70　设置引线和箭头

结果如图 8-71 所示。单击"默认"选项卡"修改"面板中的"分解"按钮，将引线标注分解，单击"默认"选项卡"修改"面板中的"移动"按钮，将倒角数值 C1 移动到合适位置，结果如图 8-72 所示。

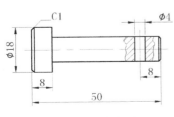

图 8-71　引线标注

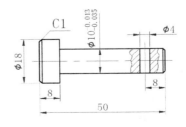

图 8-72　调整位置

（6）单击"默认"选项卡"注释"面板中的"多重引线"按钮，标注销轴右端倒角，命令行的提示与操作如下：

```
命令：_mleader
指定引线箭头的位置或 [引线基线优先(L)/内容优先(C)/选项(O)] <选项>：（指定销轴右上倒角点）
指定引线基线的位置：（适当指定下一点）
```

系统打开多行文字编辑器，输入倒角文字 C0.8，完成多重引线标注。单击"默认"选项卡"修改"面板中的"分解"按钮，将引线标注分解。

（7）单击"默认"选项卡"修改"面板中的"移动"按钮，将倒角数值 C0.8 移动到合适位置，最终结果如图 8-66 所示。

注意：对于 45°倒角，可以标注 C＊，C1 表示 1×1 的 45°倒角。如果倒角不是 45°，就必须按常规尺寸标注的方法进行标注。

8.4 形位公差

为方便机械设计工作，AutoCAD 提供了标注形位公差的功能。形位公差的标注如图 8-73 所示，包括指引线、特征符号、公差值以及基准代号和其附加符号。

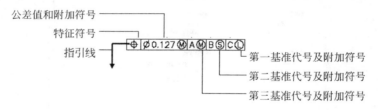

图 8-73 形位公差标注

1．执行方式

命令行：TOLERANCE。
菜单栏：执行菜单栏中的"标注"→"公差"命令。
工具栏：单击"标注"工具栏中的"公差"按钮。
功能区：单击"注释"选项卡"标注"面板中的"公差"按钮。

2．操作步骤

```
命令：TOLERANCE↙
```

在命令行输入 TOLERANCE 命令，或选择相应的菜单项或工具栏图标，打开如图 8-74 所示的"形位公差"对话框，可通过此对话框对形位公差标注进行设置。

3．选项说明

各选项的含义如表 8-9 所示。

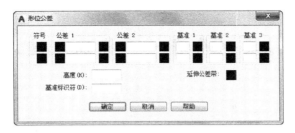

图 8-74 "形位公差"对话框

表 8-9 "形位公差"命令各选项含义

选 项	含 义
符号	设定或改变公差代号。单击下面的黑方块,系统打开图 8-75 所示的"特征符号"选项板,可从中选取公差代号
公差 1(2)	产生第一(二)个公差的公差值及"附加符号"符号。白色文本框左侧的黑块控制是否在公差值之前加一个直径符号,单击它,则出现一个直径符号,再单击则又消失。白色文本框用于确定公差值,应在其中输入一个具体数值。右侧黑块用于插入"包容条件"符号,单击它,打开图 8-76 所示的"附加符号"选项板,可从中选取所需符号。单击其右侧黑块则弹出"包容条件"选项板,可从中选取适当的"包容条件"符号
"高度"文本框	确定标注复合形位公差的高度
延伸公差带	单击此黑块,在复合公差带后面加一个复合公差符号
"基准标识符"文本框	产生一个标识符号,用一个字母表示。 图 8-77 所示为几个利用 TOLERANCE 命令标注的形位公差。 基准 1(2、3):确定第一(二、三)个基准代号及材料状态符号。在白色文本框中输入一个基准代号

注意:在"形位公差"对话框中有两行,可实现复合形位公差的标注。如果两行中输入的公差代号相同,则得到图 8-77(e)的形式。

图 8-75 "特征符号"选项板

图 8-76 "附加符号"选项板

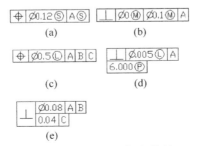

图 8-77 形位公差标注举例

8.5 实例精讲——标注底座尺寸

8-7

练习目标

本实例的绘制思路如下：首先标注一般尺寸，然后标注倒角尺寸，最后标注形位公差，结果如图 8-78 所示。

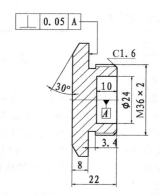
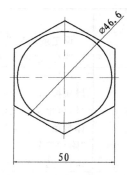

图 8-78 标注底座尺寸

设计思路

本实例重点介绍公差的标注，从而完成底座尺寸标注。

操作步骤

1. 设置标注样式

将"尺寸标注"图层设定为当前图层。按与 8.2.2 节相同的方法设置标注样式。

2. 标注线性尺寸

单击"注释"选项卡"标注"面板中的"线性"按钮 ，标注线性尺寸，结果如图 8-79 所示。

3. 标注直径尺寸

单击"注释"选项卡"标注"面板中的"直径"按钮 ，标注直径尺寸，结果如图 8-80 所示。

4. 设置角度标注尺寸样式

按与 8.2.6 节相同的方法设置角度标注样式。

5. 标注角度尺寸

单击"注释"选项卡"标注"面板中的"角度"按钮，对图形进行角度尺寸标注，结果如图 8-81 所示。

第 8 章 尺寸标注

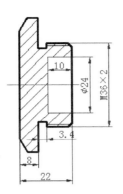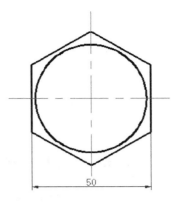

图 8-79 标注线性尺寸

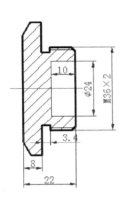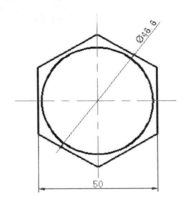

图 8-80 标注直径尺寸

6．标注引线尺寸

按与 8.3.4 节相同的方法标注，结果如图 8-82 所示。

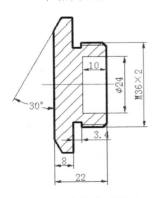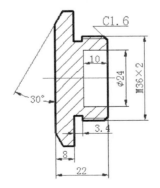

图 8-81 标注角度尺寸　　　　　　　图 8-82 标注引线尺寸

7．标注形位公差

单击"注释"选项卡"标注"面板中的"公差"按钮，打开"形位公差"对话框，单击

"符号"黑框,打开"特征符号"选项板,选择⊥符号,在"公差1"文本框中输入 0.05,在"基准1"文本框中输入字母 A,如图 8-83 所示,单击"确定"按钮。在图形的合适位置放置形位公差,如图 8-84 所示。

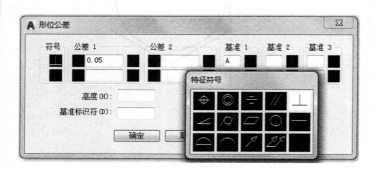

图 8-83 "形位公差"对话框

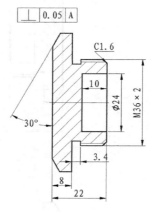

图 8-84 放置形位公差

8. 绘制引线

利用 LEADER 命令绘制引线,命令行操作如下。

```
命令:LEADER↙
指定引线起点:(适当指定一点)
指定下一点:(适当指定一点)
指定下一点或[注释(A)/格式(F)/放弃(U)]<注释>:(适当指定一点)
指定下一点或[注释(A)/格式(F)/放弃(U)]<注释>:(适当指定一点)
指定下一点或[注释(A)/格式(F)/放弃(U)]<注释>:(系统打开文字格式编辑器,不输入文字,单击"确定"按钮)↙
```

结果如图 8-85 所示。

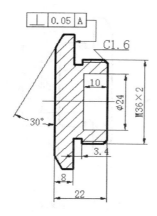 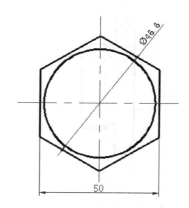

图 8-85 绘制引线

9. 绘制基准符号

利用"直线""矩形"和"多行文字"等命令绘制基准符号。最终结果如图 8-78 所示。

☎ **注意**：基准符号上面的短横线是粗实线，其他图线是细实线，这里注意设置线宽或转换图层。

8.6 上机实验——绘制挂轮架

1. 目的要求

标注如图 8-86 所示的挂轮架尺寸。

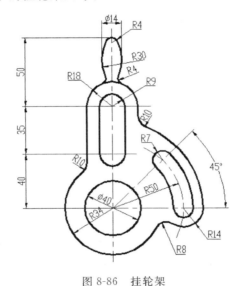

图 8-86　挂轮架

2. 操作提示

（1）设置文字样式和标注样式。
（2）标注线性尺寸。
（3）标注直径尺寸。
（4）标注半径尺寸。
（5）标注角度尺寸。

高效绘图工具

为了提高系统整体的图形设计效率,并有效地管理整个系统的所有图形设计文件,经过不断地探索和完善,AutoCAD推出了大量的集成化绘图工具。利用设计中心和工具选项板,用户可以建立自己的个性化图库,也可以利用其他用户提供的资源快速准确地进行图形设计。

学习要点

- ◆ 图块操作
- ◆ 图块的属性
- ◆ 设计中心
- ◆ 工具选项板

9.1 图块操作

图块也叫块,它是由一组图形组成的集合。一组对象一旦被定义为图块,它们将成为一个整体,单击图块中任意一个图形对象即可选中构成图块的所有对象。AutoCAD把一个图块作为一个对象进行编辑、修改等操作,用户可根据绘图需要把图块插入到图中任意指定的位置,在插入时,还可以指定不同的缩放比例和旋转角度。如果需要对组成图块的单个图形对象进行修改,还可以利用"分解"命令把图块分解成若干个对象。图块还可以重新定义,一旦被重新定义,整个图中基于该块的对象都将随之改变。

9.1.1 定义图块

1. 执行方式

命令行: BLOCK(快捷命令: B)。
菜单栏: 执行菜单栏中的"绘图"→"块"→"创建"命令。
工具栏: 单击"绘图"工具栏中的"创建块"按钮 。
功能区: 单击"默认"选项卡"块"面板中的"创建"按钮 ,或单击"插入"选项卡"块定义"面板中的"创建块"按钮 。

2. 操作步骤

命令: BLOCK↙

选择相应的菜单命令或单击相应的工具栏图标,或在命令行输入 BLOCK 后按 Enter 键,打开图 9-1 所示的"块定义"对话框,利用该对话框可定义图块并为之命名。

图 9-1 "块定义"对话框

277

3．选项说明

各选项的含义如表 9-1 所示。

表 9-1 "块定义"对话框中各选项含义

选　　项	含　　义
"基点"选项区	确定图块的基点，默认值是(0,0,0)。也可以在下面的 X(Y、Z)文本框中输入块的基点坐标值。单击"拾取点"按钮，AutoCAD 临时切换到作图屏幕，用鼠标在图形中拾取一点后，返回"块定义"对话框，把所拾取的点作为图块的基点
"对象"选项区	该选项区用于选择制作图块的对象以及对象的相关属性 例如，把图 9.2(a)中的正五边形定义为图块，图 9.2(b)为选择"删除"单选按钮的结果，图 9.2(c)为选择"保留"单选按钮的结果
"设置"选项区	指定从 AutoCAD 设计中心拖动图块时用于测量图块的单位，以及缩放、分解和超链接等设置
"在块编辑器中打开"复选框	选中此复选框，系统打开块编辑器，可以定义动态块。此部分内容后面详细讲述

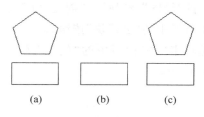

图 9-2　删除图形对象

9.1.2 图块的存盘

用 BLOCK 命令定义的图块保存在其所属的图形当中，该图块只能在该图中插入，而不能插入到其他图中。但是有些图块常要用于许多图中，这时可以用 WBLOCK 命令把图块以图形文件的形式(后缀为.dwg)写入磁盘，图形文件可以在任意图形中用 INSERT 命令插入。

1．执行方式

命令行：WBLOCK(快捷命令：W)。

功能区：单击"插入"选项卡"块定义"面板中的"写块"按钮。

2．操作步骤

```
命令: WBLOCK
```

在命令行输入 WBLOCK 后按 Enter 键，打开"写块"对话框，如图 9-3 所示。利用此对话框，可把图形对象保存为图形文件，或把图块转换成图形文件。

3．选项说明

各选项的含义如表 9-2 所示。

第 9 章 高效绘图工具

图 9-3 "写块"对话框

表 9-2 "写块"命令各选项含义

选 项	含 义
"源"选项区	确定要保存为图形文件的图块或图形对象。选择"块"单选按钮,单击右侧的下三角按钮,在下拉列表框中选择一个图块,将其保存为图形文件。选择"整个图形"单选按钮,则把当前的整个图形保存为图形文件。选择"对象"单选按钮,则把不属于图块的图形对象保存为图形文件。对象的选取通过"对象"选项区来完成
"目标"选项区	用于指定图形文件的名字、保存路径和插入单位等

9.1.3 上机练习——胶垫图块

练习目标

将图 9-4 所示图形定义为图块,取名为"胶垫",并保存。

图 9-4 创建胶垫图块

9-1

279

设计思路

利用创建命令创建胶垫图块。

 操作步骤

(1) 单击"默认"选项卡"块"面板中的"创建"按钮 ，打开"块定义"对话框。

(2) 在"名称"下拉列表框中输入"胶垫"。

(3) 单击"拾取点"按钮切换到作图屏幕，选择中心线中点为插入基点，返回"块定义"对话框。

(4) 单击"选择对象"按钮切换到作图屏幕，选择图 9-4 中的对象后，按 Enter 键返回"块定义"对话框，如图 9-5 所示。

图 9-5 "块定义"对话框

(5) 单击"确定"按钮关闭对话框。

(6) 在命令行输入 WBLOCK 命令，打开"写块"对话框，在"源"选项区中选择"块"单选按钮，在后面的下拉列表框中选择胶垫块，并进行其他相关设置，如图 9-6 所示，单击"确认"按钮。

9.1.4 图块的插入

在用 AutoCAD 绘图的过程中，可根据需要随时把已经定义好的图块或图形文件插入到当前图形的任意位置，在插入的同时还可以改变图块的大小、旋转一定角度或把图块炸开等。

1．执行方式

命令行：INSERT（快捷命令：I）。

菜单栏：执行菜单栏中的"插入"→"块"命令。

工具栏：单击"插入"工具栏中的"插入块"按钮，或单击"绘图"工具栏中的"插入块"按钮。

图 9-6 "写块"对话框

功能区：单击"默认"选项卡"块"面板中的"插入"按钮，或单击"插入"选项卡"块"面板中的"插入"按钮。

2．操作步骤

命令：INSERT↙

输入相应命令后 AutoCAD 打开"插入"对话框，如图 9-7 所示，可以指定要插入的图块及插入位置。

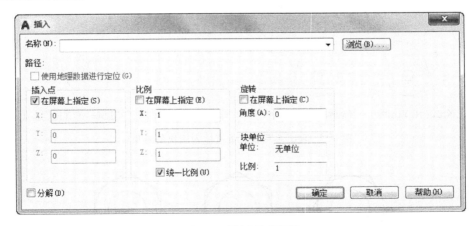

图 9-7 "插入"对话框

3．选项说明

各选项的含义如表 9-3 所示。

表 9-3 "插入"对话框各选项含义

选 项	含 义
"路径"文本框	指定图块的保存路径
"插入点"选项区	指定插入点,插入图块时该点与图块的基点重合。可以在屏幕上指定该点,也可以通过下面的文本框输入该点坐标值
"比例"选项区	确定插入图块时的缩放比例。图块被插入到当前图形中的时候,可以以任意比例放大或缩小,如图 9-8 所示。其中,图 9-8(a)是被插入的图块,图 9-8(b)为取比例系数 1.5 插入该图块的结果,图 9-8(c)是取比例系数 0.5 的结果。X 轴方向和 Y 轴方向的比例系数也可以取不同值,如图 9-8(d)所示,X 轴方向的比例系数为 1,Y 轴方向的比例系数为 1.5。另外,比例系数还可以是一个负数,当为负数时表示插入图块的镜像,其效果如图 9-9 所示
"旋转"选项区	指定插入图块时的旋转角度。图块被插入到当前图形中的时候,可以绕其基点旋转一定的角度,角度可以是正数(表示沿逆时针方向旋转),也可以是负数(表示沿顺时针方向旋转)。如图 9-10(b)为图 9-10(a)所示图块旋转 30°插入的效果,图 9-10(c)是旋转-30°插入的效果 如果选中"在屏幕上指定"复选框,则系统切换到作图屏幕,在屏幕上拾取一点,AutoCAD 自动测量插入点与该点连线和 X 轴正方向之间的夹角,并把它作为块的旋转角。也可以在"角度"文本框中直接输入插入图块时的旋转角度
"分解"复选框	选中此复选框,则在插入块的同时把其炸开,插入到图形中的组成块的对象不再是一个整体,可对每个对象单独进行编辑操作

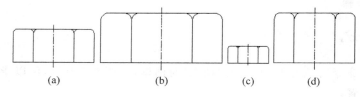

(a)   (b)   (c)   (d)

图 9-8 取不同比例系数插入图块的效果

X比例=1,Y比例=1   X比例=-1,Y比例=1   X比例=1,Y比例=-1   X比例=-1,Y比例=-1

图 9-9 取比例系数为负值插入图块的效果

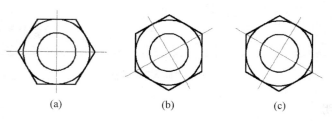

(a)   (b)   (c)

图 9-10 以不同旋转角度插入图块的效果

9.1.5 动态块

动态块具有灵活性和智能性。用户在操作时，可以轻松地更改图形中的动态块参照。可以通过自定义夹点或自定义特性来操作动态块参照中的几何图形，这使得用户可以根据需要调整块，而不用搜索另一个块以插入或重定义现有的块。

例如，如果在图形中插入一个门块参照，编辑图形时，可能需要更改门的大小。如果该块是动态的，并且定义为可调整大小，那么只需拖动自定义夹点，或在"特性"选项板中指定不同的大小就可以修改门的大小，如图 9-11 所示。用户可能还需要

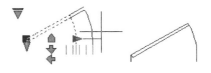

图 9-11 改变大小

修改门的打开角度，如图 9-12 所示。该门块还可能包含对齐夹点，使用对齐夹点，可以轻松地将门块参照与图形中的其他几何图形对齐，如图 9-13 所示。

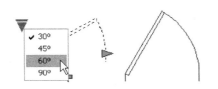

图 9-12 改变角度

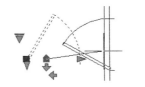

图 9-13 对齐

可以使用块编辑器创建动态块。块编辑器是一个专门的编写区域，用于添加能够使块成为动态块的元素。用户可以从头创建块，也可以向现有的块定义中添加动态行为，还可以像在绘图区域中一样创建几何图形。

1．执行方式

命令行：BEDIT。

菜单栏：执行菜单栏中的"工具"→"块编辑器"命令。

工具栏：单击"标准"工具栏中的"块编辑器"按钮 。

快捷菜单：选择一个块参照，在绘图区域中右击，从弹出的快捷菜单中选择"块编辑器"命令。

功能区：单击"默认"选项卡"块"面板中的"编辑"按钮 ，或单击"插入"选项卡"块定义"面板中的"块编辑器"按钮 。

2．操作步骤

命令：BEDIT↙

输入以上命令后，系统打开"编辑块定义"对话框，如图 9-14 所示。在"要创建或编辑的块"文本框中输入块名或在列表框中选择已定义的块或当前图形，单击"确认"按钮，系统打开块编写选项板和"块编辑器"工具栏，如图 9-15 所示。

3．选项说明

各选项的含义如表 9-4 所示。

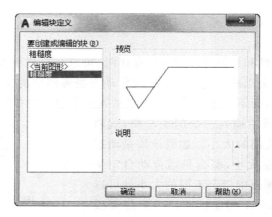

图 9-14 "编辑块定义"对话框

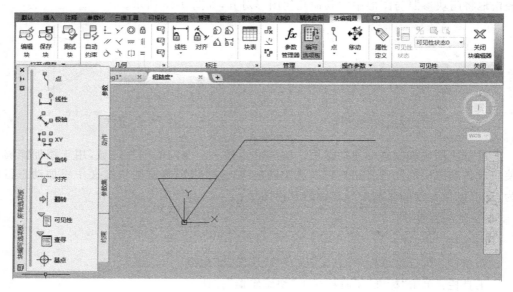

图 9-15 块编辑状态绘图平面

表 9-4 "动态块"命令各选项含义

选 项		含 义
块编写选项板	"参数"选项卡	提供用于向块编辑器中的动态块定义中添加参数的工具。参数用于指定几何图形在块参照中的位置、距离和角度。将参数添加到动态块定义中时,该参数将定义块的一个或多个自定义特性。此选项卡也可以通过命令 BPARAMETER 来打开。 (1) 点参数。可向动态块定义中添加一个点参数,并为块参照定义自定义 X 和 Y 特性。点参数定义图形中的 X 和 Y 位置。在块编辑器中,点参数类似于一个坐标注。 (2) 线性参数。可向动态块定义中添加一个线性参数,并为块参照定义自定义距离特性。线性参数显示两个目标点之间的距离。线性参数限制沿预设角度进行的夹点移动。在块编辑器中,线性参数类似于对齐标注。

续表

选 项		含 义
块编写选项板	"参数"选项卡	（3）极轴参数。可向动态块定义中添加一个极轴参数，并为块参照定义自定义距离和角度特性。极轴参数显示两个目标点之间的距离和角度值。可以使用夹点和"特性"选项板来共同更改距离值和角度值。在块编辑器中，极轴参数类似于对齐标注。 （4）XY参数。可向动态块定义中添加一个XY参数，并为块参照定义自定义水平距离和垂直距离特性。XY参数显示与参数基点的X距离和Y距离。在块编辑器中，XY参数显示为一对标注（水平标注和垂直标注）。这一对标注共享一个公共基点。 （5）旋转参数。可向动态块定义中添加一个旋转参数，并为块参照定义自定义角度特性。旋转参数用于定义角度。在块编辑器中，旋转参数显示为一个圆。 （6）对齐参数。可向动态块定义中添加一个对齐参数。对齐参数用于定义X位置、Y位置和角度。对齐参数总是应用于整个块，并且无须与任何动作相关联。对齐参数允许块参照自动围绕一个点旋转，以便与图形中的其他对象对齐。对齐参数影响块参照的角度特性。在块编辑器中，对齐参数类似于对齐线。 （7）翻转参数。可向动态块定义中添加一个翻转参数，并为块参照定义自定义翻转特性。翻转参数用于翻转对象。在块编辑器中，翻转参数显示为投影线，可以围绕这条投影线翻转对象。翻转参数将显示一个值，该值显示块参照是否已被翻转。 （8）可见性参数。可向动态块定义中添加一个可见性参数，并为块参照定义自定义可见性特性。通过可见性参数，用户可以创建可见性状态并控制块中对象的可见性。可见性参数总是应用于整个块，并且无须与任何动作相关联。在图形中单击夹点可以显示块参照中所有可见性状态的列表。在块编辑器中，可见性参数显示为带有关联夹点的文字。 （9）查寻参数。可向动态块定义中添加一个查寻参数，并为块参照定义自定义查寻特性。查寻参数用于定义自定义特性，用户可以指定或设置该特性，以便从定义的列表或表格中计算出某个值。该参数可以与单个查寻夹点相关联。在块参照中单击该夹点可以显示可用值的列表。在块编辑器中，查寻参数显示为文字。 （10）基点参数。可向动态块定义中添加一个基点参数。基点参数用于定义动态块参照相对于块中的几何图形的基点。基点参数无法与任何动作相关联，但可以属于某个动作的选择集。在块编辑器中，基点参数显示为带有十字光标的圆
	"动作"选项卡	提供用于向块编辑器中的动态块定义中添加动作的工具。动作定义了在图形中操作块参照的自定义特性时，动态块参照的几何图形将如何移动或变化。应将动作与参数相关联。此选项卡也可以通过命令BACTIONTOOL来打开。 （1）移动动作。可在用户将移动动作与点参数、线性参数、极轴参数或XY参数关联时，将该动作添加到动态块定义中。移动动作类似于MOVE命令。在动态块参照中，移动动作将使对象移动指定的距离和角度。

续表

选项		含义
块编写选项板	"动作"选项卡	（2）缩放动作。可在用户将缩放动作与线性参数、极轴参数或XY参数关联时将该动作添加到动态块定义中。缩放动作类似于SCALE命令。在动态块参照中，当通过移动夹点或使用"特性"选项板编辑关联的参数时，缩放动作将使其选择集发生缩放。 （3）拉伸动作。可在用户将拉伸动作与点参数、线性参数、极轴参数或XY参数关联时将该动作添加到动态块定义中。拉伸动作将使对象在指定的位置移动和拉伸指定的距离。 （4）极轴拉伸动作。可在用户将极轴拉伸动作与极轴参数关联时将该动作添加到动态块定义中。当通过夹点或"特性"选项板更改关联的极轴参数上的关键点时，极轴拉伸动作将使对象旋转、移动和拉伸指定的角度和距离。 （5）旋转动作。可在用户将旋转动作与旋转参数关联时将该动作添加到动态块定义中。旋转动作类似于ROTATE命令。在动态块参照中，当通过夹点或"特性"选项板编辑相关联的参数时，旋转动作将使其相关联的对象进行旋转。 （6）翻转动作。可在用户将翻转动作与翻转参数关联时将该动作添加到动态块定义中。使用翻转动作可以围绕指定的轴（称为投影线）翻转动态块参照。 （7）阵列动作。可在用户将阵列动作与线性参数、极轴参数或XY参数关联时将该动作添加到动态块定义中。通过夹点或"特性"选项板编辑关联的参数时，阵列动作将复制关联的对象并按矩形的方式进行阵列。 （8）查寻动作。可向动态块定义中添加一个查寻动作。向动态块定义中添加查寻动作并将其与查寻参数相关联后，将创建查寻表。可以使用查寻表将自定义特性和值指定给动态块
	"参数集"选项卡	提供用于在块编辑器中向动态块定义中添加一个参数和至少一个动作的工具。将参数集添加到动态块中时，动作将自动与参数相关联。将参数集添加到动态块中后，双击黄色警示图标（或使用 BACTIONSET 命令），然后按照命令行上的提示将动作与几何图形选择集相关联。此选项卡也可以通过命令 BPARAMETER 来打开。 （1）点移动。可向动态块定义中添加一个点参数。系统会自动添加与该点参数相关联的移动动作。 （2）线性移动。可向动态块定义中添加一个线性参数。系统会自动添加与该线性参数的端点相关联的移动动作。 （3）线性拉伸。可向动态块定义中添加一个线性参数。系统会自动添加与该线性参数相关联的拉伸动作。 （4）线性阵列。可向动态块定义中添加一个线性参数。系统会自动添加与该线性参数相关联的阵列动作。 （5）线性移动配对。可向动态块定义中添加一个线性参数。系统会自动添加两个移动动作，一个与基点相关联，另一个与线性参数的端点相关联。

续表

选 项	含 义		
块编写选项板	"参数集"选项卡	(6) 线性拉伸配对。可向动态块定义中添加一个线性参数。系统会自动添加两个拉伸动作,一个与基点相关联,另一个与线性参数的端点相关联。 (7) 极轴移动。可向动态块定义中添加一个极轴参数。系统会自动添加与该极轴参数相关联的移动动作。 (8) 极轴拉伸。可向动态块定义中添加一个极轴参数。系统会自动添加与该极轴参数相关联的拉伸动作。 (9) 环形阵列。可向动态块定义中添加一个极轴参数。系统会自动添加与该极轴参数相关联的阵列动作。 (10) 极轴移动配对。可向动态块定义中添加一个极轴参数。系统会自动添加两个移动动作,一个与基点相关联,另一个与极轴参数的端点相关联。 (11) 极轴拉伸配对。可向动态块定义中添加一个极轴参数。系统会自动添加两个拉伸动作,一个与基点相关联,另一个与极轴参数的端点相关联。 (12) XY 移动。可向动态块定义中添加一个 XY 参数。系统会自动添加与 XY 参数的端点相关联的移动动作。 (13) XY 移动配对。可向动态块定义中添加一个 XY 参数。系统会自动添加两个移动动作,一个与基点相关联,另一个与 XY 参数的端点相关联。 (14) XY 移动方格集。运行 BPARAMETER 命令,然后指定 4 个夹点并选择"XY 参数"选项,可向动态块定义中添加一个 XY 参数。系统会自动添加 4 个移动动作,分别与 XY 参数上的 4 个关键点相关联。 (15) XY 拉伸方格集。可向动态块定义中添加一个 XY 参数。系统会自动添加四个拉伸动作,分别与 XY 参数上的 4 个关键点相关联。 (16) XY 阵列方格集。可向动态块定义中添加一个 XY 参数。系统会自动添加与该 XY 参数相关联的阵列动作。 (17) 旋转集。可向动态块定义中添加一个旋转参数。系统会自动添加与该旋转参数相关联的旋转动作。 (18) 翻转集。可向动态块定义中添加一个翻转参数。系统会自动添加与该翻转参数相关联的翻转动作。 (19) 可见性集。可向动态块定义中添加一个可见性参数并允许定义可见性状态。无须添加与可见性参数相关联的动作。 (20) 查寻集。可向动态块定义中添加一个查寻参数。系统会自动添加与该查寻参数相关联的查寻动作		

续表

选项		含 义
块编写选项板	"约束"选项卡	提供用于将几何约束和约束参数应用于对象的工具。将几何约束应用于一对对象时，选择对象的顺序以及选择每个对象的点可能影响对象相对于彼此的放置方式。 1）几何约束 • 重合约束：可同时将两个点或一个点约束至曲线（或曲线的延伸线）。对象上的任意约束点均可以与其他对象上的任意约束点重合。 • 垂直约束：可使选定直线垂直于另一条直线。垂直约束在两个对象之间应用。 • 平行约束：可使选定的直线位于彼此平行的位置。平行约束在两个对象之间应用。 • 相切约束：可使曲线与其他曲线相切。相切约束在两个对象之间应用。 • 水平约束：可使直线或点对位于与当前坐标系的 X 轴平行的位置。 • 竖直约束：可使直线或点对位于与当前坐标系的 Y 轴平行的位置。 • 共线约束：可使两条直线段沿同一条直线的方向。 • 同心约束：可将两条圆弧、圆或椭圆约束到同一个中心点。结果与将重合应用于曲线的中心点所产生的结果相同。 • 平滑约束：可在共享一个重合端点的两条样条曲线之间创建曲率连续(G2)条件。 • 对称约束：可使选定的直线或圆受相对于选定直线的对称约束。 • 相等约束：可将选定圆弧和圆的尺寸重新调整为半径相同，或将选定直线的尺寸重新调整为长度相同。 • 固定约束：可将点和曲线锁定在位。 2）约束参数 • 对齐约束：可约束直线的长度或两条直线之间、对象上的点和直线之间或不同对象上的两个点之间的距离。 • 水平约束：可约束直线或不同对象上的两个点之间的 X 距离。有效对象包括直线段和多段线线段。 • 竖直约束：可约束直线或不同对象上的两个点之间的 Y 距离。有效对象包括直线段和多段线线段。 • 角度约束：可约束两条直线段或多段线线段之间的角度。与角度标注类似。 • 半径约束：可约束圆、圆弧或多段圆弧段的半径。 • 直径约束：可约束圆、圆弧或多段圆弧段的直径

第9章 高效绘图工具

续表

选　项		含　义
"块编辑器"选项卡		该选项卡提供了在块编辑器中使用、创建动态块以及设置可见性状态的工具
	编辑或创建块定义	显示"编辑块定义"对话框
	保存块定义	保存当前块定义
	测试块	运行 BTESTBLOCK 命令，可从块编辑器打开一个外部窗口以测试动态块
	自动约束对象	运行 AUTOCONSTRAIN 命令，可根据对象相对于彼此的方向将几何约束应用于对象的选择集
	显示/隐藏约束栏	运行 CONSTRAINTBAR 命令，可显示或隐藏对象上的可用几何约束
	参数约束	运行 BCPARAMETER 命令，可将约束参数应用于选定对象，或将标注约束转换为参数约束
	块表	运行 BTABLE 命令，可显示对话框以定义块的变量
	定义属性	显示"属性定义"对话框，从中可以定义模式、属性标记、提示、值、插入点和属性的文字选项
	编写选项板	编写选项板处于未激活状态时执行 BAUTHORPALETTE 命令；否则，将执行 BAUTHORPALETTECLOSE 命令
	参数管理器	参数管理器处于未激活状态时执行 PARAMETERS 命令；否则，将执行 PARAMETERSCLOSE 命令
	关闭块编辑器	运行 BCLOSE 命令，可关闭块编辑器，并提示用户保存或放弃对当前块定义所做的任何更改
	可见性模式	设置 BVMODE 系统变量，可以使当前可见性状态下不可见的对象变暗或隐藏
	使可见	运行 BVSHOW 命令，可以使对象在当前可见性状态或所有可见性状态下均可见
	使不可见	运行 BVHIDE 命令，可以使对象在当前可见性状态或所有可见性状态下均不可见
	管理可见性状态	显示"可见性状态"对话框。从中可以创建、删除、重命名和设置当前可见性状态。在列表框中选择一种状态后右击，从弹出的快捷菜单中选择"新状态"命令，打开"新建可见性状态"对话框，可以设置可见性状态
	可见性状态	指定显示在块编辑器中的当前可见性状态

9.2 图块的属性

图块除了包含图形对象，还可以包含非图形信息，例如把一个椅子的图形定义为图块后，还可把椅子的号码、材料、质量、价格以及说明等文本信息一并加入到图块当中。图块的这些非图形信息叫作图块的属性，它是图块的一个组成部分，与图形对象一起构成一个整体。在插入图块时，AutoCAD 把图形对象连同属性一起插入图形中。

9.2.1 定义图块属性

1．执行方式

命令行：ATTDEF。

菜单栏：执行菜单栏中的"绘图"→"块"→"定义属性"命令。

功能区：单击"插入"选项卡"块定义"面板中的"定义属性"按钮。

2．操作步骤

```
命令：ATTDEF↙
```

选取相应的菜单项或在命令行输入 ATTDEF 后按 Enter 键，打开"属性定义"对话框，如图 9-16 所示。

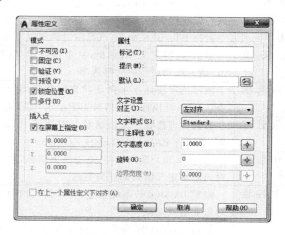

图 9-16　"属性定义"对话框

3．选项说明

各选项的含义如表 9-5 所示。

表 9-5　"定义图块属性"命令各选项含义

选项		含　义
"模式"选项区		确定属性的模式
	"不可见"复选框	插入图块并输入属性值后，属性值在图中并不显示出来
	"固定"复选框	属性值为常量
	"验证"复选框	当插入图块时 AutoCAD 重新显示属性值，以便让用户验证该值是否正确
	"预设"复选框	当插入图块时自动把事先设置好的默认值赋予属性，而不再提示输入属性值
	"锁定位置"复选框	选中此复选框，当插入图块时 AutoCAD 锁定块参照中属性的位置。解锁后，属性可以相对于使用夹点编辑的块的其他部分移动，并且可以调整多行属性的大小
	"多行"复选框	指定属性值可以包含多行文字

续表

选　项		含　义
"属性"选项区		用于设置属性值。在每个文本框中 AutoCAD 允许输入不超过 256 个字符
	"标记"文本框	输入属性选项卡。属性选项卡可由除空格和感叹号以外的所有字符组成，AutoCAD 自动把小写字母改为大写字母
	"提示"文本框	输入属性提示。属性提示是插入图块时 AutoCAD 要求输入属性值的提示，如果不在此文本框内输入文本，则以属性选项卡作为提示。如果在"模式"选项区选中"固定"复选框，即设置属性为常量，则不需设置属性提示
	"默认"文本框	设置默认的属性值。可把使用次数较多的属性值作为默认值，也可不设默认值
"插入点"选项区		确定属性文本的位置。可以在插入时由用户在图形中确定属性文本的位置，也可在 X、Y、Z 文本框中直接输入属性文本的位置坐标
"文字设置"选项区		设置属性文本的对正方式、文字样式、文字字高和倾斜角度
"在上一个属性定义下对齐"复选框		选中此复选框表示把属性选项卡直接放在前一个属性的下面，而且该属性继承前一个属性的文本样式、字高和倾斜角度等特性

注意：在动态块中，由于属性的位置包括在动作的选择集中，因此必须将其锁定。

9.2.2　修改属性的定义

在定义图块之前，可以对属性的定义加以修改。不仅可以修改属性选项卡，还可以修改属性提示和属性默认值。

1．执行方式

命令行：DDEDIT。
菜单栏：执行菜单栏中的"修改"→"对象"→"文字"→"编辑"命令。

2．操作步骤

```
命令: DDEDIT↙
选择注释对象或 [放弃(U)]:
```

在此提示下选择要修改的属性定义，打开"编辑属性定义"对话框，如图 9-17 所示。该对话框表示要修改的属性的标记为"文字"，提示为"数值"，无默认值，可在各文本框中对各项进行修改。

9.2.3　图块属性编辑

当属性被定义到图块中，甚至图块被插入图形之后，用户还可以对属性进行编辑。利用 ATTEDIT 命令，可以通过对话框对指定图块的属性值进行修改，利用 -ATTEDIT 命令则不仅可以修改属性值，而且可以对属性的位置、文本等其他设置进行编辑。

图 9-17 "编辑属性定义"对话框

1. 执行方式

命令行：ATTEDIT。

菜单栏：执行菜单栏中的"修改"→"对象"→"属性"→"单个"命令。

工具栏：单击"修改 II"工具栏中的"编辑属性"按钮 。

功能区：单击"插入"选项卡"块"面板中的"编辑属性"按钮 。

2. 操作步骤

```
命令：ATTEDIT↙
选择块参照：
```

同时光标变为拾取框，选择要修改属性的图块，则打开如图 9-18 所示的"编辑属性"对话框。对话框中显示出所选图块中包含的前 8 个属性的值，用户可对这些属性值进行修改。如果该图块中还有其他的属性，可单击"上一个"和"下一个"按钮对它们进行观察和修改。

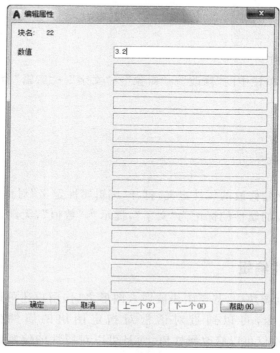

图 9-18 "编辑属性"对话框

当用户通过菜单或工具栏执行上述命令时,系统打开"增强属性编辑器"对话框,如图 9-19 所示。在该对话框中不仅可以编辑属性值,还可以编辑属性的文字选项和图层、线型、颜色等特性值。

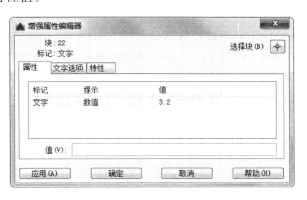

图 9-19 "增强属性编辑器"对话框

还可以通过"块属性管理器"对话框来编辑属性,方法如下:单击"修改 II"工具栏中的"块属性管理器"按钮。执行此命令后,系统打开"块属性管理器"对话框,如图 9-20 所示。单击"编辑"按钮,打开"编辑属性"对话框,如图 9-21 所示。可以通过该对话框编辑属性。

图 9-20 "块属性管理器"对话框

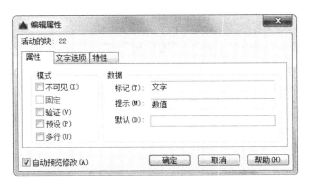

图 9-21 "编辑属性"对话框

9.3 设计中心

使用 AutoCAD 设计中心可以很容易地组织设计内容,并把它们拖动到所设计的图形中。可以使用 AutoCAD 设计中心窗口的内容显示框,来观察用 AutoCAD 设计中心的资源管理器所浏览资源的细目,如图 9-22 所示。在图中,左边方框为 AutoCAD 设计中心的资源管理器,右边方框为 AutoCAD 设计中心窗口的内容显示框。其中,上面窗口为文件显示框,中间窗口为图形预览显示框,下面窗口为说明文本显示框。

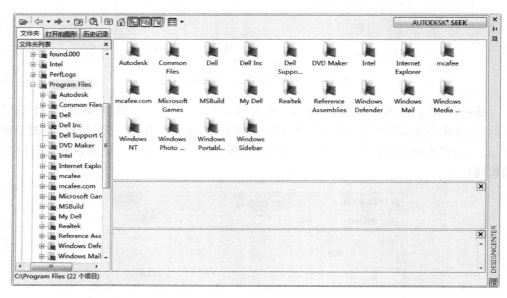

图 9-22　AutoCAD 设计中心的资源管理器和内容显示区

9.3.1 启动设计中心

1．执行方式

命令行：ADCENTER。
菜单栏：执行菜单栏中的"工具"→"选项板"→"设计中心"命令。
工具栏：单击"标准"工具栏中的"设计中心"按钮 。
功能区：单击"视图"选项卡"选项板"面板中的"设计中心"按钮 。
快捷键：Ctrl+2。

2．操作步骤

```
命令：ADCENTER↙
```

执行此命令后,系统打开设计中心。第一次启动设计中心时,默认打开的选项卡为"文件夹"。内容显示区采用大图标显示,左边的资源管理器采用 tree view 显示方式显示系统的树形结构,浏览资源的同时,在内容显示区显示所浏览资源的有关细目或内容,如图9-22所示。

可以用鼠标拖动边框来改变AutoCAD设计中心资源管理器和内容显示区以及AutoCAD绘图区的大小,但内容显示区的最小尺寸应能显示两列大图标。

如果要改变AutoCAD设计中心的位置,可在设计中心工具条的上部用鼠标拖动它,松开鼠标后,AutoCAD设计中心便处于当前位置;到新位置后,仍可以用鼠标改变各窗口的大小。也可以通过设计中心边框左边下方的"自动隐藏"按钮来自动隐藏设计中心。

9.3.2 插入图块

当将一个图块插入图形中时,块定义就被复制到图形数据库当中。在一个图块被插入图形之后,如果原来的图块被修改,则插入到图形中的图块也随之改变。

当其他命令正在执行时,不能插入图块到图形中。例如,如果在插入块时,在提示行正在执行一个命令,此时光标变成一个带斜线的圆,提示操作无效。另外,一次只能插入一个图块。

系统根据鼠标拉出的线段的长度与角度确定比例与旋转角度。

插入图块的步骤如下。

(1) 从文件夹列表或查找结果列表选择要插入的图块,按住鼠标,将其拖动到打开的图形。

松开鼠标,此时,被选择的对象被插入当前被打开的图形中。利用当前设置的捕捉方式,可以将对象插入任何存在的图形当中。

(2) 按下鼠标左键,指定一点作为插入点,移动鼠标,鼠标位置点与插入点之间的距离为缩放比例。单击确定比例。采用同样的方法移动鼠标,鼠标指定位置与插入点连线及水平线的夹角为旋转角度。被选择的对象就根据鼠标指定的比例和角度插入图形中。

9.3.3 图形复制

1. 在图形之间复制图块

利用AutoCAD设计中心,可以浏览和装载需要复制的图块,然后将图块复制到剪贴板,利用剪贴板将图块粘贴到图形中。具体方法如下。

(1) 在控制板选择需要复制的图块,右击打开快捷菜单,选择"复制"命令。

(2) 将图块复制到剪贴板上,然后通过"粘贴"命令粘贴到当前图形中。

2. 在图形之间复制图层

利用AutoCAD设计中心,可以从任何一个图形复制图层到其他图形。例如,如果已经绘制了一个包括设计所需的所有图层的图形,在绘制新的图形时,可以新建一个图形,并通过AutoCAD设计中心将已有的图层复制到新的图形中,这样可以节省时间,并保证图形间的一致性。

(1) 拖动图层到已打开的图形:确认要复制图层的目标图形文件被打开,并且是当前的图形文件。在控制板或查找结果列表框选择要复制的一个或多个图层。拖动图层到打开的图形文件。松开鼠标后,被选择的图层被复制到打开的图形中。

（2）复制或粘贴图层到打开的图形：确认要复制的图层的图形文件被打开，并且是当前的图形文件。在控制板或查找结果列表框选择要复制的一个或多个图层右击，在弹出的快捷菜单中选择"复制到剪贴板"命令。如果要粘贴图层，应确认粘贴的目标图形文件被打开，并为当前文件。右击打开快捷菜单，选择"粘贴"命令。

9.4 工具选项板

该选项板是"工具选项板"窗口中选项卡形式的区域，可提供组织、共享和放置块及填充图案的有效方法。工具选项板还可以包含由第三方开发人员提供的自定义工具。

9.4.1 打开工具选项板

1．执行方式

命令行：TOOLPALETTES。
菜单栏：执行菜单栏中的"工具"→"选项板"→"工具选项"命令。
工具栏：单击"标准"工具栏中的"工具选项板窗口"按钮 。
功能区：单击"视图"选项卡"选项板"面板中的"工具选项板"按钮 。
快捷键：Ctrl+3。

2．操作步骤

```
命令：TOOLPALETTES↙
```

执行上述命令后，系统自动打开工具选项板，如图9-23所示。

3．选项说明

命令中选项的含义如下。

工具选项板：在工具选项板中，系统设置了一些常用图形选项卡，这些常用图形可以方便用户绘图。

9.4.2 工具选项板的显示控制

1．移动和缩放工具选项板窗口

用户可以用鼠标按住工具选项板窗口深色边框，拖动鼠标，即可移动工具选项板窗口。将鼠标指向工具选项板窗口边缘，出现双向伸缩箭头，按住鼠标拖动即可缩放工具选项板窗口。

2．自动隐藏

在工具选项板窗口深色边框下面有一个"自动隐藏"按钮，单击该按钮就可自动隐藏工具选项板窗口；再次单击，则自动打开工具选项板窗口。

图 9-23 工具选项板

3. "透明度"控制

工具选项板窗口深色边框下面有一个"特性"按钮,单击该按钮,打开快捷菜单,如图 9-24 所示。选择"透明度"命令,系统打开"透明度"对话框,如图 9-25 所示。通过调节按钮可以调节工具选项板窗口的透明度。

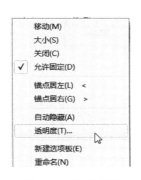

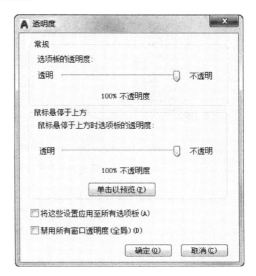

图 9-24　快捷菜单　　　　　图 9-25　"透明度"对话框

9.4.3　新建工具选项板

用户可以建立新工具选项板,这样有利于个性化作图,也可以满足特殊作图需要。

1. 执行方式

命令行：CUSTOMIZE。

菜单栏：执行菜单栏中的"工具"→"自定义"→"工具选项板"命令。

快捷菜单：在任意工具栏上右击,从弹出的快捷菜单中选择"自定义"命令。

工具选项板：单击"特性"按钮 选择新建选项板。

2. 操作步骤

```
命令: CUSTOMIZE↙
```

执行上述命令后,系统打开"自定义"对话框的"工具选项板"选项卡,如图 9-26 所示。

在工具选项板空白位置右击,从弹出的快捷菜单中,选择"新建选项板"命令,如图 9-27 所示,然后为新建的工具选项板命名。按 Enter 键工具选项板中就增加了一个新的选项卡,如图 9-28 所示。

图 9-26 "自定义"对话框

图 9-27 "新建选项板"选项

图 9-28 新增选项卡

9.4.4 向工具选项板添加内容

（1）将图形、块和图案填充从设计中心拖动到工具选项板上。

例如，在 Designcenter 文件夹上右击，从弹出的快捷菜单中选择"创建块的工具选项板"命令，如图 9-29（a）所示，设计中心中储存的图元就出现在工具选项板中新建的

Designcenter 选项卡上,如图 9-29(b)所示。这样就可以将设计中心与工具选项板结合起来,建立一个快捷方便的工具选项板。将工具选项板中的图形拖动到另一个图形中时,图形将作为块插入。

(2)使用"剪切""复制"和"粘贴"命令将一个工具选项板中的工具移动或复制到另一个工具选项板中。

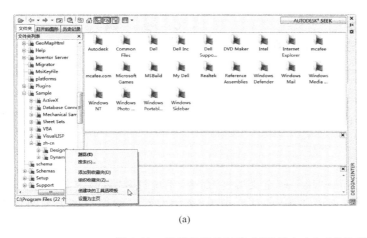

图 9-29 将储存图元创建成"设计中心"工具选项板

9.5 实例精讲——标注销轴表面粗糙度

练习目标

标注如图 9-30 所示的销轴表面粗糙度。

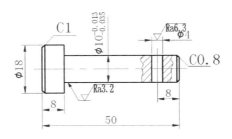

图 9-30 标注销轴表面粗糙度

设计思路

本实例介绍粗糙度的标注,主要分为三部分内容:首先利用直线命令绘制粗糙度符号,然后定义块属性并创建图块,最后插入粗糙度图块到适当位置。

操作步骤

1．打开文件

打开前面标注的销轴图形，如图9-31所示。

2．绘制粗糙度符号

单击"默认"选项卡"绘图"面板中的"直线"按钮 ╱，绘制粗糙度符号，三角形夹角为60°，结果如图9-32所示。

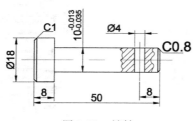
图9-31　销轴

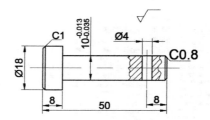
图9-32　绘制粗糙度符号

3．定义块属性

执行菜单栏中的"绘图"→"块"→"定义属性"命令，系统打开"属性定义"对话框，进行如图9-33所示的设置，其中模式为"验证"，单击"确定"按钮，将标记插入到图形中，结果如图9-34所示。

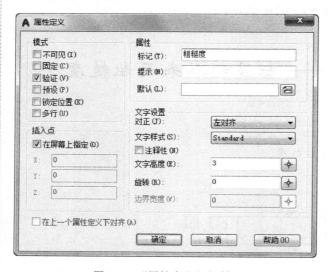
图9-33　"属性定义"对话框

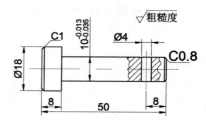
图9-34　插入标记

4．创建图块

在命令行输入WBLOCK命令打开"写块"对话框，如图9-35所示。拾取图9-32所示图形下尖点为基点，以此图形为对象，输入图块名称并指定路径，单击"确定"按钮。

图 9-35 "写块"对话框

5. 插入图块

单击"默认"选项卡"块"面板中的"插入"按钮 ，打开"插入"对话框，单击"浏览"按钮找到刚才保存的图块，如图 9-36 所示。在屏幕上指定插入点和旋转角度，将该图块插入如图 9-37 所示的图形中，这时，命令行会提示输入属性，并要求验证属性值，此时输入标高数值 Ra6.3，就完成了一个粗糙度的标注。命令行提示如下。

```
命令：_insert↙
指定插入点或 [基点(B)/比例(S)/X/Y/Z/旋转(R)]:(选取图块插入点)
输入属性值
粗糙度：Ra6.3↙
验证属性值
粗糙度 <Ra6.3>:↙↙
```

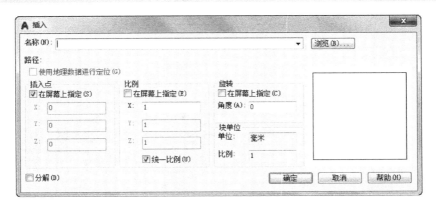

图 9-36 "插入"对话框

6. 继续插入粗糙度符号图块

单击"默认"选项卡"块"面板中的"插入"按钮 ，继续插入粗糙度符号图块，并输入不同的属性值作为粗糙度数值。单击"默认"选项卡"绘图"面板中的"多段线"按钮 ,绘制引出线,直到完成所有粗糙度符号标注,如图 9-38 所示。

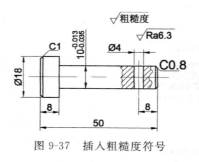

图 9-37 插入粗糙度符号

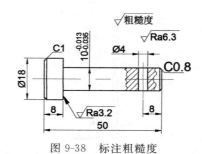

图 9-38 标注粗糙度

9.6 上机实验

9.6.1 实验 1 绘制图块

1. 目的要求

将图 9-39 所示的图形定义为图块,取名为"螺母"。

2. 操作提示

(1)利用"块定义"对话框进行适当设置,定义块。

(2)利用 WBLOCK 命令进行适当设置,保存块。

9.6.2 实验 2 标注表面粗糙度

1. 目的要求

标注如图 9-40 所示图形的表面粗糙度。

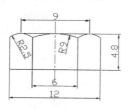

图 9-39 绘制图块

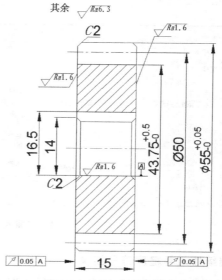

图 9-40 标注表面粗糙度

2．操作提示

（1）利用"直线"命令绘制表面粗糙度符号。

（2）定义表面粗糙度符号的属性，将表面粗糙度值设置为其中需要验证的标记。

（3）将绘制的表面粗糙度符号及其属性定义成图块。

（4）保存图块。

（5）在图形中插入表面粗糙度图块，每次插入时输入不同的表面粗糙度值作为属性值。

9.6.3　实验3　绘制盘盖组装图

1．目的要求

利用设计中心建立一个常用机械零件工具选项板，并利用该选项板绘制如图9-41所示的盘盖组装图。

2．操作提示

（1）打开设计中心与工具选项板。

（2）建立一个新的工具选项板选项卡。

（3）在设计中心中查找已经绘制好的常用机械零件图。

（4）将这些零件图拖入到新建立的工具选项板选项卡中。

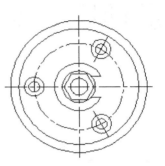

图9-41　盘盖组装图

（5）打开一个新图形文件界面。

（6）将需要的图形文件模块从工具选项板上拖入当前图形中，并进行适当调整。

零件图与装配图

  零件图是生产中指导制造和检验零件的主要图样。本章将结合前面学习过的平面图形的绘制、编辑命令及尺寸标注命令,详细介绍机械工程中零件图的绘制方法、步骤及零件图中技术要求的标注。

  装配图是表达机器、部件或组件的图样。在产品设计中,一般先绘制出装配图,然后根据装配图绘制零件图,在产品制造中,机器、部件、组件的装配都必须根据装配图来进行。因此,装配图在生产中起着非常重要的作用。

学习要点

- 完整零件图绘制方法
- 手压阀阀体设计
- 完整装配图绘制方法
- 手压阀装配平面图

10.1 完整零件图绘制方法

零件图是设计者用以表达对零件设计意图的一种技术文件。

10.1.1 零件图的内容

零件图是表示零件的结构形状、大小和技术要求的工程图样,可以根据它加工制造零件。一幅完整的零件图应包括以下内容。

(1) 一组视图:表达零件的形状与结构。
(2) 一组尺寸:标出零件上结构的大小、结构间的位置关系。
(3) 技术要求:标出零件加工、检验时的技术指标。
(4) 标题栏:注明零件的名称、材料、设计者、审核者、制造厂家等信息的表格。

10.1.2 零件图的绘制过程

零件图的绘制过程包括草绘和绘制工作图,AutoCAD 一般用于绘制工作图。下面是绘制零件图的基本步骤。

(1) 设置作图环境。作图环境的设置一般包括两方面内容。
① 选择比例:根据零件的大小和复杂程度选择比例,尽量采用 1∶1 的比例。
② 选择图纸幅面:根据图形、标注尺寸、技术要求所需图纸幅面,选择标准幅面。
(2) 确定作图顺序,选择尺寸转换为坐标值的方式。
(3) 标注尺寸,标注技术要求,填写标题栏。标注尺寸前要关闭剖面层,以免剖面线在标注尺寸时影响端点捕捉。
(4) 校核与审核。

10.2 手压阀阀体设计

手压阀阀体平面图的绘制分为三部分:主视图、左视图、俯视图。对于主视图,利用直线、圆、偏移、旋转等命令绘制;一般情况下,一个零件仅用主视图无法完全表达清楚,因此还要利用左视图及俯视图表达。左视图与俯视图需要利用与主视图的投影对应关系进行定位和绘制,如图 10-1 所示。

10.2.1 配置绘图环境

1. 创建新文件

启动 AutoCAD 2018 应用程序,打开下载的源文件中的"源文件\7\A3 样板图.dwg",将其命名为"阀体.dwg"并另外保存。

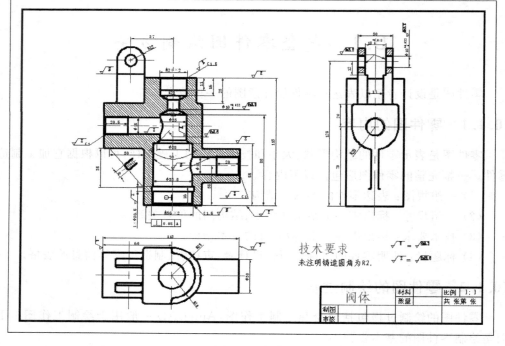

图 10-1　阀体

2．创建图层

单击"图层"面板中的"图层特性"按钮，打开"图层特性管理器"对话框，新建如下 5 个图层。

（1）中心线：颜色为红色，线型为 CENTER，线宽为 0.15mm。
（2）粗实线：颜色为白色，线型为 Continuous，线宽为 0.30mm。
（3）细实线：颜色为白色，线型为 Continuous，线宽为 0.15mm。
（4）尺寸标注：颜色为蓝色，线型为 Continuous，线宽为默认。
（5）文字说明：颜色为白色，线型为 Continuous，线宽为默认。

设置结果如图 10-2 所示。

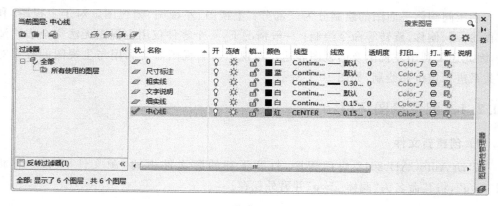

图 10-2　"图层特性管理器"对话框

10.2.2 绘制主视图

1．绘制中心线

将"中心线"图层设定为当前图层。单击"绘图"面板中的"直线"按钮，以坐标点{(50,200),(180,200)}、{(115,275),(115,125)}、{(58,258),(98,258)}、{(78,278),(78,238)}绘制中心线,修改线型比例为0.5。结果如图10-3所示。

2．偏移中心线

单击"修改"面板中的"偏移"按钮，将中心线偏移。结果如图10-4所示。

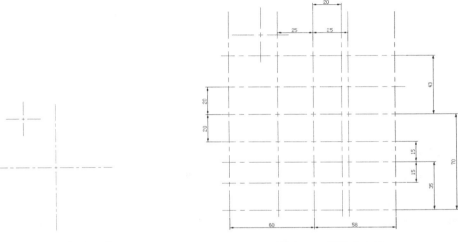

图10-3 绘制中心线　　　　　　　图10-4 偏移中心线

3．修剪图形

单击"修改"面板中的"修剪"按钮，修剪图形,并将剪切后的图形修改图层为"粗实线"。结果如图10-5所示。

4．创建圆角

单击"修改"面板中的"圆角"按钮，创建半径为2的圆角,结果如图10-6所示。

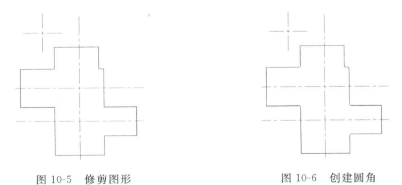

图10-5 修剪图形　　　　　　　图10-6 创建圆角

5.绘制圆

将"粗实线"图层设定为当前图层。单击"绘图"面板中的"圆"按钮 ⊙,以中心线交点为圆心,绘制半径为 5 和 12 的圆,结果如图 10-7 所示。

6.绘制直线

单击"绘图"面板中的"直线"按钮 ╱,绘制与圆相切的直线,结果如图 10-8 所示。

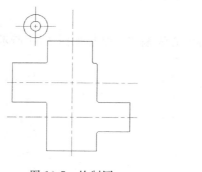
图 10-7　绘制圆

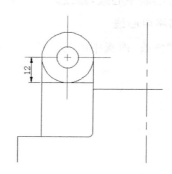
图 10-8　绘制切线

7.剪切图形

单击"修改"面板中的"修剪"按钮 ⊶,剪切图形,结果如图 10-9 所示。

8.创建圆角

单击"修改"面板中的"圆角"按钮 ⌒,创建半径为 2 的圆角,并单击"绘图"面板中的"直线"按钮 ╱,将缺失的图形补全,结果如图 10-10 所示。

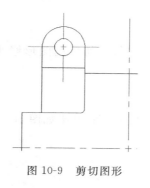
图 10-9　剪切图形

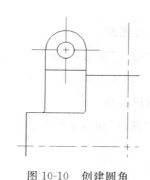
图 10-10　创建圆角

9.创建水平孔

(1)单击"修改"面板中的"偏移"按钮 ⌶,将水平中心线向两侧偏移,偏移距离为 7.5,结果如图 10-11 所示。

(2)单击"修改"面板中的"修剪"按钮 ⊶,修剪图形,并将修剪后的图形修改图层为"粗实线",结果如图 10-12 所示。

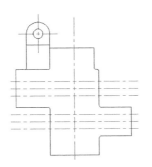

图 10-11 偏移线段

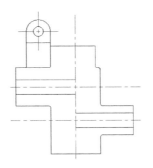

图 10-12 修剪图形

10. 创建竖直孔

（1）单击"修改"面板中的"偏移"按钮 ，将竖直中心线向两侧偏移，结果如图 10-13 所示。

（2）单击"修改"面板中的"偏移"按钮 ，将底部水平线向上偏移，结果如图 10-14 所示。

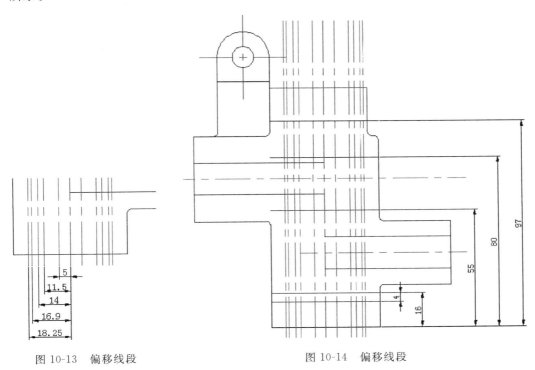

图 10-13 偏移线段   图 10-14 偏移线段

（3）单击"修改"面板中的"修剪"按钮，修剪图形，并将剪切后的图形修改图层为"粗实线"，结果如图 10-15 所示。

（4）将"粗实线"图层设定为当前图层。单击"绘图"面板中的"直线"按钮，绘制线段，单击"修改"面板中的"修剪"按钮，修剪图形，结果如图 10-16 所示。

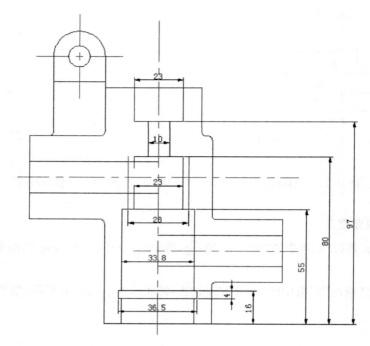

图 10-15 剪切图形

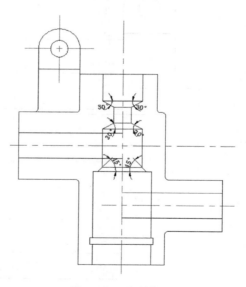

图 10-16 绘制线段

11. 绘制螺纹线

（1）单击"修改"面板中的"偏移"按钮 ⟔，偏移线段，结果如图 10-17 所示。

（2）单击"修改"面板中的"修剪"按钮 -/--，剪切图形，并将剪切后的图形修改图层为"细实线"，结果如图 10-18 所示。

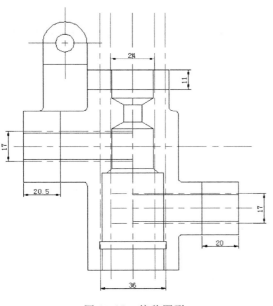

图 10-17 偏移图形

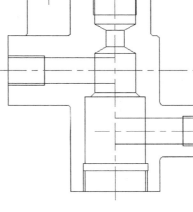

图 10-18 剪切图形

12. 创建倒角

(1) 单击"修改"面板中的"偏移"按钮 ,偏移线段,结果如图 10-19 所示。

(2) 单击"绘图"面板中的"直线"按钮 ,绘制线段,并单击"修改"面板中的"修剪"按钮 ,剪切图形,结果如图 10-20 所示。

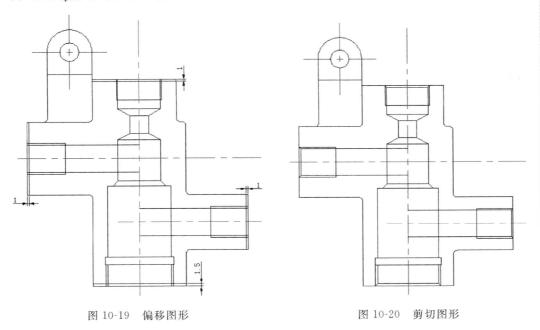

图 10-19 偏移图形   图 10-20 剪切图形

13. 创建孔之间的连接线

单击"绘图"面板中的"圆弧"按钮，创建圆弧，并单击"修改"面板中的"修剪"按钮，剪切图形，结果如图10-21所示。

14. 创建加强筋

（1）单击"修改"面板中的"偏移"按钮，偏移中心线，结果如图10-22所示。

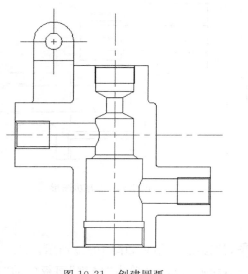

图10-21 创建圆弧

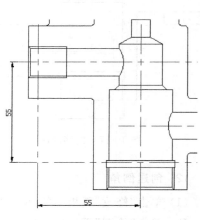

图10-22 偏移中心线

（2）单击"绘图"面板中的"直线"按钮，连接线段交点，并将多余的辅助线删除，结果如图10-23所示。

（3）单击"绘图"面板中的"直线"按钮，绘制与上步绘制的直线相垂直的线段，并将绘制的直线图层修改为"中心线"，结果如图10-24所示。

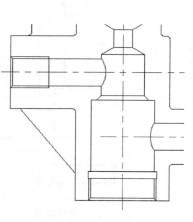

图10-23 绘制连接线

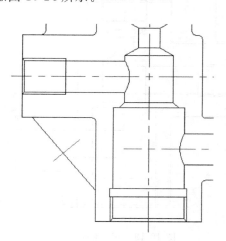

图10-24 绘制中心线

(4) 单击"修改"面板中的"偏移"按钮 ，偏移线段，结果如图10-25所示。

(5) 单击"修改"面板中的"修剪"按钮 ，剪切图形，并将剪切后的图形修改图层为"粗实线"，结果如图10-26所示。

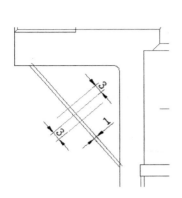
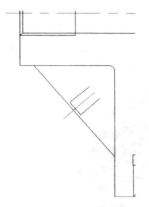

图 10-25　偏移线段　　　　　　图 10-26　偏移线段

(6) 单击"修改"面板中的"圆角"按钮，创建半径为2的圆角，并单击"修改"工具栏中的"移动"按钮，将绘制好的加强筋重合剖面图移动到指点位置，结果如图10-27所示。

(7) 单击"绘图"面板中的"直线"按钮，绘制辅助线，结果如图10-28所示。

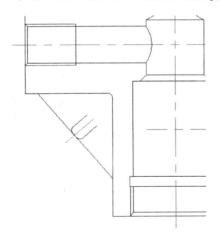
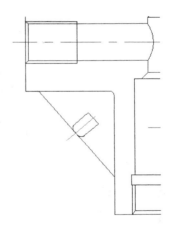

图 10-27　加强筋重合剖面图　　　　图 10-28　绘制辅助线

15．绘制剖面线

将"细实线"图层设定为当前图层。单击"绘图"面板中的"图案填充"按钮，打开"图案填充创建"选项卡，单击"图案"面板中的"图案填充图案"按钮，在下拉列表中选取填充图案为ANSI31的图案，如图10-29所示。设置角度为90°，比例为0.5，如图10-30所示。在图形中选取填充范围，绘制剖面线，最终完成主视图的绘制，效果如图10-31所示。

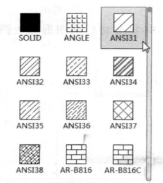

图 10-29　填充图案选项板

图 10-30　设置图案填充和渐变色

16．删除辅助线

将辅助线删除，结果如图 10-32 所示。

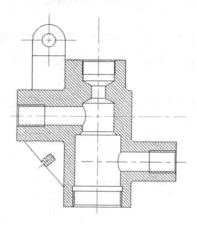

图 10-31　主视图图案填充

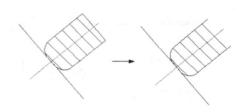

图 10-32　删除辅助线

10.2.3　绘制左视图

1．绘制中心线

将"中心线"图层设定为当前图层。单击"绘图"面板中的"直线"按钮，首先在如图 10-33 所示的中心线的延长线上绘制一段中心线，再绘制相垂直的中心线，结果如图 10-34 所示。

2．偏移中心线

单击"修改"面板中的"偏移"按钮，将绘制的中心线向两侧偏移，结果如图 10-35 所示。

3．剪切图形

单击"修改"面板中的"修剪"按钮，剪切图形并将剪切后的图形修改图层为"粗实线"，结果如图 10-36 所示。

第10章 零件图与装配图

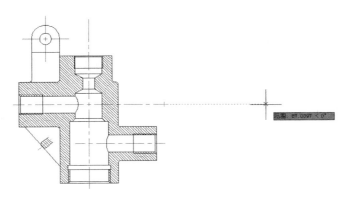

图 10-33 绘制基准

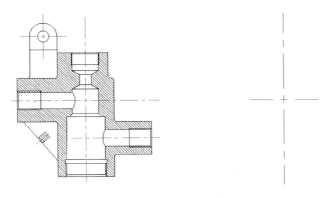

图 10-34 绘制中心线

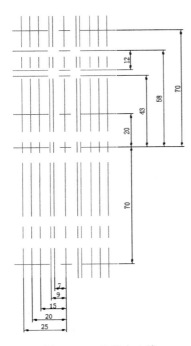

图 10-35 偏移中心线

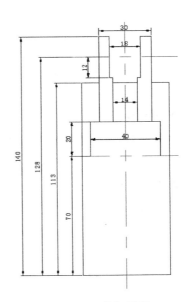

图 10-36 剪切图形

4. 创建圆

将"粗实线"图层设定为当前图层。单击"绘图"面板中的"圆"按钮，创建半径为 7.5、8.5 和 20 的圆，并将半径为 8.5 的圆修改图层为"细实线"，结果如图 10-37 所示。

5. 旋转中心线

单击"修改"面板中的"旋转"按钮，将中心线旋转，命令行的提示与操作如下。

```
命令:_rotate↙
UCS 当前的正角方向: ANGDIR=逆时针 ANGBASE=0
选择对象:找到 1 个
选择对象:找到 1 个,总计 2 个(选取两条中心线)
选择对象:
指定基点:(选取中心线交点)
指定旋转角度,或 [复制(C)/参照(R)] <0>: c↙
旋转一组选定对象.
指定旋转角度,或 [复制(C)/参照(R)] <0>: 15↙
```

结果如图 10-38 所示。

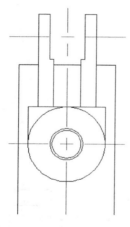
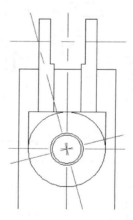

图 10-37　创建圆　　　　　　图 10-38　旋转中心线

6. 修剪图形

单击"修改"面板中的"修剪"按钮，剪切图形，并将多余的中心线删除，结果如图 10-39 所示。

7. 偏移中心线

单击"修改"面板中的"偏移"按钮，将绘制的中心线向两侧偏移，结果如图 10-40 所示。

8. 剪切图形

单击"修改"面板中的"修剪"按钮，剪切图形，并将剪切后的图形修改图层为"粗实线"。结果如图 10-41 所示。

第10章 零件图与装配图

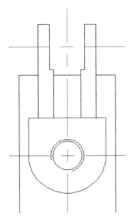

图 10-39 剪切图形

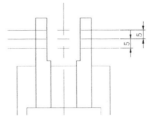

图 10-40 偏移中心线

9. 偏移中心线

单击"修改"面板中的"偏移"按钮 ，将中心线偏移，结果如图 10-42 所示。

10. 剪切图形

单击"修改"面板中的"修剪"按钮 ，剪切图形，并将剪切后的图形修改图层为"粗实线"。结果如图 10-43 所示。

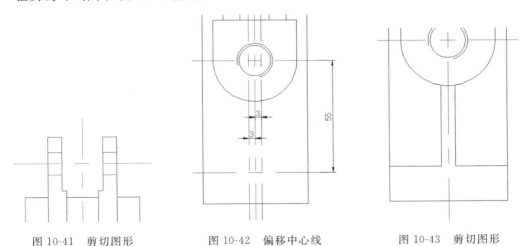

图 10-41 剪切图形　　　　图 10-42 偏移中心线　　　　图 10-43 剪切图形

11. 创建圆角

单击"修改"面板中的"圆角"按钮 ，创建半径为 2 的圆角，并单击"绘图"面板中的"直线"按钮 ，将缺失的图形补全，结果如图 10-44 所示。

12. 绘制局部剖切线

单击"绘图"面板中的"样条曲线拟合"按钮 ，绘制局部剖切线，结果如图 10-45 所示。

13. 绘制剖面线

将"细实线"图层设置为当前图层。单击"绘图"面板中的"图案填充"按钮，打开"图案填充创建"选项卡，单击"图案"面板中的"图案填充图案"按钮在下拉列表中选取填充图案为 ANSI31 图案，如图 10-46 所示。设置角度为 0°，比例为 0.5，如图 10-47 所示。在图形中选取填充范围，绘制剖面线，最终完成左视图的绘制，效果如图 10-48 所示。

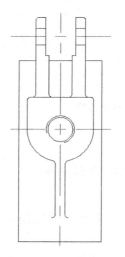
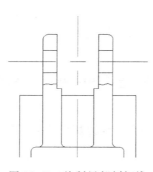
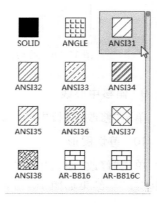

图 10-44　创建圆角　　　图 10-45　绘制局部剖切线　　　图 10-46　填充图案选项板

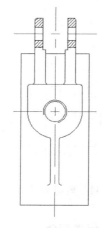

图 10-47　设置图案填充和渐变色　　　图 10-48　左视图图案填充

10.2.4　绘制俯视图

1. 绘制中心线

将"中心线"图层设定为当前图层。单击"绘图"面板中的"直线"按钮，首先在如图 10-49 所示的中心线的延长线上绘制一段中心线，再绘制相垂直的中心线，结果如

图 10-50 所示。

2．偏移中心线

单击"修改"面板中的"偏移"按钮 ，将中心线向两侧偏移，结果如图 10-51 所示。

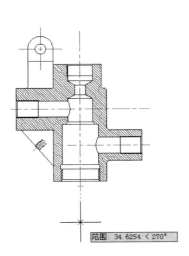

图 10-49　绘制基准

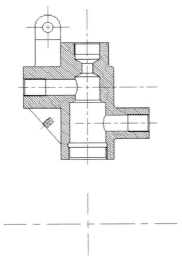

图 10-50　绘制中心线

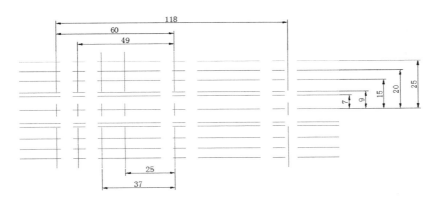

图 10-51　偏移中心线

3．剪切图形

单击"修改"面板中的"修剪"按钮 ，剪切图形，并将剪切后的图形修改图层为"粗实线"。结果如图 10-52 所示。

4．创建圆

将"粗实线"图层设定为当前图层。单击"绘图"面板中的"圆"按钮 ，创建半径为 11.5、12、20 和 25 的圆，并将半径为 12 的圆修改图层为"细实线"，结果如图 10-53 所示。

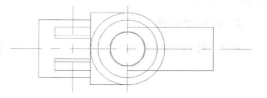

图 10-52 剪切图形　　　　　　　　图 10-53 创建圆

5．旋转中心线

单击"修改"面板中的"旋转"按钮，将中心线旋转，命令行的提示与操作如下。

```
命令：_rotate
UCS 当前的正角方向：ANGDIR=逆时针 ANGBASE=0
选择对象：找到 1 个
选择对象：找到 1 个,总计 2 个(选取两条中心线)
选择对象：
指定基点：(选取中心线交点)
指定旋转角度,或 [复制(C)/参照(R)] <0>: c
旋转一组选定对象.
指定旋转角度,或 [复制(C)/参照(R)] <0>: 15
```

结果如图 10-54 所示。

6．修剪图形

单击"修改"面板中的"修剪"按钮，剪切图形，并将多余的中心线删除，结果如图 10-55 所示。

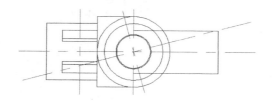 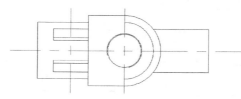

图 10-54 旋转中心线　　　　　　　图 10-55 剪切图形

7．绘制直线

单击"绘图"面板中的"直线"按钮，连接两圆弧端点，结果如图 10-56 所示。

8．创建圆角

单击"修改"面板中的"圆角"按钮，创建半径为 2 的圆角，并单击"绘图"面板中的"直线"按钮，将缺失的图形补全，结果如图 10-57 所示。

最终结果如图 10-58 所示。

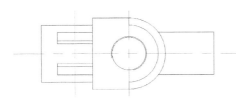
图 10-56 绘制辅助线

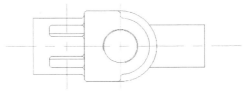
图 10-57 创建圆角

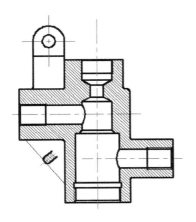

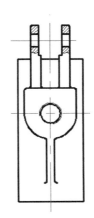

图 10-58 阀体绘制

10.2.5 标注阀体

1. 设置标注样式

(1) 将"尺寸标注"图层设定为当前图层。单击"注释"面板中的"标注样式"按钮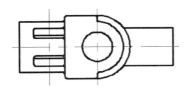，打开如图 10-59 所示的"标注样式管理器"对话框。单击"新建"按钮，在弹出的"创建新标注样式"对话框中设置"新样式"名为"机械制图"，如图 10-60 所示。

(2) 单击"继续"按钮，打开"新建标注样式：机械制图"对话框。在如图 10-61 所示的"线"选项卡中，设置基线间距为 2，超出尺寸线为 1.25，起点偏移量为 0.625，其他设置保持默认。

(3) 在如图 10-62 所示的"符号和箭头"选项卡中，设置箭头为"实心闭合"，箭头大小为 2.5，其他设置保持默认。

(4) 在如图 10-63 所示的"文字"选项卡中，设置文字高度为 3，单击文字样式后面的按钮，打开"文字样式"对话框，设置字体名为"仿宋_GB2312"，其他设置保持默认。

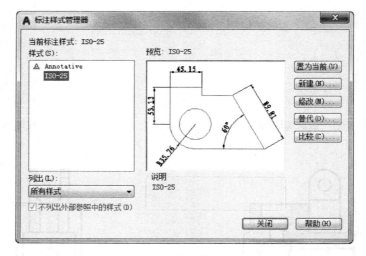

图 10-59 "标注样式管理器"对话框

图 10-60 "创建新标注样式"对话框

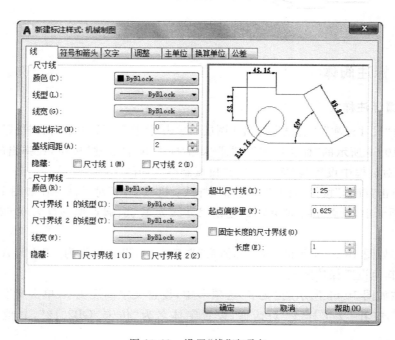

图 10-61 设置"线"选项卡

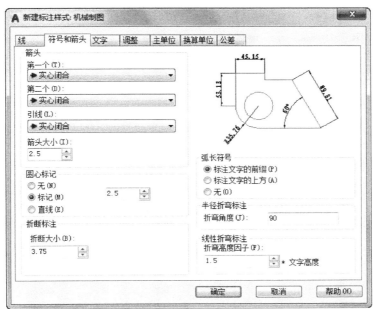

图 10-62　设置"符号和箭头"选项卡

图 10-63　设置"文字"选项卡

（5）在如图 10-64 所示的"主单位"选项卡中，设置精度为 0.0，"小数分隔符"为"句点"，其他设置保持默认。完成后单击"确定"按钮退出。在"标注样式管理器"对话框中将"机械制图"样式设置为当前样式，单击"关闭"按钮退出。

2．标注尺寸

（1）单击"标注"工具栏中的"线性"按钮 ，标注线性尺寸，结果如图 10-65 所示。

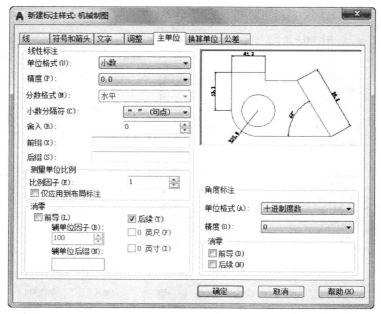

图 10-64 设置"主单位"选项卡

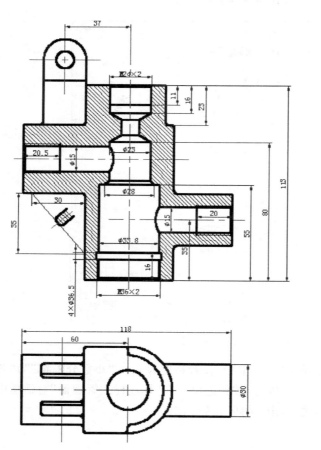
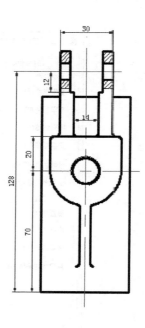

图 10-65 线性尺寸标注

（2）单击"注释"面板中的"半径"按钮，标注半径尺寸，结果如图 10-66 所示。

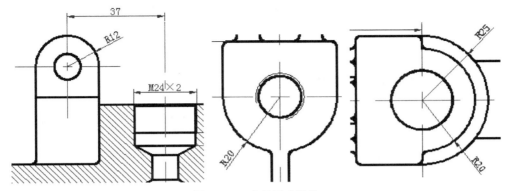

图 10-66 半径尺寸标注

（3）单击"注释"面板中的"对齐"按钮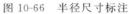，标注对齐尺寸，结果如图 10-67 所示。

（4）设置角度标注样式，单击"注释"面板中的"角度"按钮，标注角度尺寸，结果如图 10-68 所示。

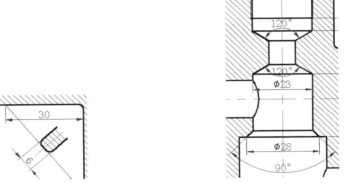

图 10-67 对齐尺寸标注　　　　图 10-68 角度尺寸标注

（5）设置公差尺寸替代标注样式，单击"注释"面板中的"线性"按钮，标注公差尺寸，结果如图 10-69 所示。

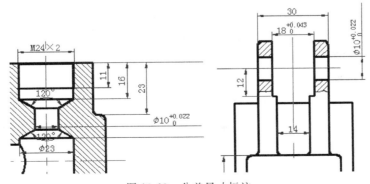

图 10-69 公差尺寸标注

3. 标注倒角尺寸

先利用 QLEADER 命令设置引线，再利用 LEADER 命令绘制引线，命令行的提示与操作如下。

```
命令：QLEADER↙
指定第一个引线点或 [设置(S)]<设置>:↙
```

打开"引线设置"对话框，在"引线和箭头"选项卡中选择箭头为"无"，如图 10-70 所示。

```
命令：LEADER↙
指定引线起点：(选择引线起点)
指定下一点：(指定第二点)
指定下一点或 [注释(A)/格式(F)/放弃(U)]<注释>:(指定第三点)
指定下一点或 [注释(A)/格式(F)/放弃(U)]<注释>:(A↙)
输入注释文字的第一行或 <选项>: (C1.5↙)
输入注释文字的下一行：↙
重复上述操作，标注其他倒角尺寸
```

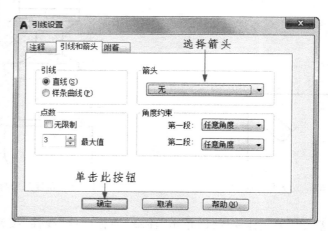

图 10-70　设置箭头

将完成倒角标注后的文字 C 改为斜体，最后效果如图 10-71 所示。

单击"注释"选项卡"标注"面板中的"形位公差"按钮 ⊕1，标注形位公差，并利用"直线""矩形"和"多行文字"等命令绘制基准符号，效果如图 10-72 所示。

4. 插入粗糙度符号

利用"绘图"面板中的"直线"按钮 ╱ 绘制粗糙度符号，利用"复制""粘贴为块"命令将粗糙度符号粘贴为块，然后利用绘制引线命令绘制引出线，将粗糙度符号复制到需要标注的位置，如图 10-73 所示。

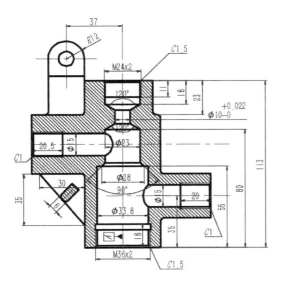

图 10-71 倒角尺寸标注

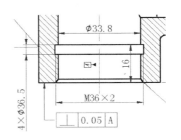

图 10-72 倒角形位公差

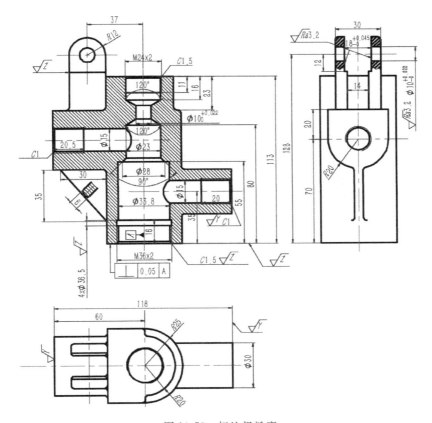

图 10-73 标注粗糙度

10.2.6 填写技术要求和标题栏

1.设置文字样式

单击"注释"面板中的"文字样式"按钮,打开"文字样式"对话框,如图10-74所示。单击"新建"按钮,打开"新建文字样式"对话框,在"样式名"文本框中输入"文字说明",如图10-75所示。

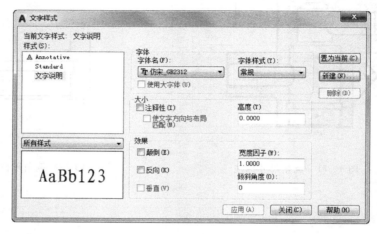

图10-74 "文字样式"对话框

图10-75 "新建文字样式"对话框

设置"字体名"为"仿宋_GB2312","高度"为12,其他设置默认,如图10-76所示,将新建的"文字说明"样式置为当前图层。

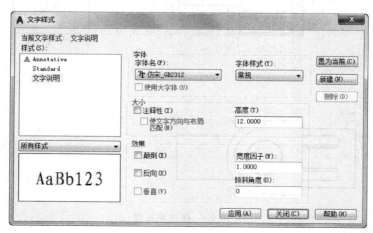

图10-76 设置文字样式

2. 标注文字

将"文字说明"图层设置为当前图层。单击"注释"面板中的"多行文字"按钮，填写标题栏和技术要求，如图10-77所示。

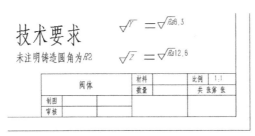

图10-77 填写标题栏

3. 调整图框

单击"修改"面板中的"缩放"按钮 和"移动"按钮，调整图框，最终完成图形的绘制，效果如图10-1所示。

10.3 完整装配图绘制方法

装配图可表达部件的设计构思、工作原理和装配关系，也表达出各零件间的相互位置、尺寸及结构形状。它是绘制零件工作图以及部件组装、调试及维护等的技术依据。设计装配工作图时，要综合考虑工作要求、材料、强度、刚度、磨损、加工、装拆、调整、润滑和维护以及经济诸因素，并要用足够的视图表达清楚。

10.3.1 装配图内容

装配图中应包括以下内容。

(1) 一组图形：用一般表达方法和特殊表达方法，正确、完整、清晰和简便地表达装配体的工作原理，零件之间的装配关系、连接关系和零件的主要结构形状。

(2) 必要的尺寸：在装配图上，必须标注出表示装配体的性能、规格以及装配、检验、安装时所需的尺寸。

(3) 技术要求：用文字或符号说明装配体的性能、装配、检验、调试、使用等方面的要求。

(4) 标题栏、零件的序号和明细表：按一定的格式，将零件、部件进行编号，并填写标题栏和明细表，以便读图。

10.3.2 装配图绘制过程

画装配图时应注意检验、校正零件的形状、尺寸，纠正零件草图中的不妥或错误之处。

1. 绘前准备

绘图前，应当进行必要的设置，如绘图单位、图幅大小、图层线型、线宽、颜色、字体格式、尺寸格式等。设置方法见前述章节，为了绘图方便，比例选择为1∶1。或者调入事先绘制的装配图标题栏及有关设置。

2．绘图步骤

（1）根据零件草图、装配示意图绘制各零件图，各零件的比例应当一致，零件尺寸必须准确，可以暂不标尺寸，将每个零件用 W BLOCK 命令定义为.DWG 文件。定义时，必须选好插入点，插入点应当是零件间相互有装配关系的特殊点。

（2）调入装配干线上的主要零件，如轴。然后沿装配干线展开，逐个插入相关零件。插入后，若需要剪断不可见的线段，应当炸开插入块。插入块时应当注意确定它的轴向和径向定位。

（3）根据零件之间的装配关系，检查各零件的尺寸是否有干涉现象。

（4）根据需要对图形进行缩放，布局排版，然后根据具体情况设置尺寸样式，标注好尺寸及公差。最后填写标题栏，完成装配图。

10.4　手压阀装配平面图

手压阀装配图由阀体、阀杆、手把、底座、弹簧、胶垫、压紧螺母、销轴、胶木球、密封垫零件图组成，如图 10-78 所示。装配图是零部件加工和装配过程中重要的技术文件。在设计过程中要用到剖视以及放大等表达方式，还要标注装配尺寸，绘制和填写明细表等。因此，通过手压阀装配平面图的绘制，可以提高我们的综合设计能力。

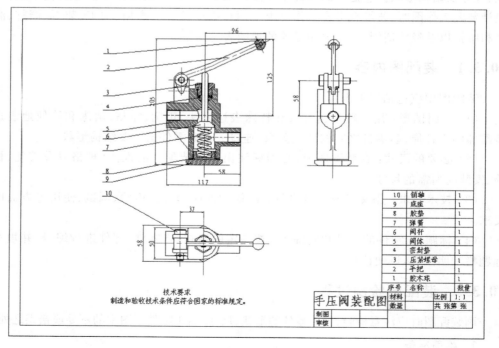

图 10-78　手压阀装配平面图

第10章 零件图与装配图

本实例的制作思路是将零件图的视图进行修改,制作成块,然后将这些块插入装配图中。

10.4.1 配置绘图环境

1．建立新文件

启动 AutoCAD 2018 应用程序,打开下载的源文件中的"源文件\7\A3 样板图.dwg",将其命名为"手压阀装配平面图.dwg"并另外保存。

2．创建新图层

单击"图层"面板中的"图层特性"按钮,打开"图层特性管理器"对话框,设置以下图层。

（1）名称为各零件名,颜色为"白色",其余设置默认。
（2）名称为尺寸标注,颜色为"蓝色",其余设置默认。
（3）名称为文字说明,颜色为"白色",其余设置默认。
设置结果如图 10-79 所示。

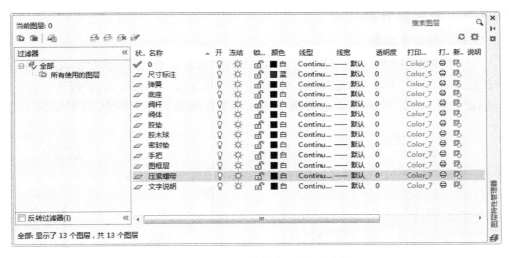

图 10-79 "图层特性管理器"对话框

10.4.2 创建图块

（1）打开下载的源文件中的"源文件\装配体"文件夹中的"'阀体.dwg'文件",将阀体平面图中的"尺寸标注和文字说明"图层关闭。

（2）将阀体平面图进行修改,将多余的线条删除,结果如图 10-80 所示。

（3）在命令行输入 WBLOCK(写块)命令,系统弹出"写块"对话框。单击"拾取点"按钮,在主视图中选取基点,再单击"选择对象"按钮,选取主视图,最后选取保存路径,输入名称,如图 10-81 所示。单击"确定"按钮,保存图块。

（4）同理,将其余的平面图保存为图块。

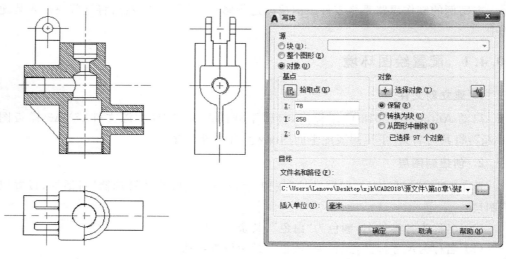

图 10-80　修改图形　　　　　　　图 10-81　"写块"对话框

10.4.3　装配零件图

1. 插入阀体平面图

（1）将"阀体"图层设定为当前图层。单击"默认"选项卡"块"面板中的"插入"按钮，打开"插入"对话框，单击"浏览"按钮，打开"选择图形文件"对话框，选取"阀体主视图图块.dwg"文件，如图 10-82 所示。将图形插入到手压阀装配平面图中，结果如图 10-83 所示。

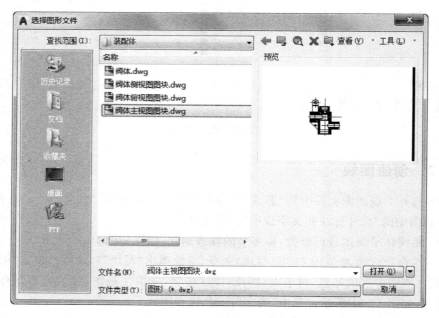

图 10-82　"选择图形文件"对话框

（2）同理，将左视图图块和俯视图图块插入到图形中，对齐中心线，结果如图 10-84 所示。

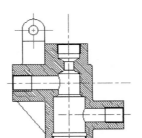
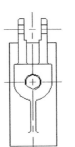
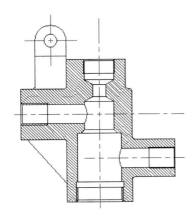
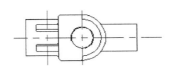

图 10-83　阀体主视图图块　　　　图 10-84　插入阀体视图图块

2．插入胶垫平面图

（1）将"胶垫"图层设定为当前图层。单击"默认"选项卡"块"面板中的"插入"按钮 ，将胶垫图块插入到手压阀装配平面图中，结果如图 10-85 所示。

（2）单击"修改"面板中的"旋转"按钮 和"移动"按钮 ，将胶垫图块调整到适当位置，结果如图 10-86 所示。

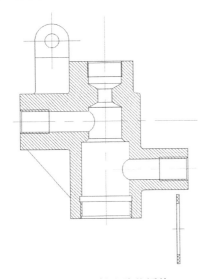
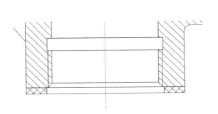

图 10-85　插入胶垫图块　　　　图 10-86　调整图块

(3) 单击"默认"选项卡"块"面板中的"插入"按钮,将胶垫图块插入手压阀装配平面图中,结果如图 10-87 所示。

(4) 单击"修改"面板中的"旋转"按钮和"移动"按钮,将胶垫图块调整到适当位置,结果如图 10-88 所示。

(5) 单击"修改"面板中的"分解"按钮,将插入的胶垫图块分解,删除多余线条,结果如图 10-89 所示。

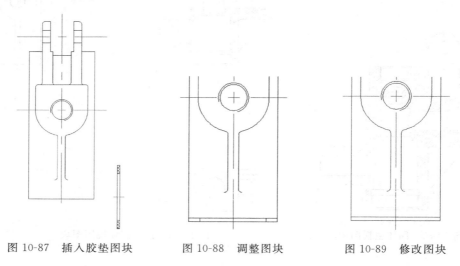

图 10-87　插入胶垫图块　　　图 10-88　调整图块　　　图 10-89　修改图块

3. 插入阀杆平面图

(1) 将"阀杆"图层设定为当前图层。单击"默认"选项卡"块"面板中的"插入块"按钮,将阀杆图块插入手压阀装配平面图中,结果如图 10-90 所示。

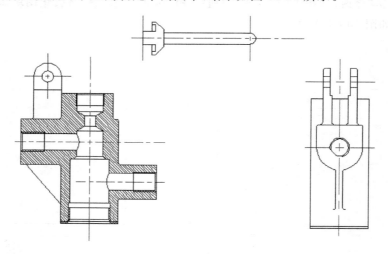

图 10-90　插入阀杆图块

(2) 单击"修改"面板中的"分解"按钮,将插入的阀杆图块分解,并利用"直线""偏移"等命令修改图形,结果如图 10-91 所示。

(3)单击"修改"面板中的"旋转"按钮和"移动"按钮,将阀杆图块调整到适当位置,结果如图10-92所示。

图10-91 修改图块

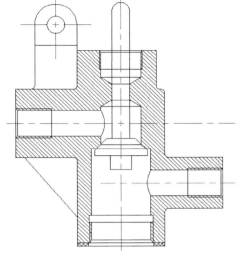

图10-92 调整图块

(4)单击"修改"面板中的"分解"按钮,将插入的阀体主视图图块分解,并利用"直线""修剪"等命令修改图形,结果如图10-93所示。

(5)单击"修改"面板中的"复制"按钮,将主视图中的阀杆复制到左视图中,结果如图10-94所示。

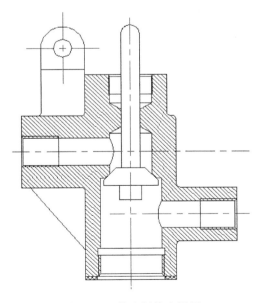

图10-93 修改阀体主视图

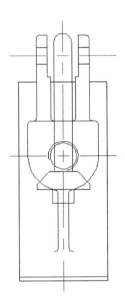

图10-94 复制阀杆

(6)单击"修改"面板中的"修剪"按钮 和"删除"按钮 ，修改图形，结果如图 10-95 所示。

(7)单击"绘图"面板中的"圆"按钮 ，在阀体俯视图中以中心线交点为圆心、半径为 5 绘制圆，结果如图 10-96 所示。

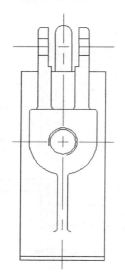

图 10-95 修改阀杆

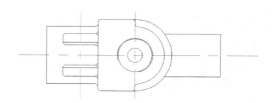

图 10-96 在俯视图中创建阀杆视图

4．插入弹簧平面图

（1）将"弹簧"图层设定为当前图层。单击"默认"选项卡"块"面板中的"插入"按钮 ，将弹簧图块插入到手压阀装配平面图中，结果如图 10-97 所示。

（2）单击"修改"面板中的"分解"按钮 ，将插入的弹簧图块分解，并利用"修剪""复制"等命令修改图形，结果如图 10-98 所示。

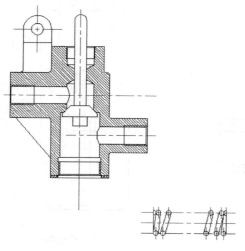

图 10-97 插入弹簧图块

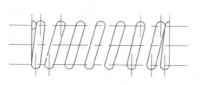

图 10-98 修改图块

(3)单击"修改"面板中的"旋转"按钮○和"移动"按钮✥,将弹簧图块调整到适当位置,结果如图10-99所示。

(4)利用"移动""修剪""复制""删除"等命令修改图形,结果如图10-100所示。

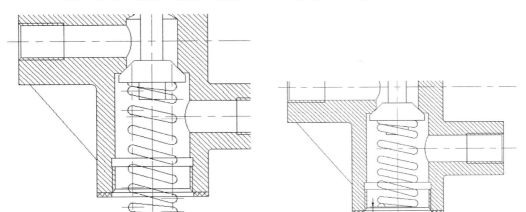

图10-99　调整图块　　　　　　　　图10-100　修改弹簧

(5)单击"绘图"面板中的"直线"按钮╱,将弹簧图形补充完整,结果如图10-101所示。

(6)单击"修改"面板中的"修剪"按钮⌿,剪切图形,结果如图10-102所示。

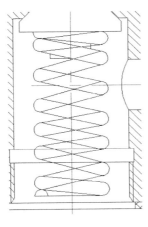 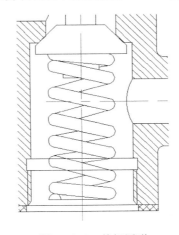

图10-101　补充图形　　　　　　　　图10-102　剪切图形

5．插入底座平面图

(1)将"底座"图层设定为当前图层。单击"默认"选项卡"块"面板中的"插入"按钮,将底座右视图图块插入手压阀装配平面图中,结果如图10-103所示。

(2)单击"修改"面板中的"旋转"按钮○和"移动"按钮✥,将底座图块调整到适当位置,结果如图10-104所示。

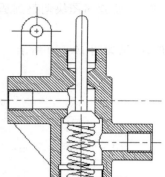
图 10-103 插入底座右视图图块

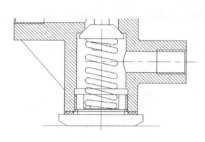
图 10-104 调整图块

（3）利用"分解""修剪"等命令修改图形，结果如图 10-105 所示。

（4）单击"绘图"面板中的"图案填充"按钮，设置填充图案为 ANSI31，角度为 0°，比例为 0.5，选取填充范围，为底座图块添加剖面线。结果如图 10-106 所示。

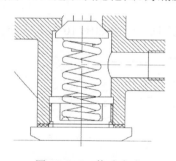
图 10-105 修改底座

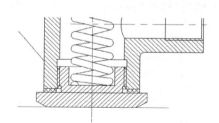
图 10-106 底座图块图案填充

（5）单击"默认"选项卡"块"面板中的"插入"按钮，将底座右视图图块插入手压阀装配平面图中，结果如图 10-107 所示。

（6）单击"修改"面板中的"旋转"按钮和"移动"按钮，将底座图块调整到适当位置，结果如图 10-108 所示。

（7）单击"默认"选项卡"块"面板中的"插入块"按钮，将底座主视图图块插入手压阀装配平面图中；然后单击"修改"面板中的"旋转"按钮和"移动"按钮，将底座图块调整到适当位置。结果如图 10-109 所示。

（8）单击"绘图"面板中的"直线"按钮，由底座主视图向手压阀左视图绘制辅助线，结果如图 10-110 所示。

（9）单击"修改"面板中的"修剪"按钮，修改图形，并将多余图形删除，结果如图 10-111 所示。

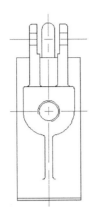
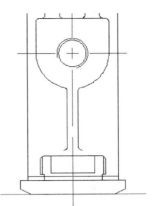

图 10-107　插入底座右视图图块　　　　　图 10-108　调整图块

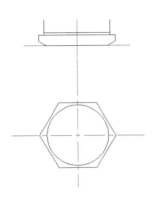
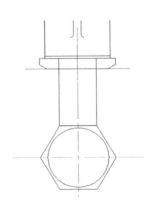

图 10-109　插入底座　　　　　　　　图 10-110　绘制辅助线

（10）单击"默认"选项卡"块"面板中的"插入块"按钮 ，将底座主视图图块插入手压阀装配平面图中，结果如图 10-112 所示。

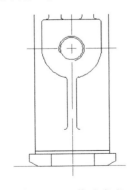
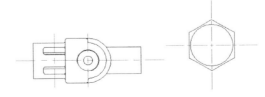

图 10-111　修改底座　　　　　　　图 10-112　插入底座主视图图块

（11）单击"修改"面板中的"移动"按钮，将底座图块调整到适当位置，结果如图 10-113 所示。

(12)利用"分解""修剪"等命令修改图形,结果如图10-114所示。

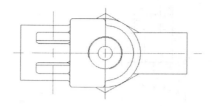

图10-113　调整图块　　　　　　　图10-114　修改底座

6. 插入密封垫平面图

(1)将"密封垫"图层设定为当前图层。单击"默认"选项卡"块"面板中的"插入"按钮 ,将密封垫图块插入手压阀装配平面图中,结果如图10-115所示。

(2)单击"修改"面板中的"移动"按钮 ,将密封垫图块调整到适当位置,结果如图10-116所示。

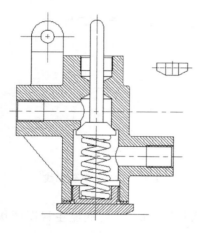

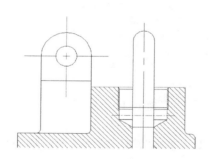

图10-115　插入密封垫图块　　　　　图10-116　调整图块

(3)利用"分解""修剪"等命令修改图形,结果如图10-117所示。

(4)单击"绘图"面板中的"图案填充"按钮 ,设置填充图案为NET,角度为45°,比例为0.5,选取填充范围,为密封垫图块添加剖面线。结果如图10-118所示。

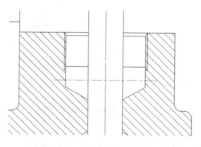

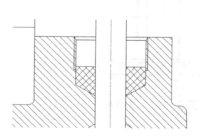

图10-117　修改密封垫　　　　　　图10-118　密封垫图块图案填充

7．插入压紧螺母平面图

（1）将"压紧螺母"图层设定为当前图层。单击"默认"选项卡"块"面板中的"插入"按钮，将压紧螺母右视图图块插入手压阀装配平面图中，结果如图10-119所示。

（2）单击"修改"面板中的"旋转"按钮和"移动"按钮，将压紧螺母图块调整到适当位置，结果如图10-120所示。

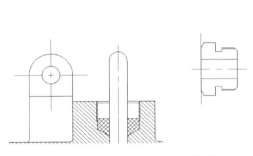
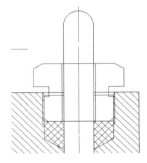

图10-119　插入压紧螺母右视图图块　　　图10-120　调整图块

（3）利用"分解""修剪"等命令修改图形，结果如图10-121所示。

（4）单击"绘图"面板中的"图案填充"按钮，设置填充图案为ANSI31，角度为0°，比例为0.5，选取填充范围，为压紧螺母右视图图块添加剖面线。结果如图10-122所示。

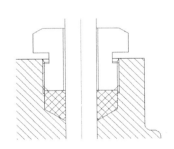
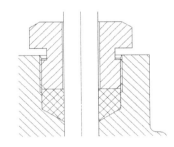

图10-121　修改压紧螺母　　　图10-122　压紧螺母右视图图块图案填充

（5）单击"默认"选项卡"块"面板中的"插入"按钮，将压紧螺母右视图图块插入手压阀装配平面图中，结果如图10-123所示。

（6）单击"修改"面板中的"旋转"按钮和"移动"按钮，将压紧螺母图块调整到适当位置，结果如图10-124所示。

（7）利用"分解""修剪""直线"等命令修改图形，结果如图10-125所示。

（8）首先单击"默认"选项卡"块"面板中的"插入"按钮，将压紧螺母主视图图块插入手压阀装配平面图中；然后单击"修改"面板中的"旋转"按钮和"移动"按钮，将底座图块调整到适当位置。结果如图10-126所示。

（9）单击"绘图"面板中的"直线"按钮，由压紧螺母主视图向手压阀左视图绘制辅助线，结果如图10-127所示。

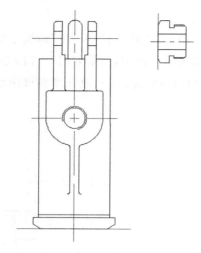

图 10-123　插入压紧螺母右视图图块

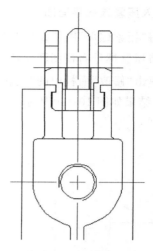

图 10-124　调整图块

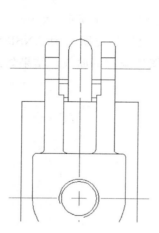

图 10-125　修改压紧螺母

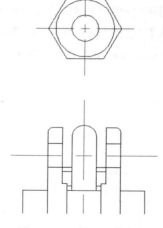

图 10-126　插入压紧螺母

（10）单击"修改"面板中的"修剪"按钮，修改图形，并将多余图形删除，结果如图 10-128 所示。

（11）单击"默认"选项卡"块"面板中的"插入"按钮，将压紧螺母主视图图块插入手压阀装配平面图中，结果如图 10-129 所示。

（12）单击"修改"面板中的"移动"按钮，将压紧螺母图块调整到适当位置，结果如图 10-130 所示。

（13）利用"分解""修剪"等命令修改图形，结果如图 10-131 所示。

8．插入手把平面图

（1）将"手把"图层设定为当前图层。单击"默认"选项卡"块"面板中的"插入"按钮，将手把主视图图块插入手压阀装配平面图中，结果如图 10-132 所示。

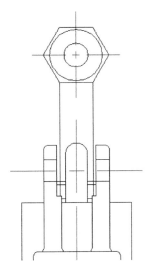

图 10-127　绘制辅助线

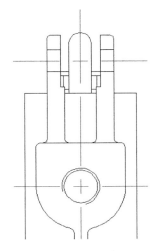

图 10-128　修改压紧螺母

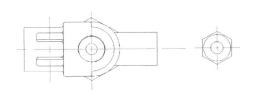

图 10-129　插入压紧螺母主视图图块

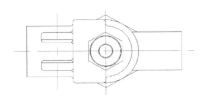

图 10-130　调整图块

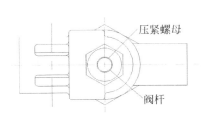

图 10-131　修改压紧螺母

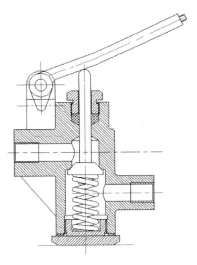

图 10-132　插入手把主视图图块

（2）单击"修改"面板中的"修剪"按钮，修改图形，结果如图 10-133 所示。

（3）将"中心线"图层设定为当前图层。单击"绘图"面板中的"直线"按钮，绘制辅助线，结果如图 10-134 所示。

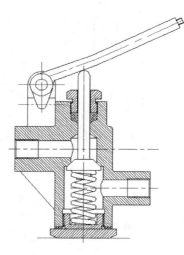

图 10-133 剪切图形

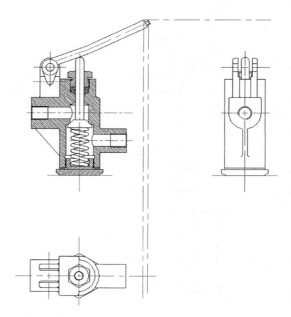

图 10-134 绘制辅助线

（4）将"手把"图层设定为当前图层。单击"默认"选项卡"块"面板中的"插入"按钮，将手把左视图图块插入手压阀装配平面图中，结果如图 10-135 所示。

（5）单击"修改"面板中的"移动"按钮，将手把图块调整到适当位置，结果如图 10-136 所示。

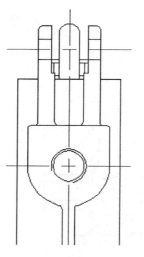

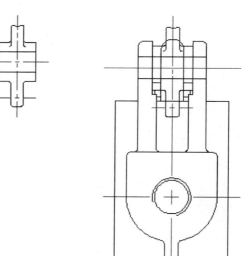

图 10-135 插入手把左视图图块　　　　　图 10-136 调整图块

（6）利用"分解""修剪""直线"等命令修改图形，结果如图 10-137 所示。

（7）单击"绘图"面板中的"直线"按钮，由手把主视图向手把俯视图绘制辅助线，结果如图 10-138 所示。

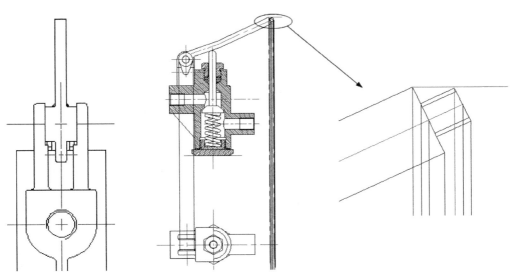

图 10-137 修改手把　　　　图 10-138 绘制辅助线

（8）单击"修改"面板中的"偏移"按钮 ，将俯视图中的水平中心线向两侧偏移，偏移距离为 3、2.5 和 2，结果如图 10-139 所示。

（9）利用"修剪""椭圆""偏移""直线"等命令，修改图形，并将修改得到的图形修改图层为"粗实线"，结果如图 10-140 所示。

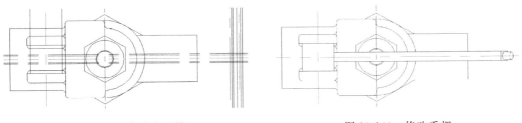

图 10-139 偏移中心线　　　　图 10-140 修改手把

9．插入销轴平面图

（1）将"销轴"图层设定为当前图层。单击"默认"选项卡"块"面板中的"插入"按钮 ，将销轴图块插入手压阀装配平面图中，结果如图 10-141 所示。

（2）单击"修改"面板中的"旋转"按钮 和"移动"按钮 ，将销轴图块调整到适当位置，结果如图 10-142 所示。

（3）利用"分解""修剪"等命令修改图形，结果如图 10-143 所示。

（4）单击"绘图"面板中的"圆"按钮 ，绘制半径为 2 的圆，结果如图 10-144 所示。

（5）单击"绘图"面板中的"圆"按钮 ，在阀体主视图中以中心线交点为圆心、以 4.2 和 5 为半径绘制圆，结果如图 10-145 所示。

（6）单击"默认"选项卡"块"面板中的"插入块"按钮 ，将销轴图块插入手压阀装配平面图中，结果如图 10-146 所示。

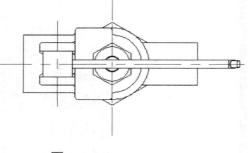

图 10-141　插入销轴图块

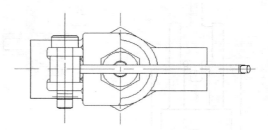

图 10-142　调整图块

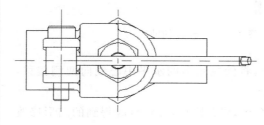

图 10-143　修改销轴

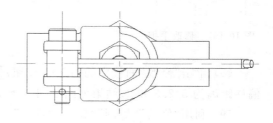

图 10-144　绘制销孔

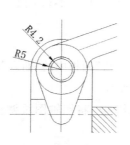

图 10-145　在主视图中创建销轴视图

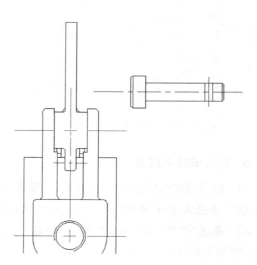

图 10-146　插入销轴图块

（7）单击"修改"面板中的"移动"按钮，将销轴图块调整到适当位置，结果如图 10-147 所示。

（8）利用"分解""修剪"等命令修改图形，结果如图 10-148 所示。

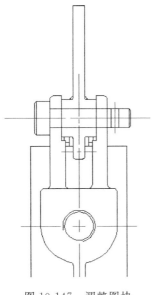
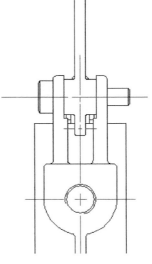

图 10-147 调整图块　　　　　图 10-148 修改销轴

10．插入胶木球平面图

（1）将"胶木球"图层设定为当前图层。单击"默认"选项卡"块"面板中的"插入块"按钮，将胶木球图块插入手压阀装配平面图中，结果如图 10-149 所示。

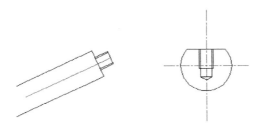

图 10-149 插入胶木球图块

（2）单击"修改"面板中的"旋转"按钮 和"移动"按钮 ，将胶木球图块调整到适当位置，结果如图 10-150 所示。

（3）单击"绘图"面板中的"图案填充"按钮 ，设置填充图案为 ANSI31，角度为 0°，比例为 0.5，选取填充范围，为胶木球图块添加剖面线。结果如图 10-151 所示。

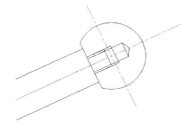
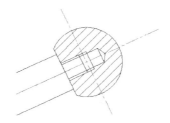

图 10-150 调整图块　　　　　图 10-151 胶木球图块图案填充

（4）将"中心线"图层设定为当前图层。单击"绘图"面板中的"直线"按钮，由胶木球主视图向俯视图绘制辅助线，结果如图 10-152 所示。

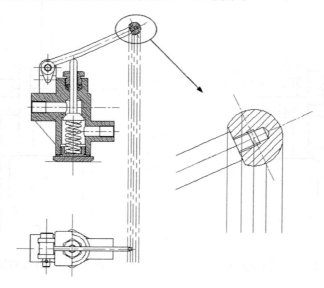

图 10-152　绘制辅助线

（5）单击"修改"面板中的"偏移"按钮，将俯视图中的水平中心线向两侧偏移，偏移距离为 9，结果如图 10-153 所示。

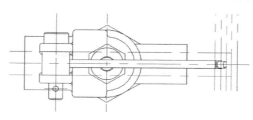

图 10-153　偏移中心线

（6）将"胶木球"图层设定为当前图层。单击"绘图"面板中的"椭圆"按钮，绘制胶木球俯视图，结果如图 10-154 所示。

（7）单击"修改"面板中的"修剪"按钮，修改图形并将多余的辅助线删除，结果如图 10-155 所示。

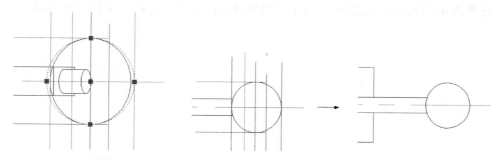

图 10-154　绘制胶木球　　　　　图 10-155　修改胶木球

(8)将"中心线"图层设定为当前图层。单击"绘图"面板中的"直线"按钮，由胶木球主视图向左视图绘制辅助线，并在左视图中同样绘制辅助线，结果如图 10-156 所示。

(9)单击"修改"面板中的"偏移"按钮，将左视图中的竖直中心线向两侧偏移，偏移距离为 9，结果如图 10-157 所示。

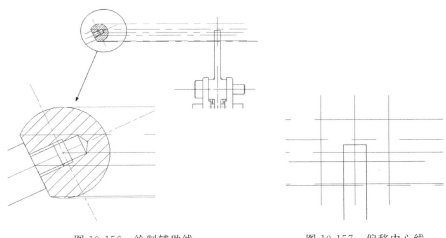

图 10-156　绘制辅助线　　　　　　图 10-157　偏移中心线

(10)将"胶木球"图层设定为当前图层。单击"默认"选项卡"块"面板中的"插入块"按钮，将胶木球图块插入手压阀装配平面图中，结果如图 10-158 所示。

(11)单击"修改"面板中的"移动"按钮，将胶木球图块调整到适当位置，结果如图 10-159 所示。

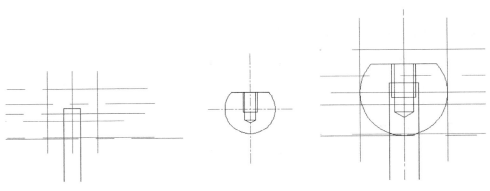

图 10-158　插入胶木球图块　　　　　图 10-159　调整图块

(12)将"中心线"图层设定为当前图层。单击"绘图"面板中的"直线"按钮，在左视图中绘制辅助线，结果如图 10-160 所示。

(13)将"胶木球"图层设定为当前图层。单击"绘图"面板中的"椭圆"按钮，绘制胶木球左视图，结果如图 10-161 所示。

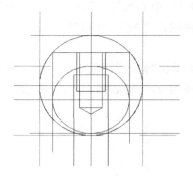

图 10-160　绘制辅助线　　　　　图 10-161　绘制胶木球左视图

（14）单击"修改"面板中的"修剪"按钮 ,修改图形,并将多余的辅助线删除,结果如图 10-162 所示。

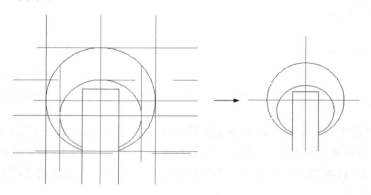

图 10-162　修改胶木球

10.4.4　标注手压阀装配平面图

在装配图中,不需要将每个零件的尺寸全部标注出来,需要标注的尺寸有规格尺寸、装配尺寸、外形尺寸、安装尺寸以及其他重要尺寸。在本例中,只需要标注一些装配尺寸,而且都为线性标注。

1. 设置标注样式

（1）将"尺寸标注"图层设定为当前图层。单击"注释"面板中的"标注样式"按钮 ,打开如图 10-163 所示的"标注样式管理器"对话框。单击"新建"按钮,在弹出的"创建新标注样式"对话框中设置新样式名为"装配图",如图 10-164 所示。

（2）单击"继续"按钮,打开"新建标注样式:装配图"对话框。在如图 10-165 所示的"线"选项卡中,设置基线间距为 2,超出尺寸线为 1.25,起点偏移量为 0.625,其他设置保持默认。

（3）在如图 10-166 所示的"符号和箭头"选项卡中,设置箭头为"实心闭合",箭头大小为 2.5,其他设置保持默认。

第10章 零件图与装配图

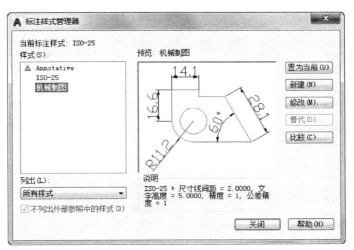

图 10-163 "标注样式管理器"对话框

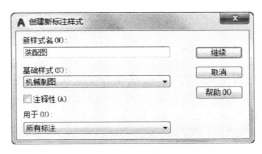

图 10-164 "创建新标注样式"对话框

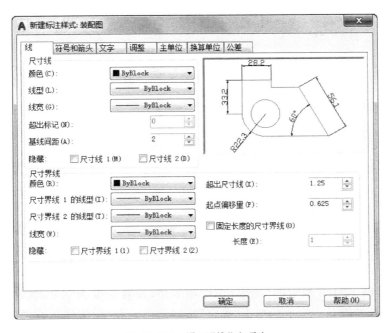

图 10-165 设置"线"选项卡

图 10-166 设置"符号和箭头"选项卡

(4) 在如图 10-167 所示的"文字"选项卡中,设置文字高度为 3,其他设置保持默认。

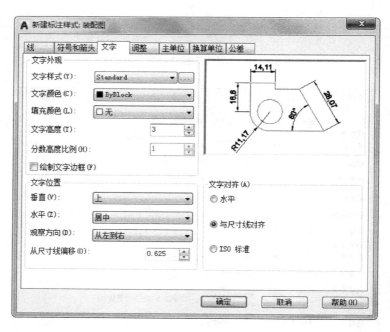

图 10-167 设置"文字"选项卡

(5) 在如图 10-168 所示的"主单位"选项卡中,设置精度为 0.0,小数分隔符为句点,其他设置保持默认。完成后单击"确定"按钮退出。在"标注样式管理器"对话框中将"装配图"样式设置为当前样式,单击"关闭"按钮退出。

第10章 零件图与装配图

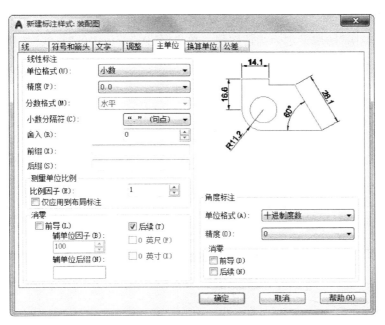

图 10-168 设置"主单位"选项卡

2. 标注尺寸

单击"注释"面板中的"线性"按钮 ，标注线性尺寸，结果如图 10-169 所示。

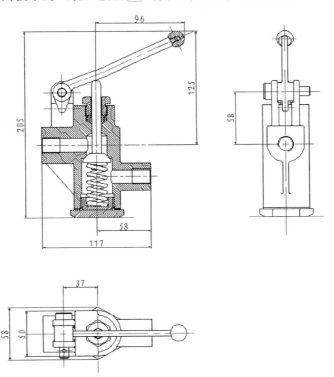

图 10-169 标注尺寸后的装配图

3. 标注零件序号

将"文字说明"图层设定为当前图层。单击"绘图"面板中的"直线"按钮和"多行文字"按钮 A，标注零件序号，结果如图 10-170 所示。

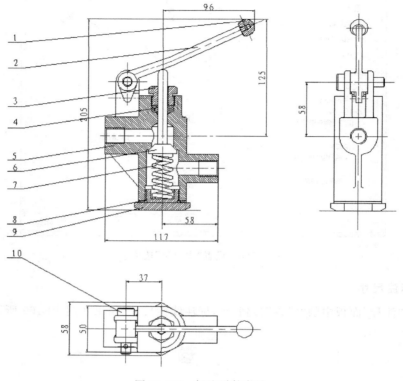

图 10-170　标注零件序号

4. 制作明细表

（1）打开下载的源文件中的"源文件\明细表.dwg 文件"，选择菜单栏中的"编辑"→"复制"命令，将明细表复制；返回到手压阀装配平面图中，选择菜单栏中的"编辑"→"粘贴"命令，将明细表粘贴到手压阀装配平面图中。结果如图 10-171 所示。

（2）单击"注释"面板中的"多行文字"按钮 A，添加明细表文字内容并调整表格宽度，结果如图 10-172 所示。

5. 填写技术要求

单击"注释"面板中的"多行文字"按钮 A，添加技术要求，结果如图 10-173 所示。

6. 填写标题栏

单击"注释"面板中的"多行文字"按钮 A，填写标题栏，结果如图 10-174 所示。

7. 完善手压阀装配平面图

单击"修改"面板中的"缩放"按钮和"移动"按钮，将创建好的图形、明细表、技术要求移动到图框中的适当位置，完成手压阀装配平面图的绘制。结果如图 10-175 所示。

第10章 零件图与装配图

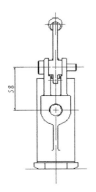

图 10-171 复制明细表

10	销轴	1
9	底座	1
8	胶垫	1
7	弹簧	1
6	阀杆	1
5	阀体	1
4	密封垫	1
3	压紧螺母	1
2	手把	1
1	胶木球	1
序号	名称	数量

图 10-172 装配图明细表

技术要求
制造和验收技术条件应符合国家的标准规定。

图 10-173 添加技术要求

手压阀装配图	材料		比例	1:1
	数量		共 张第 张	
制图				
审核				

图 10-174 填写好的标题栏

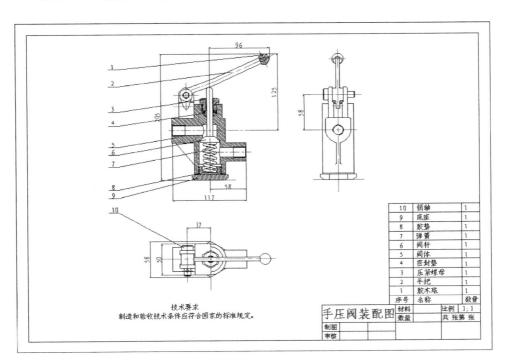

图 10-175 手压阀装配图

10.5 上机实验

10.5.1 实验1 绘制轴承的4个零件图

绘制如图 10-176～图 10-179 所示滑动轴承的 4 个零件图。

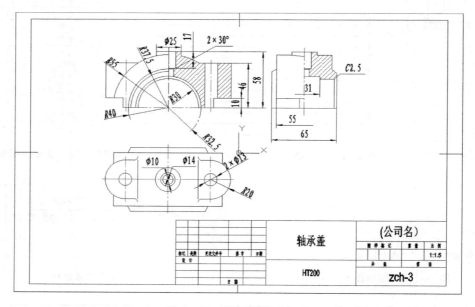

图 10-176 滑动轴承的上盖

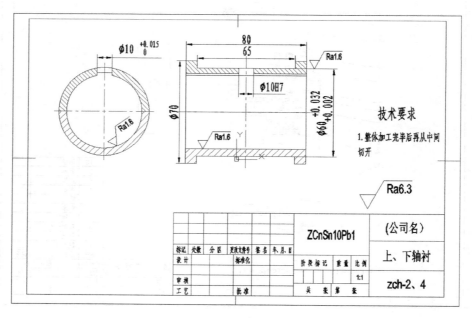

图 10-177 滑动轴承的上、下轴衬

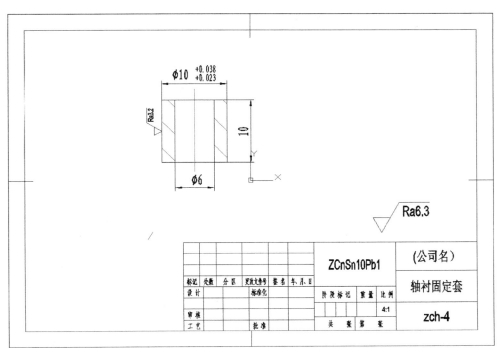

图 10-178 滑动轴承的轴衬固定套

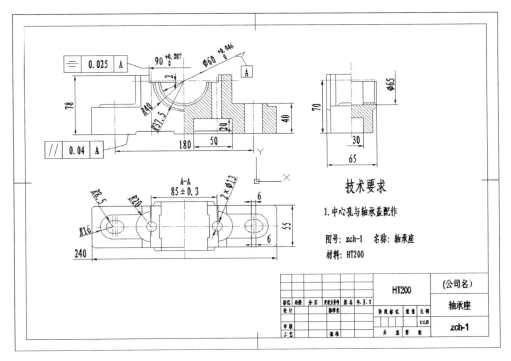

图 10-179 滑动轴承的轴承座

10.5.2 实验 2 绘制装配图

绘制如图 10-180 所示滑动轴承的装配图。

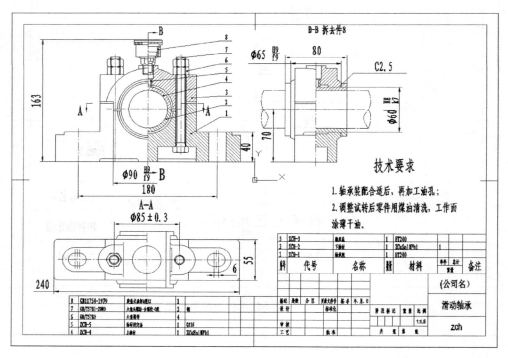

图 10-180 滑动轴承装配图

第 11 章

三维造型绘制

本章导读

三维造型绘制是绘图设计过程中相当重要的一个环节。因为图形的主要作用是表达物体的立体形状,而要体现物体的真实度,则需三维建模进行绘制图形,因此,如果没有三维建模,绘制出的图样几乎都是平面。

学习要点

- ◆ 三维坐标系统
- ◆ 绘制三维网格曲面
- ◆ 绘制基本三维网格
- ◆ 布尔运算

11.1 三维坐标系统

AutoCAD 2018 使用的直角坐标系有两种类型。一种是绘制二维图形时常用的坐标系,即世界坐标系(WCS),由系统默认提供。世界坐标系又称为通用坐标系或绝对坐标系。对于二维绘图来说,世界坐标系足以满足要求。为了便于创建三维模型,AutoCAD 2018 允许用户根据自己的需要设定坐标系,即另一种坐标系——用户坐标系(UCS)。通过合理地创建 UCS,用户可以方便地创建三维模型。

11.1.1 坐标系建立

1．执行方式

命令行：UCS。
菜单栏：执行菜单栏中的"工具"→"新建 UCS"→"世界"命令。
工具栏：单击 UCS 工具栏中的 UCS 按钮。
功能区：单击"视图"选项卡"坐标"面板中的"UCS 图标"按钮。

2．操作步骤

```
命令：UCS↙
当前 UCS 名称：*世界*
指定 UCS 的原点或 [面(F)/命名(NA)/对象(OB)/上一个(P)/视图(V)/世界(W)/X/Y/Z 轴(ZA)]<世界>：
```

3．选项说明

各选项的含义如表 11-1 所示。

表 11-1 "坐标系建立"命令各选项含义

选项	含义
指定 UCS 的原点	使用一点、两点或三点定义一个新的 UCS。如果指定单个点 1,当前 UCS 的原点将会移动而不会更改 X、Y 和 Z 轴的方向。选择该项,系统提示如下。 指定 X 轴上的点或<接受>：(继续指定 X 轴通过的点 2 或直接按 Enter 键接受原坐标系 X 轴为新坐标系 X 轴) 指定 XY 平面上的点或<接受>：(继续指定 XY 平面通过的点 3 以确定 Y 轴或直接按 Enter 键接受原坐标系 XY 平面为新坐标系 XY 平面,根据右手法则,相应的 Z 轴也同时确定) 示意图如图 11-1 所示
面(F)	将 UCS 与三维实体的选定面对齐。要选择一个面,则在此面的边界内或面的边上单击,被选中的面将亮显,UCS 的 X 轴将与找到的第一个面上的最近的边对齐。选择该项,系统出现以下提示。 选择实体对象的面：(选择面) 输入选项[下一个(N)/X 轴反向(X)/Y 轴反向(Y)]<接受>：↙(结果如图 11-2 所示) 如果选择"下一个"选项,系统将 UCS 定位于邻接的面或选定边的后向面

续表

选　项	含　义
对象(OB)	根据选定的三维对象定义新的坐标系,如图 11-3 所示。新建 UCS 的拉伸方向(Z 轴正方向)与选定对象的拉伸方向相同。选择该项,系统提示如下。 　　选择对齐 UCS 的对象:选择对象 对于大多数对象,新 UCS 的原点位于离选定对象最近的顶点处,并且 X 轴与一条边对齐或相切。对于平面对象,UCS 的 XY 平面与该对象所在的平面对齐。对于复杂对象,将重新定位原点,但是轴的当前方向保持不变 注意:该选项不能用于三维多段线、三维网格和构造线。
视图(V)	以垂直于观察方向(平行于屏幕)的平面为 XY 平面,建立新的坐标系。UCS 原点保持不变
世界(W)	将当前用户坐标系设置为世界坐标系。WCS 是所有用户坐标系的基准,不能被重新定义
X、Y、Z	绕指定轴旋转当前 UCS
Z 轴	用指定的 Z 轴正半轴定义 UCS

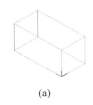 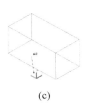

(a)　　　　　　　　(b)　　　　　　　　(c)　　　　　　　　(d)

图 11-1　指定原点

(a) 原坐标系；(b) 指定一点；(c) 指定两点；(d) 指定三点

 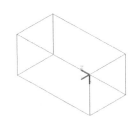

图 11-2　选择面确定坐标系　　　　　图 11-3　选择对象确定坐标系

11.1.2　动态 UCS

动态 UCS 的具体操作方法是单击状态栏上的 DUCS 按钮,或按键盘上的 F6 键。

可以使用动态 UCS 在三维实体的平整面上创建对象,而无须手动更改 UCS 方向。

在执行命令的过程中,当将光标移动到面上方时,动态 UCS 会临时将 UCS 的 XY 平面与三维实体的平整面对齐,如图 11-4 所示。

动态 UCS 激活后,指定的点和绘图工具(例如极轴追踪和栅格)都将与动态 UCS 建立的临时 UCS 相关联。

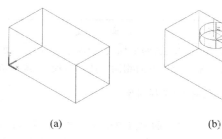

图 11-4 动态 UCS
（a）原坐标系；（b）绘制圆柱体时的动态坐标系

11.2 动态观察

AutoCAD 2018 提供了具有交互控制功能的三维动态观测器,可以实时地控制和改变当前视口中创建的三维视图,以得到用户期望的效果。

1. 受约束的动态观察

1) 执行方式

命令行：3DORBIT。

菜单栏：执行菜单栏中的"视图"→"动态观察"→"受约束的动态观察"命令。

快捷菜单：启用交互式三维视图后,在视口中右击,从弹出的快捷菜单中选择"其他导航模式"→"受约束的动态观察"命令,如图 11-5 所示。

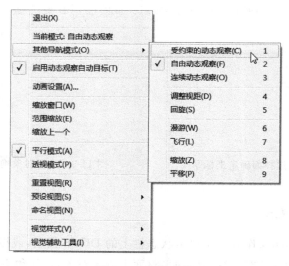

图 11-5 快捷菜单

工具栏：单击"动态观察"工具栏中的"受约束的动态观察"按钮 ⊕（图 11-6）,或单击"三维导航"工具栏中的"受约束的动态观察"按钮 ⊕（图 11-6）。

功能区：单击"视图"选项卡"导航"面板中的"自由观察"按钮 ⊕。

图 11-6 "动态观察"和"三维导航"工具栏

2）操作步骤

命令：3DORBIT↙

执行该命令后，视图的目标保持静止，而视点将围绕目标移动。但是，从用户的视点看起来就像三维模型正在随着光标旋转。用户可以以此方式指定模型的任意视图。

系统显示三维动态观察光标图标。如果水平拖动鼠标，相机将平行于世界坐标系（WCS）的 XY 平面移动；如果垂直拖动鼠标，相机将沿 Z 轴移动，如图 11-7 所示。

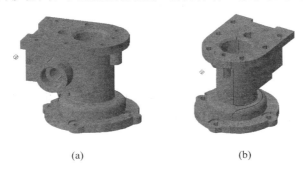

(a)　　　　　　　　　　(b)

图 11-7　受约束的三维动态观察

(a) 原始图形；(b) 拖动鼠标

2．自由动态观察

1）执行方式

命令行：3DFORBIT。

菜单栏：执行菜单栏中的"视图"→"动态观察"→"自由动态观察"命令。

快捷菜单：启用交互式三维视图后，在视口中右击，从弹出的快捷菜单中选择"其他导航模式"→"自由动态观察"命令。

工具栏：单击"动态观察"工具栏中的"自由动态观察"按钮 ⊘ ，或单击"三维导航"工具栏中的"自由动态观察"按钮 ⊘ 。

功能区：单击"视图"选项卡"导航"面板中的"自由动态观察"按钮 ⊘ 。

2）操作步骤

命令：3DFORBIT↙

执行该命令后，在当前视口出现一个绿色的大圆，在大圆上有 4 个绿色的小圆，如图 11-8 所示。此时，通过拖动鼠标就可以对视图进行旋转观测。

在三维动态观测器中，查看目标的点被固定，用户可以利用鼠标控制相机位置绕观察对象得到动态的观测效果。当鼠标在绿色大圆的不同位置进行拖动时,鼠标指针的表现形式是不同的,视图的旋转方向也不同。视图的旋转由鼠标指针的表现形式和位置决定。鼠标指针在不同位置有 ⊙、⊕、⊕、⊕ 几种表现形式,拖动这些图标,可以分别使对象进行不同形式的旋转。

3. 连续动态观察

1) 执行方式

命令行:3DCORBIT。

菜单栏:执行菜单栏中的"视图"→"动态观察"→"连续动态观察"命令。

快捷菜单:启用交互式三维视图后,在视口中右击,从弹出的快捷菜单中选择"其他导航模式"→"连续动态观察"命令。

工具栏:单击"动态观察"工具栏中的"连续动态观察"按钮 ,或单击"三维导航"工具栏中的"连续动态观察"按钮 。

功能区:单击"视图"选项卡"导航"面板中的"连续动态观察"按钮 。

2) 操作步骤

命令: 3DCORBIT↙

执行该命令后,界面出现动态观察图标,按住鼠标拖动,图形按鼠标拖动方向旋转,旋转速度为鼠标的拖动速度,如图 11-9 所示。

图 11-8 自由动态观察

图 11-9 连续动态观察

11.3 显 示 形 式

在 AutoCAD 中,三维实体有多种显示形式,包括二维线框、三维线框、三维消隐、真实、概念、消隐等显示形式。

11.3.1 消隐

1. 执行方式

命令行:HIDE。

菜单栏:执行菜单栏中的"视图"→"消隐"命令。

工具栏：单击"渲染"工具栏中的"隐藏"按钮。

功能区：单击"视图"选项卡"视觉样式"面板中的"消隐"按钮。

2．操作步骤

命令：HIDE↙

执行该命令后，系统将被其他对象挡住的图线隐藏起来，以增强三维视觉效果，如图 11-10 所示。

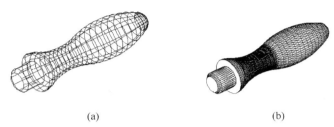

图 11-10　消隐效果
(a) 消隐前；(b) 消隐后

11.3.2　视觉样式

1．执行方式

命令行：VSCURRENT。

菜单栏：执行菜单栏中的"视图"→"视觉样式"→"二维线框"命令。

工具栏：单击"视觉样式"工具栏中的"二维线框"按钮。

功能区：单击"可视化"选项卡"视觉样式"面板中的"二维线框"按钮。

2．操作步骤

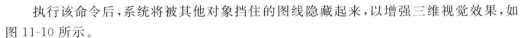

3．选项说明

各选项的含义如表 11-2 所示。

表 11-2　"视觉样式"命令各选项含义

选项	含义
二维线框	用直线和曲线表示对象的边界。光栅和 OLE 对象、线型和线宽都是可见的。即使将 COMPASS 系统变量的值设置为 1，也不会出现在二维线框视图中。图 11-11 所示为 UCS 坐标和手柄的二维线框图
线框(W)	显示对象时使用直线和曲线表示边界。显示一个已着色的三维 UCS 图标。光栅和 OLE 对象、线型及线宽不可见，可将 COMPASS 系统变量设置为 1 来查看坐标球，将显示应用到对象的材质颜色。图 11-12 所示为 UCS 坐标和手柄的三维线框图

续表

选项	含义
隐藏	显示用三维线框表示的对象并隐藏表示后向面的直线。图 11-13 所示为 UCS 坐标和手柄的消隐图
真实(R)	着色多边形平面间的对象，并使对象的边平滑化。如果已为对象附着材质，将显示已附着到对象的材质。图 11-14 所示为 UCS 坐标和手柄的真实图
概念(C)	着色使用冷色和暖色之间的过渡。效果缺乏真实感，但是可以更方便地查看模型的细节。图 11-15 所示为 UCS 坐标和手柄的概念图

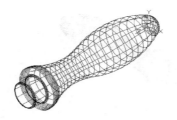
图 11-11　UCS 坐标和手柄的二维线框图

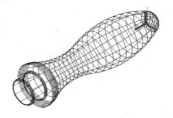
图 11-12　UCS 坐标和手柄的三维线框图

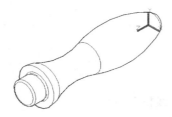
图 11-13　UCS 坐标和手柄的消隐图

图 11-14　UCS 坐标和手柄的真实图

图 11-15　UCS 坐标和手柄的概念图

11.3.3　视觉样式管理器

1．执行方式

命令行：VISUALSTYLES。

菜单栏：执行菜单栏中的"视图"→"视觉样式"→"视觉样式管理器"，或"工具"→"选项板"→"视觉样式"命令。

工具栏：单击"视觉样式"→"管理视觉样式"按钮 。

功能区：单击"视图"选项卡"视觉样式"面板中的"视觉样式管理器"按钮 。

2．操作步骤

命令：VISUALSTYLES✓

执行该命令后，系统打开视觉样式管理器，可以对视觉样式的各参数进行设置，如图 11-16 所示。图 11-17 所示为按图 11-16 进行设置的概念图的显示结果，可以与

第11章　三维造型绘制

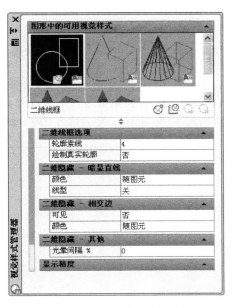

图 11-16　视觉样式管理器

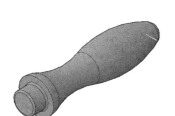

图 11-17　显示结果

图 11-15 进行比较。

11.4　绘制三维网格曲面

本节主要介绍各种三维网格的绘制命令。

11.4.1　平移网格

1．执行方式

命令行：TABSURF。

菜单栏：执行菜单栏中的"绘图"→"建模"→"网格"→"平移网格"命令。

2．操作步骤

```
命令：TABSURF↙
当前线框密度：SURFTAB1 = 6
选择用作轮廓曲线的对象：(选择一个已经存在的轮廓曲线)
选择用作方向矢量的对象：(选择一个方向线)
```

3．选项说明

各选项的含义如表 11-3 所示。

367

表 11-3 "平移网格"命令各选项含义

选项	含义
轮廓曲线	可以是直线、圆弧、圆、椭圆、二维或三维多段线。AutoCAD 从轮廓曲线上离选定点最近的点开始绘制曲面
方向矢量	指出形状的拉伸方向和长度。在多段线或直线上选定的端点决定了拉伸方向。下面绘制一个简单的平移网格。执行平移网格命令 TABSURF，拾取如图 11-18(a)所示的六边形作为轮廓曲线，如图 11-18(a)中直线为方向矢量，则得到的平移网格如图 11-18(b)所示

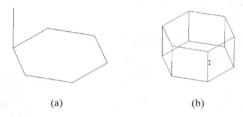

(a)　　　　　　　　　(b)

图 11-18　平移网格的绘制

(a) 六边形和方向线；(b) 平移后的曲面

11.4.2　直纹网格

1．执行方式

命令行：RULESURF。

菜单栏：执行菜单栏中的"绘图"→"建模"→"网格"→"直纹网格"命令。

2．操作步骤

```
命令:RULESURF↙
当前线框密度:SURFTAB1 = 6
选择第一条定义曲线:(指定第一条曲线)
选择第二条定义曲线:(指定第二条曲线)
```

下面绘制一个简单的直纹网格。首先将视图转换为"西南等轴测"图，接着绘制如图 11-19(a)所示的两个圆作为草图，然后执行直纹网格命令 RULESURF，分别拾取绘制的两个圆作为第一条和第二条定义曲线。最后得到的直纹网格如图 11-19(b)所示。

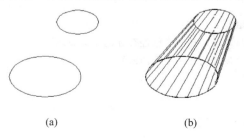

(a)　　　　　　　　　(b)

图 11-19　绘制直纹网格

(a) 作为草图的圆；(b) 生成的直纹网格

11.4.3 旋转网格

1．执行方式

命令行：REVSURF。

菜单栏：执行菜单栏中的"绘图"→"建模"→"网格"→"旋转网格"命令。

2．操作步骤

```
命令：REVSURF↙
当前线框密度：SURFTAB1 = 6  SURFTAB2 = 6
选择要旋转的对象 1：(指定已绘制好的直线、圆弧、圆,或二维、三维多段线)
选择定义旋转轴的对象：(指定已绘制好的用作旋转轴的直线或是开放的二维、三维多段线)
指定起点角度<0>：(输入值或按 Enter 键)
指定包含角度( + = 逆时针,- = 顺时针)<360>：(输入值或按 Enter 键)
```

3．选项说明

各选项的含义如表 11-4 所示。

表 11-4 "旋转网格"命令各选项含义

选 项	含 义
起点角度	如果起点角度设置为非零值,平面将从生成路径曲线位置的某个偏移处开始旋转
旋转的角度	包含角用来指定绕旋转轴旋转的角度
系统变量	系统变量 SURFTAB1 和 SURFTAB2 用来控制生成网格的密度。SURFTAB1 指定在旋转方向上绘制的网格线的数目,SURFTAB2 将指定绘制的网格线数目进行等分。如图 11-20 所示为利用 REVSURF 命令绘制的花瓶

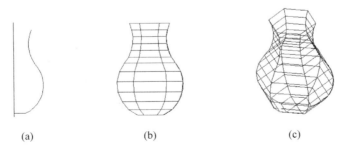

(a)　　　　　　(b)　　　　　　(c)

图 11-20　绘制花瓶

(a)轴线和回转轮廓线；(b)回转面；(c)调整视角

11.4.4 边界网格

1．执行方式

命令行：EDGESURF。

菜单栏：执行菜单栏中的"绘图"→"建模"→"网格"→"边界网格"命令。

2. 操作步骤

```
命令：EDGESURF✓
当前线框密度：SURFTAB1 = 6 SURFTAB2 = 6
选择用作曲面边界的对象 1：（选择第一条边界线）
选择用作曲面边界的对象 2：（选择第二条边界线）
选择用作曲面边界的对象 3：（选择第三条边界线）
选择用作曲面边界的对象 4：（选择第四条边界线）
```

3. 选项说明

各选项的含义如表 11-5 所示。

表 11-5 "边界网格"命令各选项含义

选 项	含 义
网格分段数	系统变量 SURFTAB1 和 SURFTAB2 分别控制 M、N 方向的网格分段数。可通过在命令行输入 SURFTAB1 改变 M 方向的默认值，在命令行输入 SURFTAB2 改变 N 方向的默认值
边界曲面	下面以生成一个简单的边界曲面为例进行说明。首先选择菜单栏中的"视图"→"三维视图"→"西南等轴测"命令，将视图转换为"西南等轴测"，绘制 4 条首尾相连的边界，如图 11-21(a)所示。在绘制边界的过程中，为了方便绘制，可以首先绘制一个基本三维表面中的立方体作为辅助立体，在它上面绘制边界，然后再将其删除。执行边界曲面命令 EDGESURF，分别选择绘制的 4 条边界，则得到如图 11-21(b)所示的边界曲面

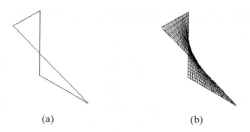

图 11-21 边界曲面
(a) 边界曲线；(b) 生成的边界曲面

11.4.5 上机练习——弹簧

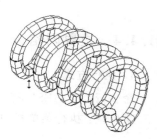

练习目标

本实例利用旋转网格命令绘制如图 11-22 所示的弹簧。

设计思路

首先利用二维绘图命令绘制图形，然后修改线条密度，并利用旋转网格命令完成弹簧的创建。

图 11-22 弹簧

操作步骤

（1）在命令行中输入 UCS 命令，设置用户坐标系，命令行的提示与操作如下。

```
命令：UCS✓
当前 UCS 名称：*世界*
指定 UCS 的原点或 [面(F)/命名(NA)/对象(OB)/上一个(P)/视图(V)/世界(W)/X/Y/Z/Z 轴(ZA)]
<世界>：200,200,0✓
指定 X 轴上的点或 <接受>：✓
```

（2）单击"默认"选项卡"绘图"面板中的"多段线"按钮，以(0,0,0)为起点、第二点坐标为(@200<15)、终点坐标为(@200<165)绘制多段线。重复上述步骤，得到结果如图 11-23 所示。

（3）单击"默认"选项卡"绘图"面板中的"圆"按钮，指定多段线的起点为圆心，半径为 20，结果如图 11-24 所示。

（4）单击"默认"选项卡"修改"面板中的"复制"按钮，结果如图 11-25 所示。重复上述步骤，得到结果如图 11-26 所示。

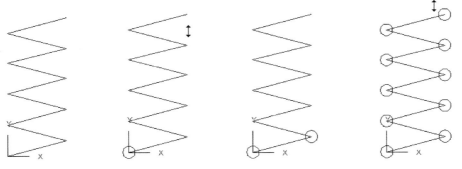

图 11-23　绘制多段线　　图 11-24　绘制圆　　图 11-25　复制圆　　图 11-26　复制多个圆

（5）单击"默认"选项卡"绘图"面板中的"直线"按钮，直线的起点为第一条多段线的中点，终点的坐标为(@50<105)。重复上述步骤，得到结果如图 11-27 所示。

（6）单击"默认"选项卡"绘图"面板中的"直线"按钮，直线的起点为第二条多段线的中点，终点的坐标为(@50<75)。重复上述步骤，得到结果如图 11-28 所示。

（7）在命令行中输入 SURFTAB1 和 SURFTAB2，修改线条密度。命令行的提示与操作如下。

```
命令：SURFTAB1✓
输入 SURFTAB1 的新值<6>：12✓
命令：SURFTAB2✓
输入 SURFTAB2 的新值<6>：12✓
```

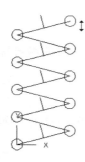
图 11-27　绘制多条线段

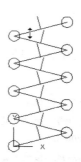
图 11-28　绘制另一个方向的线段

（8）选择菜单栏中的"绘图"→"建模"→"网格"→"旋转网格"命令，以最下斜向上垂直线段为轴，旋转最下面圆，旋转角度为 −180°。命令行的提示与操作如下。

```
命令：_revsurf
当前线框密度：SURFTAB1 = 12 SURFTAB2 = 12
选择要旋转的对象：(选择最下面圆)
选择定义旋转轴的对象：(选择第一条垂直线段)
指定起点角度＜0＞：✓
指定包含角（+= 逆时针，−= 顺时针）＜360＞：−180✓
```

结果如图 11-29 所示。

重复上述步骤，旋转角度分别为 180° 和 −180°，结果如图 11-30 所示。

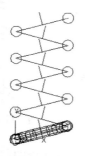
图 11-29　绘制旋转网格

图 11-30　绘制多个旋转网格

注意：这里输入的旋转角度正负号如果反了，则不会得到正确的结果。

（9）单击"可视化"选项卡"视图"面板中的"西南等轴测"按钮，切换视图。
（10）单击"默认"选项卡"修改"面板中的"删除"按钮，删除多余的线条。
（11）在命令行输入 HIDE 命令对图形消隐，最终结果如图 11-22 所示。

11.5　绘制基本三维网格

三维基本图元与三维基本形体表面类似，有长方体表面、圆柱体表面、棱锥面、楔体表面、球面、圆锥面、圆环面等。

11.5.1 绘制网格长方体

1．执行方式

命令行：MESH。

菜单栏：执行菜单栏中的"绘图"→"建模"→"网格"→"图元"→"长方体"命令。

工具栏：单击"平滑网格图元"工具栏中的"网络长方体"按钮 。

功能区：单击"三维工具"选项卡"建模"面板中的"网格长方体"按钮 。

2．操作步骤

```
命令：MESH
当前平滑度设置为：0
输入选项 [长方体(B)/圆锥体(C)/圆柱体(CY)/棱锥体(P)/球体(S)/楔体(W)/圆环体(T)/设
置(SE)]<长方体>：
指定第一个角点或 [中心(C)]：(给出长方体角点)
指定其他角点或 [立方体(C)/长度(L)]：(给出长方体其他角点)
指定高度或 [两点(2P)]：(给出长方体的高度)
```

3．选项说明

各选项的含义如表 11-6 所示。

表 11-6 "绘制网格长方体"命令各选项含义

选　　项	含　　义
指定第一个角点/角点	设置网格长方体的第一个角点
中心	设置网格长方体的中心
立方体	将长方体的所有边设置为长度相等
宽度	设置网格长方体沿 Y 轴的宽度
高度	设置网格长方体沿 Z 轴的高度
两点(2P)	基于两点之间的距离设置高度

11.5.2 绘制网格圆锥体

1．执行方式

命令行：MESH。

菜单栏：执行菜单栏中的"绘图"→"建模"→"网格"→"图元"→"圆锥体"命令。

工具栏：单击"平滑网格图元"工具栏中的"网格圆锥体"按钮 。

功能区：单击"三维工具"选项卡"建模"面板中的"网格圆锥体"按钮 。

2．操作步骤

```
命令：MESH
当前平滑度设置为：0
输入选项 [长方体(B)/圆锥体(C)/圆柱体(CY)/棱锥体(P)/球体(S)/楔体(W)/圆环体(T)/设
置(SE)]<长方体>：_CONE
```

指定底面的中心点或 [三点(3P)/两点(2P)/切点、切点、半径(T)/椭圆(E)]：
指定底面半径或 [直径(D)]：
指定高度或 [两点(2P)/轴端点(A)/顶面半径(T)] <100.0000>：

3．选项说明

各选项的含义如表 11-7 所示。

表 11-7 "绘制网格圆锥体"命令各选项含义

选　　项	含　　义
指定底面的中心点	设置网格圆锥体底面的中心点
三点(3P)	通过指定三点设置网格圆锥体的位置、大小和平面
两点(直径)	根据两点定义网格圆锥体的底面直径
切点、切点、半径	定义具有指定半径，且半径与两个对象相切的网格圆锥体的底面
椭圆	指定网格圆锥体的椭圆底面
指定底面半径	设置网格圆锥体底面的半径
指定直径	设置圆锥体的底面直径
指定高度	设置网格圆锥体沿与底面所在平面垂直的轴的高度
两点(高度)	通过指定两点之间的距离定义网格圆锥体的高度
指定轴端点	设置圆锥体的顶点的位置，或圆锥体平截面顶面的中心位置。轴端点的方向可以为三维空间中的任意位置
指定顶面半径	指定创建圆锥体平截面时圆锥体的顶面半径
其他三维网格	例如网格圆柱体、网格棱锥体、网格球体、网格楔体、网格圆环体，其绘制方法与前面介绍的网格长方体绘制方法类似，不再赘述

11.6　绘制基本三维实体

本节主要介绍各种基本三维实体的绘制方法。

11.6.1　螺旋

螺旋是一种特殊的基本三维实体，如图 11-31 所示。如果没有专门的命令，要绘制一个螺旋体是很困难的。从 AutoCAD 2018 开始，AutoCAD 提供了一个螺旋绘制功能来完成螺旋体的绘制。具体操作方法如下。

1．执行方式

命令行：HELIX。

菜单栏：执行菜单栏中的"绘图"→"螺旋"命令。

图 11-31　螺旋体

工具栏：单击"建模"工具栏中的"螺旋"按钮。
功能区：单击"默认"选项卡"绘图"面板中的"螺旋"按钮。

2．操作步骤

```
命令：HELIX↵
圈数 = 3.0000    扭曲 = CCW
指定底面的中心点：(指定点)
指定底面半径或 [直径(D)] <1.0000>：(输入底面半径或直径)
指定顶面半径或 [直径(D)] <26.5531>：(输入顶面半径或直径)
指定螺旋高度或 [轴端点(A)/圈数(T)/圈高(H)/扭曲(W)] <1.0000>：
```

3．选项说明

各选项的含义如表 11-8 所示。

表 11-8 "螺旋"命令各选项含义

选　　项	含　　　　义
轴端点(A)	指定螺旋轴的端点位置。它定义了螺旋的长度和方向
圈数(T)	指定螺旋的圈(旋转)数。螺旋的圈数不能超过 500
圈高(H)	指定螺旋内一个完整圈的高度。当指定圈高值时，螺旋中的圈数将相应地自动更新。如果已指定螺旋的圈数，则不能输入圈高的值
扭曲(W)	指定是以顺时针(CW)方向还是以逆时针方向(CCW)绘制螺旋。螺旋扭曲的默认值是逆时针

11.6.2　长方体

1．执行方式

命令行：BOX。
菜单栏：执行菜单栏中的"绘图"→"建模"→"长方体"命令。
工具栏：单击"建模"工具栏中的"长方体"按钮。
功能区：单击"默认"选项卡"建模"面板中的"长方体"按钮。

2．操作步骤

```
命令：BOX↵
指定第一个角点或 [中心(C)]：(指定第一点或按 Enter 键表示原点是长方体的角点，或输入 c
代表中心点)
```

3．选项说明

各选项的含义如表 11-9 所示。

表 11-9 "长方体"命令各选项含义

选项		含 义
指定长方体的角点		确定长方体的一个顶点的位置。选择该项后，系统继续提示，具体如下。 指定其他角点或[立方体(C)/长度(L)]:（指定第二点或输入选项）
	指定其他角点	输入另一角点的数值，即可确定该长方体。如果输入的是正值，则沿着当前 UCS 的 X、Y 和 Z 轴的正向绘制长度；如果输入的是负值，则沿着 X、Y 和 Z 轴的负向绘制长度。图 11-32 所示为使用相对坐标绘制的长方体
	立方体	创建一个长、宽、高相等的长方体。图 11-33 所示为使用指定长度命令创建的正方体
	长度	要求输入长、宽、高的值。图 11-34 所示为使用长、宽和高命令创建的长方体
中心点		使用指定的中心点创建长方体。图 11-35 所示为使用中心点命令创建的正方体

图 11-32 利用角点命令创建的长方体

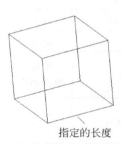

图 11-33 利用立方体命令创建的长方体

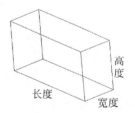

图 11-34 利用长、宽和高命令创建的长方体

图 11-35 使用中心点命令创建的长方体

11.6.3 圆柱体

1. 执行方式

命令行：CYLINDER。

菜单栏：执行菜单栏中的"绘图"→"建模"→"圆柱体"命令。

工具栏：单击"建模"工具栏中的"圆柱体"按钮 。

功能区：单击"三维工具"选项卡"建模"面板中的"圆柱体"按钮 。

第11章 三维造型绘制

2. 操作步骤

```
命令：CYLINDER
指定底面的中心点或 [三点(3P)/两点(2P)/切点、切点、半径(T)/椭圆(E)]:
指定底面半径或 [直径(D)]:
指定高度或 [两点(2P)/轴端点(A)]:
```

3. 选项说明

各选项的含义如表 11-10 所示。

表 11-10 "圆柱体"命令各选项含义

选 项	含 义
中心点	输入底面圆心的坐标，此选项为系统的默认选项。然后指定底面的半径和高度。AutoCAD 按指定的高度创建圆柱体，且圆柱体的中心线与当前坐标系的 Z 轴平行，如图 11-36 所示。也可以指定另一个端面的圆心来指定高度。AutoCAD 根据圆柱体两个端面的中心位置来创建圆柱体。该圆柱体的中心线就是两个端面的连线，如图 11-37 所示
椭圆（E）	绘制椭圆柱体。其中，端面椭圆的绘制方法与平面椭圆一样，结果如图 11-38 所示。 其他基本实体（如螺旋、楔体、圆锥体、球体、圆环体等）的绘制方法与前面讲述的长方体和圆柱体类似，不再赘述

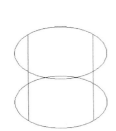

图 11-36 按指定的高度创建圆柱体

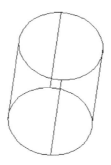

图 11-37 指定圆柱体另一个端面的中心位置

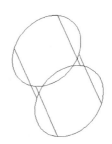

图 11-38 椭圆柱体

11.6.4 上机练习——弯管接头

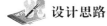
练习目标

本实例主要利用圆柱体、球体等命令绘制如图 11-39 所示的弯管接头。

设计思路

本例依次利用圆柱体、球体、并集以及圆柱体、球体、差集命令绘制弯管接头。

图 11-39 弯管接头

操作步骤

（1）单击"视图"选项卡"视图"面板中的"西南等轴测"按钮，设置视图方向。

（2）单击"三维工具"选项卡"建模"面板中的"圆柱体"按钮，绘制底面中心点为(0,0,0)、半径为20、高度为40的圆柱体。命令行的提示与操作如下。

```
命令：_cylinder
指定底面的中心点或 [三点(3P)/两点(2P)/切点、切点、半径(T)/椭圆(E)]：0,0,0 ✓
指定底面半径或 [直径(D)]：20 ✓
指定高度或 [两点(2P)/轴端点(A)]：40 ✓
```

结果如图11-40所示。

（3）单击"三维工具"选项卡"建模"面板中的"圆柱体"按钮，绘制底面中心点为(0,0,40)、半径为25、高度为-10的圆柱体，如图11-41所示。

（4）单击"三维工具"选项卡"建模"面板中的"圆柱体"按钮，绘制底面中心点为(0,0,0)、半径为20、顶面圆的中心点为(40,0,0)的圆柱体，如图11-42所示。

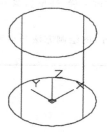　　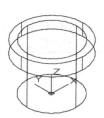　　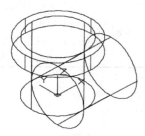

图11-40　绘制圆柱体1　　图11-41　绘制圆柱体2　　图11-42　绘制圆柱体3

命令行的提示与操作如下。

```
命令：_cylinder
指定底面的中心点或 [三点(3P)/两点(2P)/切点、切点、半径(T)/椭圆(E)]：0,0,0 ✓
指定底面半径或 [直径(D)] <25.0000>：20 ✓
指定高度或 [两点(2P)/轴端点(A)] <-10.0000>：a ✓
指定轴端点：40,0,0 ✓
```

（5）单击"三维工具"选项卡"建模"面板中的"圆柱体"按钮，绘制底面中心点为(40,0,0)、半径为25、顶面圆的圆心为(@-10,0,0)的圆柱体，如图11-43所示。

（6）单击"三维工具"选项卡"建模"面板中的"球体"按钮，绘制一个圆点在原点、半径为20的球。

命令行的提示与操作如下。

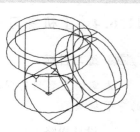

图11-43　绘制圆柱体4

```
命令：_sphere
指定中心点或 [三点(3P)/两点(2P)/切点、切点、半径(T)]：0,0
指定半径或 [直径(D)] <40.0000>：20
```

结果如图 11-44 所示。

（7）单击"视图"选项卡"视觉样式"面板中的"隐藏"按钮，对绘制好的建模进行消隐。此时窗口图形如图 11-45 所示。

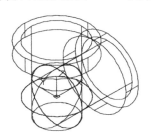
图 11-44　绘制球体 1

图 11-45　弯管主体

（8）单击"三维工具"选项卡"实体编辑"面板中的"并集"按钮，将上步绘制的所有建模组合为一个整体。此时窗口图形如图 11-46 所示。命令行的提示与操作如下。

```
命令：_union
选择对象：(依次选择刚绘制的圆柱体和球)
选择对象：
```

（9）单击"三维工具"选项卡"建模"面板中的"圆柱体"按钮，绘制底面中心点在原点、直径为 35、高度为 40 的圆柱体，如图 11-47 所示。

图 11-46　求并后的弯管主体

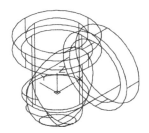
图 11-47　绘制圆柱体 5

（10）单击"三维工具"选项卡"建模"面板中的"圆柱体"按钮，绘制底面中心点在原点、直径为 35、顶面圆的圆心为(40,0,0)的圆柱体，如图 11-48 所示。

（11）单击"三维工具"选项卡"建模"面板中的"球体"按钮，绘制一个圆点在原点、直径为 35 的球，如图 11-49 所示。

（12）单击"三维工具"选项卡"实体编辑"面板中的"差集"按钮，对弯管和直径为 35 的圆柱体和圆环体进行布尔运算，如图 11-50 所示。

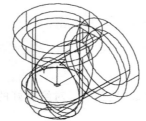
图 11-48 绘制圆柱体 6

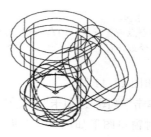
图 11-49 绘制球体 2

命令行的提示与操作如下。

```
命令：_subtract
选择要从中减去的实体、曲面和面域…
选择对象：(选择并集生成的整体)
选择对象：✓
选择要减去的实体、曲面和面域…
选择对象：(选择上面绘制的圆柱体和球)
```

（13）单击"视图"选项卡"视觉样式"面板中的"隐藏"按钮，对绘制好的建模进行消隐。此时图形如图 11-51 所示。渲染后效果如图 11-39 所示。

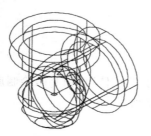
图 11-50 差集运算

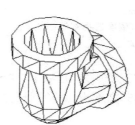
图 11-51 弯管消隐图

11.7 布尔运算

本节主要介绍布尔运算的应用。

11.7.1 三维建模布尔运算

布尔运算在教学的集合运算中得到广泛应用，AutoCAD 也将该运算应用到了建模的创建过程中。用户可以对三维建模对象进行并集、交集、差集的运算，三维建模的布尔运算与平面图形类似。图 11-52 所示为 3 个圆柱体进行交集运算后的图形。

注意： 如果某些命令的第一个字母都相同，那么对于比较常用的命令，其快捷命令是取第一个字母，其他命令的快捷命令可用前面两个或三个字母表示。例如 R 表示 Redraw，RA 表示 Redrawall；L 表示 Line，LT 表示 LineType，LTS 表示 LTScale。

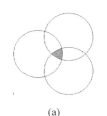  

(a)   (b)   (c)

图 11-52   3 个圆柱体进行交集运算后的图形
(a) 求交集前；(b) 求交集后；(c) 交集的立体图

11.7.2 上机练习——深沟球轴承

练习目标

本实例主要利用布尔运算命令绘制如图 11-53 所示的深沟球轴承。

图 11-53   深沟球轴承

设计思路

利用圆柱体、差集命令绘制轴承内外圈，然后利用圆环体、球体、布尔运算、阵列命令完成深沟球轴承绘制。本节重点学习布尔运算命令的应用。

操作步骤

(1) 设置线框密度，命令行的提示与操作如下。

```
命令: ISOLINES↙
输入 ISOLINES 的新值 <4>: 10↙
```

(2) 单击"可视化"选项卡"视图"面板中的"西南等轴测"按钮 ，切换到西南等轴测图。

(3) 单击"三维工具"选项卡"建模"面板中的"圆柱体"按钮 ，命令行的提示与操作如下。

```
命令: _cylinder
指定底面的中心点或 [三点(3P)/两点(2P)/切点、切点、半径(T)/椭圆(E)]:0,0,0↙ (在绘图区
指定底面中心点位置)
```

```
指定底面的半径或 [直径(D)]: 45↵
指定高度或 [两点(2P)/轴端点(A)]: 20↵
命令: ↵(继续创建圆柱体)
指定底面的中心点或[三点(3P)/两点(2P)/切点、切点、半径(T)/椭圆(E)]:0,0,0↵
指定底面的半径或 [直径(D)]: 38↵
指定高度或 [两点(2P)/轴端点(A)]: 20↵
```

结果如图 11-54 所示。

（4）单击"视图"选项卡"导航"面板中的"实时"按钮 ，上下转动鼠标滚轮对其进行适当的放大。单击"三维工具"选项卡"实体编辑"面板中的"差集"按钮，将创建的两个圆柱体进行差集运算。

（5）单击"视图"选项卡"视觉样式"面板中的"隐藏"按钮，进行消隐处理后的图形如图 11-55 所示。

（6）单击"三维工具"选项卡"建模"面板中的"圆柱体"按钮，以坐标原点为圆心，分别创建高度为 20、半径为 32 和 25 的两个圆柱。单击"三维工具"选项卡"实体编辑"面板中的"差集"按钮，对其进行差集运算，创建轴承的内圈圆柱体。结果如图 11-56 所示。

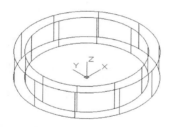
图 11-54　绘制圆柱体

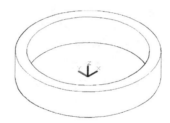
图 11-55　轴承外圈圆柱体

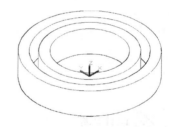
图 11-56　轴承内圈圆柱体

（7）单击"三维工具"选项卡"实体编辑"面板中的"并集"按钮，将创建的轴承外圈与内圈圆柱体进行并集运算。

（8）单击"三维工具"选项卡"建模"面板中的"圆环体"按钮，绘制底面中心点为（0,0,10）、半径为 35、圆管半径为 5 的圆环。命令行的提示与操作如下。

```
命令: _torus
指定中心点或 [三点(3P)/两点(2P)/切点、切点、半径(T)]: 0,0,10↵
指定半径或 [直径(D)] <25.0000>: 35↵
指定圆管半径或 [两点(2P)/直径(D)]: 5↵
```

（9）单击"三维工具"选项卡"实体编辑"面板中的"差集"按钮，将创建的圆环与轴承的内、外圈进行差集运算，结果如图 11-57 所示。

（10）单击"三维工具"选项卡"建模"面板中的"球体"按钮，绘制底面中心点为（35,0,10）、半径为 5 的球体。

（11）将当前视图方向改为"俯视"。单击"默认"选项卡"修改"面板中的"环形阵列"按钮 ,将创建的滚动体进行环形阵列,阵列中心为坐标原点,数目为10。阵列结果如图11-58所示。

(12) 单击"三维工具"选项卡"实体编辑"面板中的"并集"按钮,将阵列的滚动体与轴承的内、外圈进行并集运算。

(13) 单击"可视化"选项卡"渲染"面板中的"渲染到尺寸"按钮 ,选择适当的材质,渲染后的效果如图11-53所示。

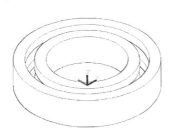
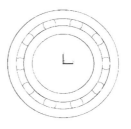

图11-57　圆环与轴承内、外圈进行差集运算结果　　　图11-58　阵列滚动体

11.8　特征操作

与三维网格生成的原理一样,也可以通过二维图形来生成三维实体。具体如下所述。

11.8.1　拉伸

1. 执行方式

命令行:EXTRUDE(快捷命令:EXT)。
菜单栏:执行菜单栏中的"绘图"→"建模"→"拉伸"命令。
工具栏:单击"建模"工具栏中的"拉伸"按钮 。
功能区:单击"三维工具"选项卡"建模"面板中的"拉伸"按钮 。

2. 操作步骤

```
命令:EXTRUDE✓
当前线框密度:ISOLINES=4,闭合轮廓创建模式=实体
选择要拉伸的对象或[模式(MO)]:(选择绘制好的二维对象)
选择要拉伸的对象或[模式(MO)]:(可继续选择对象或按Enter键结束选择)
指定拉伸的高度或[方向(D)/路径(P)/倾斜角(T)/表达式(E)]<52.0000>:
```

3. 选项说明

各选项的含义如表11-11所示。

表 11-11 "拉伸"命令各选项含义

选 项	含 义
拉伸高度	按指定的高度拉伸出三维建模对象。输入高度值后,根据实际需要,再指定拉伸的倾斜角度。如果指定的角度为 0°,AutoCAD 则把二维对象按指定的高度拉伸成柱体;如果输入角度值,则拉伸后建模截面沿拉伸方向按此角度变化,成为一个棱台或圆台体。如图 11-59 所示为不同角度拉伸圆的结果
路径(P)	以现有的图形作为拉伸对象创建三维建模对象。如图 11-60 所示为沿圆弧曲线路径拉伸圆的结果 **注意:**(1)可以使用创建圆柱体的"轴端点"命令确定圆柱体的高度和方向。轴端点是圆柱体顶面的中心点,它可以位于三维空间的任意位置。 (2)作为路径的曲线其曲率半径不能过小,否则会由于拉伸出的实体出现自我干涉而致使拉伸失败。

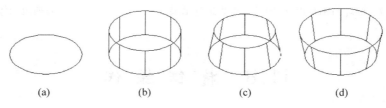

图 11-59 拉伸圆

(a) 拉伸前;(b) 拉伸锥角为 0°;(c) 拉伸锥角为 10°;(d) 拉伸锥角为 -10°

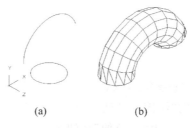

图 11-60 沿圆弧曲线路径拉伸圆
(a) 拉伸前;(b) 拉伸后

11.8.2 上机练习——胶垫

练习目标

本实例主要利用拉伸命令绘制如图 11-61 所示的胶垫。

设计思路

首先创建绘图环境,然后利用圆命令绘制两圆,并通过拉伸命令形成拉伸实体,再进行差集运算后完成胶垫绘制。

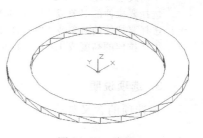

图 11-61 胶垫

 **操作步骤**

1. 新建文件

单击菜单栏中的"文件"→"新建"命令,打开"选择样板"对话框,单击"打开"按钮右侧的下三角按钮,以"无样板打开－公制(毫米)"方式建立新文件;将新文件命名为"胶垫.dwg"并保存。

2. 设置线框密度

在命令行输入 ISOLINES 命令,设置线框密度,默认值是 4,更改设定值为 10。

3. 绘制图形

(1) 单击"默认"选项卡"绘图"面板中的"圆"按钮,在坐标原点分别绘制半径 25 和 18.5 的两个圆,如图 11-62 所示。

(2) 将视图切换到西南轴测,单击"三维工具"选项卡"建模"面板中的"拉伸"按钮,将两个圆进行拉伸,拉伸高度为 2,如图 11-63 所示。命令行的提示与操作如下。

```
命令:_extrude
当前线框密度:ISOLINES=10,闭合轮廓创建模式 = 实体
选择要拉伸的对象或 [模式(MO)]:_MO
闭合轮廓创建模式 [实体(SO)/曲面(SU)] <实体>:_SO
选择要拉伸的对象或 [模式(MO)]:(选取两个圆)
选择要拉伸的对象或 [模式(MO)]:
指定拉伸的高度或 [方向(D)/路径(P)/倾斜角(T)/表达式(E)]:2
```

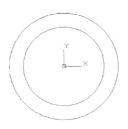 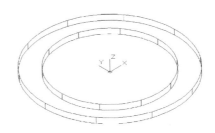

图 11-62 绘制轮廓线 　　　图 11-63 拉伸实体

(3) 单击"三维工具"选项卡"实体编辑"面板中的"差集"按钮,将拉伸后的大圆减去小圆。命令行的提示与操作如下。

```
命令:_subtract
选择要从中减去的实体、曲面和面域…
选择对象:(选取拉伸后的大圆柱体)
选择对象:
选择要减去的实体、曲面和面域…
选择对象:(选取拉伸后的小圆体)
选择对象:
```

结果如图11-64所示。

11.8.3 旋转

1. 执行方式

命令行:REVOLVE(快捷命令:REV)。

菜单栏:执行菜单栏中的"绘图"→"建模"→"旋转"命令。

工具栏:单击"建模"工具栏中的"旋转"按钮。

功能区:单击"三维工具"选项卡"建模"面板中的"旋转"按钮。

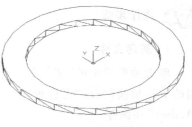

图11-64 差集结果

2. 操作步骤

```
命令:REVOLVE
当前线框密度:ISOLINES = 4,闭合轮廓创建模式 = 实体
选择要旋转的对象或[模式(MO)]:_MO 闭合轮廓创建模式[实体(SO)/曲面(SU)]<实体>:_SO
选择要旋转的对象或[模式(MO)]:找到 1 个
选择要旋转的对象或[模式(MO)]:
指定轴起点或根据以下选项之一定义轴[对象(O)/X/Y/Z]<对象>: x
指定旋转角度或[起点角度(ST)/反转(R)/表达式(EX)]<360>: 115
```

3. 选项说明

各选项的含义如表11-12所示。

表11-12 "旋转"命令各选项含义

选 项	含 义
模式	指定旋转对象是实体还是曲面
指定旋转轴的起点	通过两个点来定义旋转轴。AutoCAD将按指定的角度和旋转轴旋转二维对象
对象(O)	选择已经绘制好的直线或用多段线命令绘制的直线段作为旋转轴线
X(Y)轴	将二维对象绕当前坐标系(UCS)的X(Y)轴旋转。如图11-65所示为矩形平面绕X轴旋转的结果

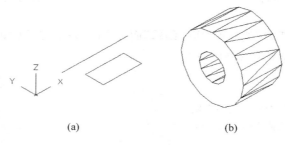

(a) (b)

图11-65 旋转体

(a)旋转界面;(b)旋转后的建模

11.8.4 上机练习——阀杆

练习目标

本实例主要利用旋转命令绘制如图11-66所示的阀杆。

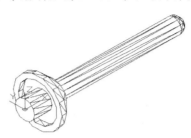

图11-66 阀杆

设计思路

首先利用二维绘图命令绘制图形,然后利用旋转命令生成旋转实体,完成阀杆绘制。

操作步骤

1．新建文件

单击菜单栏中的"文件"→"新建"命令,打开"选择样板"对话框,单击"打开"按钮右侧的下三角按钮,以"无样板打开－公制(毫米)"方式建立新文件;将新文件命名为"阀杆.dwg"并保存。

2．设置线框密度

设置线框密度,默认值是4,更改设定值为10。

3．绘制平面图形

(1) 单击"默认"选项卡"绘图"面板中的"直线"按钮 ，在坐标原点绘制一条水平直线和一条竖直直线。

(2) 单击"默认"选项卡"修改"面板中的"偏移"按钮 ，将上步绘制的水平直线向上偏移,偏移距离分别为5、6、8、12和15;重复"偏移"命令,将竖直直线向右分别偏移8、11、18和93。结果如图11-67所示。

(3) 单击"默认"选项卡"绘图"面板中的"直线"按钮 ，绘制直线。

(4) 单击"默认"选项卡"绘图"面板中的"圆弧"按钮 ，绘制半径为5的圆弧。结果如图11-68所示。

图11-67 偏移直线

图11-68 绘制直线和圆弧

(5)单击"默认"选项卡"修改"面板中的"修剪"按钮，修剪多余线段。结果如图 11-69 所示。

(6)单击"默认"选项卡"绘图"面板中的"面域"按钮，将修剪后的图形创建成面域。

4．旋转实体

单击"三维工具"选项卡"建模"面板中的"旋转"按钮，将创建的面域沿 X 轴进行旋转操作。命令行的提示与操作如下。

```
命令: _revolve
当前线框密度: ISOLINES = 4,闭合轮廓创建模式 = 实体
选择要旋转的对象或 [模式(MO)]: _MO 闭合轮廓创建模式 [实体(SO)/曲面(SU)] <实体>: _SO
选择要旋转的对象或 [模式(MO)]: 找到 1 个
选择要旋转的对象或 [模式(MO)]:
指定轴起点或根据以下选项之一定义轴 [对象(O)/X/Y/Z] <对象>: x
指定旋转角度或 [起点角度(ST)/反转(R)/表达式(EX)] <360>:
```

结果如图 11-70 所示。

图 11-69　修剪多余线段　　　　图 11-70　旋转实体

11.8.5　扫掠

1．执行方式

命令行：SWEEP。

菜单栏：执行菜单栏中的"绘图"→"建模"→"扫掠"命令。

工具栏：单击"建模"工具栏中的"扫掠"按钮。

功能区：单击"三维工具"选项卡"建模"面板中的"扫掠"按钮。

2．操作步骤

```
命令: SWEEP↙
当前线框密度: ISOLINES = 4,闭合轮廓创建模式 = 实体
选择要扫掠的对象或 [模式(MO)]: _MO 闭合轮廓创建模式 [实体(SO)/曲面(SU)] <实体>: _SO
选择要扫掠的对象: (选择对象,如图 11-71(a)中的圆)
选择要扫掠的对象: ↙
选择扫掠路径或 [对齐(A)/基点(B)/比例(S)/扭曲(T)]: (选择对象,如图 11-71(a)中的螺旋线)
```

第11章 三维造型绘制

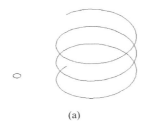

图 11-71 扫掠

(a) 对象和路径；(b) 扫掠结果

扫掠结果如图 11-71(b)所示。

3. 选项说明

各选项的含义如表 11-13 所示。

表 11-13 "扫掠"命令各选项含义

选 项	含 义
模式(MO)	指定扫掠对象为实体还是曲面
对齐(A)	指定是否对齐轮廓以使其作为扫掠路径切向的法向，默认情况下，轮廓是对齐的。选择该选项，命令行的提示与操作如下。 扫掠前对齐垂直于路径的扫掠对象 [是(Y)/否(N)] <是>：输入 n，指定轮廓无须对齐；按 Enter 键，指定轮廓将对齐 注意：使用扫掠命令，可以通过沿开放或闭合的二维或三维路径扫掠开放或闭合的平面曲线(轮廓)来创建新建模或曲面。扫掠命令用于沿指定路径以指定轮廓的形状(扫掠对象)创建建模或曲面。可以扫掠多个对象，但是这些对象必须在同一平面内。如果沿一条路径扫掠闭合的曲线，则生成建模
基点(B)	指定要扫掠对象的基点。如果指定的点不在选定对象所在的平面上，则该点将被投影到该平面上。选择该选项，命令行的提示与操作如下。 指定基点：指定选择集的基点
比例(S)	指定比例因子以进行扫掠操作。从扫掠路径的开始到结束，比例因子将统一应用到扫掠的对象上。选择该选项，命令行的提示与操作如下。 输入比例因子或 [参照(R)] <1.0000>：指定比例因子，输入 r，调用参照选项；按 Enter 键，选择默认值 其中"参照(R)"选项表示通过拾取点或输入值来根据参照的长度缩放选定的对象
扭曲(T)	设置正被扫掠对象的扭曲角度。扭曲角度指定沿扫掠路径全部长度的旋转量。选择该选项，命令行的提示与操作如下。 输入扭曲角度或允许非平面扫掠路径倾斜 [倾斜(B)] <n>：指定小于 360°的角度值，输入 b，打开倾斜；按 Enter 键，选择默认角度值 其中，"倾斜(B)"选项指定被扫掠的曲线是否沿三维扫掠路径(三维多线段、三维样条曲线或螺旋线)自然倾斜(旋转)。 如图 11-72 所示为扭曲扫掠示意图

389

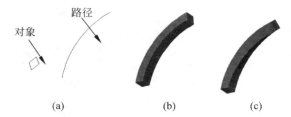

图 11-72 扭曲扫掠

（a）对象和路径；（b）不扭曲；（c）扭曲 45°

11.8.6 上机练习——压紧螺母

练习目标

本实例主要利用扫掠命令绘制如图 11-73 所示的压紧螺母。

设计思路

首先设置绘图环境，接着利用二维绘图命令以及三维绘图工具创建实体，再利用扫掠命令、差集命令创建螺纹，最后对螺母细节进行完善完成压紧螺母绘制。扫掠命令是本例学习的重点。

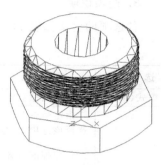

图 11-73 压紧螺母

操作步骤

1. 新建文件

单击菜单栏中的"文件"→"新建"命令，打开"选择样板"对话框，单击"打开"按钮右侧的下三角按钮，以"无样板打开－公制(毫米)"方式建立新文件；将新文件命名为"压紧螺母.dwg"并保存。

2. 设置线框密度

线框密度的默认设置是 8，有效值的范围为 0～2047。设置对象上每个曲面的轮廓线数目，命令行提示如下。

```
命令：ISOLINES↙
输入 ISOLINES 的新值 <8>: 10↙
```

3. 拉伸六边形

（1）单击"默认"选项卡"绘图"面板中的"正多边形"按钮⬠，在坐标原点处绘制外切于圆、半径为 13 的六边形，结果如图 11-74 所示。

（2）单击"三维工具"选项卡"建模"面板中的"拉伸"按钮，将上步绘制的六边形进行拉伸，拉伸距离为 8，结果如图 11-75 所示。

第11章 三维造型绘制

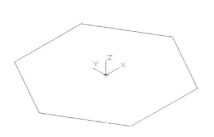

图 11-74　绘制六边形

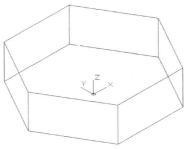

图 11-75　拉伸六边形

4. 创建圆柱体

单击"三维工具"选项卡"建模"面板中的"圆柱体"按钮，绘制半径分别为 10.5、12 和 5.5 的圆柱体。命令行的提示与操作如下。

```
命令：_cylinder
指定底面的中心点或 [三点(3P)/两点(2P)/切点、切点、半径(T)/椭圆(E)]：0,0,8
指定底面半径或 [直径(D)] <9.0000>：10.5
指定高度或 [两点(2P)/轴端点(A)] <8.0000>：3.4
命令：_cylinder
指定底面的中心点或 [三点(3P)/两点(2P)/切点、切点、半径(T)/椭圆(E)]：0,0,11.4
指定底面半径或 [直径(D)] <10.5000>：12
指定高度或 [两点(2P)/轴端点(A)] <3.4000>：8.6
命令：_cylinder
指定底面的中心点或 [三点(3P)/两点(2P)/切点、切点、半径(T)/椭圆(E)]：0,0,0
指定底面半径或 [直径(D)] <12.0000>：5.5
指定高度或 [两点(2P)/轴端点(A)] <8.6000>：20
```

结果如图 11-76 所示。

5. 布尔运算应用

（1）单击"三维工具"选项卡"实体编辑"面板中的"并集"按钮，将六棱柱和两个大圆柱体进行并集处理。

（2）单击"三维工具"选项卡"实体编辑"面板中的"差集"按钮，将并集处理后的图形和小圆柱体进行差集处理。结果如图 11-77 所示。

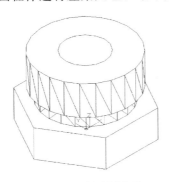

图 11-76　创建圆柱体

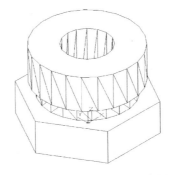

图 11-77　并集及差集处理后的图形

6. 创建旋转体

(1) 在命令行中输入 UCS 命令,将坐标系绕 X 轴旋转 90°。

(2) 选择菜单栏中的"视图"→"三维视图"→"平面视图"→"当前 UCS"命令,将视图切换到当前坐标系。

(3) 单击"默认"选项卡"绘图"面板中的"直线"按钮 ，绘制如图 11-78 所示的图形。

(4) 单击"默认"选项卡"绘图"面板中的"面域"按钮 ，将上步绘制的图形创建为面域。

(5) 单击"三维工具"选项卡"建模"面板中的"旋转"按钮 ，将上步创建的面域绕 Y 轴进行旋转,结果如图 11-79 所示。

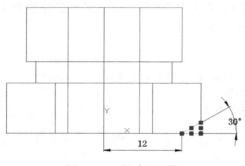
图 11-78　创建圆柱体

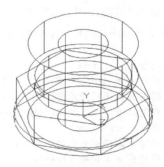
图 11-79　创建旋转实体

7. 布尔运算应用

单击"三维工具"选项卡"实体编辑"面板中的"差集"按钮 ，将并集处理后的图形和小圆柱体进行差集处理,结果如图 11-80 所示。

8. 创建螺纹

(1) 在命令行输入 UCS 命令,将坐标系恢复。

(2) 单击"默认"选项卡"绘图"面板中的"螺旋"按钮 ，创建螺旋线。命令行的提示与操作如下。

```
命令:_Helix
圈数 = 3.0000    扭曲 = CCW
指定底面的中心点:0,0,22
指定底面半径或 [直径(D)] <1.0000>: 12
指定顶面半径或 [直径(D)] <12.0000>:
指定螺旋高度或 [轴端点(A)/圈数(T)/圈高(H)/扭曲(W)] <1.0000>: h
指定圈间距 <4.3333>: 0.58
指定螺旋高度或 [轴端点(A)/圈数(T)/圈高(H)/扭曲(W)] <13.0000>: -11
```

结果如图 11-81 所示。

(3) 在命令行输入 UCS 命令,将坐标系恢复。

(4) 单击"可视化"选项卡"视图"面板中的"前视"按钮 ，将视图切换到前视图。

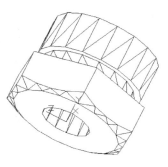

图 11-80 差集处理

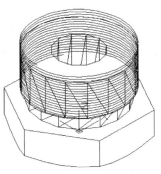

图 11-81 创建螺旋线

(5) 绘制牙型截面轮廓。单击"默认"选项卡"绘图"面板中的"直线"按钮,捕捉螺旋线的上端点绘制牙型截面轮廓,尺寸参照如图 11-82 所示;单击"默认"选项卡"绘图"面板中的"面域"按钮,将其创建成面域。

(6) 扫掠形成实体。单击"可视化"选项卡"视图"面板中的"西南等轴测"按钮,将视图切换到西南等轴测视图。单击"三维工具"选项卡"建模"面板中的"扫掠"按钮。命令行的提示与操作如下。

```
命令: _sweep
当前线框密度: ISOLINES = 4,闭合轮廓创建模式 = 实体
选择要扫掠的对象或 [模式(MO)]: _MO 闭合轮廓创建模式 [实体(SO)/曲面(SU)] <实体>: _SO
选择要扫掠的对象或 [模式(MO)]: (选择三角牙型轮廓)
选择要扫掠的对象或 [模式(MO)]: ↙
选择扫掠路径或 [对齐(A)/基点(B)/比例(S)/扭曲(T)]: (选择螺纹线)
```

结果如图 11-83 所示。

(7) 布尔运算处理。单击"三维工具"选项卡"实体编辑"面板中的"差集"按钮,从主体中减去上步绘制的扫掠体,结果如图 11-84 所示。

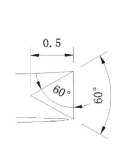

图 11-82 创建截面轮廓

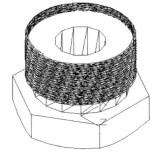

图 11-83 扫掠实体

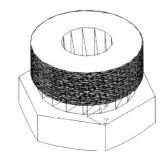

图 11-84 差集处理

(8) 在命令行输入 UCS 命令,将坐标系恢复。

(9) 单击"可视化"选项卡"视图"面板中的"左视"按钮,将视图切换到左视图。

(10) 单击"默认"选项卡"绘图"面板中的"直线"按钮,绘制如图 11-85 所示的图形。

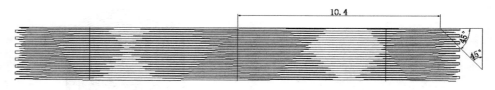

图 11-85　绘制截面轮廓

（11）单击"默认"选项卡"绘图"面板中的"面域"按钮 ⊙，将上步绘制的图形创建为面域。

（12）单击"三维工具"选项卡"建模"面板中的"旋转"按钮 ，将上步创建的面域绕 Y 轴进行旋转，结果如图 11-86 所示。

（13）单击"三维工具"选项卡"实体编辑"面板中的"差集"按钮 ⊙，将旋转体与主体进行差集处理。结果如图 11-87 所示。

（14）底座的绘制方法与压紧螺母类似，如图 11-88 所示，这里不再赘述。

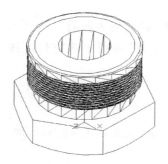 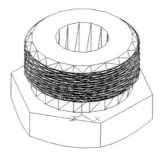 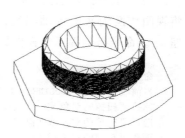

图 11-86　创建旋转实体　　　　图 11-87　差集处理　　　　图 11-88　底座

11.8.7　放样

1．执行方式

命令行：LOFT。

菜单栏：执行菜单栏中的"绘图"→"建模"→"放样"命令。

工具栏：单击"建模"工具栏中的"放样"按钮 。

功能区：单击"三维工具"选项卡"建模"面板中的"放样"按钮 。

2．操作步骤

```
命令：LOFT
当前线框密度：ISOLINES=4，闭合轮廓创建模式 = 实体
按放样次序选择横截面或 [点(PO)/合并多条边(J)/模式(MO)]：找到 1 个
按放样次序选择横截面或 [点(PO)/合并多条边(J)/模式(MO)]：找到 1 个，总计 2 个
按放样次序选择横截面或 [点(PO)/合并多条边(J)/模式(MO)]：找到 1 个，总计 3 个
按放样次序选择横截面或 [点(PO)/合并多条边(J)/模式(MO)]：选中了 3 个横截面（依次选择如图 11-89 所示的 3 个截面）
输入选项 [导向(G)/路径(P)/仅横截面(C)/设置(S)/连续性(CO)/凸度幅值(B)]<仅横截面>：
```

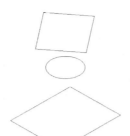

图 11-89 选择截面

3. 选项说明

各选项的含义如表 11-14 所示。

表 11-14 "放样"命令各选项含义

选　项	含　　义
导向(G)	指定控制放样实体或曲面形状的导向曲线。可以使用导向曲线来控制点如何匹配相应的横截面以防止出现不希望看到的效果（例如结果实体或曲面中的皱褶）。导向曲线是直线或曲线，可通过将其他线框信息添加至对象来进一步定义建模或曲面的形状，如图 11-90 所示。选择该选项，命令行的提示与操作如下。 选择导向曲线：选择放样建模或曲面的导向曲线，然后按 Enter 键
路径(P)	指定放样实体或曲面的单一路径，如图 11-91 所示。选择该选项，命令行的提示与操作如下。 选择路径：指定放样建模或曲面的单一路径 注意：路径曲线必须与横截面的所有平面相交
仅横截面(C)	在不使用导向或路径的情况下，创建放样对象
设置(S)	选择该选项，系统打开"放样设置"对话框，如图 11-92 所示。其中有 4 个单选按钮，如图 11-93(a)所示为选择"直纹"单选按钮的放样结果示意图，图 11-93(b)所示为选择"平滑拟合"单选按钮的放样结果示意图，图 11-93(c)所示为选择"法线指向"单选按钮并选择"所有横截面"选项的放样结果示意图，图 11-93(d)所示为选择"拔模斜度"单选按钮并设置"起点角度"为 45°、"起点幅值"为 10、"端点角度"为 60°、"端点幅值"为 10 的放样结果示意图

注意：每条导向曲线必须满足以下条件才能正常工作。

(1) 与每个横截面相交。
(2) 从第一个横截面开始。
(3) 到最后一个横截面结束。

可以为放样曲面或建模选择任意数量的导向曲线。

图 11-90 导向放样

图 11-91 路径放样

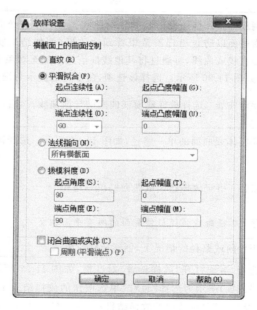

图 11-92 "放样设置"对话框

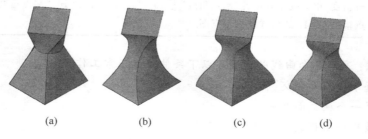

图 11-93 放样示意图

11.8.8 拖拽

1. 执行方式

命令行：PRESSPULL。

工具栏：单击"建模"工具栏中的"按住并拖动"按钮 。

2. 操作步骤

```
命令：PRESSPULL↙
单击有限区域以进行按住或拖动操作
```

选择有限区域后，按住鼠标左键并拖动，相应的区域就会进行拉伸变形。如图 11-94 所示为选择圆台上表面，按住并拖动的结果。

图 11-94　按住并拖动

(a) 圆台；(b) 向下拖动；(c) 向上拖动

11.8.9 倒角

1. 执行方式

命令行：CHAMFER（快捷命令：CHA）。

菜单栏：执行菜单栏中的"修改"→"倒角"命令。

工具栏：单击"修改"工具栏中的"倒角"按钮 。

功能区：单击"默认"选项卡"修改"面板中的"倒角"按钮 。

2. 操作步骤

```
命令：CHAMFER↙
("修剪"模式) 当前倒角距离 1 = 0.0000,距离 2 = 0.0000
选择第一条直线或 [放弃(U)/多段线(P)/距离(D)/角度(A)/修剪(T)/方式(E)/多个(M)]:
```

3. 选项说明

各选项的含义如表 11-15 所示。

表 11-15 "倒角"命令各选项含义

选项	含义
选择第一条直线	选择建模的一条边,此选项为系统的默认选项。选择某一条边以后,与此边相邻的两个面中的一个面的边框就变成虚线。选择建模上要倒直角的边后,命令行的提示与操作如下。 基面选择… 输入曲面选择选项 [下一个(N)/当前(OK)] <当前(OK)>: 该提示要求选择基面,默认选项是当前,即以虚线表示的面作为基面。如果选择"下一个(N)"选项,则以与所选边相邻的另一个面作为基面。 选择好基面后,命令行继续出现如下提示。 指定基面的倒角距离 <2.0000>:(输入基面上的倒角距离) 指定其他曲面的倒角距离 <2.0000>:(输入与基面相邻的另外一个面上的倒角距离) 选择边或 [环(L)]: 选择边:确定需要进行倒角的边,此项为系统的默认选项。选择基面的某一边后,命令行的提示与操作如下。 选择边或 [环(L)]: 在此提示下,按 Enter 键对选择好的边进行倒直角,也可以继续选择其他需要倒直角的边。 选择环:对基面上所有的边都进行倒直角
其他选项	其他选项与二维斜角类似,此处不再赘述。 图 11-95 所示为对长方体倒角的结果

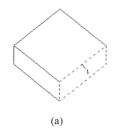 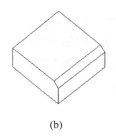 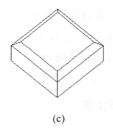

(a)　　　　　　　　(b)　　　　　　　　(c)

图 11-95　对建模棱边倒角
(a) 选择倒角边"1";(b) 选择边倒角结果;(c) 选择环倒角结果

11.8.10　上机练习——销轴

 练习目标

本实例主要利用拉伸、倒角等命令绘制如图 11-96 所示的销轴。

第11章 三维造型绘制

 设计思路

由图11-96可知,销轴由圆柱体、圆孔、倒角组成。本例通过圆及拉伸命令绘制圆柱体及圆孔,通过并集和差集运算完成销轴实体绘制,然后重点利用倒角命令创建倒角,完善销轴实体。

 操作步骤

1. 新建文件

单击菜单栏中的"文件"→"新建"命令,打开"选择样板"对话框,单击"打开"按钮右侧的下三角按钮,以"无样板打开—公制(毫米)"方式建立新文件;将新文件命名为"销轴.dwg"并保存。

图11-96 销轴

2. 设置线框密度

设置线框密度,默认值是4,更改设定值为10。

3. 创建圆柱体

(1) 单击"默认"选项卡"绘图"面板中的"圆"按钮,以坐标原点为圆心分别绘制半径9和5的两个圆,如图11-97所示。

(2) 将视图切换到西南轴测,单击"三维工具"选项卡"建模"面板中的"拉伸"按钮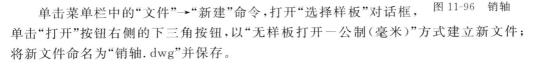,将两个圆拉伸处理。命令行的提示与操作如下。

```
命令:_extrude
当前线框密度:ISOLINES=10,闭合轮廓创建模式 = 实体
选择要拉伸的对象或 [模式(MO)]:_MO 闭合轮廓创建模式 [实体(SO)/曲面(SU)] <实体>:_SO
选择要拉伸的对象或 [模式(MO)]:(选取大圆)
选择要拉伸的对象或 [模式(MO)]:
指定拉伸的高度或 [方向(D)/路径(P)/倾斜角(T)/表达式(E)]:8
命令:_extrude
当前线框密度:ISOLINES=10,闭合轮廓创建模式 = 实体
选择要拉伸的对象或 [模式(MO)]:_MO 闭合轮廓创建模式 [实体(SO)/曲面(SU)] <实体>:_SO
选择要拉伸的对象或 [模式(MO)]:(选取小圆)
选择要拉伸的对象或 [模式(MO)]:
指定拉伸的高度或 [方向(D)/路径(P)/倾斜角(T)/表达式(E)]:50
```

结果如图11-98所示。

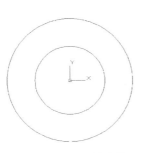

图11-97 绘制轮廓线

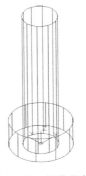

图11-98 拉伸实体

4. 布尔运算应用

单击"三维工具"选项卡"实体编辑"面板中的"并集"按钮，将拉伸后的圆柱体进行并集处理。命令行的提示与操作如下。

```
命令：_union
选择对象：（选取拉伸后的两个圆柱体）
选择对象：
```

结果如图 11-99 所示。

5. 创建销孔

(1) 在命令行中输入 UCS 命令，新建坐标系，命令行的提示与操作如下。

```
命令：ucs
当前 UCS 名称：*世界*
指定 UCS 的原点或 [面(F)/命名(NA)/对象(OB)/上一个(P)/视图(V)/世界(W)/X/Y/Z/Z 轴(ZA)]
<世界>：0,0,42
指定 X 轴上的点或 <接受>：
命令：ucs
当前 UCS 名称：*没有名称*
指定 UCS 的原点或 [面(F)/命名(NA)/对象(OB)/上一个(P)/视图(V)/世界(W)/X/Y/Z/Z 轴(ZA)]
<世界>：x
指定绕 X 轴的旋转角度 <90>：90
```

结果如图 11-100 所示。

   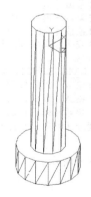

图 11-99　并集结果　　　　　图 11-100　新建坐标系

(2) 单击"默认"选项卡"绘图"面板中的"圆"按钮，以坐标点(0,0,6)为圆心绘制半径为 2 的圆。

(3) 单击"三维工具"选项卡"建模"面板中的"拉伸"按钮，将圆拉伸处理。命令行的提示与操作如下。

```
命令：_extrude
当前线框密度：ISOLINES = 10,闭合轮廓创建模式 = 实体
```

第11章 三维造型绘制

```
选择要拉伸的对象或 [模式(MO)]: _MO 闭合轮廓创建模式 [实体(SO)/曲面(SU)] <实体>: _SO
选择要拉伸的对象或 [模式(MO)]: (选取刚绘制的圆)
选择要拉伸的对象或 [模式(MO)]:
指定拉伸的高度或 [方向(D)/路径(P)/倾斜角(T)/表达式(E)]: -12
```

结果如图 11-101 所示。

(4) 单击"三维工具"选项卡"实体编辑"面板中的"差集"按钮 ⊚，将圆柱体与拉伸后的图形进行差集处理，命令行的提示与操作如下。

```
命令: _subtract
选择要从中减去的实体、曲面和面域...
选择对象: (选取视图中的圆柱体)
选择对象:
选择要减去的实体、曲面和面域...
选择对象: (选取拉伸后的小圆体)
选择对象:
```

消隐后结果如图 11-102 所示。

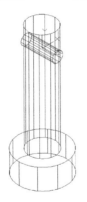   

图 11-101 拉伸实体   图 11-102 差集处理

(5) 单击"默认"选项卡"修改"面板中的"倒角"按钮 ⌂，对图 11-102 中的 1、2 两条边线进行倒角处理。命令行的提示与操作如下。

```
命令: _chamfer
("修剪"模式) 当前倒角距离 1 = 0.0000, 距离 2 = 0.0000
选择第一条直线或 [放弃(U)/多段线(P)/距离(D)/角度(A)/修剪(T)/方式(E)/多个(M)]: d
指定第一个倒角距离 <0.0000>: 1
指定第二个倒角距离 <1.0000>:
选择第一条直线或 [放弃(U)/多段线(P)/距离(D)/角度(A)/修剪(T)/方式(E)/多个(M)]: (选择
图 11-102 中的边线 1)
基面选择...
输入曲面选择选项 [下一个(N)/当前(OK)] <当前(OK)>:
指定基面倒角距离或 [表达式(E)] <1.0000>:
指定其他曲面倒角距离或 [表达式(E)] <1.0000>:
```

· 401 ·

```
选择边或[环(L)]:(选择图 11-102 中的边线 1)
命令: _chamfer
("修剪"模式) 当前倒角距离 1 = 1.0000,距离 2 = 1.0000
选择第一条直线或 [放弃(U)/多段线(P)/距离(D)/角度(A)/修剪(T)/方式(E)/多个(M)]: d
指定第一个倒角距离 <1.0000>: 0.8
指定第二个倒角距离 <0.8000>:
选择第一条直线或 [放弃(U)/多段线(P)/距离(D)/角度(A)/修剪(T)/方式(E)/多个(M)]: (选
择图 11-102 中的边线 2)
基面选择...
输入曲面选择选项 [下一个(N)/当前(OK)] <当前(OK)>:
指定基面倒角距离或 [表达式(E)] <0.8000>:
指定其他曲面倒角距离或 [表达式(E)] <0.8000>:
选择边或[环(L)]: (选择图 11-102 中的边线 2)
```

消隐后结果如图 11-103 所示。

11.8.11 圆角

1. 执行方式

命令行：FILLET(快捷命令：F)。
菜单栏：执行菜单栏中的"修改"→"圆角"命令。
工具栏：单击"修改"工具栏中的"圆角"按钮。
功能区：单击"默认"选项卡"修改"面板中的"圆角"按钮。

2. 操作步骤

图 11-103 倒角处理

```
命令: FILLET✓
当前设置: 模式 = 修剪,半径 = 0.0000
选择第一个对象或 [放弃(U)/多段线(P)/半径(R)/修剪(T)/多个(M)]: 选择建模上的一条边
输入圆角半径或[表达式(E)]: 输入圆角半径✓
选择边或[链(C)/ 环(L)/半径(R)]:
```

3. 选项说明

其中选项的含义如表 11-16 所示。

表 11-16 "圆角"命令的选项含义

选　项	含　　义
链(C)	选择"链(C)"选项,表示与此边相邻的边都被选中,并进行倒圆角的操作。如图 11-104 所示为对长方体倒圆角的结果

第11章 三维造型绘制

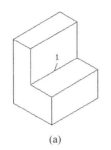
(a)
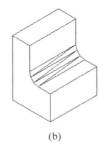
(b)
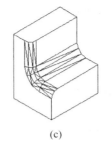
(c)

图 11-104 对建模棱边倒圆角

(a) 选择倒圆角边"1"；(b) 边倒圆角结果；(c) 链倒圆角结果

11.8.12 上机练习——手把

 练习目标

本实例主要利用拉伸、圆角等命令绘制如图 11-105 所示的手把。

图 11-105 手把

 设计思路

本例依次绘制手把的把头和把杆，然后重点利用圆角命令创建圆角，最终完成手把实体绘制。

 操作步骤

1．新建文件

选择菜单栏中的"文件"→"新建"命令，打开"选择样板"对话框，单击"打开"按钮右侧的下三角按钮，以"无样板打开－公制（毫米）"方式建立新文件；将新文件命名为"手把.dwg"并保存。

2．设置线框密度

设置线框密度，默认值是 4，更改设定值为 10。

3．创建圆柱体

（1）单击"三维工具"选项卡"建模"面板中的"圆柱体"按钮 ，在坐标原点处创建半径分别为 5 和 10、高度为 18 的两个圆柱体。

（2）单击"三维工具"选项卡"实体编辑"面板中的"差集"按钮 ，将大圆柱体减去小圆柱体，结果如图 11-106 所示。

4. 创建拉伸实体

(1) 在命令行中输入 UCS 命令,将坐标系移动到坐标点(0,0,6)处。

(2) 切换视图方向。选择菜单栏中的"视图"→"三维视图"→"平面视图"→"当前 UCS"命令,将视图切换到当前坐标系。

(3) 单击"默认"选项卡"绘图"面板中的"直线"按钮 ∕ ,绘制两条通过圆心的十字线。

(4) 单击"默认"选项卡"修改"面板中的"偏移"按钮 ,将水平线向下偏移 18,如图 11-107 所示。

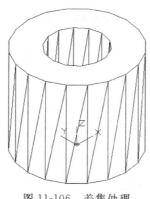

图 11-106 差集处理

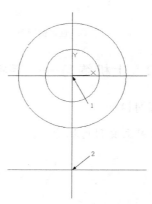

图 11-107 绘制辅助线

(5) 单击"默认"选项卡"绘图"面板中的"圆"按钮 ,在点 1 处绘制半径为 10 的圆,在点 2 处绘制半径为 4 的圆。

(6) 单击"默认"选项卡"绘图"面板中的"直线"按钮 ∕ ,绘制两个圆的切线,如图 11-108 所示。

(7) 单击"默认"选项卡"修改"面板中的"修剪"按钮 ,修剪多余线段。单击"默认"选项卡"修改"面板中的"删除"按钮 ,删除第(6)步绘制的切线。

(8) 单击"默认"选项卡"绘图"面板中的"面域"按钮 ,将修剪后的图形创建成面域,如图 11-109 所示。

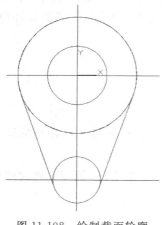

图 11-108 绘制截面轮廓

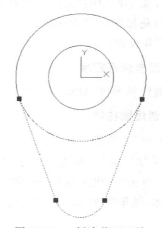

图 11-109 创建截面面域

第11章 三维造型绘制

（9）单击"视图"选项卡"视图"面板中的"西南等轴测"按钮，将视图切换到西南等轴测视图。单击"三维工具"选项卡"建模"面板中的"拉伸"按钮，将第（8）步创建的面域进行拉伸处理，拉伸距离为6。结果如图11-110所示。

5．创建拉伸实体

（1）切换视图方向。选择菜单栏中的"视图"→"三维视图"→"平面视图"→"当前UCS"命令，将视图切换到当前坐标系。

（2）单击"默认"选项卡"绘图"面板中的"直线"按钮，以坐标原点为起点，绘制坐标为（@50＜20），（@80＜25）的直线。

（3）单击"默认"选项卡"修改"面板中的"偏移"按钮，将上步绘制的两条直线向上偏移，偏移距离为10。

（4）单击"默认"选项卡"绘图"面板中的"直线"按钮，连接两条直线的端点。

（5）单击"默认"选项卡"绘图"面板中的"圆"按钮，在坐标原点处绘制半径为10的圆，结果如图11-111所示。

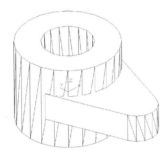

图11-110　拉伸实体

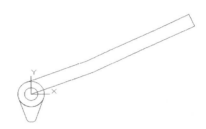

图11-111　绘制截面轮廓

（6）单击"默认"选项卡"修改"面板中的"修剪"按钮，修剪多余线段。

（7）单击"默认"选项卡"绘图"面板中的"面域"按钮，将修剪后的图形创建成面域，如图11-112所示。

（8）单击"视图"选项卡"视图"面板中的"西南等轴测"按钮，将视图切换到西南等轴测视图。单击"三维工具"选项卡"建模"面板中的"拉伸"按钮，将上步创建的面域进行拉伸处理，拉伸距离为6。结果如图11-113所示。

图11-112　创建截面面域

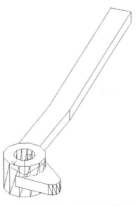

图11-113　拉伸实体

405

6．创建圆柱体

（1）单击"视图"选项卡"视图"面板中的"东南等轴测"按钮 ，将视图切换到东南等轴测视图，如图11-114所示。

（2）在命令行中输入UCS命令，将坐标系移动到把手端点，如图11-115所示。

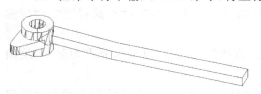
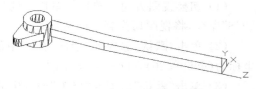

图11-114　东南等轴测视图　　　　　　图11-115　建立新坐标系

（3）单击"三维工具"选项卡"建模"面板中的"圆柱体"按钮，以坐标点（5,3,0）为原点，绘制半径为2.5、高度为5的圆柱体，如图11-116所示。

图11-116　创建圆柱体

（4）单击"三维工具"选项卡"实体编辑"面板中的"并集"按钮，将视图中所有实体合并为一体。

7．创建圆角

（1）单击"默认"选项卡"修改"面板中的"圆角"按钮，选取如图11-116所示的交线，半径为5，如图11-117所示。

（2）单击"默认"选项卡"修改"面板中的"圆角"按钮，将其余棱角进行倒圆角处理，半径为2。结果如图11-118所示。

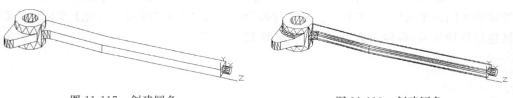

图11-117　创建圆角　　　　　　　　图11-118　创建圆角

8．创建螺纹

（1）在命令行中输入UCS命令，将坐标系移动到把手端点，如图11-119所示。

（2）单击"视图"选项卡"视图"面板中的"西南等轴测"按钮，将视图切换到西南等轴测视图。

（3）单击"默认"选项卡"绘图"面板中的"螺旋"按钮，创建螺旋线。命令行的提示与操作如下。

```
命令：_Helix
圈数 = 3.0000  扭曲 = CCW
指定底面的中心点：0,0,2
指定底面半径或 [直径(D)] <1.0000>: 2.5
指定顶面半径或 [直径(D)] <2.5.0000>:
指定螺旋高度或 [轴端点(A)/圈数(T)/圈高(H)/扭曲(W)] <1.0000>: h
指定圈间距 <0.2500>: 0.58
指定螺旋高度或 [轴端点(A)/圈数(T)/圈高(H)/扭曲(W)] <1.0000>: -8
```

（4）单击"视图"选项卡"视图"面板中的"东南等轴测"按钮，将视图切换到东南等轴测视图。结果如图 11-120 所示。

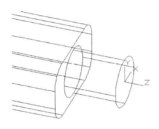
图 11-119 建立新坐标系

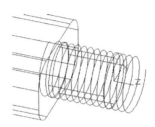
图 11-120 创建螺旋线

（5）单击"视图"选项卡"视图"面板中的"俯视"按钮，将视图切换到俯视图。

（6）绘制牙型截面轮廓。单击"默认"选项卡"绘图"面板中的"直线"按钮，捕捉螺旋线的上端点绘制牙型截面轮廓，尺寸参照如图 11-121 所示；单击"默认"选项卡"绘图"面板中的"面域"按钮，将其创建成面域。

（7）扫掠形成实体。单击"视图"选项卡"视图"面板中的"西南等轴测"按钮，将视图切换到西南等轴测视图。单击"三维工具"选项卡"建模"面板中的"扫掠"按钮，命令行的提示与操作如下。

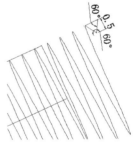
图 11-121 创建截面轮廓

```
命令：_sweep
当前线框密度：ISOLINES = 4,闭合轮廓创建模式 = 实体
选择要扫掠的对象或 [模式(MO)]: _MO 闭合轮廓创建模式 [实体(SO)/曲面(SU)] <实体>: _SO
选择要扫掠的对象或 [模式(MO)]: (选择三角牙型轮廓)
选择要扫掠的对象或 [模式(MO)]: ↙
选择扫掠路径或 [对齐(A)/基点(B)/比例(S)/扭曲(T)]:(选择螺纹线)
```

结果如图 11-122 所示。

（8）布尔运算处理。单击"三维工具"选项卡"实体编辑"面板中的"差集"按钮，从主体中减去上步绘制的扫掠体，结果如图 11-123 所示。

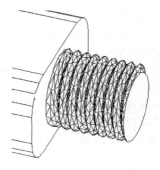

图 11-122　扫掠实体　　　　　　图 11-123　差集处理

11.9　渲染实体

渲染是对三维图形对象加上颜色和材质因素,还可以有灯光、背景、场景等因素,这样能够更真实地表达图形的外观和纹理。渲染是输出图形前的关键步骤,尤其是在效果图的设计中。

11.9.1　设置光源

1．执行方式

命令行：LIGHT。

菜单栏：执行菜单栏中的"视图"→"渲染"→"光源"→"新建点光源"命令,如图 11-124 所示。

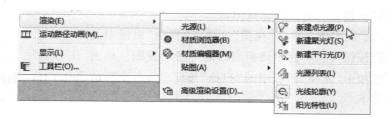

图 11-124　"光源"子菜单

工具栏：单击"渲染"工具栏中的"新建点光源"按钮,如图 11-125 所示。

功能区：单击"可视化"选项卡"光源"面板中的"创建光源"下拉按钮,如图 11-126 所示。

2．操作步骤

命令：LIGHT↙
输入光源类型 [点光源(P)/聚光灯(S)/平行光(D)] <点光源>:输入光源类型 [点光源(P)/聚光灯(S)/光域网(W)/目标点光源(T)/自由聚光灯(F)/自由光域(B)/平行光(D)] <自由聚光灯>:

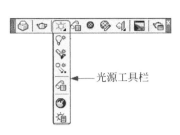

图 11-125 "渲染"工具栏

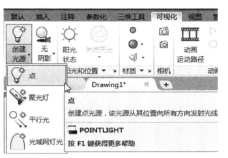

图 11-126 创建光源下拉菜单

3. 选项说明

各选项的含义如表 11-17 所示。

表 11-17 "设置光源"命令各选项含义

选 项		含　　义
点光源(P)		创建点光源。选择该项,系统提示如下。 指定源位置 <0,0,0>:(指定位置) 输入要更改的选项 [名称(N)/强度(I)/状态(S)/阴影(W)/衰减(A)/颜色(C)/退出(X)] <退出>: 上面各项的含义如下
	名称(N)	指定光源的名称。可以在名称中使用大写字母和小写字母、数字、空格、连字符(-)和下划线(_),最大长度为 256 个字符。选择该项,系统提示如下。 输入光源名称:
	强度(I)	设置光源的强度或亮度,取值范围为 0.00 到系统支持的最大值。选择该项,系统提示如下。 输入强度 (0.00 - 最大浮点数) <1>:
	状态(S)	打开和关闭光源。如果图形中没有启用光源,则该设置没有意义。选择该项,系统提示如下。 输入状态 [开(N)/关(F)] <开>:
	阴影(W)	使光源投影。选择该项,系统提示如下。 输入阴影设置 [关(O)/鲜明(S)/柔和(F)] <鲜明>: 其中,各项的含义如下。 • 关:关闭光源的阴影显示和阴影计算。关闭阴影将提高性能。 • 鲜明:显示带有强烈边界的阴影。使用此选项可以提高性能。 • 柔和:显示带有柔和边界的真实阴影

续表

选 项	含 义
点光源(P)	设置系统的衰减特性。选择该项,系统提示如下。 输入要更改的选项 [衰减类型(T)/使用界限(U)/衰减起始界限(L)/衰减结束界限(E)/退出(X)] <退出>: 其中,各项的含义如下。 ● 衰减类型:控制光线如何随着距离增加而衰减。对象距点光源越远,则越暗。选择该项,系统提示如下。 输入衰减类型 [无(N)/线性反比(I)/平方反比(S)] <线性反比>: （1）无:设置无衰减。此时对象不论距离点光源是远还是近,明暗程度都一样。 （2）线性反比:将衰减设置为与距离点光源的线性距离成反比。例如,距离点光源 2 个单位时,光线强度是点光源的一半;而距离点光源 4 个单位时,光线强度是点光源的 1/4。线性反比的默认值是最大强度的一半。 （3）平方反比:将衰减设置为与距离点光源的距离的平方成反比。例如,距离点光源 2 个单位时,光线强度是点光源的 1/4;而距离点光源 4 个单位时,光线强度是点光源的 1/16。 ● 衰减起始界限:指定一个点,光线的亮度相对于光源中心的衰减从这一点开始,默认值为 0。选择该项,系统提示如下。 指定起始界限偏移 <1>: ● 衰减结束界限:指定一个点,光线的亮度相对于光源中心的衰减从这一点结束,在此点之后将不会投射光线。在光线的效果很微弱、计算将浪费处理时间的位置处设置结束界限将提高性能。选择该项,系统提示如下。 指定结束界限偏移或 [关(O)]:
颜色(C)	控制光源的颜色。选择该项,系统提示如下。 输入真彩色 (R,G,B) 或输入选项 [索引颜色(I)/HSL(H)/配色系统(B)]<255,255,255>: 颜色设置与第 2 章中介绍的颜色设置一样,不再赘述

续表

选　项	含　义	
聚光灯(S)	创建聚光灯。选择该项，系统提示如下。 　　指定源位置 <0,0,0>: (输入坐标值或使用定点设备) 　　指定目标位置 <1,1,1>: (输入坐标值或使用定点设备) 　　输入要更改的选项 [名称(N)/强度(I)/状态(S)/聚光角(H)/照射角(F)/阴影(W)/衰减(A)/颜色(C)/退出(X)] <退出>: 其中，大部分选项与点光源项相同，这里只对特别的几项加以说明。	
	聚光角	指定定义最亮光锥的角度，也称为光束角。聚光角的取值范围为0°～160°或基于别的角度单位的等价值。选择该项，系统提示如下。 　　输入聚光角角度(0.00－160.00):
	照射角	指定定义完整光锥的角度，也称为现场角。照射角的取值范围为0°～160°。默认值为45°或基于别的角度单位的等价值。选择该项，系统提示如下。 　　输入照射角角度(0.00－160.00): 📞**注意**：照射角角度必须大于或等于聚光角角度
平行光(D)	创建平行光。选择该项，系统提示如下。 　　指定光源方向 FROM <0,0,0> 或 [矢量(V)]: (指定点或输入 v) 　　指定光源方向 TO <1,1,1>: (指定点) 如果输入 V，系统提示如下。 　　指定矢量方向 <0.0000,－0.0100,1.0000>: (输入矢量) 指定光源方向后，系统提示如下。 　　输入要更改的选项 [名称(N)/强度因子(I)/状态(S)/光度(P)/阴影(W)/过滤颜色(C)/退出(X)] <退出>: 其中，各项与前面所述相同，不再赘述。 有关光源设置的命令还有光源列表、地理位置和阳光特性等几项	
光源列表	1) 执行方式 命令行：LIGHTLIST 菜单栏：执行菜单栏中的"视图"→"渲染"→"光源"→"光源列表"命令。 工具栏：单击"渲染"工具栏中的"光源列表"按钮 。 功能区：单击"可视化"选项卡"光源"面板中的"对话框启动器"按钮 。 2) 操作步骤 命令：LIGHTLIST ✓ 执行上述命令后，系统打开"模型中的光源"选项板，如图11-127所示，显示模型中已经建立的光源	

续表

选项	含义
阳光特性	1）执行方式 命令行：SUNPROPERTIES 菜单栏：执行菜单栏中的"视图"→"渲染"→"光源"→"阳光特性"命令。 工具栏：单击"渲染"工具栏中的"阳光特性"按钮 。 功能区：单击"可视化"选项卡"阳光和位置"面板中的"对话框启动器"按钮 。 2）操作步骤 命令：SUNPROPERTIES ↙ 执行上述命令后，系统打开"阳光特性"选项板，如图 11-128 所示，可以修改已经设置好的阳光特性

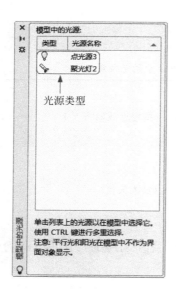

图 11-127　"模型中的光源"选项板

图 11-128　"阳光特性"选项板

11.9.2　渲染环境

1. 执行方式

命令行：RENDERENVIRONMENT。

功能区：单击"可视化"选项卡"渲染"面板中的"渲染环境和曝光"按钮 。

2. 操作步骤

命令：RENDERENVIRONMENT ↙

执行该命令后，打开如图 11-129 所示的"渲染环境和曝光"对话框。可以从中设置渲染环境的有关参数。

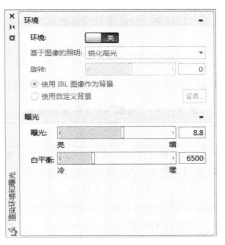

图 11-129 "渲染环境和曝光"对话框

11.9.3 贴图

贴图的功能是在实体附着带纹理的材质后，可以调整实体或面上纹理贴图的方向。当材质被映射后，调整材质以适应对象的形状。将合适的材质贴图类型应用到对象可以使之更加适合对象。

1. 执行方式

命令行：MATERIALMAP。

菜单栏：执行菜单栏中的"视图"→"渲染"→"贴图"命令，如图 11-130 所示。

工具栏：单击"渲染"工具栏中的"贴图"按钮，如图 11-131 或图 11-132 所示。

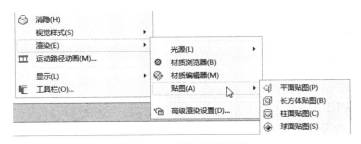

图 11-130 "贴图"子菜单

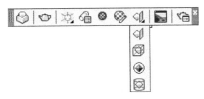

图 11-131 "渲染"工具栏

图 11-132 "贴图"工具栏

2. 操作步骤

```
命令：MATERIALMAP
选择选项 [长方体(B)/平面(P)/球面(S)/柱面(C)/复制贴图至(Y)/重置贴图(R)] <长方体>:
```

3. 选项说明

各选项的含义如表 11-18 所示。

表 11-18 "贴图"命令各选项含义

选 项	含 义
长方体	将图像映射到类似长方体的实体上。该图像将在对象的每个面上重复使用
平面	将图像映射到对象上，就像将其从幻灯片投影器投影到二维曲面上一样。图像不会失真，但是会被缩放以适应对象。该贴图最常用于面
球面	在水平和垂直两个方向上同时使图像弯曲。纹理贴图的顶边在球体的"北极"压缩为一个点；同样，底边在"南极"压缩为一个点
柱面	将图像映射到圆柱形对象上；水平边将一起弯曲，但顶边和底边不会弯曲。图像的高度将沿圆柱体的轴进行缩放
复制贴图至	将贴图从原始对象或面应用到选定对象
重置贴图	将 UV 坐标重置为贴图的默认坐标。

图 11-133 所示为球面贴图实例。

贴图前　　　　　　贴图后

图 11-133　球面贴图

11.9.4 渲染

1. 高级渲染设置

1）执行方式

命令行：RPREF。

菜单栏：执行菜单栏中的"视图"→"渲染"→"高级渲染设置"命令。

工具栏：单击"渲染"工具栏中的"高级渲染设置"按钮 。

功能区：单击"视图"选项卡"选项板"面板中的"高级渲染设置"按钮 。

2）操作步骤

```
命令：RPREF
```

执行该命令后，打开"渲染预设管理器"选项板，如图 11-134 所示。通过该选项板，可以对渲染的有关参数进行设置。

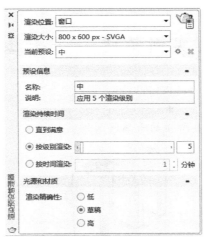

图 11-134 "渲染预设管理器"选项板

2．渲染

1）执行方式

命令行：RENDER（快捷命令：RR）。

功能区：单击"可视化"选项卡"渲染"面板中的"渲染到尺寸"按钮。

2）操作步骤

```
命令：RENDER↙
```

执行该命令后，打开如图 11-135 所示的"渲染"对话框，显示渲染结果和相关参数。

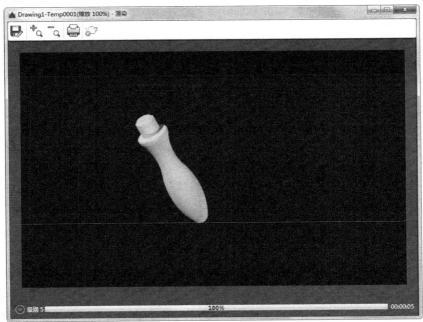

图 11-135 "渲染"对话框

11.10 实例精讲——手压阀阀体

练习目标

本实例绘制如图 11-136 所示的手压阀阀体。

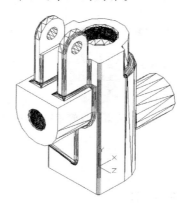

图 11-136 手压阀阀体

设计思路

本实例主要利用前面学习的拉伸、圆柱体、扫掠、圆角等命令绘制手压阀阀体。

操作步骤

1. 建立新文件

选择菜单栏中的"文件"→"新建"命令,打开"选择样板"对话框,单击"打开"按钮右侧的下三角按钮,以"无样板打开－公制(毫米)"方式建立新文件;将新文件命名为"阀体.dwg"并保存。

2. 设置线框密度

设定默认值是 4,更改设定值为 10。

3. 创建拉伸实体

(1) 单击"默认"选项卡"绘图"面板中的"圆弧"按钮 ⌒,在坐标原点处绘制半径为 25、角度为 180°的圆弧。

(2) 单击"默认"选项卡"绘图"面板中的"直线"按钮 ╱,绘制长度为 25 和 50 的直线。结果如图 11-137 所示。

(3) 单击"默认"选项卡"绘图"面板中的"面域"按钮 ◎,将绘制好的图形创建成面域。

(4) 单击"可视化"选项卡"视图"面板中的"西南等轴测"按钮 ◈,将视图切换到西南等轴测视图。单击"三维工具"选项卡"建模"面板中的"拉伸"按钮 ▤,将第(3)步创

第11章 三维造型绘制

建的面域进行拉伸处理,拉伸距离为113,结果如图11-138所示。

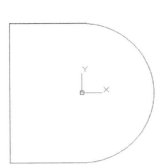

图11-137　绘制截面图形

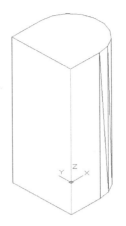

图11-138　拉伸实体

4．创建圆柱体

(1) 单击"可视化"选项卡"视图"面板中的"东北等轴测"按钮 ，将视图切换到东北等轴测视图。

(2) 在命令行中输入 UCS 命令,将坐标系绕 Y 轴旋转 90°。

(3) 单击"三维工具"选项卡"建模"面板中的"圆柱体"按钮 ，以坐标点(－35,0,0)为圆点,绘制半径为15、高为58的圆柱体。结果如图11-139所示。

(4) 在命令行中输入 UCS 命令,将坐标移动到坐标点(－70,0,0),并将坐标系绕 Z 轴旋转－90°。

(5) 切换视图方向。选择菜单栏中的"视图"→"三维视图"→"平面视图"→"当前 UCS"命令,将视图切换到当前坐标系。

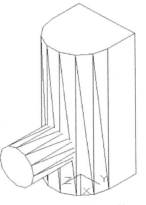

图11-139　创建圆柱体

(6) 单击"默认"选项卡"绘图"面板中的"圆弧"按钮 ，绘制以原点为圆心,半径为20、角度为180°的圆弧。

(7) 单击"默认"选项卡"绘图"面板中的"直线"按钮 ，绘制长度为20和40的直线。

(8) 单击"默认"选项卡"绘图"面板中的"面域"按钮 ，将绘制好的图形创建成面域。结果如图11-140所示。

(9) 单击"可视化"选项卡"视图"面板中的"西南等轴测"按钮 ，将视图切换到西南等轴测视图。单击"三维工具"选项卡"建模"面板中的"拉伸"按钮 ，将第(8)步创建的面域进行拉伸处理,拉伸距离为－60。结果如图11-141所示。

5．创建长方体

(1) 在命令行中输入 UCS 命令,将坐标系绕 X 轴旋转180°,并将坐标系移动到坐标(0,－20,25)处。

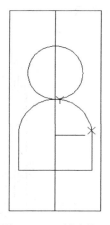

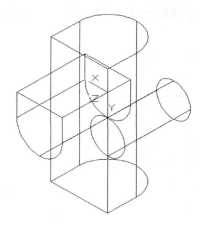

图 11-140　创建截面　　　　　　　图 11-141　拉伸实体

(2) 单击"三维工具"选项卡"建模"面板中的"长方体"按钮 ,绘制长方体。命令行的提示与操作如下。

```
命令: _box
指定第一个角点或 [中心(C)]: 15,0,0
指定其他角点或 [立方体(C)/长度(L)]: l
指定长度: 30
指定宽度: 38
指定高度或 [两点(2P)] <60.0000>: 24
```

结果如图 11-142 所示。

6．创建圆柱体

(1) 在命令行中输入 UCS 命令,将坐标系绕 Y 轴旋转 90°。

(2) 单击"三维工具"选项卡"建模"面板中的"圆柱体"按钮 ,以坐标点(−12,38,−15)为起点,绘制半径为 12、高度为 30 的圆柱体。结果如图 11-143 所示。

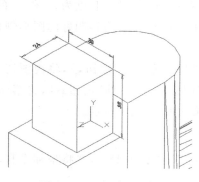

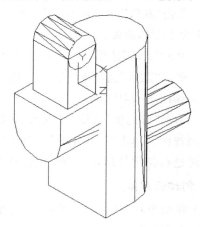

图 11-142　创建长方体　　　　　　图 11-143　创建圆柱体

7. 布尔运算应用

单击"三维工具"选项卡"实体编辑"面板中的"并集"按钮,对视图中所有实体进行并集操作。消隐后如图 11-144 所示。

8. 创建长方体

单击"三维工具"选项卡"建模"面板中的"长方体"按钮,绘制长方体,命令行的提示与操作如下。

```
命令: _box
指定第一个角点或 [中心(C)]: 0,0,7
指定其他角点或 [立方体(C)/长度(L)]: l
指定长度: 24
指定宽度: 50
指定高度或 [两点(2P)] <60.0000>: -14
```

结果如图 11-145 所示。

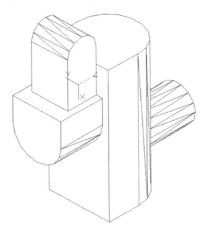

图 11-144 并集处理

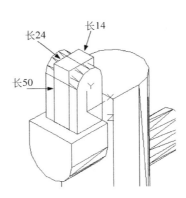

图 11-145 创建长方体

9. 布尔运算应用

单击"三维工具"选项卡"实体编辑"面板中的"差集"按钮,在视图中减去长方体,消隐后结果如图 11-146 所示。

10. 创建圆柱体

单击"三维工具"选项卡"建模"面板中的"圆柱体"按钮,以坐标点(-12,38,-15)为起点,绘制半径为5、高度为 30 的圆柱体。消隐后结果如图 11-147 所示。

11. 布尔运算应用

单击"三维工具"选项卡"实体编辑"面板中的"差集"按钮,在视图中减去圆柱体,消隐后结果如图 11-148 所示。

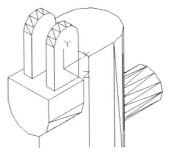

图 11-146 差集处理

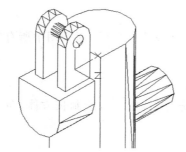

图 11-147　创建圆柱体

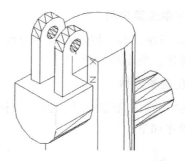

图 11-148　差集处理

12．创建长方体

单击"三维工具"选项卡"建模"面板中的"长方体"按钮,绘制长方体,命令行的提示与操作如下。

```
命令:_box
指定第一个角点或 [中心(C)]: 0,26,9
指定其他角点或 [立方体(C)/长度(L)]: l
指定长度: 24
指定宽度: 24
指定高度或 [两点(2P)] <60.0000>: -18
```

结果如图 11-149 所示。

13．布尔运算应用

单击"三维工具"选项卡"实体编辑"面板中的"差集"按钮,在视图中减去长方体,消隐后结果如图 11-150 所示。

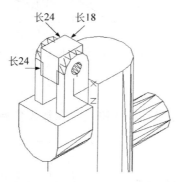

图 11-149　创建长方体

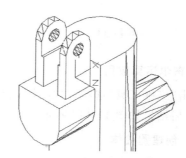

图 11-150　差集处理

14．创建旋转体

(1) 在命令行中输入 UCS 命令,将坐标系恢复到世界坐标系。

(2) 选择菜单栏中的"视图"→"三维视图"→"前视"命令,将视图切换到前视图。

(3) 单击"默认"选项卡"绘图"面板中的"直线"按钮、"修改"面板中的"偏移"按钮和"修剪"按钮,绘制一系列直线。

（4）单击"默认"选项卡"绘图"面板中的"面域"按钮，将绘制好的图形创建成面域。结果如图 11-151 所示。

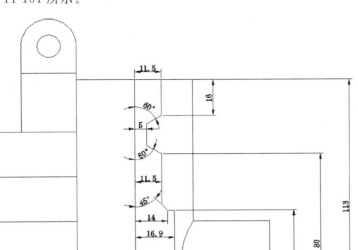

图 11-151　绘制旋转截面

（5）单击"可视化"选项卡"视图"面板中的"东北等轴测"按钮，将视图切换到东北等轴测视图。

（6）单击"三维工具"选项卡"建模"面板中的"旋转"按钮，将第（4）步创建的面域绕 Y 轴进行旋转，结果如图 11-152 所示。

15．布尔运算应用

单击"三维工具"选项卡"实体编辑"面板中的"差集"按钮，将旋转体进行差集处理。结果如图 11-153 所示。

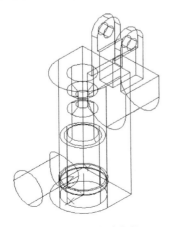

图 11-152　旋转实体

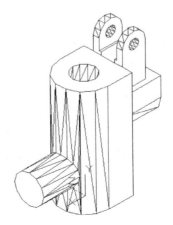

图 11-153　差集处理

16. 创建旋转体

（1）在命令行中输入 UCS 命令，将坐标系恢复到世界坐标系。

（2）选择菜单栏中的"视图"→"三维视图"→"前视"命令，将视图切换到前视图。

（3）单击"默认"选项卡"绘图"面板中的"直线"按钮 ∕、"修改"面板中的"偏移"按钮 ⌂ 和"修剪"按钮 ⊁，绘制一系列直线。

（4）单击"默认"选项卡"绘图"面板中的"面域"按钮 ◯，将绘制好的图形创建成面域。结果如图 11-154 所示。

（5）单击"视图"选项卡"视图"面板中的"西南等轴测"按钮 ◈，将视图切换到西南等轴测视图。

（6）在命令行中输入 UCS 命令，将坐标系移动到如图 11-155 所示位置。

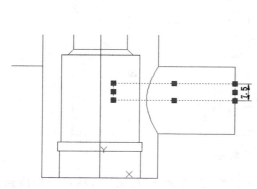

图 11-154　绘制旋转截面

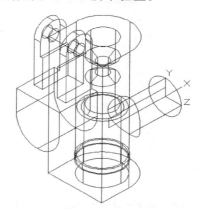

图 11-155　建立新坐标系

（7）单击"三维工具"选项卡"建模"面板中的"旋转"按钮 ◉，将第（4）步创建的面域绕 X 轴进行旋转，结果如图 11-156 所示。

17. 布尔运算应用

（1）单击"可视化"选项卡"视图"面板中的"东北等轴测"按钮 ◈，将视图切换到东北等轴测视图。

（2）单击"三维工具"选项卡"实体编辑"面板中的"差集"按钮 ◎，将旋转体进行差集处理，结果如图 11-157 所示。

18. 创建旋转体

（1）在命令行中输入 UCS 命令，将坐标系恢复到世界坐标系。

（2）选择菜单栏中的"视图"→"三维视图"→"前视"命令，将视图切换到前视图。

（3）单击"默认"选项卡"绘图"面板中的"直线"按钮 ∕、"修改"面板中的"偏移"按钮 ⌂ 和"修剪"按钮 ⊁，绘制一系列直线。

（4）单击"默认"选项卡"绘图"面板中的"面域"按钮 ◯，将绘制好的图形创建成面域。结果如图 11-158 所示。

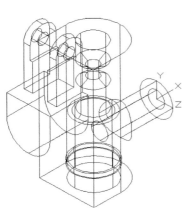

图 11-156　旋转实体

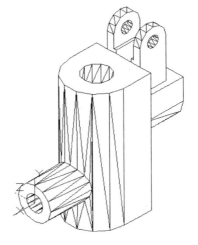

图 11-157　差集处理

（5）单击"可视化"选项卡"视图"面板中的"西南等轴测"按钮，将视图切换到西南等轴测视图。

（6）在命令行中输入 UCS 命令，将坐标系移动到如图 11-159 所示位置。

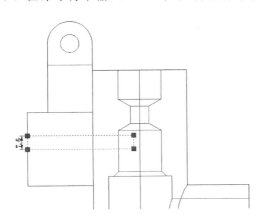

图 11-158　绘制旋转截面

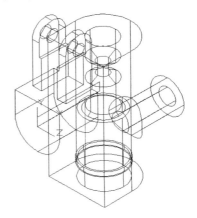

图 11-159　建立新坐标系

（7）单击"三维工具"选项卡"建模"面板中的"旋转"按钮，将第（4）步创建的面域绕 X 轴进行旋转，结果如图 11-160 所示。

19．布尔运算应用

单击"三维工具"选项卡"实体编辑"面板中的"差集"按钮，将旋转体进行差集处理。结果如图 11-161 所示。

20．创建圆柱体

（1）在命令行中输入 UCS 命令，将坐标系恢复到世界坐标系。

（2）在命令行中输入 UCS 命令，将坐标系移动到坐标(0,0,113)处。

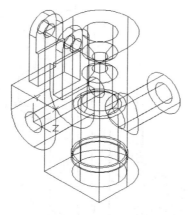

图 11-160　旋转实体

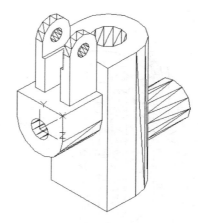

图 11-161　差集处理

(3) 选择菜单栏中的"视图"→"三维视图"→"平面视图"→"当前 UCS"命令,将视图切换到当前坐标系。

(4) 单击"默认"选项卡"绘图"面板中的"圆"按钮,在坐标原点处绘制半径为 20 和 25 的圆。

(5) 单击"默认"选项卡"绘图"面板中的"直线"按钮,过中心点绘制一条竖直直线。

(6) 单击"默认"选项卡"修改"面板中的"修剪"按钮,修剪多余的线段。

(7) 单击"默认"选项卡"绘图"面板中的"面域"按钮,将绘制的图形创建成面域,如图 11-162 所示。

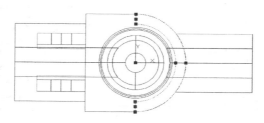

图 11-162　绘制截面

(8) 单击"可视化"选项卡"视图"面板中的"东北等轴测"按钮,将视图切换到东北等轴测视图。单击"三维工具"选项卡"建模"面板中的"拉伸"按钮,将第(7)步创建的面域进行拉伸处理,拉伸距离为－23。消隐后结果如图 11-163 所示。

21．布尔运算应用

单击"三维工具"选项卡"实体编辑"面板中的"差集"按钮,在视图中用实体减去拉伸体。单击"可视化"选项卡"视图"面板中的"东北等轴测"按钮,将视图切换到东北等轴测视图。消隐后结果如图 11-164 所示。

22．创建加强筋

(1) 在命令行中输入 UCS 命令,将坐标系恢复到世界坐标系。

选择菜单栏中的"视图"→"三维视图"→"前视"命令,将视图切换到前视图。

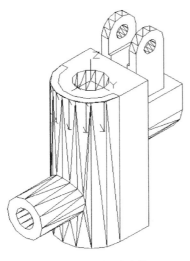
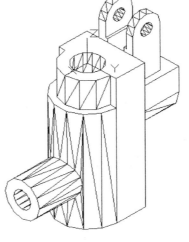

图 11-163　拉伸实体　　　　　　　　图 11-164　差集处理

（2）单击"默认"选项卡"绘图"面板中的"直线"按钮 ，"修改"面板中的"偏移"按钮 和"修剪"按钮 ，绘制线段。单击"默认"选项卡"绘图"面板中的"面域"按钮 ，将绘制的图形创建成面域，结果如图 11-165 所示。

（3）单击"视图"选项卡"视图"面板中的"西南等轴测"按钮 ，将视图切换到西南等轴测视图。单击"三维工具"选项卡"建模"面板中的"拉伸"按钮 ，将第（2）步创建的面域进行拉伸处理，拉伸高度为 3，结果如图 11-166 所示。

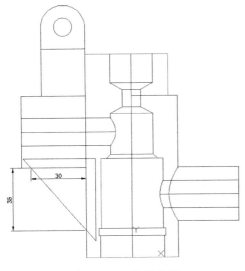
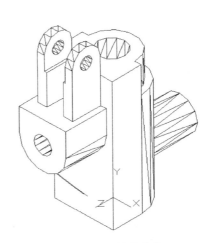

图 11-165　绘制截面　　　　　　　　图 11-166　拉伸实体

（4）在命令行中输入 UCS 命令，将坐标系恢复到世界坐标系。
（5）选择菜单栏中的"修改"→"三维操作"→"三维镜像"命令，将拉伸的实体镜像，命令行的提示与操作如下。

```
命令:_mirror3d
选择对象:找到 1 个(选取上一步的拉伸实体)
选择对象:
指定镜像平面 (三点) 的第一个点或[对象(O)/最近的(L)/Z 轴(Z)/视图(V)/XY 平面(XY)/YZ 平
面(YZ)/ZX 平面(ZX)/三点(3)] <三点>: 0,0,0↙
在镜像平面上指定第二点: 0,0,10↙
在镜像平面上指定第三点: 10,0,0↙
是否删除源对象?[是(Y)/否(N)] <否>:↙
```

消隐后的结果如图 11-167 所示。

23. 布尔运算应用

单击"三维工具"选项卡"实体编辑"面板中的"并集"按钮 ⓞ,将视图中的实体和第 22 步绘制的拉伸体进行并集处理。结果如图 11-168 所示。

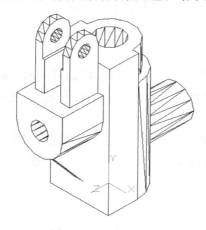

图 11-167 镜像实体

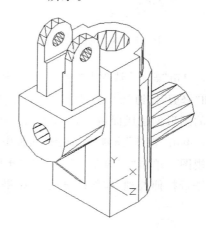

图 11-168 并集处理

24. 创建倒角

单击"默认"选项卡"修改"面板中的"倒角"按钮,将实体孔处倒角,倒角为 1.5 和 1,结果如图 11-169 所示。

25. 创建螺纹

(1) 在命令行中输入 UCS 命令,将坐标系恢复到世界坐标系。

(2) 单击"默认"选项卡"绘图"面板中的"螺旋"按钮,创建螺旋线。命令行的提示与操作如下。

```
命令:_Helix
圈数 = 3.0000    扭曲 = CCW
指定底面的中心点: 0,0,-2
指定底面半径或 [直径(D)] <11.0000>:17.5
指定顶面半径或 [直径(D)] <11.0000>:17.5
指定螺旋高度或 [轴端点(A)/圈数(T)/圈高(H)/扭曲(W)] <1.0000>: h
指定圈间距 <0.2500>: 0.58
指定螺旋高度或 [轴端点(A)/圈数(T)/圈高(H)/扭曲(W)] <1.0000>: 15
```

结果如图 11-170 所示。

（3）选择菜单栏中的"视图"→"三维视图"→"前视"命令，将视图切换到前视图。

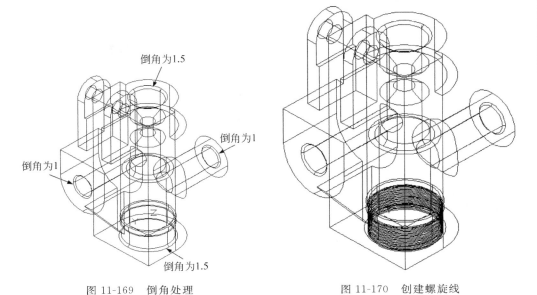

图 11-169　倒角处理　　　　　　图 11-170　创建螺旋线

（4）单击"默认"选项卡"绘图"面板中的"直线"按钮，在图形中绘制截面图。单击"默认"选项卡"绘图"面板中的"面域"按钮，将其创建成面域，结果如图 11-171 所示。

（5）扫掠形成实体。单击"可视化"选项卡"视图"面板中的"西南等轴测"按钮，将视图切换到西南等轴测视图。单击"三维工具"选项卡"建模"面板中的"扫掠"按钮，命令行的提示与操作如下。

```
命令: _sweep
当前线框密度: ISOLINES = 4,闭合轮廓创建模式 = 实体
选择要扫掠的对象或 [模式(MO)]: _MO 闭合轮廓创建模式 [实体(SO)/曲面(SU)] <实体>: _SO
选择要扫掠的对象或 [模式(MO)]: (选择三角牙型轮廓)
选择要扫掠的对象或 [模式(MO)]:↙
选择扫掠路径或 [对齐(A)/基点(B)/比例(S)/扭曲(T)]: (选择螺纹线)
```

结果如图 11-172 所示。

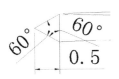

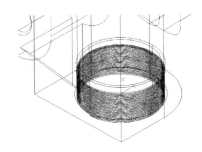

图 11-171　绘制截面　　　　　　图 11-172　扫掠实体

(6) 布尔运算处理。单击"三维工具"选项卡"实体编辑"面板中的"差集"按钮 ⊙,从主体中减去第 (5) 步绘制的扫掠体,结果如图 11-173 所示。

(7) 在命令行中输入 UCS 命令,将坐标系恢复到世界坐标系。

在命令行中输入 UCS 命令,将坐标系移动到坐标(0,0,113)处。

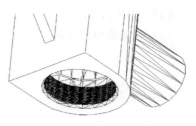

图 11-173 差集处理

(8) 单击"默认"选项卡"绘图"面板中的"螺旋"按钮 ,创建螺旋线。命令行的提示与操作如下。

```
命令:_Helix
圈数 = 3.0000  扭曲 = CCW
指定底面的中心点:0,0,2
指定底面半径或 [直径(D)] <11.0000>:11.5
指定顶面半径或 [直径(D)] <11.0000>:11.5
指定螺旋高度或 [轴端点(A)/圈数(T)/圈高(H)/扭曲(W)] <1.0000>: h
指定圈间距 <0.2500>: 0.58
指定螺旋高度或 [轴端点(A)/圈数(T)/圈高(H)/扭曲(W)] <1.0000>: -13
```

结果如图 11-174 所示。

(9) 选择菜单栏中的"视图"→"三维视图"→"左视"命令,将视图切换到左视图。

(10) 单击"默认"选项卡"绘图"面板中的"直线"按钮 ,在图形中绘制截面图。单击"默认"选项卡"绘图"面板中的"面域"按钮 ,将其创建成面域。结果如图 11-175 所示。

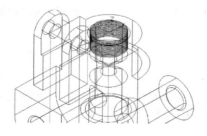

图 11-174 创建螺旋线

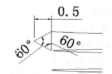

图 11-175 绘制截面

(11) 扫掠形成实体。单击"可视化"选项卡"视图"面板中的"西南等轴测"按钮 ,将视图切换到西南等轴测视图。单击"三维工具"选项卡"建模"面板中的"扫掠"按钮 ,命令行的提示与操作如下。

```
命令: _sweep
当前线框密度: ISOLINES = 4,闭合轮廓创建模式 = 实体
选择要扫掠的对象或 [模式(MO)]: _MO 闭合轮廓创建模式 [实体(SO)/曲面(SU)] <实体>: _SO
选择要扫掠的对象或 [模式(MO)]: (选择三角牙型轮廓)
选择要扫掠的对象或 [模式(MO)]: ✓
选择扫掠路径或 [对齐(A)/基点(B)/比例(S)/扭曲(T)]:(选择螺纹线)
```

结果如图 11-176 所示。

（12）布尔运算处理。单击"三维工具"选项卡"实体编辑"面板中的"差集"按钮 ，从主体中减去上步绘制的扫掠体，结果如图 11-177 所示。

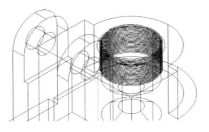

图 11-176　扫掠实体

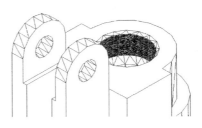

图 11-177　差集处理

（13）在命令行中输入 UCS 命令，将坐标系恢复到世界坐标系。

在命令行中输入 UCS 命令，将坐标系移动到如图 11-178 所示位置。

（14）单击"默认"选项卡"绘图"面板中的"螺旋"按钮 ，创建螺旋线。命令行的提示与操作如下。

```
命令：_Helix
圈数 = 3.0000    扭曲 = CCW
指定底面的中心点：0,0,-2
指定底面半径或 [直径(D)] <11.0000>:7.5
指定顶面半径或 [直径(D)] <11.0000>:7.5
指定螺旋高度或 [轴端点(A)/圈数(T)/圈高(H)/扭曲(W)] <1.0000>: h
指定圈间距 <0.2500>: 0.58
指定螺旋高度或 [轴端点(A)/圈数(T)/圈高(H)/扭曲(W)] <1.0000>: 22.5
```

结果如图 11-179 所示。

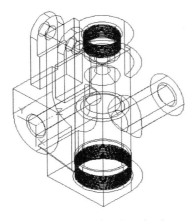

图 11-178　建立新坐标系

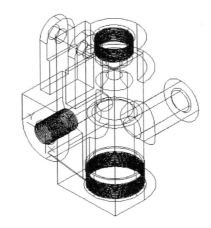

图 11-179　创建螺旋线

（15）选择菜单栏中的"视图"→"三维视图"→"前视"命令，将视图切换到前视图。

（16）单击"默认"选项卡"绘图"面板中的"直线"按钮 ，在图形中绘制截面图。单击"默认"选项卡"绘图"面板中的"面域"按钮,将其创建成面域。结果如图 11-180 所示。

(17) 扫掠形成实体。单击"可视化"选项卡"视图"面板中的"西南等轴测"按钮,将视图切换到西南等轴测视图。单击"三维工具"选项卡"建模"面板中的"扫掠"按钮,命令行的提示与操作如下。

```
命令:_sweep
当前线框密度: ISOLINES = 4,闭合轮廓创建模式 = 实体
选择要扫掠的对象或 [模式(MO)]:_MO 闭合轮廓创建模式 [实体(SO)/曲面(SU)] <实体>:_SO
选择要扫掠的对象或 [模式(MO)]:(选择三角牙型轮廓)
选择要扫掠的对象或 [模式(MO)]:↙
选择扫掠路径或 [对齐(A)/基点(B)/比例(S)/扭曲(T)]:(选择螺纹线)
```

结果如图 11-181 所示。

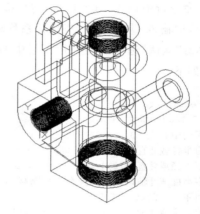

图 11-180 绘制截面   图 11-181 扫掠实体

(18) 布尔运算处理。单击"三维工具"选项卡"实体编辑"面板中的"差集"按钮⊙,从主体中减去上步绘制的扫掠体,结果如图 11-182 所示。

(19) 在命令行中输入 UCS 命令,将坐标系恢复到世界坐标系。

(20) 单击"可视化"选项卡"视图"面板中的"东北等轴测"按钮,将视图切换到东北等轴测视图。

(21) 在命令行中输入 UCS 命令,将坐标系移动到如图 11-183 所示位置。

(22) 单击"默认"选项卡"绘图"面板中的"螺旋"按钮,创建螺旋线。命令行的提示与操作如下。

```
命令:_Helix
圈数 = 3.0000    扭曲=CCW
指定底面的中心点:0,0,-2
指定底面半径或 [直径(D)] <11.0000>:7.5
指定顶面半径或 [直径(D)] <11.0000>:7.5
指定螺旋高度或 [轴端点(A)/圈数(T)/圈高(H)/扭曲(W)] <1.0000>: h
指定圈间距 <0.2500>: 0.58
指定螺旋高度或 [轴端点(A)/圈数(T)/圈高(H)/扭曲(W)] <1.0000>:22
```

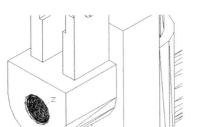

图 11-182 差集实体

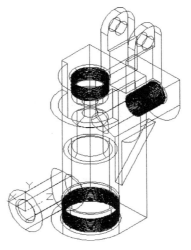

图 11-183 建立新坐标系

结果如图 11-184 所示。

（23）单击"可视化"选项卡"视图"面板中的"俯视"按钮,将视图切换到俯视图。

（24）单击"默认"选项卡"绘图"面板中的"直线"按钮,在图形中绘制截面图。单击"默认"选项卡"绘图"面板中的"面域"按钮,将其创建成面域。结果如图 11-185 所示。

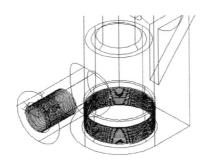

图 11-184 创建螺旋线

图 11-185 绘制截面

（25）扫掠形成实体。单击"可视化"选项卡"视图"面板中的"西南等轴测"按钮,将视图切换到西南等轴测视图。单击"三维工具"选项卡"建模"面板中的"扫掠"按钮,命令行的提示与操作如下。

```
命令: _sweep
当前线框密度: ISOLINES = 4,闭合轮廓创建模式 = 实体
选择要扫掠的对象或 [模式(MO)]: _MO 闭合轮廓创建模式 [实体(SO)/曲面(SU)] <实体>: _SO
选择要扫掠的对象或 [模式(MO)]: (选择三角牙型轮廓)
选择要扫掠的对象或 [模式(MO)]: ↙
选择扫掠路径或 [对齐(A)/基点(B)/比例(S)/扭曲(T)]: (选择螺纹线)
```

结果如图 11-186 所示。

(26) 布尔运算处理。单击"三维工具"选项卡"实体编辑"面板中的"差集"按钮 ⓪，从主体中减去第(25)步绘制的扫掠体，结果如图 11-187 所示。

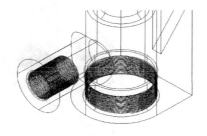
图 11-186　扫掠实体

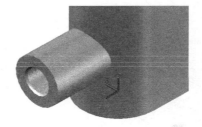
图 11-187　差集处理

26．创建圆角

单击"默认"选项卡"修改"面板中的"圆角"按钮 ⃞，将棱角进行倒圆角，半径为 2。结果如图 11-188 所示。

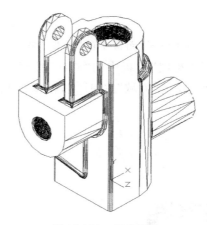
图 11-188　创建圆角

11.11　上机实验

11.11.1　实验 1　绘制泵盖

1．目的要求

利用三维动态观察器观察如图 11-189 所示的泵盖图形。

2．操作提示

（1）打开三维动态观察器。
（2）灵活利用三维动态观察器的各种工具进行动态观察。

图 11-189　泵盖

11.11.2 实验2 绘制密封圈

1．目的要求

绘制如图 11-190 所示的密封圈。

2．操作提示

（1）设置视图方向。

（2）利用圆柱体命令创建外形轮廓和内部轮廓。

（3）利用球体命令创建球体，并作差集处理。

（4）渲染视图。

图 11-190 密封圈

三维造型编辑

三维造型编辑主要是对三维物体进行编辑。主要内容包括编辑特殊视图、三维曲面,以及编辑实体。

学 习 要 点

◆ 特殊视图
◆ 编辑三维曲面
◆ 编辑实体

第12章 三维造型编辑

12.1 特殊视图

利用假想的平面对实体进行剖切,是实体编辑的一种基本方法。读者应注意体会其具体操作方法。

12.1.1 剖切

1. 执行方式

命令行:SLICE(快捷命令:SL)。

菜单栏:执行菜单栏中的"修改"→"三维操作"→"剖切"命令。

功能区:单击"三维工具"选项卡"实体编辑"面板中的"剖切"按钮 。

2. 操作步骤

```
命令:_slice↙
选择要剖切的对象:选择要剖切的实体
选择要剖切的对象:继续选择或按 Enter 键结束选择
指定切面的起点或[平面对象(O)/曲面(S)/Z 轴(Z)/视图(V)/XY(XY)/YZ(YZ)/ZX(ZX)/三点(3)]
<三点>:
指定平面上的第二个点:
```

3. 选项说明

各选项的含义如表 12-1 所示。

表 12-1 "剖切"命令各选项含义

选 项	含 义
平面对象(O)	将所选对象的所在平面作为剖切面
曲面(S)	将剪切平面与曲面对齐
Z 轴(Z)	通过平面指定一点与在平面的 Z 轴(法线)上指定另一点来定义剖切平面
视图(V)	以平行于当前视图的平面作为剖切面
XY(XY)/YZ(YZ)/ZX(ZX)	将剖切平面与当前用户坐标系(UCS)的 XY 平面/YZ 平面/ZX 平面对齐
三点(3)	根据空间的 3 个点确定的平面作为剖切面。确定剖切面后,系统会提示保留一侧或两侧。 如图 12-1 所示为剖切三维实体图

12.1.2 上机练习——胶木球

 练习目标

创建如图 12-2 所示的胶木球。

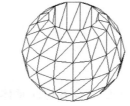
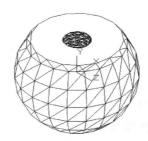

图 12-1　剖切三维实体　　　　　　　　图 12-2　胶木球
(a)剖切前的三维实体；(b)剖切后的实体

设计思路

本例首先新建文件，并设置绘图环境，然后利用球体命令绘制球体，接着重点介绍利用剖切命令剖切平面，再利用旋转、差集命令绘制球孔，最终完成胶木球的绘制。

操作步骤

1．建立新文件

选择菜单栏中的"文件"→"新建"命令，打开"选择样板"对话框，单击"打开"按钮右侧的下三角按钮，以"无样板打开－公制(毫米)"方式建立新文件；将新文件命名为"胶木球.dwg"并保存。

2．设置线框密度

设定默认值是 4，更改设定值为 10。

3．创建球体图形

(1) 单击"三维工具"选项卡"建模"面板中的"球体"按钮，以坐标原点为圆心绘制半径为 9 的球体。命令行的提示与操作如下。

```
命令:_sphere
指定中心点或[三点(3P)/两点(2P)/切点、切点、半径(T)]: 0,0,0
指定半径或[直径(D)]: 9
```

结果如图 12-3 所示。

(2) 选择菜单栏中的"修改"→"三维操作"→"剖切"命令，对球体进行剖切。命令行的提示与操作如下。

```
命令:_slice
选择要剖切的对象:(选择球)
选择要剖切的对象:
指定切面的起点或 [平面对象(O)/曲面(S)/Z 轴(Z)/视图(V)/XY(XY)/YZ(YZ)/ZX(ZX)/三点(3)]
<三点>: xy
指定 XY 平面上的点 <0,0,0>: 0,0,6
在所需的侧面上指定点或 [保留两个侧面(B)]<保留两个侧面>:(选取球体下方)
```

第12章 三维造型编辑

结果如图12-4所示。

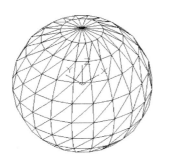

图12-3 绘制球体

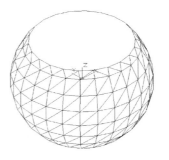

图12-4 剖切平面

4. 创建旋转体

（1）单击"可视化"选项卡"视图"面板中的"左视"按钮 ，将视图切换到左视图。

（2）单击"默认"选项卡"绘图"面板中的"直线"按钮 ╱，绘制如图12-5所示的图形。

（3）单击"默认"选项卡"绘图"面板中的"面域"按钮 ◎，将第（2）步绘制的图形创建为面域。

（4）单击"三维工具"选项卡"建模"面板中的"旋转"按钮 ，将第（3）步创建的面域绕Y轴进行旋转，结果如图12-6所示。

（5）单击"三维工具"选项卡"实体编辑"面板中的"差集"按钮 ⊙，将并集处理后的图形和小圆柱体进行差集处理。结果如图12-7所示。

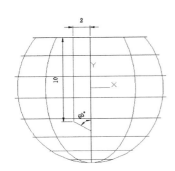

图12-5 绘制的旋转截面图

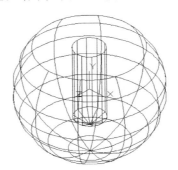

图12-6 旋转实体

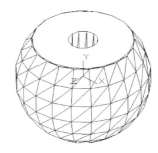

图12-7 差集结果

5. 创建螺纹

（1）在命令行输入UCS命令，将坐标系恢复成世界坐标系。

（2）单击"默认"选项卡"绘图"面板中的"螺旋"按钮 ，创建螺旋线。命令行的提示与操作如下。

```
命令：_Helix
圈数 = 3.0000    扭曲 = CCW
指定底面的中心点：0,0,8
指定底面半径或 [直径(D)] <1.0000>: 2
```

437

```
指定顶面半径或 [直径(D)] <2.0000>:
指定螺旋高度或 [轴端点(A)/圈数(T)/圈高(H)/扭曲(W)] <1.0000>: h
指定圈间距 <3.6667>: 0.58
指定螺旋高度或 [轴端点(A)/圈数(T)/圈高(H)/扭曲(W)] <11.0000>: -9
```

结果如图 12-8 所示。

（3）单击"视图"选项卡"视图"面板中的"前视"按钮，将视图切换到前视图。

（4）绘制牙型截面轮廓。单击"默认"选项卡"绘图"面板中的"直线"按钮，捕捉螺旋线的上端点绘制牙型截面轮廓。单击"默认"选项卡"绘图"面板中的"面域"按钮，将其创建成面域，结果如图 12-9 所示。

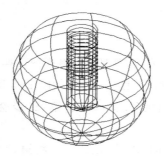
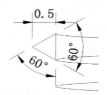

图 12-8　绘制螺旋线　　　　　图 12-9　绘制截面轮廓

（5）扫掠形成实体。单击"视图"选项卡"视图"面板中的"西南等轴测"按钮，将视图切换到西南等轴测视图。单击"三维工具"选项卡"建模"面板中的"扫掠"按钮，命令行的提示与操作如下。

```
命令: _sweep
当前线框密度: ISOLINES=4,闭合轮廓创建模式 = 实体
选择要扫掠的对象或 [模式(MO)]: _MO 闭合轮廓创建模式 [实体(SO)/曲面(SU)] <实体>: _SO
选择要扫掠的对象或 [模式(MO)]: (选择三角牙型轮廓)
选择要扫掠的对象或 [模式(MO)]: ✓
选择扫掠路径或 [对齐(A)/基点(B)/比例(S)/扭曲(T)]: (选择螺纹线)
```

结果如图 12-10 所示。

（6）布尔运算处理。单击"三维工具"选项卡"实体编辑"面板中的"差集"按钮，从主体中减去第（5）步绘制的扫掠体，结果如图 12-11 所示。

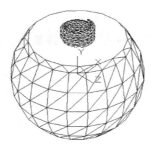
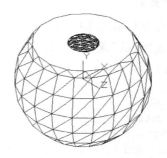

图 12-10　扫掠结果　　　　　图 12-11　差集结果

12.2 编辑三维曲面

和二维图形的编辑功能相似,在三维造型中,也有一些对应的编辑功能,可以对三维曲面进行相应的编辑。

12.2.1 三维阵列

1. 执行方式

命令行:3DARRAY。

菜单栏:执行菜单栏中的"修改"→"三维操作"→"三维阵列"命令。

工具栏:单击"建模"工具栏中的"三维阵列"按钮。

2. 操作步骤

```
命令:3DARRAY↙
选择对象:(选择要阵列的对象)
选择对象:(选择下一个对象或按 Enter 键)
输入阵列类型[矩形(R)/环形(P)]<矩形>:
```

3. 选项说明

各选项的含义如表 12-2 所示。

表 12-2 "三维阵列"命令各选项含义

选项	含 义
矩形(R)	对图形进行矩形阵列复制,这是系统的默认选项。选择该选项后,命令行的提示与操作如下。 输入行数(---)<1>:(输入行数) 输入列数(|||)<1>:(输入列数) 输入层数(…)<1>:(输入层数) 指定行间距(---):(输入行间距) 指定列间距(|||):(输入列间距) 指定层间距(…):(输入层间距)
环形(P)	对图形进行环形阵列复制。选择该选项后,命令行的提示与操作如下。 输入阵列中的项目数目:(输入阵列的数目) 指定要填充的角度(+=逆时针,-=顺时针)<360>:(输入环形阵列的圆心角) 旋转阵列对象?[是(Y)/否(N)]<是>:(确定阵列上的每一个图形是否根据旋转轴线的位置进行旋转) 指定阵列的中心点:(输入旋转轴线上一点的坐标) 指定旋转轴上的第二点:(输入旋转轴线上另一点的坐标) 如图 12-12 所示为 3 层、3 行、3 列间距分别为 300 的圆柱的矩形阵列,如图 12-13 所示为圆柱的环形阵列

图 12-12　三维图形的矩形阵列　　　图 12-13　三维图形的环形阵列

12.2.2　上机练习——手轮

练习目标

创建如图 12-14 所示的手轮。

设计思路

本例主要练习三维阵列命令，利用圆环体、球体、二维绘图命令、差集等来绘制基础模型，最终完成手轮创建。

操作步骤

1. 设置线框密度

单击"可视化"选项卡"视图"面板中的"西南等轴测"按钮，切换到西南等轴测图。在命令行中输入 Isolines，设置线框密度为 10。

2. 创建圆环

单击"三维工具"选项卡"建模"面板中的"圆环体"按钮，命令行的提示与操作如下。

```
命令：_torus
指定中心点或 [三点(3P)/两点(2P)/切点、切点、半径(T)]<0,0,0>:↙
指定半径或 [直径(D)]: 100↙
指定圆管半径或 [两点(2P)/直径(D)]: 10↙
```

3. 创建球体

单击"三维工具"选项卡"建模"面板中的"球体"按钮，命令行的提示与操作如下。

```
命令：_sphere
指定中心点或 [三点(3P)/两点(2P)/切点、切点、半径(T)]<0,0,0>: 0,0,30↙
指定半径或 [直径(D)]: 20↙
```

4. 转换视图

单击"可视化"选项卡"视图"面板中的"前视"按钮，切换到前视图，如图 12-15 所示。

第12章 三维造型编辑

5. 绘制直线

单击"默认"选项卡"绘图"面板中的"直线"按钮，命令行的提示与操作如下。

```
命令：_line 指定第一点：(单击"对象捕捉"工具栏中的"捕捉到圆心"按钮⊙)
_cen 于：(捕捉球的球心)
指定下一点或[放弃(U)]：100,0,0↙
指定下一点或[放弃(U)]：↙
```

绘制结果如图12-16所示。

图12-15 圆环与球

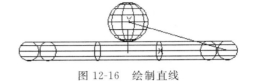
图12-16 绘制直线

6. 绘制圆

单击"可视化"选项卡"视图"面板中的"左视"按钮，切换到左视图。单击"默认"选项卡"绘图"面板中的"圆"按钮，命令行的提示与操作如下。

```
命令：_circle 指定圆的圆心或[三点(3P)/两点(2P)/切点、切点、半径(T)]：(单击"对象捕捉"工具栏中的"捕捉到圆心"按钮⊙)
_cen 于：(捕捉球的球心)
指定圆的半径或[直径(D)]：5↙
```

绘制结果如图12-17所示。

7. 拉伸圆

单击"可视化"选项卡"视图"面板中的"西南等轴测"按钮，切换到西南等轴测图。单击"三维工具"选项卡"建模"面板中的"拉伸"按钮，命令行的提示与操作如下。

```
命令：_extrude
当前线框密度：ISOLINES=10,闭合轮廓创建模式=实体
选择要拉伸的对象或[模式(MO)]：_MO 闭合轮廓创建模式[实体(SO)/曲面(SU)]<实体>：_SO
选择要拉伸的对象或[模式(MO)]：(选择步骤6中绘制的圆)↙
指定拉伸高度或[方向(D)/路径(P)/倾斜角(T)/表达式(E)]：P↙
选择拉伸路径或[倾斜角(T)]：(选择直线)
```

单击"视图"选项卡"视觉样式"面板中的"隐藏"按钮，进行消隐处理后的图形如图12-18所示。

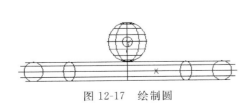
图12-17 绘制圆

图12-18 拉伸圆

441

8. 阵列拉伸生成的圆柱体

选择菜单栏中的"修改"→"三维操作"→"三维阵列"命令，命令行的提示与操作如下。

```
命令:_3darray
选择对象:(选择圆柱体)↵
输入阵列类型 [矩形(R)/环形(P)] <矩形>:P↵
输入阵列中的项目数目:6↵
指定要填充的角度( += 逆时针, -= 顺时针) <360>:↵
旋转阵列对象? [是(Y)/否(N)] <Y>:↵
指定阵列的中心点:(单击"对象捕捉"工具栏中的"捕捉到圆心"按钮 ⊙)
_cen 于:(捕捉圆环的圆心)
指定旋转轴上的第二点:(单击"对象捕捉"工具栏中的"捕捉到圆心"按钮 ⊙)
_cen 于:(捕捉球的球心)
```

单击"视图"选项卡"视觉样式"面板中的"隐藏"按钮 ◈，进行消隐处理后的图形如图 12-19 所示。

9. 创建长方体

单击"可视化"选项卡"视图"面板中的"俯视"按钮，切换到俯视图。单击"三维工具"选项卡"建模"面板中的"长方体"按钮，以指定中心点的方式创建长方体，长方体的中心点为坐标原点，长、宽、高分别为 15、15、120。

10. 差集运算

单击"可视化"选项卡"视图"面板中的"西南等轴测"按钮，切换到西南等轴测图。单击"三维工具"选项卡"实体编辑"面板中的"差集"按钮，将创建的长方体与球体进行差集运算，结果如图 12-20 所示。

11. 剖切处理

选择菜单栏中的"修改"→"三维操作"→"剖切"命令，对球体进行对称剖切，剖切掉的球冠高度为 8，如图 12-21 所示。

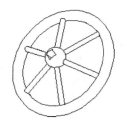

图 12-19 阵列圆柱体　　图 12-20 差集运算后的手轮　　图 12-21 剖切球体

12. 并集运算

单击"三维工具"选项卡"实体编辑"面板中的"并集"按钮，将阵列的圆柱体与球体及圆环进行并集运算。

13. 改变视觉样式

单击"视图"选项卡"视觉样式"面板中的"概念"按钮，最终显示效果如图 12-14 所示。

12.2.3 三维镜像

1. 执行方式

命令行：MIRROR3D。

菜单栏：执行菜单栏中的"修改"→"三维操作"→"三维镜像"命令。

2. 操作步骤

```
命令：mirror3d↵
选择对象：(选择要镜像的对象)
选择对象：(选择下一个对象或按 Enter 键)
指定镜像平面（三点）的第一个点或[对象(O)/最近的(L)/Z 轴(Z)/视图(V)/XY 平面(XY)/YZ 平面(YZ)/ZX 平面(ZX)/三点(3)] <三点>：
在镜像平面上指定第一点：
```

3. 选项说明

各选项的含义如表 12-3 所示。

表 12-3 "三维镜像"命令各选项含义

选　项	含　义
点	输入镜像平面上点的坐标。该选项通过三个点确定镜像平面，是系统的默认选项
Z 轴(Z)	利用指定的平面作为镜像平面。选择该选项后，命令行的提示与操作如下。 在镜像平面上指定点：输入镜像平面上一点的坐标 在镜像平面的 Z 轴(法向)上指定点：输入与镜像平面垂直的任意一条直线上任意一点的坐标 是否删除源对象?[是(Y)/否(N)]：根据需要确定是否删除源对象
视图(V)	指定一个平行于当前视图的平面作为镜像平面
XY(YZ、ZX)平面	指定一个平行于当前坐标系的 XY(YZ、ZX)平面作为镜像平面

12.2.4 上机练习——泵轴

练习目标

本实例绘制如图 12-22 所示的泵轴。

设计思路

如图 12-22 所示，泵轴主要由圆柱体、孔、键槽和螺纹组成。可以利用三维工具中的相应命令来绘制实体，应重点掌握三维镜像命令。

图 12-22　泵轴

操作步骤

（1）在命令行输入 UCS 命令，设置用户坐标系，将坐标系绕 X 轴旋转 90°。

（2）单击"三维工具"选项卡"建模"面板中的"圆柱体"按钮，以坐标原点为圆心，创建直径为 14、高 66 的圆柱；在该圆柱基础上依次创建直径为 11 和高 14、直径为 7.5 和高 2、直径为 8 和高 12 的圆柱，如图 12-23 所示。

（3）单击"三维工具"选项卡"实体编辑"面板中的"并集"按钮，将创建的圆柱进行并集运算。

（4）单击"视图"选项卡"视觉样式"面板中的"消隐"按钮，进行消隐处理，处理后的图形如图 12-24 所示。

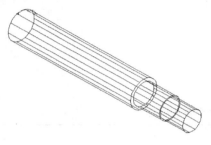

图 12-23　绘制圆柱体 1

图 12-24　创建外形圆柱

（5）单击"三维工具"选项卡"建模"面板中的"圆柱体"按钮，以（40,0）为圆心，创建直径为 5、高 7 的圆柱；以（88,0）为圆心，创建直径为 2、高 4 的圆柱。结果如图 12-25 所示。

（6）绘制二维图形，并创建为面域。

① 单击"默认"选项卡"绘图"面板中的"直线"按钮，从点（70,0）到点（@6,0）绘制直线，如图 12-26 所示。

图 12-25　创建圆柱体 2

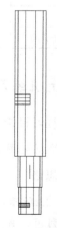

图 12-26　绘制直线

② 单击"默认"选项卡"修改"面板中的"偏移"按钮 ,将上一步绘制的直线分别向上、下偏移2,如图12-27所示。

③ 单击"默认"选项卡"修改"面板中的"圆角"按钮,对两条直线进行倒圆角操作,圆角半径为2,如图12-28所示。

图12-27 偏移直线   图12-28 圆角处理

④ 单击"默认"选项卡"绘图"面板中的"面域"按钮,将二维图形创建为面域。结果如图12-29所示。

图12-29 创建内形圆柱与二维图形

(7) 单击"视图"选项卡"视图"面板中的"西南等轴测"按钮,切换视图到西南等轴测图,利用"三维镜像"命令,将 $\phi5$ 及 $\phi2$ 的圆柱以当前XY面为镜像面,进行镜像操作。命令行的提示与操作如下。

```
命令:MIRROR3D↙
选择对象:(选择 φ5 及 φ2 圆柱)↙
选择对象:↙
指定镜像平面(三点)的第一个点或[对象(O)/最近的(L)/Z轴(Z)/视图(V)/XY平面(XY)/YZ平面(YZ)/ZX平面(ZX)/三点(3)]<三点>: xy↙
指定 XY 平面上的点 <0,0,0>:↙
是否删除源对象?[是(Y)/否(N)]<否>:↙
```

结果如图12-30所示。

(8) 单击"三维工具"选项卡"建模"面板中的"拉伸"按钮,将创建的面域拉伸2.5,如图12-31所示。

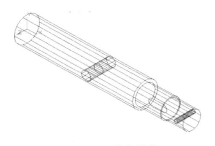
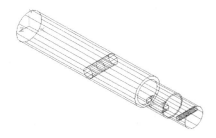

图12-30 镜像操作   图12-31 拉伸面域

(9) 单击"修改"工具栏中的"移动"按钮,将拉伸实体移动到点(@0,0,3)处,如图12-32所示。

(10) 单击"实体编辑"工具栏中的"差集"按钮 ,将外形圆柱与内形圆柱及拉伸实体进行差集运算,结果如图 12-33 所示。

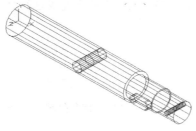

图 12-32 移动实体　　　　　　　图 12-33 差集后的实体

(11) 创建螺纹。

① 在命令行输入 UCS 命令,将坐标系切换到世界坐标系,然后绕 X 轴旋转 90°。单击"默认"选项卡"绘图"面板中的"螺旋"按钮 ,绘制螺纹轮廓。命令行的提示与操作如下。

```
命令:_Helix
圈数 = 8.0000  扭曲 = CCW
指定底面的中心点:0,0,95
指定底面半径或[直径(D)]<1.000>:4
指定顶面半径或[直径(D)]<4>:
指定螺旋高度或[轴端点(A)/圈数(T)/圈高(H)/扭曲(W)]<12.2000>:T
输入圈数<3.0000>:8
指定螺旋高度或[轴端点(A)/圈数(T)/圈高(H)/扭曲(W)]<12.2000>:-14
```

结果如图 12-34 所示。

② 在命令行中输入 UCS 命令,命令行的提示与操作如下。

```
命令:_ucs
当前 UCS 名称:*世界*
指定 UCS 的原点或[面(F)/命名(NA)/对象(OB)/上一个(P)/视图(V)/世界(W)/X/Y/Z/Z 轴(ZA)]
<世界>:(捕捉螺旋线的上端点)
指定 X 轴上的点或<接受>:(捕捉螺旋线上一点)
指定 XY 平面上的点或<接受>:
```

③ 在命令行中输入 UCS 命令,将坐标系绕 Y 轴旋转 -90°。结果如图 12-35 所示。

④ 选择菜单栏中的"视图"→"三维视图"→"平面视图"→"当前 UCS(c)"命令。

⑤ 单击"默认"选项卡"绘图"面板中的"直线"按钮 ,捕捉螺旋线的上端点绘制牙型截面轮廓,绘制一个正三角形,其边长为 1.5。

⑥ 单击"默认"选项卡"绘图"面板中的"面域"按钮 ,将其创建成面域,结果如图 12-36 所示。

⑦ 单击"视图"选项卡"视图"面板中的"西南等轴测"按钮 ,将视图切换到西南等轴测视图。

图 12-34 绘制螺旋线

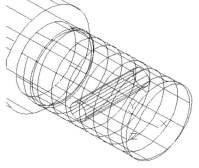

图 12-35 切换坐标系

⑧ 单击"三维工具"选项卡"建模"面板中的"扫掠"按钮 ,命令行的提示与操作如下。

```
命令:_sweep
当前线框密度:ISOLINES=4,闭合轮廓创建模式 = 实体
选择要扫掠的对象或 [模式(MO)]:_MO 闭合轮廓创建模式 [实体(SO)/曲面(SU)]<实体>:_SO
选择要扫掠的对象或 [模式(MO)]:(选择三角牙型轮廓)
选择要扫掠的对象或 [模式(MO)]:↙
选择扫掠路径或 [对齐(A)/基点(B)/比例(S)/扭曲(T)]:(选择螺纹线)
```

结果如图 12-37 所示。

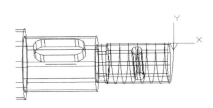

图 12-36 绘制牙型截面轮廓

图 12-37 扫掠实体

⑨ 创建圆柱体。将坐标系切换到世界坐标系,然后将坐标系绕 X 轴旋转 90°。

⑩ 单击"三维工具"选项卡"建模"面板中的"圆柱体"按钮 ,以坐标点(0,0,94)为底面中心点,创建半径为 6、高为 2 的圆柱体;以坐标点(0,0,82)为底面中心点,创建半径为 6、高为 -2 的圆柱体;以坐标点(0,0,82)为底面中心点,创建直径为 7.5、高为 -2 的圆柱体。结果如图 12-38 所示。

⑪ 单击"三维工具"选项卡"实体编辑"面板中的"并集"按钮,将螺纹与主体进行并集处理。

⑫ 单击"三维工具"选项卡"实体编辑"面板中的"差集"按钮,从左端半径为 6 的圆柱体中减去半径为 3.5 的圆柱体,然后从螺纹主体中减去半径为 6 的圆柱体和差集后的实体,结果如图 12-39 所示。

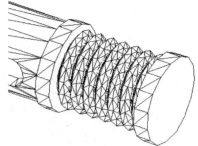

图 12-38　绘制圆柱　　　　　　　图 12-39　布尔运算处理

（12）在命令行中输入 UCS 命令,将坐标系切换到世界坐标系,然后将坐标系绕 Y 轴旋转－90°。

（13）单击"三维工具"选项卡"建模"面板中的"圆柱体"按钮,以点(24,0,0)为圆心,创建直径为 5、高为 7 的圆柱,如图 12-40 所示。

（14）利用"三维镜像"命令,将第(13)步绘制的圆柱以当前 XY 面为镜像面,进行镜像操作,结果如图 12-41 所示。

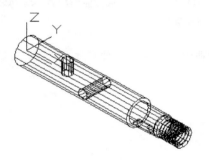
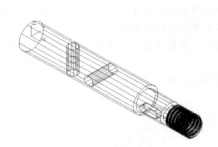

图 12-40　绘制圆柱体 2　　　　　　图 12-41　镜像圆柱

（15）单击"三维工具"选项卡"实体编辑"面板中的"差集"按钮,将轴与镜像的圆柱进行差集运算,对轴倒角。

（16）单击"默认"选项卡"修改"面板中的"倒角"按钮,对左轴端及 φ11 轴径进行倒角操作,倒角距离为 1。单击"视图"选项卡"视觉样式"面板中的"隐藏"按钮,对实体进行消隐。结果如图 12-42 所示。

（17）单击"可视化"选项卡"材质"面板中的"材质浏览器"按钮,打开"材质浏览器"工具选项板,如图 12-43 所示。选择适当的材质,单击"可视化"选项卡"渲染"面板中的"渲染到尺寸"按钮,对图形进行渲染,如图 12-44 所示。

12.2.5　对齐对象

1. 执行方式

命令行：ALIGN(快捷命令：AL)。

菜单栏：执行菜单栏中的"修改"→"三维操作"→"对齐"命令。

图 12-42 消隐后的实体

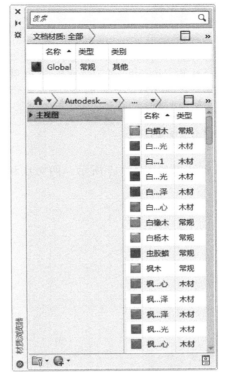

图 12-43 "材质浏览器"选项板

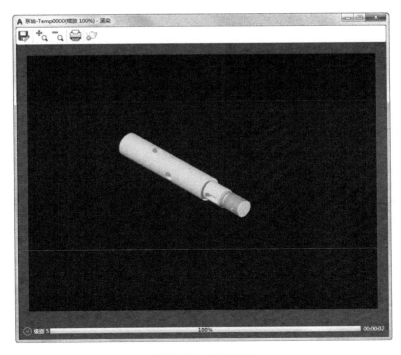

图 12-44 渲染图形

2．操作步骤

```
命令：ALIGN↙
选择对象：（选择要对齐的对象）
选择对象：（选择下一个对象或按 Enter 键）
指定一对、两对或三对点，将选定对象对齐.
指定第一个源点：（选择点 1）
指定第一个目标点：（选择点 2）
指定第二个源点：↙
```

对齐结果如图 12-45 所示。两对点和三对点与一对点的情形类似。

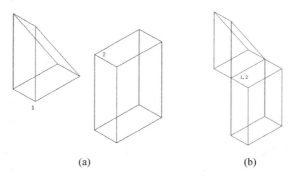

图 12-45　一点对齐
（a）对齐前；（b）对齐后

12.2.6　三维移动

1．执行方式

命令行：3DMOVE。
菜单栏：执行菜单栏中的"修改"→"三维操作"→"三维移动"命令。
工具栏：单击"建模"工具栏中的"三维移动"按钮 。

2．操作步骤

```
命令：3DMOVE↙
选择对象：找到 1 个
选择对象：↙
指定基点或 [位移(D)] <位移>：（指定基点）
指定第二个点或 <使用第一个点作为位移>：（指定第二点）
```

其操作方法与二维移动命令类似。如图 12-46 所示为将滚珠从轴承中移出的情形。

12.2.7　上机练习——阀盖

练习目标

本实例绘制如图 12-47 所示的阀盖。

第12章 三维造型编辑

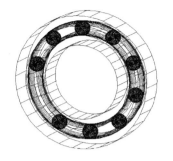

图 12-46 三维移动

图 12-47 阀盖

 设计思路

本实例主要练习三维移动命令的应用，首先绘制好两部分实体，然后利用三维移动命令以及差集命令完善图形。

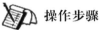 **操作步骤**

1．启动系统

启动 AutoCAD 2018。

2．设置线框密度

设置对象上每个曲面的轮廓线数目为 10。

3．设置视图方向

单击"视图"选项卡"视图"面板中的"西南等轴测"按钮，将当前视图方向设置为西南等轴测视图。

4．设置用户坐标系

在命令行输入 UCS，将坐标系原点绕 X 轴旋转 90°。命令行的提示与操作如下。

命令：UCS↙
当前 UCS 名称：*西南等轴测*
UCS 的原点或 [面(F)/命名(NA)/对象(OB)/上一个(P)/视图(V)/世界(W)/X/Y/Z/Z 轴(ZA)] <世界>：X↙
指定绕 X 轴的旋转角度 <90>：↙

5．绘制圆柱体

单击"三维工具"选项卡"建模"面板中的"圆柱体"按钮，以(0,0,0)为底面中心点，创建半径为 18、高为 15 以及半径为 16、高为 26 的圆柱体，如图 12-48 所示。

6．设置用户坐标系

命令行的提示与操作如下：

命令：UCS

```
当前 UCS 名称：*世界*
指定 UCS 的原点或 [面(F)/命名(NA)/对象(OB)/上一个(P)/视图(V)/世界(W)/X/Y/Z/Z 轴(ZA)]
<世界>:0,0,32↵
指定 X 轴上的点或 <接受>:↵
```

7. 绘制长方体

单击"三维工具"选项卡"建模"面板中的"长方体"按钮，绘制以原点为中心点，长度为 75、宽度为 75、高度为 12 的长方体，如图 12-49 所示。

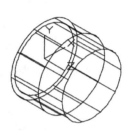　　　　　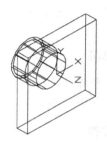

图 12-48　绘制圆柱体 1　　　　　图 12-49　绘制长方体

8. 对长方体倒圆角

单击"默认"选项卡"修改"面板中的"圆角"按钮，设定圆角半径为 12.5，对长方体的四个 Z 轴方向边倒圆角，如图 12-50 所示。

9. 绘制圆柱体

单击"三维工具"选项卡"建模"面板中的"圆柱体"按钮，捕捉圆角圆心为中心点，创建直径为 10、高为 12 的圆柱体，如图 12-51 所示。

10. 复制圆柱体

单击"默认"选项卡"修改"面板中的"复制"按钮，将第 9 步绘制的圆柱体以圆柱体的圆心为基点，复制到其余三个圆角圆心处，如图 12-52 所示。

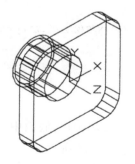　　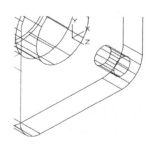　　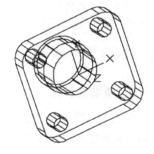

图 12-50　圆角处理长方体　　图 12-51　绘制圆柱体 2　　图 12-52　复制圆柱体

11. 差集处理

单击"三维工具"选项卡"实体编辑"面板中的"差集"按钮，将第 9 步和第 10 步绘制的圆柱体从第8步后的图形中减去。结果如图12-53所示。

12．绘制圆柱体

单击"三维工具"选项卡"建模"面板中的"圆柱体"按钮，以点(0,0,0)为圆心,分别创建直径为53、高为7,直径为50、高为12,及直径为41、高为16的圆柱体。

13．并集处理

单击"三维工具"选项卡"实体编辑"面板中的"并集"按钮，将所有图形进行并集运算。结果如图12-54所示。

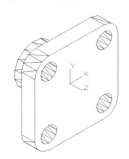
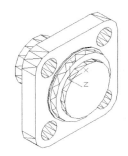

图12-53　差集后的图形　　　　图12-54　并集后的图形

14．绘制圆柱体

单击"三维工具"选项卡"建模"面板中的"圆柱体"按钮，捕捉实体前端面圆心为中心点,分别创建直径为35、高为−7及直径为20、高为−48的圆柱体;捕捉实体后端面圆心为中心点,创建直径为28.5、高为5的圆柱体。

15．差集处理

单击"三维工具"选项卡"实体编辑"面板中的"差集"按钮，将实体与第14步绘制的圆柱进行差集运算。结果如图12-55所示。

16．圆角处理

单击"默认"选项卡"修改"面板中的"圆角"按钮，设置圆角半径分别为1、3、5,对需要的边进行圆角。

17．倒角处理

单击"默认"选项卡"修改"面板中的"倒角"按钮，设置倒角距离为1,对实体后端面进行倒角,如图12-56所示。

18．设置视图方向

单击"视图"选项卡"视图"面板中的"左视"按钮，将当前视图方向设置为左视图。

19．消隐处理

单击"视图"选项卡"视觉样式"面板中的"隐藏"按钮，对实体进行消隐。消隐处理后的图形如图12-57所示。

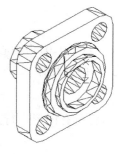 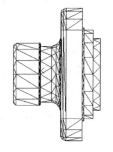 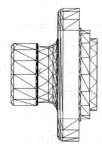

图 12-55　差集后的图形　　　图 12-56　倒角及倒圆角后的图形　　　图 12-57　消隐后的效果

20．绘制螺纹

（1）绘制多边形。单击"默认"选项卡"绘图"面板中的"多边形"按钮 ，在实体旁边绘制一个正三角形，其边长为 2，如图 12-58 所示。

（2）绘制构造线。单击"默认"选项卡"绘图"面板中的"构造线"按钮 ，过正三角形底边绘制水平辅助线，如图 12-59 所示。

图 12-58　绘制正三角形　　　　　　　图 12-59　绘制构造线

（3）偏移辅助线。单击"默认"选项卡"修改"面板中的"偏移"按钮，将水平辅助线向上偏移 18，如图 12-60 所示。

（4）旋转正三角形。单击"三维工具"选项卡"建模"面板中的"旋转"按钮，以偏移后的水平辅助线为旋转轴，选取正三角形，将其旋转 360°，如图 12-61 所示。

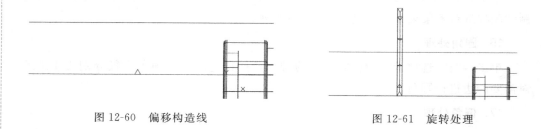

图 12-60　偏移构造线　　　　　　　图 12-61　旋转处理

（5）删除辅助线。单击"默认"选项卡"修改"面板中的"删除"按钮，删除绘制的辅助线。

（6）阵列对象。选择菜单栏中的"修改"→"三位操作"→"三维阵列"命令，将旋转形成的实体进行 1 行、7 列、1 层的矩形阵列，列间距为 2，如图 12-62 所示。

（7）并集处理。单击"三维工具"选项卡"实体编辑"面板中的"并集"按钮，将阵列后的实体进行并集运算。结果如图 12-63 所示。

21. 移动螺纹

利用"三维移动"命令,命令行的提示与操作如下。

命令:3DMOVE↙
选择对象:(用鼠标选取绘制的螺纹)
选择对象:↙
指定基点或 [位移(D)] <位移>:(用鼠标选取螺纹左端面圆心)
指定第二个点或 <使用第一个点作为位移>:(用鼠标选取实体左端圆心)

结果如图 12-64 所示。

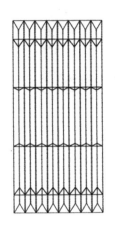
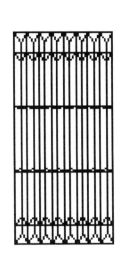
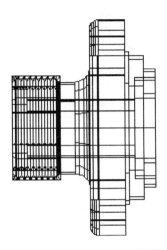

图 12-62 三维阵列实体　　图 12-63 绘制的螺纹　　图 12-64 移动螺纹后的图形

22. 差集处理

单击"三维工具"选项卡"实体编辑"面板中的"差集"按钮,对实体与螺纹进行差集运算。

23. 创建螺纹孔

采用同样的方法,为阀盖创建螺纹孔。

最终结果如图 12-47 所示。

12.2.8 三维旋转

1. 执行方式

命令行:3DROTATE(或 ROTATE3D)。
菜单栏:执行菜单栏中的"修改"→"三维操作"→"三维旋转"命令。
工具栏:单击"建模"工具栏中的"三维旋转"按钮。

2. 操作步骤

命令:3DROTATE↙
UCS 当前的正角方向:ANGDIR = 逆时针 ANGBASE = 0

```
选择对象:(选择一个滚珠)
选择对象:↙
指定基点:(指定圆心位置)
拾取旋转轴:(选择如图 12-65 所示的轴)
指定角的起点:(选择如图 12-65 所示的中心点)
指定角的端点:(指定另一点)
```

旋转结果如图 12-66 所示。

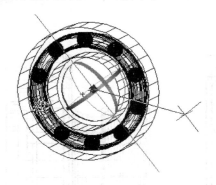
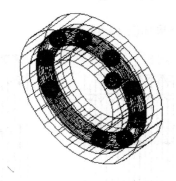

图 12-65　指定参数　　　　　　　　图 12-66　旋转结果

12.2.9　上机练习——压板

 练习目标

本实例绘制如图 12-67 所示的压板。

设计思路

本实例主要介绍三维旋转命令的操作,首先利用建模命令绘制实体,然后利用实体编辑命令完善实体,最终完成压板绘制。在创建实体过程中,利用三维旋转命令来调整视图方向以方便模型创建。

图 12-67　压板

操作步骤

(1) 设置线框密度,命令行的提示与操作如下。

```
命令: ISOLINES↙
输入 ISOLINES 的新值 <4>: 10↙
```

(2) 设置视图方向。单击"视图"选项卡"视图"面板中的"前视"按钮 ,将当前视图方向设置为前视图。

(3) 绘制长方体。单击"三维工具"选项卡"建模"面板中的"长方体"按钮 ,命令行的提示与操作如下。

第12章 三维造型编辑

```
命令:BOX↙
指定第一个角点或[中心(C)]:0,0,0↙
指定其他角点或[立方体(C)/长度(L)]:L↙
指定长度:200↙
指定宽度:30↙
指定高度或[两点(2P)]:10↙
```

继续以该长方体的左上端点为角点,创建长200、宽60、高10的长方体,依次类推,创建长200、宽分别为30和20、高10的另两个长方体。结果如图12-68所示。

（4）设置视图方向。单击"视图"选项卡"视图"面板中的"左视"按钮,将当前视图方向设置为左视图。

（5）旋转长方体,命令行的提示与操作如下。

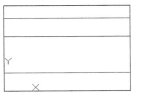

图12-68 创建长方体

```
命令: ROTATE3D↙
当前正向角度: ANGDIR = 逆时针 ANGBASE = 0
选择对象:(选取上部的3个长方体,如图12-69所示)
指定轴上的第一个点或定义轴依据[对象(O)/最近的(L)/视图(V)/X轴(X)/Y轴(Y)/Z轴(Z)/两点(2)]: Z
指定Z轴上的点 <0,0,0>:_endp 于(捕捉第2个长方体的右下端点,如图12-70所示的1点)
指定旋转角度或[参照(R)]: 30↙
```

结果如图12-71所示。

  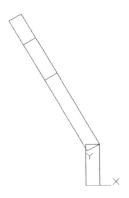

图12-69 选取旋转的实体　　图12-70 选取旋转轴上的1点　　图12-71 旋转上部实体

（6）旋转长方体。方法同前,继续旋转上部两个长方体,分别绕Z轴旋转60°及90°。这里采用另一种三维旋转命令执行方式。选择菜单栏中的"修改"→"三维操作"→"三维旋转"命令,命令行的提示与操作如下。

```
命令:_3drotate↙
UCS当前的正角方向: ANGDIR = 逆时针 ANGBASE = 0
选择对象:(选择宽度为30和20的长方体)
选择对象:↙
指定基点:(指定宽度为60的长方体右上端点)
指定旋转角度,或 [复制(C)/参照(R)] <30>: 60↙
```

457

继续旋转宽度为 20 的长方体，结果如图 12-72 所示。

（7）设置视图方向。单击"视图"选项卡"视图"面板中的"前视"按钮，将当前视图方向设置为前视图，如图 12-73 所示。

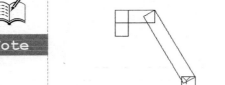

图 12-72　旋转后的实体

图 12-73　"前视"视图

（8）绘制圆柱体。单击"三维工具"选项卡"实体编辑"面板中的"圆柱体"按钮，命令行的提示与操作如下。

```
命令：CYLINDER✓
指定底面的中心点或 [三点(3P)/两点(2P)/切点、切点、半径(T)/椭圆(E)]<0,0,0>: 20,15✓
指定底面半径或 [直径(D)]: 8✓
指定高度或 [两点(2P)/轴端点(A)]: 10✓
```

（9）阵列圆柱体。选择菜单栏中的"修改"→"三维操作"→"三维阵列"命令，命令行的提示与操作如下。

```
命令：_3darray
正在初始化...已加载 3DARRAY.
选择对象：(选择圆柱体)
选择对象：✓
输入阵列类型 [矩形(R)/环形(P)]<矩形>:✓
输入行数 (---) <1>: 1✓
输入列数 (|||) <1>: 5✓
输入层数 (...) <1>:✓
指定列间距 (|||): 40✓
```

结果如图 12-74 所示。

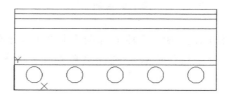

图 12-74　阵列圆柱

（10）布尔运算。单击"三维工具"选项卡"实体编辑"面板中的"差集"按钮，将阵列的圆柱体从长方体中减去。单击"三维工具"选项卡"实体编辑"面板中的"并集"按钮，将所有实体进行并集处理。

(11) 单击"视图"选项卡"视图"面板中的"西南等轴测"按钮，切换视图到西南等轴测图，在命令行输入 UCS 命令，用鼠标选择当前坐标系，将其移动到顶面左下角点。结果如图 12-75 所示。

(12) 选择菜单栏中的"视图"→"三维视图"→"平面视图"→"当前 UCS"命令，将视图转换到当前 UCS 所在平面，如图 12-76 所示。

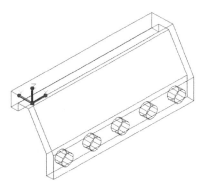

图 12-75　移动坐标系

图 12-76　转换到当前 UCS

(13) 绘制二维图形。绘制如图 12-77 所示的二维图形，图形下部为 R2 的半圆弧。

(14) 创建面域。单击"默认"选项卡"绘图"面板中的"面域"按钮，将绘制的二维图形创建为面域。

(15) 设置视图方向。单击"视图"选项卡"视图"面板中的"西南等轴测"按钮，将当前视图方向设置为西南等轴测视图，如图 12-78 所示。

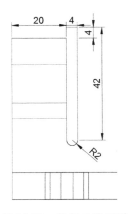

图 12-77　绘制二维图形

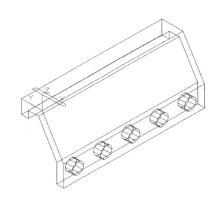

图 12-78　二维图形绘制

(16) 拉伸面域。单击"三维工具"选项卡"建模"面板中的"拉伸"按钮，命令行的提示与操作如下。

```
命令:EXTRUDE↙
当前线框密度: ISOLINES = 10,闭合轮廓创建模式 = 实体
选择要拉伸的对象或 [模式(MO)]: _MO
```

```
闭合轮廓创建模式 [实体(SO)/曲面(SU)] <实体>: _SO
选择要拉伸的对象或 [模式(MO)]:(选取创建的面域)
选择要拉伸的对象或 [模式(MO)]: ✓
指定拉伸的高度或 [方向(D)/路径(P)/倾斜角(T)/表达式(E)]: -20 ✓
```

结果如图 12-79 所示。

(17) 阵列拉伸的实体。选择菜单栏中的"修改"→"三维操作"→"三维阵列"命令，将拉伸形成的实体，进行 1 行、5 列、1 层的矩形阵列，列间距为 40。结果如图 12-80 所示。

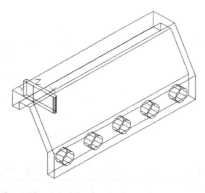
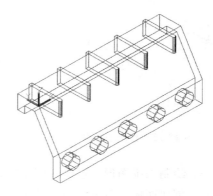

图 12-79　拉伸实体　　　　　　　图 12-80　阵列拉伸的实体

(18) 并集处理。单击"三维工具"选项卡"实体编辑"面板中的"并集"按钮 ⦿，将创建的长方体进行并集运算。

(19) 差集处理。单击"三维工具"选项卡"实体编辑"面板中的"差集"按钮 ⦿，将并集后实体与拉伸实体进行差集运算。

(20) 渲染处理。单击"可视化"选项卡"材质"面板中的"材质浏览器"按钮 ⦿，在材质选项板中选择适当的材质。单击"可视化"选项卡"渲染"面板中的"渲染到尺寸"按钮，对实体进行渲染，渲染后的效果如图 12-67 所示。

12.3　编辑实体

对象编辑是指对单个三维实体本身的某些部分或某些要素进行编辑，从而改变三维实体造型。

12.3.1　拉伸面

1. 执行方式

命令行：SOLIDEDIT。

菜单栏：执行菜单栏中的"修改"→"实体编辑"→"拉伸面"命令。

工具栏：单击"实体编辑"工具栏中的"拉伸面"按钮。

第12章　三维造型编辑

功能区：单击"三维工具"选项卡"实体编辑"面板中的"拉伸面"按钮。

2．操作步骤

```
命令：_solidedit
实体编辑自动检查：SOLIDCHECK = 1
输入实体编辑选项 [面(F)/边(E)/体(B)/放弃(U)/退出(X)] <退出>：_face
输入面编辑选项[拉伸(E)/移动(M)/旋转(R)/偏移(O)/倾斜(T)/删除(D)/复制(C)/颜色(L)/材质(A)/放弃(U)/退出(X)] <退出>：_extrude
择面或 [放弃(U)/删除(R)]：选择要进行拉伸的面
选择面或 [放弃(U)/删除(R)/全部(ALL)]：
指定拉伸高度或[路径(P)]：
```

3．选项说明

各选项的含义如表12-4所示。

表12-4　"拉伸面"命令各选项含义

选　项	含　义
指定拉伸高度	按指定的高度值来拉伸面。指定拉伸的倾斜角度后，完成拉伸操作
路径(P)	沿指定的路径曲线拉伸面。图12-81所示为拉伸长方体顶面和侧面的结果

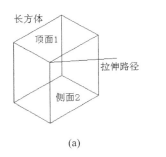
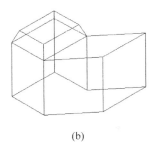

(a)　　　　　　　　　　(b)

图12-81　拉伸长方体
(a) 拉伸前的长方体；(b) 拉伸后的三维实体

12.3.2　上机练习——顶针

练习目标

本例利用拉伸面命令绘制如图12-82所示的顶针。

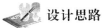**设计思路**

观察图12-82可知，顶针主要由圆锥体、圆柱体、长方孔、圆孔组成，所以在创建实体过程中利用圆锥体、圆柱体、拉伸、长方体命令创建实体，并利用并集、差集等命令来辅助绘制实体，最终完成实体创建。

图12-82　顶针

操作步骤

(1) 用 LIMITS 命令设置图幅,尺寸为 297×210。

(2) 单击"视图"选项卡"视图"面板中的"西南等轴测"按钮,将当前视图设置为西南等轴测视图。

(3) 在命令行输入 UCS,将坐标系绕 X 轴旋转 90°。以坐标原点为圆锥底面中心,创建半径为 30、高−50 的圆锥。

(4) 单击"三维工具"选项卡"实体编辑"面板中的"圆柱体"按钮,以坐标原点为圆心,创建半径为 30、高 70 的圆柱。结果如图 12-83 所示。

(5) 选择菜单栏中的"修改"→"三维操作"→"剖切"命令,选取圆锥,以 ZX 为剖切面,指定剖切面上的点为(0,10),对圆锥进行剖切,保留圆锥下部。结果如图 12-84 所示。

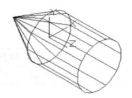 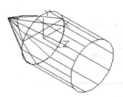

图 12-83　绘制圆锥及圆柱　　　　　图 12-84　剖切圆锥

(6) 单击"三维工具"选项卡"实体编辑"面板中的"并集"按钮,选择圆锥与圆柱体进行并集运算。

(7) 单击"三维工具"选项卡"建模"面板中的"拉伸"按钮,命令行的提示与操作如下。

```
命令:_solidedit
实体编辑自动检查: SOLIDCHECK = 1
输入实体编辑选项 [面(F)/边(E)/体(B)/放弃(U)/退出(X)]<退出>: _face
输入面编辑选项
[拉伸(E)/移动(M)/旋转(R)/偏移(O)/倾斜(T)/删除(D)/复制(C)/颜色(L)/材质(A)/放弃(U)/退出(X)] <退出>: _extrude
选择面或 [放弃(U)/删除(R)]:(选取如图 12−85 所示的实体表面)
指定拉伸高度或 [路径(P)]: −10✓
指定拉伸的倾斜角度 <0>:✓
已开始实体校验.
已完成实体校验.
输入面编辑选项
[拉伸(E)/移动(M)/旋转(R)/偏移(O)/倾斜(T)/删除(D)/复制(C)/颜色(L)/材质(A)/放弃(U)/退出(X)] <退出>:✓
实体编辑自动检查: SOLIDCHECK = 1
输入实体编辑选项 [面(F)/边(E)/体(B)/放弃(U)/退出(X)]<退出>:✓
```

结果如图 12-86 所示。

(8) 单击"视图"选项卡"视图"面板中的"左视"按钮,将当前视图设置为左视图方向,以点(10,30,-30)为圆心,创建半径为20、高60的圆柱;以点(50,0,-30)为圆心,创建半径为10、高60的圆柱。结果如图12-87所示。

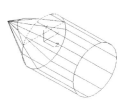

图12-85 选取拉伸面

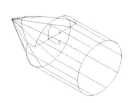

图12-86 拉伸后的实体

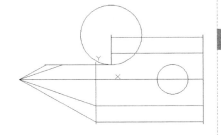

图12-87 创建圆柱

(9) 单击"三维工具"选项卡"实体编辑"面板中的"差集"按钮,选择实体图形与两个圆柱体进行差集运算。结果如图12-88所示。

(10) 单击"三维工具"选项卡"建模"面板中的"长方体"按钮,以(35,0,-10)为角点,创建长20、宽30、高30的长方体。然后将实体与长方体进行差集运算。消隐后的结果如图12-89所示。

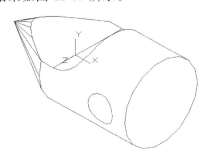

图12-88 差集圆柱后的实体

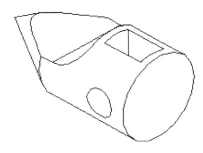

图12-89 消隐后的实体

(11) 单击"可视化"选项卡"材质"面板中的"材质浏览器"按钮,在材质选项板中选择适当的材质。单击"可视化"选项卡"渲染"面板中的"渲染到尺寸"按钮,对实体进行渲染,渲染后的结果如图12-82所示。

(12) 选择菜单栏中的"文件"→"保存"命令,将绘制完成的图形以"顶针立体图.dwg"为文件名保存在指定的路径中。

12.3.3 移动面

1. 执行方式

命令行:SOLIDEDIT。

菜单栏:执行菜单栏中的"修改"→"实体编辑"→"移动面"命令。

工具栏:单击"实体编辑"工具栏中的"移动面"按钮。

2. 操作步骤

```
命令：_solidedit
实体编辑自动检查：SOLIDCHECK = 1
输入实体编辑选项 [面(F)/边(E)/体(B)/放弃(U)/退出(X)] <退出>：_face
输入面编辑选项[拉伸(E)/移动(M)/旋转(R)/偏移(O)/倾斜(T)/删除(D)/复制(C)/颜色(L)/ 材质(A)/放弃(U)] <退出>：_move
选择面或 [放弃(U)/删除(R)]：(选择要进行移动的面)
选择面或 [放弃(U)/删除(R)/全部(ALL)]：(继续选择移动面或按 Enter 键结束选择)
指定基点或位移：(输入具体的坐标值或选择关键点)
指定位移的第二点：(输入具体的坐标值或选择关键点)
```

各选项的含义在前面介绍的命令中都有涉及，读者如有疑问，可查询相关命令（拉伸面、移动等）。如图 12-90 所示为移动三维实体的结果。

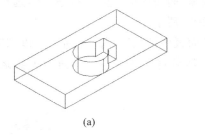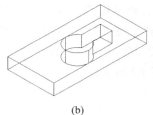

(a)   (b)

图 12-90　移动三维实体
（a）移动前的图形；(b) 移动后的图形

12.3.4　偏移面

1. 执行方式

命令行：SOLIDEDIT。

菜单栏：执行菜单栏中的"修改"→"实体编辑"→"偏移面"命令。

工具栏：单击"实体编辑"工具栏中的"偏移面"按钮 。

2. 操作步骤

```
命令：_solidedit
实体编辑自动检查：SOLIDCHECK = 1
输入实体编辑选项 [面(F)/边(E)/体(B)/放弃(U)/退出(X)] <退出>：_face
输入面编辑选项[拉伸(E)/移动(M)/旋转(R)/偏移(O)/倾斜(T)/删除(D)/复制(C)/颜色(L)/ 材质(A)/放弃(U)] <退出>：_offset
选择面或 [放弃(U)/删除(R)]：(选择要进行偏移的面)
指定偏移距离：(输入要偏移的距离值)
```

图 12-91 所示为通过偏移命令改变哑铃手柄大小的结果。

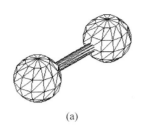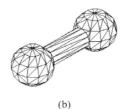

(a) (b)

图 12-91 偏移对象

(a) 偏移前；(b) 偏移后

12.3.5 删除面

1. 执行方式

命令行：SOLIDEDIT。

菜单栏：执行菜单栏中的"修改"→"实体编辑"→"删除面"命令。

工具栏：单击"实体编辑"工具栏中的"删除面"按钮 。

功能区：单击"三维工具"选项卡"实体编辑"面板中的"删除面"按钮 。

2. 操作步骤

```
命令：_solidedit
实体编辑自动检查：SOLIDCHECK = 1
输入实体编辑选项 [面(F)/边(E)/体(B)/放弃(U)/退出(X)] <退出>：_face
输入面编辑选项[拉伸(E)/移动(M)/旋转(R)/偏移(O)/倾斜(T)/删除(D)/复制(C)/颜色(L)/材
质(A)/放弃(U)/退出(X)] <退出>：_erase
选择面或 [放弃(U)/删除(R)]:(选择要删除的面)
```

如图 12-92 为删除长方体的一个圆角面后的结果。

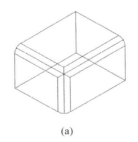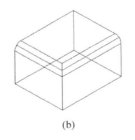

(a) (b)

图 12-92 删除圆角面

(a) 倒圆角后的长方体；(b) 删除倒角面后的图形

12.3.6 上机练习——镶块

 练习目标

本实例绘制如图 12-93 所示的镶块。

图 12-93 镶块

设计思路

首先利用长方体、圆柱体命令创建实体,然后利用拉伸、拉伸面、差集等命令完善图形创建,最终完成镶块实体的绘制。

操作步骤

(1) 在命令行中输入 Isolines 命令,设置线框密度为 10。

(2) 单击"视图"选项卡"视图"面板中的"西南等轴测"按钮 ,切换到西南等轴测图。

(3) 单击"三维工具"选项卡"建模"面板中的"长方体"按钮 ,以坐标原点为角点,创建长 50、宽 100、高 20 的长方体,如图 12-94 所示。

(4) 单击"三维工具"选项卡"建模"面板中的"圆柱体"按钮 ,以长方体右侧面底边中点为圆心,创建半径为 50、高 20 的圆柱,如图 12-95 所示。

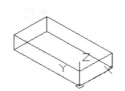

图 12-94 绘制长方体

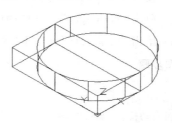

图 12-95 绘制圆柱体

(5) 单击"三维工具"选项卡"实体编辑"面板中的"并集"按钮 ,将长方体与圆柱体进行并集运算。结果如图 12-96 所示。

(6) 选择菜单栏中的"修改"→"三维操作"→"剖切"命令,以 ZX 为剖切面,分别指定剖切面上的点为(0,10,0)及(0,90,0),对实体进行对称剖切,保留实体中部。结果如图 12-97 所示。

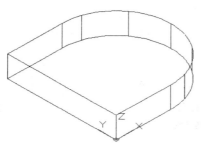

图 12-96 并集后的实体

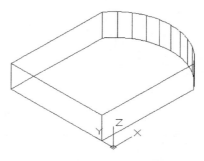

图 12-97 剖切后的实体

(7) 单击"默认"选项卡"修改"面板中的"复制"按钮 ,将剖切后的实体向上复制一个,如图 12-98 所示。

(8) 单击"三维工具"选项卡"建模"面板中的"拉伸"按钮 ,选取实体前端面拉伸高度为-10。继续将实体后侧面拉伸-10。结果如图12-99所示。

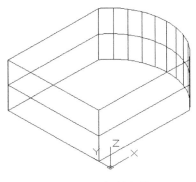

图12-98 复制实体

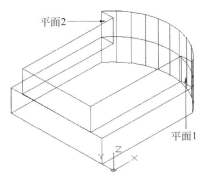

图12-99 拉伸面操作后的实体

（9）利用"删除面"命令，删除实体上的面。继续将实体后部对称侧面删除。命令行的提示与操作如下。

```
命令: _solidedit
实体编辑自动检查: SOLIDCHECK = 1
输入实体编辑选项 [面(F)/边(E)/体(B)/放弃(U)/退出(X)]<退出>: _face
输入面编辑选项
[拉伸(E)/移动(M)/旋转(R)/偏移(O)/倾斜(T)/删除(D)/复制(C)/颜色(L)/材质(A)/放弃(U)/
退出(X)]<退出>: _delete
选择面或 [放弃(U)/删除(R)]: (选择平面1,如图12-99所示).
选择面或 [放弃(U)/删除(R)/全部(ALL)]: r↙(由于用鼠标选择时会选择多余的平面,所以这
里要进行删除)
删除面或 [放弃(U)/添加(A)/全部(ALL)]: (选择多余的平面)
删除面或 [放弃(U)/添加(A)/全部(ALL)]: ↙
已开始实体校验.
已完成实体校验.
输入面编辑选项
[拉伸(E)/移动(M)/旋转(R)/偏移(O)/倾斜(T)/删除(D)/复制(C)/颜色(L)/材质(A)/放弃(U)/
退出(X)]<退出>: d↙
选择面或 [放弃(U)/删除(R)]: (选择平面2,如图12-99所示)
选择面或 [放弃(U)/删除(R)/全部(ALL)]: r↙
删除面或 [放弃(U)/添加(A)/全部(ALL)]: (选择多余的平面)
删除面或 [放弃(U)/添加(A)/全部(ALL)]: ↙
已开始实体校验.
已完成实体校验.
输入面编辑选项
[拉伸(E)/移动(M)/旋转(R)/偏移(O)/倾斜(T)/删除(D)/复制(C)/颜色(L)/材质(A)/放弃(U)/
退出(X)]<退出>:↙
实体编辑自动检查: SOLIDCHECK = 1
输入实体编辑选项 [面(F)/边(E)/体(B)/放弃(U)/退出(X)]<退出>:↙
```

结果如图12-100所示。

（10）单击"三维工具"选项卡"实体编辑"面板中的"拉伸面"按钮 ，将实体顶面向上拉伸40。结果如图12-101所示。

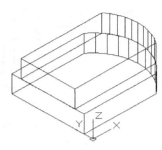
图 12-100 删除面操作后的实体

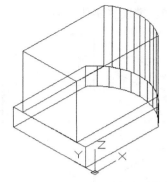
图 12-101 拉伸顶面操作后的实体

（11）单击"三维工具"选项卡"建模"面板中的"圆柱体"按钮，以实体底面左边中点为圆心，创建半径为 R10、高为 20 的圆柱。同理，以 R10 圆柱顶面圆心为中心点，继续创建半径为 40、高为 40 及半径为 25、高为 60 的圆柱。

（12）单击"三维工具"选项卡"实体编辑"面板中的"差集"按钮，将实体与三个圆柱进行差集运算。结果如图 12-102 所示。

（13）在命令行输入 UCS 命令，将坐标原点移动到(0,50,40)，并将其绕 Y 轴选择 90°。

（14）单击"三维工具"选项卡"建模"面板中的"圆柱体"按钮，以坐标原点为圆心，创建半径为 5、高 100 的圆柱。结果如图 12-103 所示。

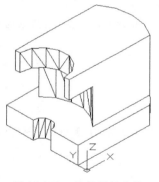
图 12-102 差集后的实体

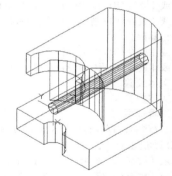
图 12-103 创建圆柱

（15）单击"三维工具"选项卡"实体编辑"面板中的"差集"按钮，将实体与圆柱进行差集运算。

（16）单击"可视化"选项卡"渲染"面板中的"渲染到尺寸"按钮，渲染图形。渲染后的结果如图 12-93 所示。

12.3.7 旋转面

1. 执行方式

命令行：SOLIDEDIT。

菜单栏：执行菜单栏中的"修改"→"实体编辑"→"旋转面"命令。

工具栏：单击"实体编辑"工具栏中的"旋转面"按钮。

功能区：单击"三维工具"选项卡"实体编辑"面板中的"旋转面"按钮。

2．操作步骤

```
命令：_solidedit
实体编辑自动检查：SOLIDCHECK = 1
输入实体编辑选项 [面(F)/边(E)/体(B)/放弃(U)/退出(X)]<退出>：_face
输入面编辑选项[拉伸(E)/移动(M)/旋转(R)/偏移(O)/倾斜(T)/删除(D)/复制(C)/颜色(L)/材
质(A)/放弃(U)/退出(X)]<退出>：_rotate
选择面或 [放弃(U)/删除(R)]：(选择要旋转的面)
选择面或 [放弃(U)/删除(R)/全部(ALL)]：(继续选择或按 Enter 键结束选择)
指定轴点或 [经过对象的轴(A)/视图(V)/X 轴(X)/Y 轴(Y)/Z 轴(Z)]<两点>：(选择一种确定轴
线的方式)
指定旋转角度或 [参照(R)]：(输入旋转角度)
```

如图 12-104(b)所示为将图 12-104(a)中开口槽的方向旋转 90°后的结果。

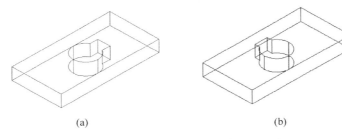

图 12-104　开口槽旋转 90°前后的图形
(a)旋转前；(b)旋转后

12.3.8　上机练习——轴支架

练习目标

本实例绘制如图 12-105 所示的轴支架。

图 12-105　轴支架

12-8

设计思路

首先利用长方体、圆柱体、差集等命令绘制轴支架底面,然后利用相同的命令绘制剩余实体,接下来重点应用旋转命令调整轴支架底面的角度。最终完成轴支架的创建。

 操作步骤

(1)启动 AutoCAD 2018。

(2)设置线框密度,命令行的提示与操作如下。

```
命令: ISOLINES
输入 ISOLINES 的新值 <4>: 10↙
```

(3)单击"视图"选项卡"视图"面板中的"西南等轴测"按钮,将当前视图设置为西南等轴测视图。

(4)单击"三维工具"选项卡"建模"面板中的"长方体"按钮,以角点坐标为(0,0,0),长、宽、高分别为 80、60、10 绘制连接立板长方体。

(5)单击"默认"选项卡"修改"面板中的"圆角"按钮,选择要圆角的长方体进行圆角处理,圆角半径为 10。

(6)单击"三维工具"选项卡"建模"面板中的"圆柱体"按钮,以点(10,10,0)为底面中心点,半径为 6,指定高度为 10,绘制圆柱体。结果如图 12-106 所示。

(7)单击"默认"选项卡"修改"面板中的"复制"按钮,选择上一步绘制的圆柱体复制到其他 3 个圆角处。结果如图 12-107 所示。

(8)单击"三维工具"选项卡"实体编辑"面板中的"差集"按钮,将长方体和圆柱体进行差集运算。

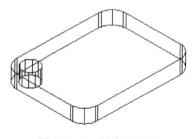
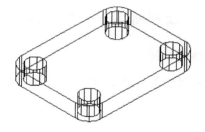

图 12-106　创建圆柱体　　　　　图 12-107　复制圆柱体

(9)设置用户坐标系。命令行的提示与操作如下。

```
命令: UCS↙
当前 UCS 名称: *世界*
指定 UCS 的原点或 [面(F)/命名(NA)/对象(OB)/上一个(P)/视图(V)/世界(W)/X/Y/Z/Z 轴(ZA)]
<世界>: 40,30,55↙
指定 X 轴上的点或 <接受>:↙
```

(10) 单击"三维工具"选项卡"建模"面板中的"长方体"按钮,以坐标原点为长方体的中心点,分别创建长40、宽10、高100及长10、宽40、高100的长方体。结果如图12-108所示。

(11) 在命令行输入UCS,移动坐标原点到(0,0,50),并将其绕Y轴旋转90°。

(12) 单击"三维工具"选项卡"建模"面板中的"圆柱体"按钮,以坐标原点为圆心,创建半径为20、高25的圆柱体。

(13) 选择菜单栏中的"修改"→"三维操作"→"三维镜像"命令。选取圆柱绕XY轴进行选装,结果如图12-109所示。

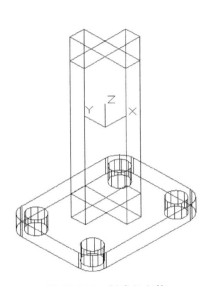
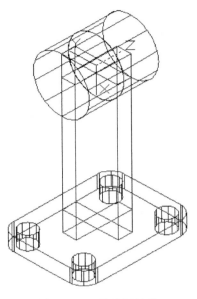

图12-108　创建长方体　　　　　　图12-109　镜像圆柱体

(14) 单击"三维工具"选项卡"实体编辑"面板中的"并集"按钮,选择两个圆柱体与两个长方体进行并集运算。

(15) 单击"三维工具"选项卡"建模"面板中的"圆柱体"按钮,捕捉R20圆柱的圆心为圆心,创建半径为10、高50的圆柱体。

(16) 单击"三维工具"选项卡"实体编辑"面板中的"差集"按钮,将并集后的实体与圆柱进行差集运算。消隐处理后的图形如图12-110所示。

(17) 利用"旋转面"命令,旋转支架上部十字形底面。命令行的提示与操作如下。

```
命令: SOLIDEDIT↙
实体编辑自动检查:SOLIDCHECK = 1
输入实体编辑选项 [面(F)/边(E)/体(B)/放弃(U)/退出(X)] <退出>: F↙
输入面编辑选项[拉伸(E)/移动(M)/旋转(R)/偏移(O)/倾斜(T)/删除(D)/复制(C)/颜色(L)/材质(A)/放弃(U)/退出(X)] <退出>: R↙
选择面或 [放弃(U)/删除(R)]:(如图12-111所示,选择支架上部十字形底面)
指定轴点或 [经过对象的轴(A)/视图(V)/X 轴(X)/Y 轴(Y)/Z 轴(Z)] <两点>: Y↙
指定旋转原点 <0,0,0>:_endp 于 (捕捉十字形底面的右端点)
指定旋转角度或 [参照(R)]: 30↙
```

结果如图 12-111 所示。

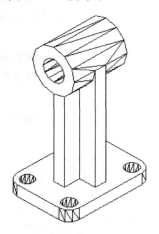

图 12-110　消隐后的实体

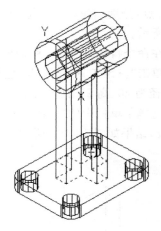

图 12-111　选择旋转面

（18）在命令行输入 Rotate3D 命令，旋转底板。命令行的提示与操作如下。

```
命令：ROTATE3D↙
选择对象：(选取底板)
指定轴上的第一个点或定义轴依据 [对象(O)/最近的(L)/视图(V)/X 轴(X)/Y 轴(Y)/Z 轴(Z)/
两点(2)]：Y↙
指定 X 轴上的点 <0,0,0>：_endp 于 (捕捉十字形底面的右端点)
指定旋转角度或 [参照(R)]：30↙
```

（19）单击"视图"选项卡"视图"面板中的"前视"按钮，将当前视图方向设置为前视图。

（20）单击"视图"选项卡"视觉样式"面板中的"隐藏"按钮，对实体进行消隐。消隐处理后的图形如图 12-112 所示。

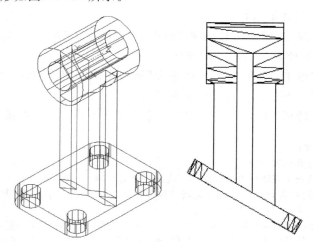

图 12-112　旋转底板

第12章 三维造型编辑

(21) 单击"可视化"选项卡"材质"面板中的"材质浏览器"按钮，选择适当材料。单击"可视化"选项卡"渲染"面板中的"渲染到尺寸"按钮，对图形进行渲染。渲染后的结果如图 12-105 所示。

12.3.9 倾斜面

1. 执行方式

命令行：SOLIDEDIT。
菜单栏：执行菜单栏中的"修改"→"实体编辑"→"倾斜面"命令。
工具栏：单击"实体编辑"工具栏中的"倾斜面"按钮。
功能区：单击"三维工具"选项卡"实体编辑"面板中的"倾斜面"按钮。

2. 操作步骤

```
命令：_solidedit
实体编辑自动检查：SOLIDCHECK = 1
输入实体编辑选项 [面(F)/边(E)/体(B)/放弃(U)/退出(X)] <退出>：_face
输入面编辑选项 [拉伸(E)/移动(M)/旋转(R)/偏移(O)/倾斜(T)/删除(D)/复制(C)/颜色(L)/材质(A)/放弃(U)/退出(X)] <退出>：_taper
选择面或 [放弃(U)/删除(R)]：(选择要倾斜的面)
选择面或 [放弃(U)/删除(R)/全部(ALL)]：(继续选择或按 Enter 键结束选择)
指定基点：(选择倾斜的基点(倾斜后不动的点))
指定沿倾斜轴的另一个点：(选择另一点(倾斜后改变方向的点))
指定倾斜角度：(输入倾斜角度)
```

12.3.10 上机练习——机座

 练习目标

本实例主要利用倾斜面命令绘制如图 12-113 所示的机座。

 设计思路

首先绘制机座的大致实体轮廓，然后重点利用倾斜面命令创建倾斜面，再利用三维工具创建实体，最终完成机座创建。

图 12-113 机座

 操作步骤

(1) 启动 AutoCAD 2018。
(2) 设置线框密度，命令行的提示与操作如下。

```
命令：ISOLINES
输入 ISOLINES 的新值 <4>：10
```

(3) 单击"视图"选项卡"视图"面板中的"西南等轴测"按钮，将当前视图方向设置为西南等轴测视图。

(4) 单击"三维工具"选项卡"建模"面板中的"长方体"按钮 ,指定角点为(0,0,0),以长、宽、高分别为 80、50、20 绘制长方体,如图 12-114 所示。

(5) 单击"三维工具"选项卡"建模"面板中的"圆柱体"按钮 ,以长方体底面右边中点为底面中心点,绘制半径为 25、高度为 20 的圆柱体,如图 12-115 所示。

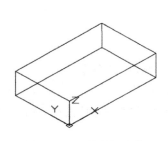

图 12-114 绘制长方体

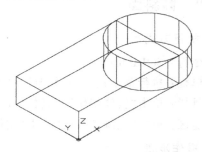

图 12-115 绘制圆柱体 1

采用同样方法,以长方体底面右边中点为底面中心点,绘制半径为 20、高度为 80 的圆柱体,如图 12-116 所示。

(6) 单击"三维工具"选项卡"实体编辑"面板中的"并集"按钮,选取长方体与两个圆柱体进行并集运算,结果如图 12-117 所示。

(7) 设置用户坐标系,命令行的提示与操作如下。

```
命令: UCS↙
当前 UCS 名称: *世界*
指定 UCS 的原点或 [面(F)/命名(NA)/对象(OB)/上一个(P)/视图(V)/世界(W)/X/Y/Z/Z 轴(ZA)]
<世界>: (用鼠标选择实体顶面的左下顶点)
指定 X 轴上的点或 <接受>: ↙
```

(8) 单击"三维工具"选项卡"建模"面板中的"长方体"按钮,以点(0,10,0)为角点,创建长 80、宽 30、高 30 的长方体。结果如图 12-118 所示。

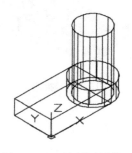

图 12-116 绘制圆柱体 2

图 12-117 并集后的实体

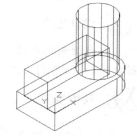

图 12-118 创建长方体

(9) 单击"三维工具"选项卡"实体编辑"面板中的"倾斜面"按钮,对长方体的左侧面进行倾斜操作。命令行的提示与操作如下。

```
命令: SOLIDEDIT↙
实体编辑自动检查: SOLIDCHECK = 1
```

第12章 三维造型编辑

```
输入实体编辑选项 [面(F)/边(E)/体(B)/放弃(U)/退出(X)] <退出>: F↙
输入面编辑选项[拉伸(E)/移动(M)/旋转(R)/偏移(O)/倾斜(T)/删除(D)/复制(C)/颜色(L)/材
质(A)/放弃(U)/退出(X)] <退出>: T↙
选择面或 [放弃(U)/删除(R)]:(如图 12-119 所示,选取长方体左侧面)
指定基点: _endp 于 (如图 12-119 所示,捕捉长方体端点2)
指定沿倾斜轴的另一个点: _endp 于 (如图 12-119 所示,捕捉长方体端点1)
指定倾斜角度: 60↙
```

Note

结果如图 12-120 所示。

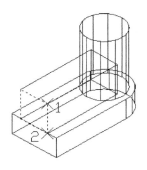
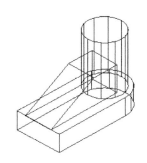

图 12-119 选取倾斜面　　　　图 12-120 倾斜面后的实体

（10）单击"三维工具"选项卡"实体编辑"面板中的"并集"按钮 ◎，将创建的长方体与实体进行并集运算。

（11）方法同前，在命令行输入 UCS 命令，将坐标原点移回到实体底面的左下顶点。

（12）单击"三维工具"选项卡"建模"面板中的"长方体"按钮 ◻，以(0,5)为角点，创建长 50、宽 40、高 5 的长方体；继续以(0,20)为角点，创建长 30、宽 10、高 50 的长方体。

（13）单击"三维工具"选项卡"实体编辑"面板中的"差集"按钮 ◎，将实体与两个长方体进行差集运算。结果如图 12-121 所示。

（14）单击"三维工具"选项卡"建模"面板中的"圆柱体"按钮 ◻，捕捉 R20 圆柱顶面圆心为中心点，分别创建半径为 15、高 −15 及半径为 10、高 −80 的圆柱体。

（15）单击"三维工具"选项卡"实体编辑"面板中的"差集"按钮 ◎，将实体与两个圆柱进行差集运算。消隐处理后的图形如图 12-122 所示。

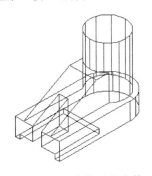
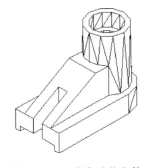

图 12-121 差集后的实体　　　　图 12-122 消隐后的实体

（16）渲染处理。单击"可视化"选项卡"材质"面板中的"材质浏览器"按钮，选择适当的材质，然后对图形进行渲染。渲染后的结果如图 12-113 所示。

12.3.11 复制面

1．执行方式

命令行：SOLIDEDIT。
菜单栏：执行菜单栏中的"修改"→"实体编辑"→"复制面"命令。
工具栏：单击"实体编辑"工具栏中的"复制面"按钮。
功能区：单击"三维工具"选项卡"实体编辑"面板中的"复制面"按钮。

2．操作步骤

```
命令：_solidedit
实体编辑自动检查：SOLIDCHECK = 1
输入实体编辑选项 [面(F)/边(E)/体(B)/放弃(U)/退出(X)] <退出>：_face
输入面编辑选项[拉伸(E)/移动(M)/旋转(R)/偏移(O)/倾斜(T)/删除(D)/复制(C)/颜色(L)/材质(A)/放弃(U)/退出(X)] <退出>：_copy
选择面或 [放弃(U)/删除(R)]：(选择要复制的面)
选择面或 [放弃(U)/删除(R)/全部(ALL)]：(继续选择或按 Enter 键结束选择)
指定基点或位移：(输入基点的坐标)
指定位移的第二点：(输入第二点的坐标)
```

12.3.12 着色面

1．执行方式

命令行：SOLIDEDIT。
菜单栏：执行菜单栏中的"修改"→"实体编辑"→"着色面"命令。
工具栏：单击"实体编辑"工具栏中的"着色面"按钮。
功能区：单击"三维工具"选项卡"实体编辑"面板中的"着色面"按钮。

2．操作步骤

```
命令：_solidedit
实体编辑自动检查：SOLIDCHECK = 1
输入实体编辑选项 [面(F)/边(E)/体(B)/放弃(U)/退出(X)] <退出>：_face
输入面编辑选项[拉伸(E)/移动(M)/旋转(R)/偏移(O)/倾斜(T)/删除(D)/复制(C)/颜色(L)/材质(A)/放弃(U)/退出(X)] <退出>：_color
选择面或 [放弃(U)/删除(R)]：(选择要着色的面)
选择面或 [放弃(U)/删除(R)/全部(ALL)]：(继续选择或按 Enter 键结束选择)
```

选择好要着色的面后，AutoCAD 打开"选择颜色"对话框，根据需要选择合适的颜色作为要着色面的颜色。操作完成后，该表面将被相应的颜色覆盖。

12.3.13 复制边

1．执行方式

命令行：SOLIDEDIT。

菜单栏：执行菜单栏中的"修改"→"实体编辑"→"复制边"命令。

工具栏：单击"实体编辑"工具栏中的"复制边"按钮 。

功能区：单击"三维工具"选项卡"实体编辑"面板中的"复制边"按钮 。

2．操作步骤

```
命令：_solidedit
实体编辑自动检查：SOLIDCHECK = 1
输入实体编辑选项 [面(F)/边(E)/体(B)/放弃(U)/退出(×)] <退出>：_edge
输入边编辑选项 [复制(C)/着色(L)/放弃(U)/退出(×)] <退出>：_copy
选择边或 [放弃(U)/删除(R)]：(选择曲线边)
选择边或 [放弃(U)/删除(R)]：(按 Enter 键)
指定基点或位移：(单击确定复制基准点)
指定位移的第二点：(单击确定复制目标点)
```

如图 12-123 所示为复制边的图形结果。

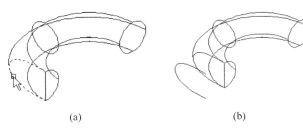

(a)　　　　　　　　(b)

图 12-123　复制边

(a) 选择边；(b) 复制边

12.3.14 上机练习——支架

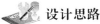 练习目标

本实例绘制如图 12-124 所示的支架。

设计思路

由图 12-124 可知，创建支架的难点在于其二维图形的绘制。本例首先利用长方体、圆柱体命令绘制实体，然后利用二维绘图命令以及拉伸命令创建剩余图形，在此过程中应重点掌握复制边命令的应用，最终完成支架实体的创建。

图 12-124　支架

操作步骤

（1）启动 AutoCAD 2018。

（2）在命令行中输入 Isolines，设置线框密度为 10。

（3）设置视图方向。单击"视图"选项卡"视图"面板中的"西南等轴测"按钮，将当前视图设置为西南等轴测视图。

（4）绘制长方体。单击"三维工具"选项卡"建模"面板中的"长方体"按钮，命令行的提示与操作如下。

```
命令：BOX ↙
指定第一个角点或 [中心(C)]:0,0,0 ↙
指定其他角点或 [立方体(C)/长度(L)]:L ↙
指定长度:60 ↙
指定宽度:100 ↙
指定高度：15 ↙
```

结果如图 12-125 所示。

（5）圆角处理。单击"默认"选项卡"修改"面板中的"圆角"按钮，命令行的提示与操作如下。

```
命令:FILLET ↙
当前设置：模式 = 修剪,半径 = 0.0000
选择第一个对象或 [放弃(U)/多段线(P)/半径(R)/修剪(T)/多个(M)]:(用鼠标选择要圆角的对象)
输入圆角半径或 [表达式(E)]: 25 ↙
选择边或 [链(C)/环(L)/半径(R)]:(用鼠标选择长方体左端面的边)
已拾取到边.
选择边或 [链(C)/环(L)/半径(R)]:(依次用鼠标选择长方体左端面的边)
选择边或 [链(C)/环(L)/半径(R)]:↙
```

结果如图 12-126 所示。

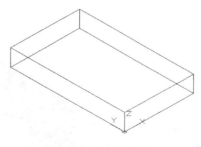   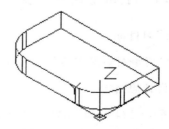

图 12-125　长方体　　　　　图 12-126　倒圆角后的长方体

（6）绘制圆柱体。单击"三维工具"选项卡"建模"面板中的"圆柱体"按钮，命令行的提示与操作如下。

```
命令：CYLINDER↙
指定底面的中心点或[三点(3P)/两点(2P)/切点、切点、半径(T)/椭圆(E)]:(用鼠标选择长方体
底面圆角圆心)
指定底面半径或[直径(D)]:15↙
指定高度或[两点(2P)/轴端点(A)]:3↙
```

重复绘制圆柱体命令，绘制直径为13、高15的圆柱体。并利用复制命令将绘制的两圆柱体复制到另一个圆角处。

（7）单击"三维工具"选项卡"实体编辑"面板中的"差集"按钮 ，差集处理出阶梯孔，结果如图12-127所示。

（8）设置用户坐标系，命令行的提示与操作如下。

```
命令：UCS↙
当前 UCS 名称：* 世界 *
指定 UCS 的原点或 [面(F)/命名(NA)/对象(OB)/上一个(P)/视图(V)/世界(W)/X/Y/Z/Z 轴(ZA)]
<世界>: 0,0,15↙
指定 X 轴上的点或 <接受>:↙
```

（9）设置视图方向。选择菜单栏中的"视图"→"三维视图"→"平面视图(P)"→"当前 UCS(C)"命令，将视图方向设置为当前绘制方向。

（10）绘制矩形。单击"默认"选项卡"绘图"面板中的"矩形"按钮，以点(60,25)为第一个角点，以点(@-14,50)为第二个角点，绘制矩形。结果如图12-128所示。

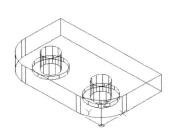

图12-127　差集圆柱后的实体

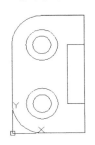

图12-128　绘制矩形

（11）设置视图方向。单击"视图"选项卡"视图"面板中的"前视"按钮，将当前视图方向设置为前视图。

（12）绘制辅助线。单击"默认"选项卡"绘图"面板中的"多段线"按钮，命令行的提示与操作如下。

```
命令：PLINE↙
指定起点:(捕捉长方体角点1)
指定下一个点或 [圆弧(A)/半宽(H)/长度(L)/放弃(U)/宽度(W)]: @0,23↙
指定下一个点或 [圆弧(A)/半宽(H)/长度(L)/放弃(U)/宽度(W)]: A↙
指定圆弧的端点或[角度(A)/圆心(CE)/方向(D)/半宽(H)/直线(L)/半径(R)/第二个点(S)/放弃
(U)/宽度(W)]: A↙
```

```
指定包含角：-90↙
指定圆弧的端点或 [圆心(CE)/半径(R)]:@10,10↙
指定圆弧的端点或[角度(A)/圆心(CE)/闭合(CL)/方向(D)/半宽(H)/直线(L)/半径(R)/第二个
点(S)/放弃(U)/宽度(W)]:L↙
指定下一点或 [圆弧(A)/闭合(C)/半宽(H)/长度(L)/放弃(U)/宽度(W)]:@35,0↙
```

结果如图 12-129 所示。

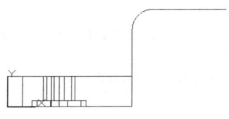

图 12-129　绘制辅助线

(13) 设置视图方向。单击"视图"选项卡"视图"面板"视图"下拉菜单中的"西南等轴测"按钮，将当前视图方向设置为西南等轴测视图。

(14) 拉伸矩形。单击"三维工具"选项卡"建模"面板中的"拉伸"按钮，选取矩形，以辅助线为路径，进行拉伸。命令行的提示与操作如下。

```
命令:_extrude
当前线框密度:ISOLINES=10,闭合轮廓创建模式 = 实体
选择要拉伸的对象或 [模式(MO)]:_MO 闭合轮廓创建模式 [实体(SO)/曲面(SU)]<实体>:_SO
选择要拉伸的对象或 [模式(MO)]:(选择矩形)
选择要拉伸的对象或 [模式(MO)]:
指定拉伸的高度或 [方向(D)/路径(P)/倾斜角(T)/表达式(E)]<-55.6891>:p↙
选择拉伸路径或 [倾斜角(T)]:(选择多段线)
```

结果如图 12-130 所示。

(15) 设置用户坐标系，命令行的提示与操作如下。

```
命令:UCS↙
当前 UCS 名称: *世界*
指定 UCS 的原点或 [面(F)/命名(NA)/对象(OB)/上一个(P)/视图(V)/世界(W)/X/Y/Z/Z 轴(ZA)]
<世界>:105,66,-50↙
指定 X 轴上的点或 <接受>:↙
```

重复该命令，将其绕 X 轴旋转 90°。

(16) 绘制圆柱体。单击"三维工具"选项卡"建模"面板中的"圆柱体"按钮，以坐标原点为圆心，分别创建直径为 50 及 25、高 34 的圆柱体。

(17) 单击"三维工具"选项卡"实体编辑"面板中的"并集"按钮，将长方体、拉伸实体及 φ50 圆柱体进行并集处理。

(18) 差集处理。单击"三维工具"选项卡"实体编辑"面板中的"差集"按钮，将实体与 φ25 圆柱体进行差集运算。消隐处理后的图形如图 12-131 所示。

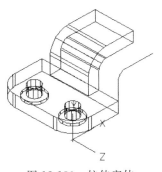

图 12-130 拉伸实体

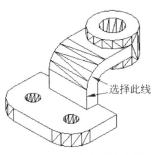
图 12-131 消隐后的实体

(19) 复制边线。单击"三维工具"选项卡"实体编辑"面板中的"复制边"按钮。选取拉伸实体前端面边线,在原位置进行复制,命令行的提示与操作如下。

```
命令: _solidedit
实体编辑自动检查: SOLIDCHECK = 1
输入实体编辑选项 [面(F)/边(E)/体(B)/放弃(U)/退出(X)] <退出>: _edge
输入边编辑选项 [复制(C)/着色(L)/放弃(U)/退出(X)] <退出>: _copy
选择边或 [放弃(U)/删除(R)]:(如图 12-131 所示,选取拉伸实体前端面边线)
指定基点或位移: 0,0↙
指定位移的第二点: 0,0↙
输入边编辑选项 [复制(C)/着色(L)/放弃(U)/退出(X)] <退出>:↙
```

(20) 设置视图方向。单击"视图"选项卡"视图"面板中的"前视"按钮,将当前视图方向设置为前视图。

(21) 绘制直线。单击"默认"选项卡"绘图"面板中的"直线"按钮,捕捉拉伸实体左下端点为直线起点,第二点为(@-30,0),终点是半径为 10 的圆弧的切点,绘制直线。

注意:有时很难准确捕捉到拉伸实体左下端点,或者说表面上看捕捉到了,旋转一个角度看,会发现捕捉的不是想要的点,这时解决的方法是对三维对象捕捉进行设置,只捕捉三维顶点,如图 12-132 所示。或者关闭"三维对象捕捉"功能,打开"对象捕捉"功能,同样设置只捕捉"端点"。

图 12-132 "草图设置"对话框

(22)修剪复制的边线。单击"默认"选项卡"修改"面板中的"修剪"按钮，对复制的边线进行修剪。结果如图 12-133 所示。

(23)创建面域。单击"默认"选项卡"绘图"面板中的"面域"按钮，将修剪后的图形创建为面域。

注意：有时读者会发现生成不了面域，主要原因是图线不闭合。就此处而言，可能是修剪的地方看起来闭合，实际上没有严格闭合。解决的方法是先把此处图线延伸，再修剪，这样就不会出现问题。

(24)设置视图方向。单击"视图"选项卡"视图"面板"视图"下拉菜单中的"西南等轴测"按钮，将当前视图方向设置为西南等轴测视图。

(25)拉伸面域。单击"三维工具"选项卡"建模"面板中的"拉伸"按钮，选择面域，设置拉伸高度为 12。

(26)移动拉伸实体。单击"默认"选项卡"修改"面板中的"移动"按钮，将拉伸形成的实体移动到如图 12-134 所示位置。

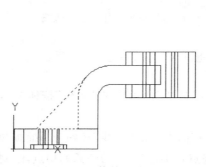
图 12-133　修剪后的图形

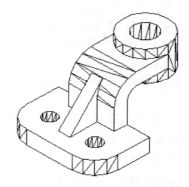
图 12-134　移动拉伸实体

(27)并集处理。单击"三维工具"选项卡"实体编辑"面板中的"并集"按钮，将实体进行并集运算。

(28)渲染处理。单击"可视化"选项卡"材质"面板中的"材质浏览器"按钮，选择适当的材质，单击"可视化"选项卡"渲染"面板中的"渲染到尺寸"按钮，对图形进行渲染。渲染后的效果如图 12-124 所示。

12.3.15　着色边

1. 执行方式

命令行：SOLIDEDIT。

菜单栏：执行菜单栏中的"修改"→"实体编辑"→"着色边"命令。

工具栏：单击"实体编辑"工具栏中的"着色边"按钮。

功能区：单击"三维工具"选项卡"实体编辑"面板中的"着色边"按钮。

2. 操作步骤

```
命令: _solidedit
实体编辑自动检查: SOLIDCHECK = 1
输入实体编辑选项 [面(F)/边(E)/体(B)/放弃(U)/退出(X)] <退出>: _edge
输入边编辑选项 [复制(C)/着色(L)/放弃(U)/退出(X)] <退出>:L
选择边或 [放弃(U)/删除(R)]:(选择要着色的边)
选择面或 [放弃(U)/删除(R)/全部(ALL)]:(继续选择或按 Enter 键结束选择)
选择好边后,AutoCAD 将打开"选择颜色"对话框.用户可根据需要选择合适的颜色作为要着色边的颜色.
```

12.3.16 压印边

1. 执行方式

命令行:IMPRINT。

菜单栏:执行菜单栏中的"修改"→"实体编辑"→"压印边"命令。

工具栏:单击"实体编辑"工具栏中的"压印"按钮 。

功能区:单击"三维工具"选项卡"实体编辑"面板中的"压印"按钮 。

2. 操作步骤

```
命令:IMPRINT
选择三维实体或曲面:
选择要压印的对象:
是否删除源对象 [是(Y)/否(N)] <N>:
```

依次选择三维实体、要压印的对象和设置是否删除源对象。如图 12-135 所示为将五角星压印在长方体上的图形。

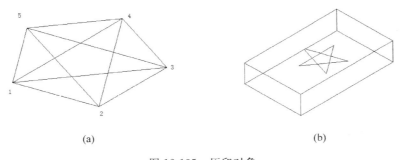

图 12-135 压印对象

(a) 五角星和五边形;(b) 压印后的长方体和五角星

12.3.17 清除

1. 执行方式

命令行:SOLIDEDIT。

菜单栏:执行菜单栏中的"修改"→"实体编辑"→"清除"命令。

工具栏：单击"实体编辑"工具栏中的"清除"按钮。
功能区：单击"三维工具"选项卡"实体编辑"面板中的"清除"按钮。

2. 操作步骤

```
命令：_solidedit
实体编辑自动检查：SOLIDCHECK = 1
输入实体编辑选项 [面(F)/边(E)/体(B)/放弃(U)/退出(X)] <退出>：_body
输入体编辑选项[压印(I)/分割实体(P)/抽壳(S)/清除(L)/检查(C)/放弃(U)/退出(X)] <退出>：_clean
选择三维实体：(选择要删除的对象)
```

12.3.18 分割

1. 执行方式

命令行：SOLIDEDIT。
菜单栏：执行菜单栏中的"修改"→"实体编辑"→"分割"命令。
工具栏：单击"实体编辑"工具栏中的"分割"按钮 。
功能区：单击"三维工具"选项卡"实体编辑"面板中的"分割"按钮 。

2. 操作步骤

```
命令：_solidedit
实体编辑自动检查：SOLIDCHECK = 1
输入实体编辑选项 [面(F)/边(E)/体(B)/放弃(U)/退出(X)] <退出>：_body
输入体编辑选项[压印(I)/分割实体(P)/抽壳(S)/清除(L)/检查(C)/放弃(U)/退出(X)] <退出>：_sperate
选择三维实体：(选择要分割的对象)
```

12.3.19 抽壳

1. 执行方式

命令行：SOLIDEDIT。
菜单栏：执行菜单栏中的"修改"→"实体编辑"→"抽壳"命令。
工具栏：单击"实体编辑"工具栏中的"抽壳"按钮 。
功能区：单击"三维工具"选项卡"实体编辑"面板中的"抽壳"按钮 。

2. 操作步骤

```
命令：_solidedit
实体编辑自动检查：SOLIDCHECK = 1
输入实体编辑选项 [面(F)/边(E)/体(B)/放弃(U)/退出(X)] <退出>：_body
输入体编辑选项[压印(I)/分割实体(P)/抽壳(S)/清除(L)/检查(C)/放弃(U)/退出(X)] <退出>：_shell
选择三维实体：选择三维实体
删除面或 [放弃(U)/添加(A)/全部(ALL)]：选择开口面
输入抽壳偏移距离：指定壳体的厚度值
```

如图 12-136 所示为利用抽壳命令创建的花盆。

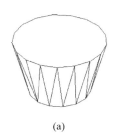
(a)
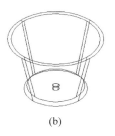
(b)

(c)

图 12-136　花盆
(a) 创建初步轮廓；(b) 完成创建；(c) 消隐结果

☏ **注意**：抽壳是用指定的厚度创建一个空的薄层。可以为所有面指定一个固定的薄层厚度，通过选择面可以将这些面排除在壳外。一个三维实体只能有一个壳，可以通过将现有面偏移出其原位置来创建新的面。

12.3.20　检查

1. 执行方式

命令行：SOLIDEDIT。

菜单栏：执行菜单栏中的"修改"→"实体编辑"→"检查"命令。

工具栏：单击"实体编辑"工具栏中的"检查"按钮 。

功能区：单击"三维工具"选项卡"实体编辑"面板中的"检查"按钮 。

2. 操作步骤

```
命令：_solidedit
实体编辑自动检查：SOLIDCHECK = 1
输入实体编辑选项 [面(F)/边(E)/体(B)/放弃(U)/退出(X)] <退出>: _body
输入体编辑选项[压印(I)/分割实体(P)/抽壳(S)/清除(L)/检查(C)/放弃(U)/退出(X)] <退出>:
_check
选择三维实体：(选择要检查的三维实体)
```

选择实体后，AutoCAD 将在命令行中显示出该对象是否为有效的 ACIS 实体。

12.3.21　夹点编辑

利用夹点编辑功能，可以很方便地对三维实体进行编辑，此功能与二维对象夹点编辑功能相似。

其使用方法为：单击要编辑的对象，系统显示编辑夹点，选择某个夹点，按住鼠标拖动，则三维对象随之改变。选择不同的夹点，可以编辑对象的不同参数，红色夹点为当前编辑夹点，如图 12-137 所示。

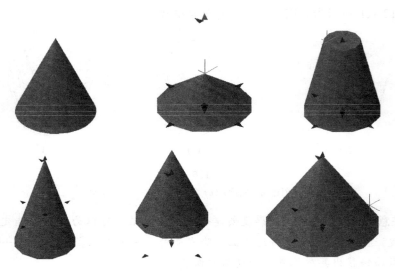

图 12-137 圆锥体及其夹点编辑

12.3.22 上机练习——齿轮

 练习目标

本实例绘制如图 12-138 所示的齿轮实体。

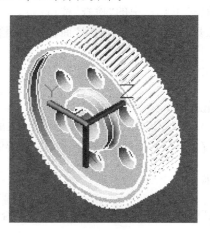

图 12-138 齿轮

 设计思路

首先绘制齿轮二维剖切面轮廓线,再使用通过旋转操作从二维曲面生成三维实体的方法绘制齿轮基体;绘制渐开线轮齿的二维轮廓线,使用从二维曲面通过拉伸操作生成三维实体的方法绘制齿轮轮齿;调用"圆柱体"命令和"长方体"命令,利用布尔运算求差命令绘制齿轮的键槽和轴孔以及减轻孔;最后利用渲染操作对齿轮进行渲染。本实例的目的是学习图形渲染的基本操作过程和方法。

第12章 三维造型编辑

操作步骤

1．建立新文件

启动 AutoCAD。单击"标准"工具栏中的"新建"按钮 ，打开"选择样板"对话框，单击"打开"按钮右侧的下三角按钮，以"无样板打开—公制（毫米）"方式建立新文件；将新文件命名为"大齿轮.dwg"并保存。

2．设置线框密度

在命令行输入 isolines 命令，设置线框密度为 10。

3．绘制齿轮基体

（1）绘制直线。单击"默认"选项卡"绘图"面板中的"直线"按钮，以坐标点(0,0)、(40,0)绘制一条水平直线，如图12-139所示。

（2）偏移直线。单击"默认"选项卡"修改"面板中的"偏移"按钮，将水平直线向上分别偏移20、32、86和93.5。结果如图12-140所示。

图12-139　绘制水平直线　　　　图12-140　偏移后的图形

（3）绘制直线。单击"默认"选项卡"绘图"面板中的"直线"按钮，打开"对象捕捉"功能，捕捉第一条直线的中点和最上边的中点，结果如图12-141所示。

（4）偏移直线。单击"默认"选项卡"修改"面板中的"偏移"按钮，将第(3)步绘制的竖直直线分别向两侧偏移，偏移距离为6.5、20。结果如图12-142所示。

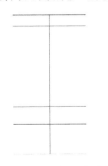 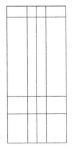

图12-141　绘制竖直直线　　　　图12-142　偏移直线后的图形

（5）修剪图形。单击"默认"选项卡"修改"面板中的"修剪"按钮，对图形进行修剪，然后将多余的线段删除，结果如图12-143所示。

(6) 合并轮廓线。利用多段线编辑命令(PEDIT),将旋转体轮廓线合并为一条多段线,满足"旋转实体"命令的要求,如图 12-144 所示。

图 12-143　修剪图形　　　　图 12-144　合并齿轮基体轮廓线

(7) 旋转实体。单击"三维工具"选项卡"建模"面板中的"旋转"按钮,将齿轮基体轮廓线绕 X 轴旋转一周。切换视图为西南等轴测视图,消隐后结果如图 12-145 所示。

(8) 实体倒圆角。单击"默认"选项卡"修改"面板中的"圆角"按钮,在齿轮内凹槽的轮廓线处绘制齿轮的铸造圆角,圆角半径为 5,如图 12-146 所示。

(9) 实体倒直角。单击"默认"选项卡"修改"面板中的"倒角"按钮,对轴孔边缘进行倒直角操作,倒角距离为 2,结果如图 12-147 所示。

图 12-145　旋转实体　　　　图 12-146　实体倒圆角　　　　图 12-147　实体倒直角

4. 绘制齿轮轮齿

(1) 切换视角。将当前视角切换为俯视图。

(2) 创建新图层。单击"默认"选项卡"图层"面板中的"图层特性"按钮,打开"图层特性管理器"对话框,单击"新建"按钮,新建新图层"图层 1",将齿轮基体图形对象的图层属性更改为"图层 1"。

(3) 隐藏图层。在"图层特性管理器"对话框中,单击"图层 1"的"打开/关闭"按钮,使之变为黯淡色,关闭并隐藏"图层 1"。

(4) 绘制圆弧。单击"默认"选项卡"绘图"面板中的"圆弧"按钮,绘制轮齿圆弧,在点(−1,4.5)和(−2,0)之间绘制半径为 10 的圆弧。结果如图 12-148 所示。

(5) 镜像圆弧。单击"默认"选项卡"修改"面板中的"镜像"按钮,将绘制的圆弧以 Y 轴为镜像轴作镜像处理,如图 12-149 所示。

(6) 连接圆弧。单击"默认"选项卡"绘图"面板中的"直线"按钮,利用"对象捕捉"功能捕捉两段圆弧的端点绘制直线,如图 12-150 所示。

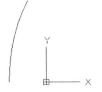
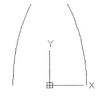

图 12-148　绘制圆弧　　　图 12-149　镜像圆弧　　　图 12-150　连接圆弧

（7）合并轮廓线。利用多段线编辑命令（PEDIT），将两段圆弧和两段直线合并为一条多段线，满足"拉伸实体"命令的要求。

（8）切换视角。将当前视图切换为西南等轴测视图。

（9）绘制直线。利用（UCS）命令，将坐标系绕 X 轴旋转 90°。单击"默认"选项卡"绘图"面板中的"直线"按钮，以坐标点（0,0）、（8,40）绘制一条直线，作为生成轮齿的拉伸路径。结果如图 12-151 所示。

（10）拉伸实体：单击"三维工具"选项卡"建模"面板中的"拉伸"按钮，以刚才绘制的直线为路径，将合并的多段线进行拉伸。拉伸结果如图 12-151 所示。

（11）移动实体。利用 UCS 命令，使坐标系统返回"世界"坐标系。单击"默认"选项卡"修改"面板中的"移动"按钮，选择轮齿实体作为"移动对象"，在轮齿实体上任意选择一点作为"移动基点"，"移动第二点"相对坐标为（@0,93.5,0）。

（12）环形阵列轮齿。选择菜单栏中的"修改"→"三位操作"→"三维阵列"命令，将绘制的一个轮齿绕 Z 轴环形阵列 86 个。环形阵列结果如图 12-152 所示。

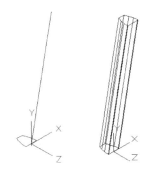
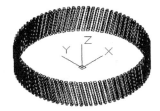

图 12-151　拉伸实体路径及拉伸后图形　　　图 12-152　环形阵列实体

命令行的提示与操作如下。

```
命令：_3darray
正在初始化... 已加载 3DARRAY.
选择对象：(选择上步创建的拉伸体)
选择对象：
输入阵列类型 [矩形(R)/环形(P)] <矩形>:p
输入阵列中的项目数目：86
指定要填充的角度 ( += 逆时针，-= 顺时针) <360>：
旋转阵列对象？[是(Y)/否(N)] <Y>:
指定阵列的中心点：0,0,0
指定旋转轴上的第二点：0,0,100
```

(13) 旋转实体。选择菜单栏中的"修改"→"三维操作"→"三维旋转"命令,将所有轮齿以原点为基点绕 Y 轴旋转 90°。旋转结果如图 12-153 所示。

(14) 打开图层 1。选择菜单栏中的"格式"→"图层"命令,打开"图层特性管理器"对话框,单击"图层 1"的"打开/关闭"按钮 ,使之变为鲜亮色 ,打开并显示"图层 1"。

(15) 布尔运算求并集。单击"三维工具"选项卡"实体编辑"面板中的"并集"按钮,执行命令后选择图 12-154 中的所有实体,执行并集操作,使之成为一个三维实体。

图 12-153　旋转三维实体

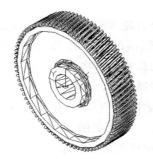
图 12-154　打开并显示图层

5. 绘制键槽和减轻孔

(1) 绘制长方体。单击"三维工具"选项卡"建模"面板中的"长方体"按钮,采用两个角点模式绘制长方体,第一个角点为(-20,12,-5),第二个角点为(@40,12,10),如图 12-155 所示。

(2) 绘制键槽。单击"三维工具"选项卡"实体编辑"面板中的"差集"按钮,执行命令后从齿轮基体中减去长方体,在齿轮轴孔中形成键槽,如图 12-156 所示。

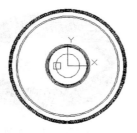
图 12-155　绘制长方体

图 12-156　绘制键槽

(3) 绘制圆柱体。在命令行输入 UCS 命令,将坐标系绕 Y 轴旋转 90°。

(4) 单击"三维工具"选项卡"建模"面板中的"圆柱体"按钮,采用指定两个底面圆心点和底面半径的模式,以点(54,0,0)为圆心,半径为 13.5、高为 40 绘制圆柱体。结果如图 12-157 所示。

```
命令:_cylinder
指定底面的中心点或[三点(3P)/两点(2P)/切点、切点、半径(T)/椭圆(E)]: 54,0,0
指定底面半径或[直径(D)]: 13.5
指定高度或[两点(2P)/轴端点(A)]:40
```

(5) 环形阵列圆柱体。选择菜单栏中的"修改"→"三维操作"→"三维阵列"命令，环形阵列圆柱体，绕 Z 轴阵列 6 个。结果如图 12-158 所示。

(6) 绘制减轻孔。单击"三维工具"选项卡"实体编辑"面板中的"交集"按钮，执行命令后从齿轮基体中减去 6 个圆柱体，在齿轮凹槽内形成 6 个减轻孔。结果如图 12-159 所示。

 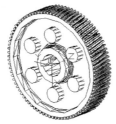 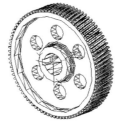

图 12-157　绘制圆柱体　　　图 12-158　环形阵列圆柱体　　　图 12-159　绘制减轻孔

6. 渲染齿轮

(1) 设置材质。单击"可视化"选项卡"材质"面板中的"材质浏览器"按钮，打开"材质浏览器"对话框，如图 12-160 所示，选择适当的材质赋予图形。

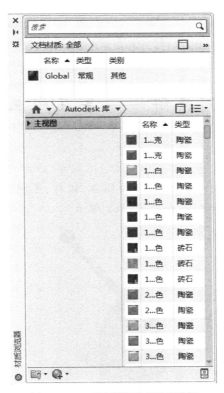

图 12-160　"材质浏览器"对话框

(2) 渲染设置。单击"可视化"选项卡"渲染"面板中的"渲染到尺寸"按钮，渲染图形。

（3）保存渲染效果图。选择菜单栏中的"工具"→"显示图像"→"保存"命令，打开"渲染输出文件"对话框，如图 12-161 所示。设置保存图像的格式，输入图像名称，选择保存位置，单击"保存"按钮，保存图像。

图 12-161 "渲染输出文件"对话框

12.4 实例精讲——手压阀三维装配图

练习目标

本实例绘制手压阀。手压阀装配图由阀体、阀杆、手把、底座、弹簧、胶垫、压紧螺母、销轴、胶木球、密封垫等组成，如图 12-162 所示。

图 12-162 手压阀

第12章 三维造型编辑

 设计思路

首先配置绘图环境,然后通过移动命令依次装配阀体、阀杆、密封垫、压紧螺母、弹簧、胶垫、底座、手把、销轴、销、胶木球,最终完成手压阀装配。最后利用剖切命令对手压阀进行1/4剖切。

 操作步骤

12.4.1 配置绘图环境

1. 启动系统

启动 AutoCAD 2018。

2. 建立新文件

选择菜单栏中的"文件"→"新建"命令,打开"选择样板"对话框,单击"打开"按钮右侧的下三角按钮,以"无样板打开－公制(毫米)"方式建立新文件;将新文件命名为"手压阀装配图.DWG"并保存。

3. 设置线框密度

设置对象上每个曲面的轮廓线数目。默认设置是4,有效值的范围为0～2047,该设置保存在图形中。在命令行中输入 ISOLINES,设置线框密度为10。

4. 设置视图方向

单击"视图"选项卡"视图"面板"视图"下拉菜单中的"西南等轴测"按钮,将当前视图方向设置为西南等轴测方向。

12.4.2 装配泵体

1. 打开文件

按前言提示下载源文件,打开相应文件,如图 12-163 所示。

图 12-163　打开的阀体图形

2. 设置视图方向

单击"视图"选项卡"视图"面板"视图"下拉菜单中的"前视"按钮,将当前视图方向设置为前视图。

3. 复制阀体

选择菜单栏中的"编辑"→"带基点复制"命令,选取基点为(0,0,0),将"阀体"图形复制到"手压阀装配图"的前视图中,指定的插入点为(0,0,0),结果如图12-164所示。图12-165所示为西南等轴测方向的阀体装配立体图。

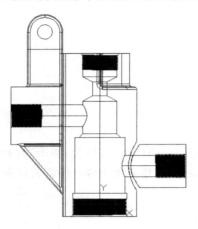

图12-164 装入阀体后的图形

图12-165 西南等轴测视图

12.4.3 装配阀杆

1. 打开文件

按前言提示下载源文件,打开相应文件,如图12-166所示。

图12-166 打开的阀杆图形

2. 设置视图方向

单击"视图"选项卡"视图"面板"视图"下拉菜单中的"前视"按钮 ,将当前视图方向设置为前视图。

3. 复制泵体

选择菜单栏中的"编辑"→"带基点复制"命令,选取基点为(0,0,0),将"阀杆"图形复制到"手压阀装配图"的前视图中,指定的插入点为(0,0,0)。结果如图12-167所示。

4. 旋转阀杆

单击"默认"选项卡"修改"面板中的"旋转"按钮,将阀杆以原点为基点沿 Z 轴旋转,旋转角度为 90°。结果如图 12-168 所示。

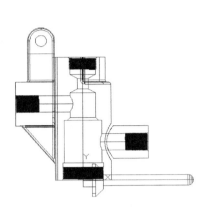

图 12-167 复制阀杆后的图形

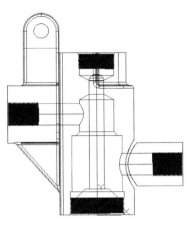

图 12-168 旋转阀杆后的图形

5. 移动阀杆

单击"默认"选项卡"修改"面板中的"移动"按钮,以坐标点(0,0,0)为基点沿 Y 轴移动,第二点坐标为(0,43,0)。结果如图 12-169 所示。

6. 设置视图方向

单击"视图"选项卡"视图"面板"视图"下拉菜单中的"西南等轴测"按钮,将当前视图方向设置为西南等轴测视图。

7. 着色面

单击"三维工具"选项卡"实体编辑"面板中的"着色面"按钮,将视图中的面按照需要进行着色。结果如图 12-170 所示。

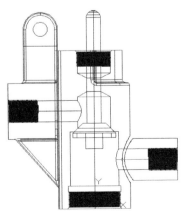

图 12-169 移动阀杆后的图形

图 12-170 着色后的图形

12.4.4 装配密封垫

1. 打开文件

按前言提示下载源文件,打开相应文件,如图 12-171 所示。

2. 设置视图方向

单击"视图"选项卡"视图"面板"视图"下拉菜单中的"前视"按钮 ,将当前视图方向设置为前视图。

3. 复制密封垫

选择菜单栏中的"编辑"→"带基点复制"命令,选取基点为(0,0,0),将"密封垫"图形复制到"手压阀装配图"的前视图中,指定的插入点为(0,0,0)。结果如图 12-172 所示。

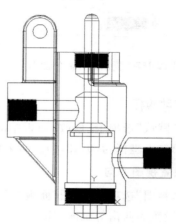

图 12-171　打开的密封垫图形　　图 12-172　复制密封垫后的图形

4. 移动密封垫

单击"默认"选项卡"修改"面板中的"移动"按钮 ,以坐标点(0,0,0)为基点沿 Y 轴移动,第二点坐标为(0,103,0)。结果如图 12-173 所示。

5. 设置视图方向

单击"视图"选项卡"视图"面板"视图"下拉菜单中的"西南等轴测"按钮 ,将当前视图方向设置为西南等轴测视图。

6. 着色面

单击"三维工具"选项卡"实体编辑"面板中的"着色面"按钮 ,将视图中的面按照需要进行着色。结果如图 12-174 所示。

12.4.5 装配压紧螺母

1. 打开文件

按前言提示下载源文件,打开相应文件,如图 12-175 所示。

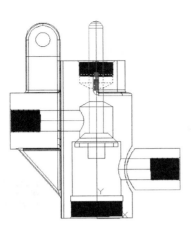

图 12-173 移动密封垫后的图形

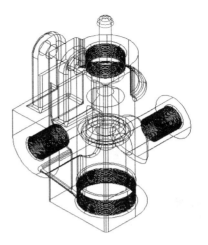

图 12-174 着色后的图形

图 12-175 打开的压紧螺母图形

2．设置视图方向

单击"视图"选项卡"视图"面板"视图"下拉菜单中的"前视"按钮 ，将当前视图方向设置为前视图。

3．复制压紧螺母

选择菜单栏中的"编辑"→"带基点复制"命令，选取基点为(0,0,0)，将"压紧螺母"图形复制到"手压阀装配图"的前视图中，指定的插入点为(0,0,0)，结果如图 12-176 所示。

4．旋转视图

单击"默认"选项卡"修改"面板中的"旋转"按钮，将压紧螺母绕坐标原点旋转，旋转角度为 180°。结果如图 12-177 所示。

5．移动压紧螺母

单击"默认"选项卡"修改"面板中的"移动"按钮，以坐标点(0,0,0)为基点沿 Y 轴移动，第二点坐标为(0,123,0)。结果如图 12-178 所示。

6．设置视图方向

单击"视图"选项卡"视图"面板"视图"下拉菜单中的"西南等轴测"按钮，将当前视图方向设置为西南等轴测视图。

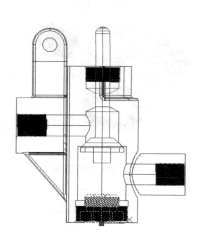

图 12-176　复制压紧螺母后的图形

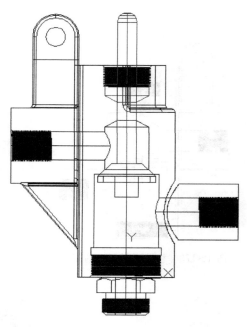

图 12-177　旋转压紧螺母后的图形

7. 着色面

单击"三维工具"选项卡"实体编辑"面板中的"着色面"按钮，将视图中的面按照需要进行着色。结果如图 12-179 所示。

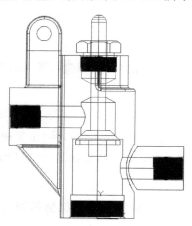

图 12-178　移动压紧螺母后的图形

图 12-179　着色后的图形

12.4.6　装配弹簧

1. 打开文件

按前言提示下载源文件，打开相应文件，如图 12-180 所示。

2. 设置视图方向

单击"视图"选项卡"视图"面板"视图"下拉菜单中的"前视"按钮,将当前视图方向设置为前视图方向。

3. 复制弹簧

选择菜单栏中的"编辑"→"带基点复制"命令,选取基点为(0,0,0),将"弹簧"图形复制到"手压阀装配图"的前视图中,指定的插入点为(0,0,0)。结果如图 12-181 所示。

图 12-180　打开的弹簧图形

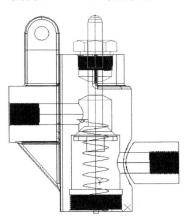

图 12-181　复制弹簧后的图形

4. 设置视图方向

单击"视图"选项卡"视图"面板"视图"下拉菜单中的"西南等轴测"按钮,将视图切换到西南等轴测视图。

5. 恢复坐标系

在命令行中输入 UCS 命令,将坐标系恢复到世界坐标系。

6. 创建圆柱体

单击"三维工具"选项卡"建模"面板中的"圆柱体"按钮,以坐标点(0,0,54)为起点,绘制半径为 14、高度为 30 的圆柱体。结果如图 12-182 所示。

7. 差集处理

单击"三维工具"选项卡"实体编辑"面板中的"差集"按钮,将弹簧实体与第 6 步创建的圆柱实体进行差集。结果如图 12-183 所示。

8. 设置视图方向

单击"视图"选项卡"视图"面板"视图"下拉菜单中的"西南等轴测"按钮,将视图切换到西南等轴测视图。

9. 恢复坐标系

在命令行中输入 UCS 命令,将坐标系恢复到世界坐标系。

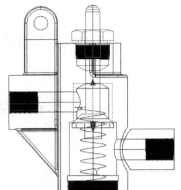

图 12-182 创建圆柱体

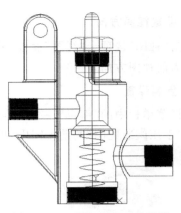

图 12-183 差集处理后的弹簧

10．创建圆柱体

单击"三维工具"选项卡"建模"面板中的"圆柱体"按钮，以坐标点(0，0，−2)为起点，绘制半径为14、高度为4的圆柱体。结果如图12-184所示。

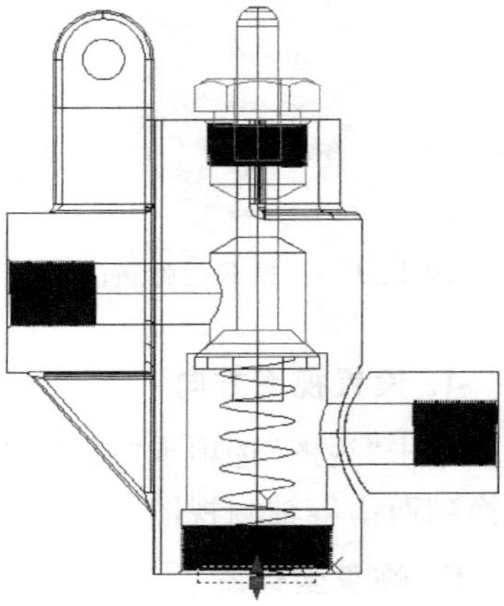

11．差集处理

单击"三维工具"选项卡"实体编辑"面板中的"差集"按钮，将弹簧实体与第10步创建的圆柱实体进行差集。结果如图12-185所示。

12．设置视图方向

单击"视图"选项卡"视图"面板"视图"下拉菜单中的"西南等轴测"按钮，将当前视图方向设置为西南等轴测视图。

图 12-184 创建圆柱体

13．着色面

单击"三维工具"选项卡"实体编辑"面板中的"着色面"按钮，将视图中的面按照需要进行着色。结果如图12-186所示。

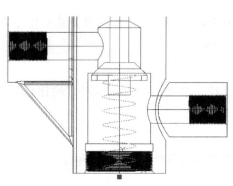

图 12-185 差集处理后的弹簧

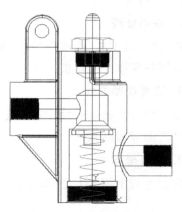

图 12-186 着色后的图形

12.4.7 装配胶垫

1．打开文件

按前言提示下载源文件,打开相应文件,如图12-187所示。

2．设置视图方向

单击"视图"选项卡"视图"面板"视图"下拉菜单中的"前视"按钮,将当前视图方向设置为前视图。

图12-187　打开的胶垫图形

3．复制胶垫

选择菜单栏中的"编辑"→"带基点复制"命令,选取基点为(0,0,0),将"胶垫"图形复制到"手压阀装配图"的前视图中,指定的插入点为(0,0,0),如图12-188所示。

4．移动胶垫

单击"默认"选项卡"修改"面板中的"移动"按钮,以坐标点(0,0,0)为基点沿Y轴移动,第二点坐标为(0,−2,0)。结果如图12-189所示。

5．设置视图方向

单击"视图"选项卡"视图"面板"视图"下拉菜单中的"西南等轴测"按钮,将当前视图方向设置为西南等轴测视图。

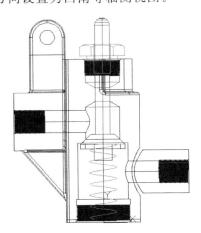

图12-188　复制胶垫后的图形

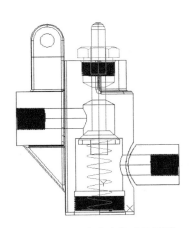

图12-189　移动胶垫后的图形

6. 着色面

单击"三维工具"选项卡"实体编辑"面板中的"着色面"按钮 ，将视图中的面按照需要进行着色。结果如图 12-190 所示。

图 12-190 着色后的图形

12.4.8 装配底座

1．打开文件

按前言提示下载源文件，打开相应文件，如图 12-191 所示。

2．设置视图方向

单击"视图"选项卡"视图"面板"视图"下拉菜单中的"前视"按钮，将当前视图方向设置为前视图。

图 12-191 打开的底座图形

3．复制底座

选择菜单栏中的"编辑"→"带基点复制"命令，选取基点为(0,0,0)，将"底座"图形复制到"手压阀装配图"的前视图中，指定的插入点为(0,0,0)，如图 12-192 所示。

4．移动底座

单击"默认"选项卡"修改"面板中的"移动"按钮，以坐标点(0,0,0)为基点沿 Y 轴移动，第二点坐标为(0,-10,0)。结果如图 12-193 所示。

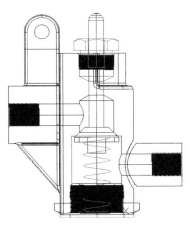

图 12-192 复制底座后的图形

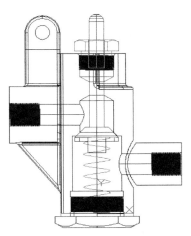

图 12-193 移动底座后的图形

5．设置视图方向

单击"视图"选项卡"视图"面板"视图"下拉菜单中的"西南等轴测"按钮 ，将当前视图方向设置为西南等轴测视图。

6．着色面

单击"三维工具"选项卡"实体编辑"面板中的"着色面"按钮 ，将视图中的面按照需要进行着色。结果如图 12-194 所示。

12.4.9 装配手把

1．打开文件

按前言提示下载源文件，打开相应文件，如图 12-195 所示。

图 12-194 着色后的图形

2．设置视图方向

单击"视图"选项卡"视图"面板"视图"下拉菜单中的"俯视"按钮 ，将当前视图方向设置为俯视图。

3．复制手把

选择菜单栏中的"编辑"→"带基点复制"命令，选取基点为(0,0,0)，将"手把"图形复制到"手压阀装配图"的前视图中，指定的插入点为(0,0,0)，如图 12-196 所示。

图 12-195 打开的手把图形

4. 移动手把

单击"默认"选项卡"修改"面板中的"移动"按钮，以坐标点(0,0,0)为基点移动，第二点坐标为(－37,128,0)。结果如图12-197所示。

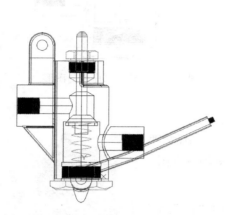
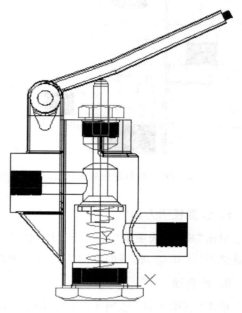

图12-196　复制手把后的图形　　　　图12-197　移动手把后的图形

5. 设置视图方向

单击"视图"选项卡"视图"面板"视图"下拉菜单中的"左视"按钮，将当前视图方向设置为左视图。

6. 移动手把

单击"默认"选项卡"修改"面板中的"移动"按钮，以坐标点(0,0,0)为基点沿X轴移动，第二点坐标为(－9,0,0)。结果如图12-198所示。

7. 设置视图方向

单击"视图"选项卡"视图"面板"视图"下拉菜单中的"西南等轴测"按钮，将当前视图方向设置为西南等轴测视图。

8. 着色面

单击"三维工具"选项卡"实体编辑"面板中的"着色面"按钮，将视图中的面按照需要进行着色。结果如图12-199所示。

12.4.10　装配销轴

1. 打开文件

按前言提示下载源文件，打开相应文件，如图12-200所示。

第12章 三维造型编辑

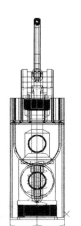

图 12-198 移动手把后的图形

图 12-199 着色后的图形

图 12-200 打开销轴图形

2．设置视图方向

单击"视图"选项卡"视图"面板"视图"下拉菜单中的"俯视"按钮 ，将当前视图方向设置为俯视图。

3．复制销轴

选择菜单栏中的"编辑"→"带基点复制"命令，选取基点为（0,0,0），将"销轴"图形复制到"手压阀装配图"的前视图中，指定的插入点为（0,0,0），如图12-201所示。

4．移动销轴

单击"默认"选项卡"修改"面板中的"移动"按钮 ，以坐标点（0,0,0）为基点移动，第二点坐标为（-37,128,0）。结果如图12-202所示。

5．设置视图方向

单击"视图"选项卡"视图"面板"视图"下拉菜单中的"左视"按钮 ，将当前视图方向设置为左视图。

6．移动销轴

单击"默认"选项卡"修改"面板中的"移动"按钮 ，以坐标点（0,0,0）为基点沿X轴移动，第二点坐标为（-23,0,0）。结果如图12-203所示。

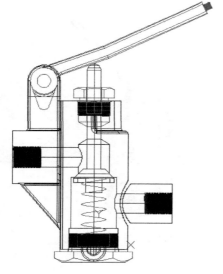

图 12-201 复制销轴后的图形

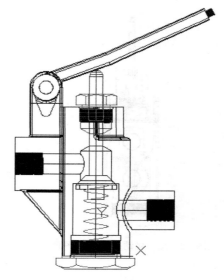

图 12-202 移动销轴后的图形

7. 设置视图方向

单击"视图"选项卡"视图"面板"视图"下拉菜单中的"西南等轴测"按钮,将当前视图方向设置为西南等轴测视图。

8. 着色面

单击"三维工具"选项卡"实体编辑"面板中的"着色面"按钮,将视图中的面按照需要进行着色。结果如图 12-204 所示。

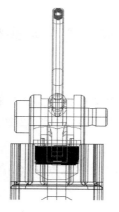

图 12-203 移动销轴后的图形

图 12-204 着色后的图形

12.4.11 装配销

1. 打开文件

按前言提示下载源文件,打开相应文件,如图 12-205 所示。

第12章 三维造型编辑

图 12-205　打开的销图形

2．设置视图方向

单击"视图"选项卡"视图"面板"视图"下拉菜单中的"俯视"按钮，将当前视图方向设置为俯视图。

3．复制销

选择菜单栏中的"编辑"→"带基点复制"命令，选取基点为(0,0,0)，将"销"图形复制到"手压阀装配图"的前视图中，指定的插入点为(0,0,0)，如图 12-206 所示。

4．移动销

单击"默认"选项卡"修改"面板中的"移动"按钮，以坐标点(0,0,0)为基点移动，第二点坐标为(−37,122.5,0)。结果如图 12-207 所示。

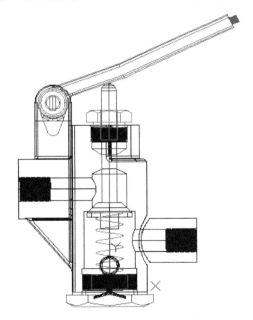

图 12-206　复制销后的图形

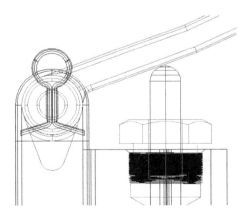

图 12-207　移动销后的图形

5．设置视图方向

单击"视图"选项卡"视图"面板"视图"下拉菜单中的"左视"按钮，将当前视图方向设置为左视图。

6. 移动销

单击"默认"选项卡"修改"面板中的"移动"按钮，以坐标点(0,0,0)为基点，沿 X 轴移动，第二点坐标为(19,0,0)。结果如图 12-208 所示。

7. 设置视图方向

单击"视图"选项卡"视图"面板"视图"下拉菜单中的"西南等轴测"按钮，将当前视图方向设置为西南等轴测视图。

8. 着色面

单击"三维工具"选项卡"实体编辑"面板中的"着色面"按钮，将视图中的面按照需要进行着色。结果如图 12-209 所示。

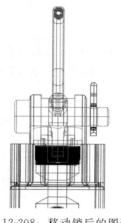
图 12-208 移动销后的图形

图 12-209 着色后的图形

12.4.12 装配胶木球

1. 打开文件

按前言提示下载源文件，打开相应文件，如图 12-210 所示。

2. 设置视图方向

单击"视图"选项卡"视图"面板"视图"下拉菜单中的"前视"按钮，将当前视图方向设置为前视图。

3. 复制胶木球

选择菜单栏中的"编辑"→"带基点复制"命令，选取基点为(0,0,0)，将"胶木球"图形复制到"手压阀装配图"的前视图中，指定的插入点为(0,0,0)，如图 12-211 所示。

4. 旋转胶木球

单击"默认"选项卡"修改"面板中的"旋转"按钮，将阀杆以原点为基点沿 Z 轴旋转，旋转角度为 115°。结果如图 12-212 所示。

5. 移动胶木球

单击"默认"选项卡"修改"面板中的"移动"按钮，选取如图 12-213 所示的圆点为基点，选取如图 12-214 所示的圆点为插入点。移动后结果如图 12-215 所示。

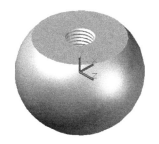

图 12-210 打开的胶木球图形

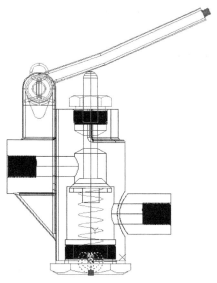

图 12-211 复制胶木球后的图形

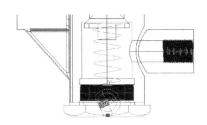

图 12-212 旋转后的图形

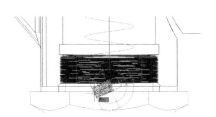

图 12-213 选取基点

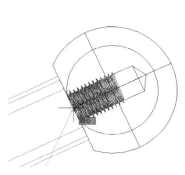

图 12-214 选取插入点

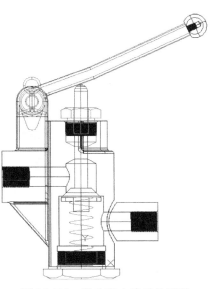

图 12-215 移动胶木球后的图形

6. 设置视图方向

单击"视图"选项卡"视图"面板"视图"下拉菜单中的"西南等轴测"按钮，将当前视图方向设置为西南等轴测视图。

7. 着色面

单击"三维工具"选项卡"实体编辑"面板中的"着色面"按钮，将视图中的面按照需要进行着色。结果如图 12-216 所示。

图 12-216　着色后的图形

12.4.13　1/4 剖切手压阀装配图

本实例打开手压阀装配图，然后使用剖切命令对装配体进行剖切处理，最后进行消隐处理。结果如图 12-217 所示。

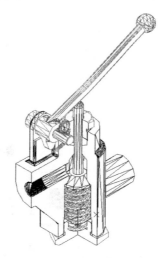

图 12-217　消隐后的 1/4 剖切视图

1. 打开文件

按前言提示下载源文件，打开相应文件，打开"手压阀装配图"。

2．设置视图方向

单击"视图"选项卡"视图"面板"视图"下拉菜单中的"西南等轴测"按钮，将当前视图方向设置为西南等轴测视图。

3．恢复坐标系

在命令行中输入 UCS 命令，将坐标系恢复到世界坐标系。

4．剖切视图

单击"三维工具"选项卡"实体编辑"面板中的"剖切"按钮，对手压阀装配体进行剖切。命令行的提示与操作如下。

```
命令：SLICE↙
选择要剖切的对象：(用鼠标依次选择阀体、压紧螺母、密封垫、胶垫、底座 5 个零件)
选择要剖切的对象：↙
指定切面的起点或 [平面对象(O)/曲面(S)/Z 轴(Z)/视图(V)/XY(XY)/YZ(YZ)/ZX(ZX)/三点(3)]
<三点>：ZX↙
指定 XY 平面上的点 <0,0,0>：↙
在所需的侧面上指定点或 [保留两个侧面(B)]<保留两个侧面>：B↙
命令：SLICE↙
选择对象：(用鼠标依次选择阀体、压紧螺母、密封垫、胶垫、底座 5 个零件)
选择对象：↙
指定切面上的第一个点，依照 [对象(O)/Z 轴(Z)/视图(V)/XY 平面(XY)/YZ 平面(YZ)/ZX 平面(ZX)/三点(3)] <三点>：YZ↙
指定 ZX 平面上的点 <0,0,0>：↙
在要保留的一侧指定点或 [保留两侧(B)]：10,0,0↙
```

消隐后结果如图 12-217 所示。

12.5 上机实验

12.5.1 实验 1 绘制壳体

1．目的要求

创建如图 12-218 所示的壳体。

2．操作提示

（1）利用圆柱体、长方体和差集命令创建壳体底座。
（2）利用圆柱体、长方体和并集命令创建壳体上部。
（3）利用圆柱体、长方体、并集以及二维命令创建壳体顶板。
（4）利用圆柱体和差集命令创建壳体孔。
（5）利用多段线、拉伸和三维镜像命令创建壳体肋板。

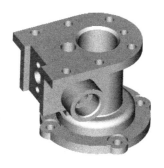

图 12-218 壳体

12.5.2 实验 2 绘制轴

1. 目的要求

创建如同 12-219 所示的轴。

2. 操作提示

(1) 顺次创建直径不等的 4 个圆柱。
(2) 对 4 个圆柱进行并集处理。
(3) 转换视角,绘制圆柱孔。
(4) 镜像并拉伸圆柱孔。
(5) 对轴体和圆柱孔进行差集处理。
(6) 采用同样的方法创建键槽结构。
(7) 创建螺纹结构。
(8) 对轴体进行倒角处理。
(9) 渲染处理。

图 12-219 轴

附录

AutoCAD 官方认证工程师考试模拟题(满分 100 分)

一、**单项选择题**(以下各小题给出的四个选项中,只有一个符合题目要求,请选择相应的选项,不选、错选均不得分。共 30 题,每题 2 分,共 60 分。)

1. 以下哪些选项不是文件保存的格式?(　　)
   A. dwg   B. dwf   C. dws   D. dwt

2. 在图案填充时,用以下哪种方法指定图案填充的边界?(　　)
   A. 指定对象封闭的区域中的点
   B. 选择封闭区域的对象
   C. 将填充图案从工具选项板或设计中心拖动到封闭区域
   D. 以上都可以

3. 当捕捉设定的间距与栅格所设定的间距不同时,(　　)。
   A. 捕捉仍然只按栅格进行
   B. 捕捉时按照捕捉间距进行
   C. 捕捉既按栅格,又按捕捉间距进行
   D. 无法设置

4. 在选择集中去除对象,按住哪个键可以进行去除对象选择?(　　)
   A. Space   B. Shift   C. Ctrl   D. Alt

5. 所有尺寸标注共用一条尺寸界线的是(　　)。
   A. 引线标注   B. 连续标注
   C. 基线标注   D. 公差标注

6. 利用夹点对一个线性尺寸进行编辑,不能完成的操作是(　　)。
   A. 修改尺寸界线的长度和位置
   B. 修改尺寸线的长度和位置
   C. 修改文字的高度和位置
   D. 修改尺寸的标注方向

7. 边长为 10 的正五边形的外接圆的半径是(　　)。
   A. 8.51   B. 17.01   C. 6.88   D. 13.76

8. 对于没有执行成功的命令,可否通过快捷菜单重复调用?(　　)
   A. 可以,通过快捷菜单中"重复"或"最近的输入"命令调用。
   B. 不可以,只有执行成功的命令才可以通过快捷菜单中"重复"或"最近的输入"命令调用
   C. 可以,按 Enter 键即可以调用
   D. 不可以,只有重新调用

9. 默认情况下,工具栏是可以拖动的,当工具栏被固定后下列哪种方法不可使其移动?(   )

  A. 单击系统右下角的"锁定"图标中的"固定的工具栏"按钮

  B. 在快捷菜单中选择"固定的工具栏"命令

  C. 按住 Ctrl 键后用鼠标拖动工具栏

  D. 按住 Shift 键后用鼠标拖动工具条

10. AutoCAD 中"°""±""Φ"的控制符依次是(   )。

  A. %%D,%%P,%%C   B. %%P,%%C,%%D

  C. D%%,P%%,C%%   D. P%%,C%%,D%%

11. 默认的工具选项板不包括以下哪些内容?(   )

  A. 机械   B. 电力   C. 土木工程   D. 结构

12. 使用弧长标注命令,可以对以下哪些对象进行标注?(   )

  A. 圆弧和多段线圆弧

  B. 圆弧、多段线圆弧和样条曲线弧

  C. 圆弧、多段线圆弧、样条曲线弧块里的曲线

  D. 以上均不正确

13. 不能使用以下哪种方法自定义工具选项板的工具?(   )

  A. 将图形、块、图案填充和标注样式从设计中心拖至工具选项板

  B. 使用"自定义"对话框将命令拖至工具选项板

  C. 使用"自定义用户界面"(CUI)编辑器,将命令从"命令列表"窗格拖至工具选项板

  D. 将标注对象拖动到工具选项板

14. 对于圆环,以下说法正确的是(   )。

  A. 圆环是填充环或实体填充圆,即带有宽度的闭合多段线

  B. 圆环的两个圆是不能一样大的

  C. 圆环无法创建实体填充圆

  D. 圆环标注半径值是内环的值

15. 利用多段线(PLINE)命令不可以(   )。

  A. 绘制样条线

  B. 绘制首尾不同宽度的线

  C. 闭合多段线

  D. 绘制由不同宽度的直线或圆弧所组成的连续线段

16. 要剪切与剪切边延长线相交的圆,则需执行的操作为(   )。

  A. 剪切时按住 Shift 键   B. 剪切时按住 Alt 键

  C. 修改"边"参数为"延伸"   D. 剪切时按住 Ctrl 键

17. 使用公制样板文件创建的文件,在"文字样式"选项区中将"高度"设为固定数值,在该样式下用多行文字工具输入文字,将会(   )。

  A. 直接书写文字,使用的默认字体高度为 2.5

  B. 直接书写文字,使用的默认字体高度为文字样式中指定的字体高度

C. 直接书写文字,使用的默认字体高度为 0

D. 给定文字高度,然后才能书写文字

18. 下列有关图层转换器的说法错误的是( )。

　　A. 图层名之前的图标的颜色表示此图层在图形中是否被参照

　　B. 黑色图标表示图层被参照

　　C. 白色图标表示图层被参照

　　D. 不参照的图层可通过在"转换自"列表中右击,并从弹出的快捷菜单中选择"清理图层"命令,将其从图形中删除

19. 关于夹点,下列说法错误的是( )。

　　A. 夹点有三种状态:未选中、选中和悬停

　　B. 选中直线端部夹点后在右键快捷菜单中选择"复制"命令可复制出一条和其长度、方向一样的直线

　　C. 选中圆象限点的夹点后在右键快捷菜单中选择"旋转"命令可以此点旋转该圆

　　D. 选中圆中心点的夹点后在右键快捷菜单中选择"旋转"命令,则此圆不会发生任何变化

20. Ctrl+3 快捷键的作用是( )。

　　A. 打开图形文件　　　　　　　　B. 打开工具选项板

　　C. 打开设计中心　　　　　　　　D. 打开特性面板

21. 关于偏移,下面说法错误的是( )。

　　A. 偏移值为 30

　　B. 偏移值为 -30

　　C. 偏移圆弧时,既可以创建更大的圆弧,也可以创建更小的圆弧

　　D. 可以偏移的对象类型有样条曲线

22. 注释与剖面线填充多行文字分解后将会是( )。

　　A. 单行文字　　　　　　　　　　B. 多行文字

　　C. 多个文字　　　　　　　　　　D. 不可分解

23. 执行环形阵列命令,在指定圆心后默认创建几个图形?( )

　　A. 4　　　　　B. 6　　　　　C. 8　　　　　D. 10

24. 如果要将绘图比例为 10∶1 的图形标注为实际尺寸,则应将比例因子改为多少?该比例因子在哪个选项卡下?( )

　　A. 0.1,"调整"选项卡　　　　　B. 0.1,"主单位"选项卡

　　C. 10,"调整"选项卡　　　　　　D. 10,"换算单位"选项卡

25. 在尺寸公差的上偏差中输入 0.021,下偏差中输入 0.015,则标注尺寸公差的结果是( )。

　　A. 上偏 0.021,下偏 0.015　　　B. 上偏　0.021,下偏 0.015

　　C. 上偏 0.021,下偏　0.015　　　D. 上偏　0.021,下偏 -0.015

26. 不能作为多重引线线型类型的是( )。

　　A. 直线　　　　B. 多段线　　　C. 样条曲线　　　D. 以上均可以

27. 在对三维模型进行操作时,下列说法错误的是(　　)。
   A. 消隐指的是显示用三维线框表示的对象并隐藏表示后向面的直线
   B. 在三维模型使用着色后,使用"重画"命令可停止着色图形以网格显示
   C. 用于着色操作的工具条名称是视觉样式
   D. 在命令行中可以用 SHADEMODE 命令配合参数实现着色操作

28. 在三维对象捕捉中,下面哪一项不属于捕捉模式?(　　)
   A. 顶点　　　　　　B. 节点　　　　　　C. 面中心　　　　　　D. 端点

29. 绘图与编辑方法按照图 1 中的设置,创建的表格是几行几列?(　　)
   A. 8 行 5 列　　　　B. 6 行 5 列　　　　C. 10 行 5 列　　　　D. 8 行 7 列

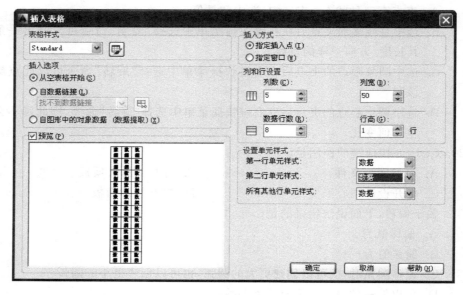

图 1

30. 半径为 10mm 的 1/4 圆弧,在圆弧的两端分别将弧长加长 3mm,则圆弧的弦长是(　　)mm。
   A. 17.69　　　　　B. 20.36　　　　　C. 25.67　　　　　D. 33.64

二、操作题(根据题中的要求逐步完成,共 2 题,每题 20 分,共 40 分。)

1. 题目:绘制如图 2 所示的输入齿轮平面图。

1)目的要求

通过本题,读者应掌握机械零件平面图的完整绘制过程和方法。与简单的二维平面图不同,在绘制零件图的过程中,不仅要求读者熟练使用基本绘图命令,还需要掌握相关的机械图的认识。

2)操作提示

(1)绘制或插入图框和标题栏。

(2)进行基本设置。

(3)绘制视图。

(4)添加几何公差。

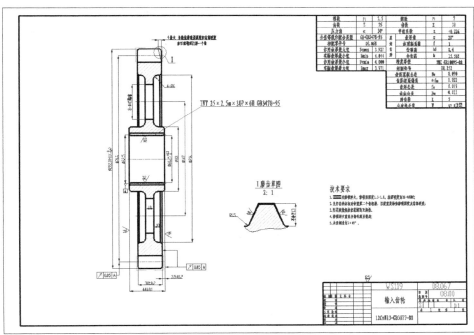

图 2

（5）绘制参数表。
（6）标注尺寸和技术要求。
（7）填写标题栏。
2. 题目：绘制图 3 所示的输入齿轮三维模型。
1）目的要求

本题主要要求读者通过练习进一步熟悉和掌握三维模型的绘制方法。按照上题平面图的尺寸来完成立体图的绘制，通过本题，可以帮助读者体验复杂立体模型的绘制过程。

图 3

2）操作提示
（1）新建文件。
（2）设置绘图环境。
（3）绘制齿轮截面。
（4）拉伸齿轮。
（5）绘制旋转截面。
（6）旋转切除。
（7）绘制基体。
（8）倒角操作。
（9）渲染零件。

单项选择题答案
BDBBCCABDAAAAACBCBBBABBCBBACA

二维码索引

0-1	源文件	II
2-1	上机练习——设置图形单位	28
2-2	上机练习——设置A4图形界限	29
2-3	上机练习——查看图形细节	31
2-4	实例精讲——设置机械制图样板图绘图环境	49
3-1	上机练习——螺栓	61
3-2	上机练习——挡圈	66
3-3	上机练习——圆头平键	70
3-4	上机练习——方头平键	75
3-5	上机练习——六角螺母	78
3-6	上机练习——棘轮	82
4-1	上机练习——泵轴	87
4-2	上机练习——螺丝刀	91
4-3	上机练习——扳手	95
4-4	上机练习——滚花轴头	102
5-1	上机练习——圆形插板	110
5-2	上机练习——盘盖	113
5-3	上机练习——方头平键	116
5-4	上机练习——泵轴	123
6-1	上机练习——阀杆	136
6-2	上机练习——弹簧	139
6-3	上机练习——胶垫	143
6-4	上机练习——密封垫	147
6-5	上机练习——曲柄	152
6-6	上机练习——连接盘绘制	155
6-7	上机练习——修改图形特性	157
6-8	上机练习——胶木球	163
6-9	上机练习——螺堵	166

6-10	上机练习——螺栓	169
6-11	上机练习——手把主视图	172
6-12	上机练习——手把移出断面图和左视图	179
6-13	上机练习——销轴	184
6-14	上机练习——删除过长中心线	187
6-15	上机练习——槽轮	188
6-16	实例精讲——底座	190
7-1	实例——齿轮参数表	214
7-2	实例精讲——A3样板图	217
8-1	上机练习——标注胶垫尺寸	242
8-2	上机练习——标注胶木球尺寸	246
8-3	上机练习——标注压紧螺母尺寸	248
8-4	上机练习——标注阀杆尺寸	253
8-5	上机练习——标注手把尺寸	256
8-6	上机练习——标注销轴尺寸	268
8-7	实例精讲——标注底座尺寸	272
9-1	上机练习——胶垫图块	279
9-2	实例精讲——标注销轴表面粗糙度	299
10-1	手压阀阀体设计	305
10-2	手压阀装配平面图	330
11-1	上机练习——弹簧	370
11-2	上机练习——弯管接头	377
11-3	上机练习——深沟球轴承	381
11-4	上机练习——胶垫	384
11-5	上机练习——阀杆	387
11-6	上机练习——压紧螺母	390
11-7	上机练习——销轴	398
11-8	上机练习——手把	403
11-9	实例精讲——手压阀阀体	416
12-1	上机练习——胶木球	435
12-2	上机练习——手轮	440
12-3	上机练习——泵轴	443
12-4	上机练习——阀盖	450

12-5	上机练习——压板	456
12-6	上机练习——顶针	461
12-7	上机练习——镶块	465
12-8	上机练习——轴支架	469
12-9	上机练习——机座	473
12-10	上机练习——支架	477
12-11	上机练习——齿轮	486
12-12	实例精讲——手压阀三维装配图	492